合肥工业大学图书出版专项基金资助项目

驱动扩散系统
平均场解析、精确解分析
及其蒙特卡洛模拟研究

王玉青　著

合肥工业大学出版社

前　言

　　本书紧密围绕交叉学科、复杂性系统科学中的核心基础理论"驱动扩散系统的非平衡相变机理"展开论述，以驱动扩散系统的平均场解析、精确解分析及其蒙特卡洛模拟研究为切入点，系统地剖析新学科、交叉学科、系统科学背景下的新技术及方法，具有较好的开拓性、创新性，以及较好的影响力。本书主要研究解决驱动扩散系统的解析建模、动力学机理剖析、实验验证问题，均为交叉学科、复杂性系统科学领域极其重要的关键科学问题。本书所关注及论述的"驱动扩散系统"是交叉学科、复杂性系统科学中极为重要的二维多体粒子相互作用系统。"驱动扩散系统的非平衡相变机理"也是交叉学科、复杂性系统科学中的核心基础理论。驱动扩散系统的研究备受国内外学者的关注，尤其是"非平衡相变过程中全局系统广义序参量的提取及分析"。深入论述及剖析驱动扩散系统非平衡相变过程中特征序参量的平均场分析、精确解分析及其蒙特卡洛模拟研究极为迫切，并且深入研究该关键科学问题有利于更充分地刻画复杂系统中的结构形成及演化规律，有助于离散马氏过程的精细刻画和非平衡统计学、复杂性系统科学的深刻理解，有助于发展复杂系统的基础理论与方法，因而具有重要的研究价值，属于前沿热点研究问题。

　　国内外学者围绕驱动扩散系统的研究较多是以简单的基本拓扑为理论载体及依据，较少涉及将复杂活性体系映射至复杂拓扑空间内的研究。现有的复杂拓扑相空间内驱动扩散系统的理论研究工作是以六角拓扑周期性非对称简单排他过程分析为雏形，主要涉及不耦合源效应以完全非对称简单排他过程为底层动力学、耦合无限源以完全非对称简单排他过程和部分非对称简单排他过程为底层动力学的单层网络，不耦合源效应且所有节点入度和出度均为二的单层随机网络，均质和平权配流的单层随机网络,矩形受限空间下的单层随机网络等。此外,现有的复杂系统理论研究工作未充分考虑异质相互作用,缺乏全局斑图动力学演化的精细刻画,其相图拓扑结构和斑图演化规律有待进一步探索;并且复杂驱动扩散系统现有的理论研究工作中特征序参量的平均场分析主要集中于简单平均场理论分析,限制了典型临界现象形成及演化机制的揭示;同时关于复杂驱动扩散系统复杂拓扑结构下精确解的现有研究工作相对缺乏,尤其是缺乏对典型边界条件下充分考虑非对称相互作用影响下的平衡网络精确解的研究,影响对特征序参量演化的普适性规律探索,有碍于深刻理解非平衡相变机理。

本书围绕著者十余年的代表性科研成果进行撰写,拟以复杂网络、驱动蛋白网络、多体粒子相互作用系统为研究对象,通过解析建模、精确解分析、蒙特卡洛模拟等方法,论述常见的自驱动粒子集簇动力学现象的形成机理,建立及分析典型网络多体粒子相互作用系统,利用简单平均场理论分析、集簇平均场理论分析结合蒙特卡洛模拟剖析特征序参量,获取相图和全局斑图,总结相图拓扑结构和斑图的演化规律,探索内部诱导畴壁、内部流量的自发对称破缺及幂律分布三个典型临界现象的形成演化机理,并进一步利用精细平衡理论、鞍点法结合蒙特卡洛模拟分析典型边界条件下平衡复杂多体粒子相互作用系统,得到特征序参量的精确解,总结出序参量定量演化的普适性规律,深刻理解多体粒子相互作用系统的非平衡相变机理。

本书共13章,其内容涵盖绪论、基于实证数据的挥发性有机物污染物排放过程的控制策略研究、异质驱动扩散系统的解析分析及仿真研究、周期性边界条件下的宏观交通流模型的波动力学研究、考虑内部动力学和朗缪尔(Langmuir)动力学博弈的一维ASEP的系统集簇平均场分析研究、基于分岔理论的异质交通流模型研究、混合交通流模型的稳定性分析及其波动力学研究、基于修正的BPR函数的可降解网络可靠性研究、考虑密度依赖弛豫时间的宏观交通模型研究、考虑安全速度的混合交通模型研究、有限粒子源及无限粒子源诱发的完全异质粒子源效应作用下的多层排他网络的解析与模拟研究、异质公交线路系统中非平衡相变机理的解析及模拟研究、总结与展望。

本书得到国家自然基金项目(No. 11705042)、教育部产学合作协同育人项目(No. 202101073009)、安徽省省级质量工程项目(No. 2020kfkc400)、合肥工业大学图书出版专项基金项目(No. HGDCBJJ2020039)等项目的资助。

本书历时一年完成了全书的撰写、定稿、排版工作。著者衷心感谢合肥工业大学各级领导的关心、大力支持与帮助,感恩母校中国科学技术大学的培养与大力支持,感恩其"红专并进、理实交融"的低调、务实、求真、进取的人才培养理念及教育教学学术熏陶,感谢工作单位合肥工业大学优秀、浓厚、扎实的学术氛围及低调勤勉的工作作风,感谢国家自然基金委员会、合肥工业大学图书出版专项基金委员会、教育部、安徽省教育厅等单位的项目资助及大力支持。特别感谢合肥工业大学出版社编辑赵娜、吴毅明、任亚娟,本书课题研究团队周超凡、严博文、褚行健、张德宸、张子桓、王家伟、徐畅、李天泽、方墨林、王昊天、魏大森、张力文、张焊宇、孙浩淞、徐楚朝、王云志、何宇轩、陈冠宇、欧阳凯晨、刁剑书、龙奕、何奕辰、席远哲、赵明辰、李沐紫、汪兆辰、黄诚、叶俊峰等的大力支持及帮助。谨以本书感谢我最爱的父母,感谢你们的无私支持与帮助。

由于著者水平有限,书中难免有不足之处,敬请读者批评指正。

王玉青

2021 年 3 月于合肥工业大学

目　　录

第1章 绪 论

1.1 驱动扩散系统

驱动扩散系统是介观尺度下的多体粒子相互作用系统,在统计物理及复杂性系统科学领域具有重要的研究价值。驱动扩散系统的核心是自驱动粒子,其特点在于自驱动粒子的自身运动不受外场驱动的限制,能量来源于自身或周围的环境。一个可以运动的细胞、生物或者天体都可以看成一个自驱动粒子。一系列的粒子聚集在一起形成自驱动粒子系统。驱动扩散系统具有重要的实际应用价值,如交通流、行人流、蚁群运动、候鸟迁徙等。另外,在驱动扩散系统的研究中,最被人们关注的科学问题是如何建立合理的驱动扩散系统模型反映真实的物理现象,通过解析方法提取能够反映全局场信息的特征参量的解析解,利用计算机仿真进行模拟验证或利用大量的实证研究数据进行模型验证、修改、调整,从而最终揭示具有理论价值和实际意义的多体粒子相互作用系统中蕴含的丰富物理机制,如非平衡相变、激波演化(见图1-1～图1-3)、自发对称破缺、集簇动力学等。

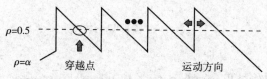

图1-1 多次激发内部诱导激波的示意图

注:ρ表示局域密度;α表示自驱动粒子进入率。

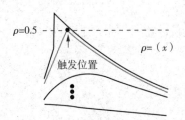

图 1-2 密度轮廓单调演变为
非单调的示意图

注:ρ 表示局域密度；

x 表示空间位置。

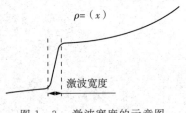

图 1-3 激波宽度的示意图

注:ρ 表示局域密度；

x 表示空间位置。

1.2 交通流

基于上述关于驱动扩散系统的描述,应重点研究一种驱动扩散系统模型即为交通流模型。目前,交通流已经发展了几十年,研究方法也越来越成熟,手段越来越先进。在众多模型中,微观模型、宏观模型、介观模型被广泛研究。具体而言,微观模型可以较真实地模拟出交通流的实际情况,但由于对车辆的描述过于细致,在模拟大规模路网时会产生巨大的运算量;宏观模型利用流体力学模型,运算较快,但其仿真模拟较粗糙,无法反映车辆的实际情况;介观模型综合考虑了微观模型和宏观模型的特点,能够较好地体现交通系统全局信息和系统中各个车辆之间的相互作用。常见的交通流模型种类极其丰富,如元胞自动机、三相交通流模型(由Kerner 和 Klenov 提出,简称 KK 模型)、连续交通流模型(由 Lighthill、Whitham 和Richards 提出,简称 LWR 模型)、各向异性连续交通流模型(由 Gupta 和 Katiyar 提出,简称 GK 模型)、格子气模型等。目前,交通流的研究大体可概括为道路交通流和网络交通流。如何建立合理的交通流模型,以描述真实的交通路况(如走走停停、突发交通意外、驾驶安全距离等),并且利用解析方法和计算机仿真或实证数据剖析所构建的交通流模型是目前亟须解决的关键科学问题。

1.3 ASEP 模型

非对称简单排他过程(asymmetric simple exclusion process,ASEP)模型的核心为自驱动粒子。ASEP 建模及解析是非常经典的,也是极其热门的研究方向。在统计物理及复杂性系统科学领域,ASEP 模型的地位等同于伊辛(Ising)模型。其能够反映出丰富的物理机制。总体而言,ASEP 模型可以分为完全非对称简单排他过程(totally asymmetric simple exclusion process,TASEP)模型、部分非对称简单排他过程(partially asymmetric simple exclusion process,PASEP)模型、衍生耦合模型。传统的 ASEP 模型研究往往集中在开边界、周期性边界、混合边界上的一维拓扑结构或者高维简单拓扑,但是对如何寻求普适性特征序参量演化规律,如何探究系统特征量的精确解,如何进行合理的系统建模并未深入研究。近些年,不同于其他成熟的模型,ASEP 模型被广泛运用于生物网络动力学、神经科学等交叉科学领域中。其构建复杂拓扑结构,寻求普适动力学演化规律,提取特征参量的精确解,以实验数据为辅助进行模型验证及调整,成为非线性动力学、复杂性系统科学、统计物理学等领域的发展趋势及热门的研究方向。耦合多通道 ASEP 系统可视为各子系统耦合随机相互作用,如图 1-4 和图 1-5 所示。此外,系统动力学是通过粒子集簇程度进行直观表征的,如图 1-6 ~ 1-8 所示。

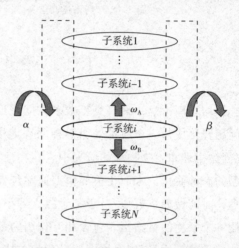

图 1-4　系统全局动力学示意图

注:α 表示外界作用势引入率;

β 表示内部系统对外界作用势的影响;

ω_A 表示子系统 i 与 $i-1$ 的相互作用率;

ω_B 表示子系统 i 与 $i+1$ 的相互作用率。

TASEP

图 1-5　子系统动力学示意图

空格点　　被粒子占据

图 1-6　低密度相 $\rho < 0.5$ 时粒子集簇程度示意图

高低密度共存

图 1-7 激波相时粒子集簇程度示意图

图 1-8 高密度相 $\rho > 0.5$ 时粒子集簇程度示意图

1.4 平均场理论

平均场理论是一种研究复杂多体问题的方法,其将数量巨大且互相作用的多体问题转化成每一个粒子处在一种弱周期场中的单体问题,该方法常见于统计物理、固体物理和生物物理的研究中。在物理学中,平均场理论是对大且复杂的随机模型的一种简化。未简化前的模型通常包含巨大数目且相互作用的小个体。平均场理论对其做如下近似:对于某个独立的小个体,所有其他个体对它产生的作用可以用一个平均的量给出。包含相互作用的多体系往往难于精确求解。若构造一个比较精确的平均场,则多体问题转化为单体问题。对于任意一个粒子而言,这种平均场近似代表的是所有其他粒子对它的作用。精确求解大体系的困难往往在于哈密顿体系中粒子的相互作用项包含大量的排列组合,如在计算配分函数时,需将所有的态进行加和。平均场的主要思想是,将其他分子加在某单体上的作用以一个有效场代替,这种办法将多体问题转化为近似等效的单体问题。在驱动扩散系统的理论研究中,平均场理论作为一种重要的技术手段及特征序参量分析方法,可高度概括为简单平均场理论、集簇平均场理论、关联平均场理论 3 种核心方法;对于简单平均场理论分析法而言,其技术核心在于将相邻两个格点的占据状态视为完全不相关,即相邻两个格点的占据状态同时存在的概率被视为等同于各自的占据状态存在概率相乘。就集簇平均场理论分析法而言,其技术核心在于将相邻两个格点或更多个格点占据状态同时存在的概率视为组态概率,利用系统的动力学演化规则,建立系统各组态概率的动力学演化方程,利用数值计算方法得到各组态概率的数值解,进而利用所建立密度、流量等特征序参量与各组态概率间的约束关系求解得到特征序参量的数值解;对于关联平均场理论分析而言,其充分考虑粒子间的空间相关性,利用条件概率解析出两个相邻格点均被粒子占据的概率,使各个格点均可推导出其关联平均场动力学方程,汇总得到关联平均场动力学方程组,并且利用数值计算方法求解得到关联密度、内部格点密度、边界密度、内部流量、边界流量等特征序参量的数值解,这与上述两种平均场分析法是不相同的。

1.5 精 确 解

精确解也称为解析解,又称为闭式解、公式解。当解析解不存在时,如高阶代数方程,该方程只能用数值分析的方法求解近似值。偏微分方程,尤其是非线性偏微分方程,通常仅存在数值解。解析表达式的准确含义依赖于何种运算称为常见运算或常见函数。传统上,只有初等函数被看作是常见函数(因为初等函数的运算总是获得初等函数,并且初等函数的运算集合具有闭包性质,所以其又称此种解为闭式解)。在实际计算过程中,多数基本函数是用数值法计算的。驱动扩散系统精确解分析往往集中于如下主流方法:基于传统统计物理分析法通过剖析系统的巨配分函数及鞍点法推导得到特征序参量的精确解、基于矩阵乘积理论结合贝特(Bethe)拟设得到驱动扩散系统流量的精确解、基于密度重整化群得到系统密度及流量的精确解、基于大偏差理论结合统计学方法得到系统流密图的精确解、基于张量网络及投影纠缠对态算法的系统密度及流量的精确解。需要特别说明的是,本书仅展示著者近几年利用传统统计物理分析法通过剖析系统的巨配分函数及鞍点法推导得到特征序参量的精确解的代表性科研工作,上述其余主流精确解分析法将于后续科研专著中系统性地展示。

1.6 蒙特卡洛模拟

蒙特卡洛模拟可细分为两大类:① 所求解的问题本身具有内在的随机性,借助计算机的运算能力可以直接模拟这种随机的过程。② 所求解的问题可以转化为某种随机分布的特征数,如随机事件出现的概率、随机变量的期望值。通过随机抽样的方法,以随机事件出现的频率估计其概率,或者以抽样的数字特征估算随机变量的数字特征,并将其作为问题的解。这种方法多用于求解复杂的多维积分问题。对于驱动扩散系统的蒙特卡洛模拟研究而言,需重点阐述传统蒙特卡洛模拟的技术局限性。传统蒙特卡洛模拟的核心局限性在于计算机生成随机数序列的伪随机性。著者所在科研团队长期致力于驱动扩散系统的蒙特卡洛模拟算法研究,不仅关注传统非对称简单排他过程简单拓扑结构,还关注在复杂网络拓扑结构中的非对称简单排他过程,并且已探索研发出新型"随机数种子发生器","随机数种子发生器"极大程度地提高了传统蒙特卡洛模拟的计算精度,尤其是其与平均场理论解析解、精确解之间的吻合度。模拟算法中网络非对称简单排他过程的哈密顿量构造为著者所在科研团队代表性科研工作的重要创新点。

1.7 本书的研究内容

本书主要以交通流模型、ASEP 模型为核心,围绕系统建模、平均场解析分析、实证数据研究、精确解分析和蒙特卡洛模拟进行研究,较为系统地体现了著者近几年的代表性科研工作。本书的具体内容及核心要点介绍如下。

第 1 章为绪论部分,介绍了驱动扩散系统、自驱动粒子、交通流、ASEP 模型的基本概念,阐述了所关注的领域的研究热点及发展趋势。

第 2 章重点分析了挥发性有机化合物(volatile organic compouds,VOCs)减排分析建模及控制策略研究,介绍了交通源、农业源、工业源、生活源的 VOCs 排放源,系统地剖析了合理的减排控制策略。

第 3 章介绍了多通道 ASEP 模型的精确解,建立了更为普适的 ASEP 模型,利用广义配分函数和鞍点法求解了系统的特征参量的精确解,并利用蒙特卡洛模拟解进行了仿真验证。

第 4 章介绍了周期性边界条件下宏观交通流模型的动力学分析,重点剖析了系统的特征参量(如速度、流量、速度方差等)的演化规律。

第 5 章介绍了考虑 Langmuir 动力学和成键、断键机制的一维 ASEP 解析分析,利用集簇平均场理论得到了描述系统动力学演化的特征参量的解析解,通过蒙特卡洛模拟解进行了模拟验证。

第 6 章介绍了异质交通流系统的分岔研究,重点剖析了两种车、三种车等典型交通系统的分岔现象,同时深入分析了系统的吸引子。

第 7 章提出了混合交通流模型,利用多种线性稳定性分析、非线性稳定性分析方法得到了系统的线性稳定性区域和非线性稳定解。

第 8 章提出了修正 BPR 函数,引入了限速策略,建立了可降解网络,计算了系统的旅行时间、均值、方差等特征参量。

第 9 章介绍了开边界条件下宏观交通流模型的动力学分析,重点剖析了系统的特征参量(如速度、流量、速度方差等)的演化规律。

第 10 章提出了 WZY 模型(由王玉青、周超凡、严博文提出,即 Wang‑Zhou‑Yan 模型的简称),充分考虑了安全速度,重点剖析特征参量的演化规律,如密度波的演化、速度波的演化等,进行了线性稳定性分析。

第 11 章构建了普适排他过程,对比分析现有传统精确解理论,揭示出传统排他过程精确解及部分异质排他网络精确解理论的局限性,提出新的精细平衡理论、主方程理论、特征矩阵及特征值理论剖析了全局及局域特征序参量精确解,并以蒙特卡洛模拟佐证理论的自洽性。

第 12 章构建异质公交线路系统,充分剖析乘客滞留站台效应、乘客异质性、公交异质性、公交容量限制等实际公交运营的影响因素,利用主方程理论剖析特征序参量定量演化规律,利用交通流基本图揭示公交集簇动力学演化规律,发展传统介观交通流理论。

第 13 章进行了本书总结和展望。

第2章 基于实证数据的 VOCs 排放过程的控制策略研究

2.1 引　言

随着工业的快速发展,VOCs 减排已引起研究者的广泛关注。学者不断提出并研究了 VOCs 排放的控制策略和处理设备。VOCs 的性质可总结如下:一方面,对于其物理性质而言,VOCs 的成分在室温下是气态的,其沸点为 $50 \sim 260℃$。另一方面,对于其化学性质而言,VOCs 的成分通常都属于挥发性有机化合物,并且为 PM2.5 的前体物。

VOCs 排放源可分为工业源、移动源、农业源和生活源。在上述 VOCs 排放源的研究工作中,以前的研究工作主要集中在移动源方面,并基于各种动力学方程提出了宏观模型,但是这些方程往往用于描述车辆速度和 VOCs 排放量之间的关系。Batterman 等(2017)研究发现,车辆内部和汽车尾气中 VOCs 的成分与工业源所产生 VOCs 成分不同,其结果表明移动源和工业源的 VOCs 检测结果相对独立。

发展中国家 VOCs 的排放比发达国家更严重,并受到人们的广泛关注。Mukherjee 等(2013)研究发现,印度的驾驶员通常暴露在高浓度的 VOCs 环境中,其 VOCs 成分包括苯、甲苯、二甲苯等。此外,利用热解-气相色谱-质谱选择检测器(TD-GC-MSD)技术,Wang 等(2020)发现:交通排放在中国珠江三角洲的 VOCs 总量中的占比最高。前人围绕 VOCs 排放进行了大量的数值模拟实验,发现排放因子是模拟实验中尤为重要的特征参量,与平均行驶速度、道路状况、全局流量、车辆密度、车辆的内燃机功率等因素有关。人们的最新研究工作除了检测目标区域中的 VOCs 排放量外，还提出了用于模拟和预测 VOCs 的排放量的模型。Zhong 等(2018)提出了一种 VOCs 排放模型，该模型结合超细粒子(ultra - fine particles，UFP)多组分动力学研究地形特征对 VOCs 排放的影响及 VOCs 与大尺度大气流的相互作用。Shi(2020)建立模型，用于描述多泊位锚地油轮作业情况下 VOCs 的扩散机理。此外，最新的 VOCs 研究利用大气扩散模型评估移动源和生物源对 VOCs 排放量的影响、车辆种类和道路实时流量对 VOCs 排放因子的影响等。

以前对 VOCs 的研究主要集中在 VOCs 的移动源排放上，虽然有研究者曾提出利用 VOCs 排放模型描述 VOCs 排放的全过程，但是存在两个核心问题：① 前人的研究缺乏充足的 VOCs 排放实证数据；②VOCs 的减排控制策略尚未得到充分研究。

基于上述研究及存在的问题，本书将对如下关键科学问题进行研究。

(1)基于实证数据的 VOCs 排放过程控制策略的提出是本工作需要解决的关键科学问题之一。

(2)基于提出的 VOCs 排放控制策略，寻求最优解是本工作需要解决的另一关键科学问题。

本书选择我国安徽省作为研究对象，所用的数据样本集包含安徽省 16 个城市 1776 家企业的 VOCs 排放数据。需要指出的是，著者考虑了完整的 VOCs 排放源(包括工业源、农业源、生活源和移动源)，而不是仅仅关注移动源。对于工业源，著者研究了企业的产值与 VOCs 排放量之间的定量和定性关系，并找到了最优解；对于移动源，著者考虑了各个市的车辆保有量权重对 VOCs 排放量的影响；对于生活源，著者考虑了人口数目与 VOCs 排放之间的关系，并且考虑了城市和农村 VOCs 排放特征的差异性，同时考虑了农村地区秸秆焚烧造成的 VOCs 排放。著者提取并讨论了这些因素共同导致的 VOCs 排放量曲线的极值，并且通过研究生活源的 VOCs 排放量，得到 VOCs 排放量极值对应的能源结构和相应的人口数目阈值。

本章后续的研究内容按照如下思路进行撰写：首先，提出减少 VOCs 排放的控制策略；其次，获得 VOCs 排放因子和 VOCs 排放之间的定量和定性关系，进而导出控制变量的最优解；最后，给出控制策略的应用，提出 VOCs 减排系统的流程图，并且进行了本书研究工作的总结和概括。

2.2 VOCs 减排控制策略

著者利用数值分析,提出了基于考虑 4 种排放源的 VOCs 减排控制策略。图 2-1 显示了工业源排放情况,描述了企业产值与 VOCs 排放量之间的关系。需要强调的是,统计数据的样本集是从安徽省 8 个城市的数据中提取的。通过拟合数据点获得图 2-1 中的实线。具体而言,著者利用多项式拟合算法,得到企业产值与 VOCs 排放量之间的定量关系,其表达式具体如下所示:

$$T_E = 0.01 + 0.0047V_A - 2.396 \times 10^{-5}V_A{}^2 + 5.445 \times 10^{-8}V_A{}^3 \quad (2-1)$$

式中,T_E 为 VOCs 排放量;V_A 为企业产值。

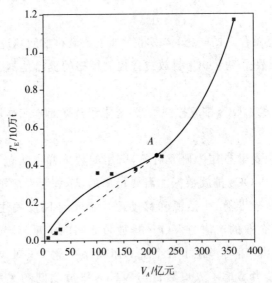

图 2-1 企业产值与 VOC 排放量的关系图

注:A 点描述了最优解;虚线表示通过数值分析获得的拟合曲线的切线;
横轴意味着电子行业的企业产值。

从图 2-1 可以看出,VOCs 排放量随着企业产值的增加而增加。具体而言,当 V_A 为 $0 \sim 175$ 亿元时,T_E 增加相对较慢;当 V_A 超过 175 亿元时,T_E 随着 V_A 的增加而快速增加。根据式(2-1),可以从如下等式中获得其最优解,即

$$\begin{cases} \left[s(z) - t(z) \right]\big|_{z=z_0} = 0 \\ s'(z)\big|_{z=z_0} = t'(z) \end{cases} \quad (2-2)$$

式中,$s(z)$ 为式(2-1) 所示的拟合曲线;$t(z)$ 为式(2-1) 所示拟合曲线的切线。

图 2-1 的最优解对应点 A,其具体坐标为(220.057,0.456),物理含义为每单位企业产值的最小 VOCs 排放量。因此,可以推导出相应的控制策略,具体可表示为,VOCs 排放曲线越接近临界点(220.057,0.456),VOCs 排放量越低。因此,可得出如下结论:若图 2-1 中的斜率相对较小,则不需要花费太多资源来控制 VOCs 排放。若斜率较大,则应采取相应措施控制企业的 VOCs 排放,以防止其排放量快速增加。

上述控制策略的提出与下列事实也相对应:首先,一般的工业活动行为会产生 VOCs,因此企业的产值越大,VOCs 排放量越大。在企业产值相对较低的情况下,企业一般不注重 VOCs 排放的处置和控制。因此,当企业产值相对较小时,VOCs 排放量随着企业产值的增加而迅速增加。其次,若企业产值过高,企业无有效的方法控制 VOCs 排放。因此,当企业产值相对较高时,VOCs 排放也随着企业产值的快速增加而增加。但是当产值保持在适当的范围内时,企业或政府可以采用有效的方法控制 VOCs 排放,从而不会对环境产生负面影响。

对于移动源,图 2-2 显示了汽车保有量与 VOCs 排放的关系。本节收集了安徽省 16 个城市的相关数据,获得如下拟合曲线方程:

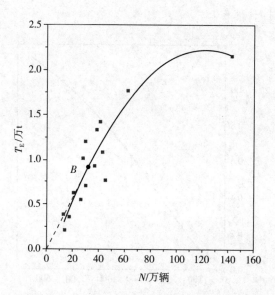

图 2-2　汽车保有量与 VOCs 排放量的关系图

注:B 点描述了最优解;蓝色虚线表示通过数值分析得到的拟合曲线的切线;

水平轴表示汽车保有量。

$$T_E = -0.174 + 0.039N - 1.61 \times 10^{-4}N^2 \qquad (2-3)$$

式中,N 为车辆数目的权重。

由图 2-2 可以看出,VOCs 排放量通常随着汽车保有量的增加而增加。车辆数量直接决定了车辆数量的权重大小,随着车辆数量的增加,VOCs 排放量将增加。因此,通过控制车辆数量可以有效地控制 VOCs 的排放。然而,当汽车保有量相对较大时,VOCs 的排放量并没有按比例增加,其原因如下:首先,在车辆数量达到较高水平后,政府开始着眼于解决移动源的 VOCs 排放问题,因此 VOCs 排放量可以得到较好控制。其次,随着车辆数量的增加,道路交通情况会随之恶化。而由于车辆受交通拥堵的约束,VOCs 排放量的增加受到抑制。另外,通过联立式(2-2)和式(2-3)也可以得到相应的最优解,其具体坐标为(32.9,0.946)(见图 2-2 中的点 B)。基于图 2-1 可知,即距离 B 点越远,VOCs 的减排控制策略效果越差。

对于农业源而言,图 2-3 说明了由秸秆燃烧引起的 VOCs 排放与农村人口之间的关系,其样本集包括从安徽省 8 个城市收集的数据,拟合曲线方程如下所示:

$$T_E = 1.967\left[1 - \frac{1}{1 + (N_{rp}/500.482)^{1.589}}\right] \qquad (2-4)$$

式中,N_{rp} 表示农村人口。

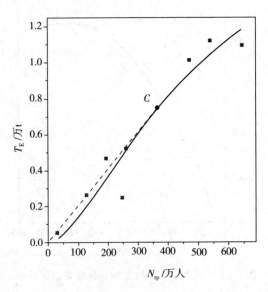

图 2-3　农村人口与 VOCs 排放量的关系图(由秸秆燃烧引起的 VOCs 排放)

注:C 点描述了最优解;虚线表示通过数值分析获得的拟合曲线的切线;横轴意味着农村人口。

由图 2-3 可以看出，VOCs 排放量随着人口的增加而增加。然而，当人口数量相对较大时，VOCs 排放量增加相对较慢。因为将采用更先进的技术来处理秸秆增加，抑制秸秆燃烧造成的 VOCs 排放。此外，基于式（2-2）和式（2-4），最优解可以表示为（363.34，0.75），其可以由图 2-3 中的点 C 反映。基于图 2-2 可知，距离点 C 越远，控制策略的效果越差。

对于生活源而言，有效的生活源控制策略将大幅减少扩散到环境中的 VOCs。为了同时描述 VOCs 总排放量和每单位人口的 VOCs 排放量的权重关系，本书分析了相关统计学数据，并绘制出图 2-4。如图 2-4 所示，化石燃料燃烧引起的 VOCs 排放量和每单位人口的 VOCs 排放量与城市人口之间大致呈线性关系，具体可表示如下：

$$T_E \overline{T}_E = 6.199 \times 10^{-9} + 3.775 \times 10^{-10} N_{up} \tag{2-5}$$

式中，N_{up} 表示城市人口；$\overline{T}_E$ 表示 VOCs 排放量的平均值。

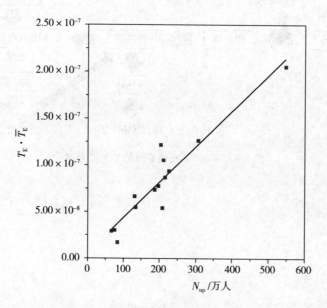

图 2-4　城市人口与 VOCs 排放量的关系图（由化石燃料燃烧引起的 VOCs 排放）

在实际的工业应用中，VOCs 处理系统通常包括两个风扇：一个在入口处，另一个在出口处。入口处的风扇将 VOCs 吸入处理系统后，VOCs 中的颗粒物质通过织物过滤器在除尘系统中分离，然后 VOCs 在热交换室中预热到达着火点（在其他情况下，过热的 VOCs 将在着火点以上适当冷却）。之后，VOCs 通过含有颗粒活性炭的活性炭吸附系统。其中,与柱活性炭相比,粒状活性炭具有更大的比表面积、更高的效率和更低的活性,因而使活性炭更稳定。为了反复使用活性炭,通过"热风吹扫"将热解过程考虑到 VOCs 处理工艺中。应用加压系统使 VOCs 在系统中循环并进行冷凝。在燃烧室中,存在 3 种类型的燃烧,即再生热氧化、再生催化氧化和催化氧化。此外,本书研究设计的 VOCs 处理系统中还包含防止回火装置、安装在燃烧室和浓缩室之间的安全阀,以及用于检测燃烧室中 VOCs 浓度的浓度传感器。如果燃烧室中的气体达到排放标准,那么出口处的风扇将气体排出系统。VOCs 处理系统的工艺流程图如图 2-5 所示。需要强调的是,基于完整的 VOCs 排放源(工业源、移动源、农业源和生活源),在对实证数据进行数值分析的基础上,通过多项式拟合和其他数值计算方法推导出最优解,为本书研究提出的 VOCs 排放控制策略和设计 VOCs 处理设备提供了依据。

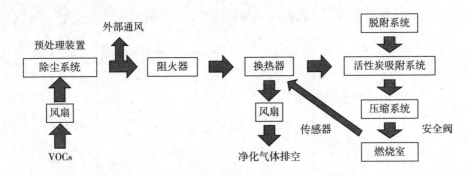

图 2-5　VOCs 处理系统的工艺流程图

第3章 异质驱动扩散系统的
解析分析及仿真研究

3.1 引 言

驱动扩散系统在非平衡统计力学中具有重要的研究价值,因为其能够直观地反映深刻的非平衡动力学机制,并包含丰富的非平衡特征。TASEP 是较关键的驱动扩散系统之一,其特点在于自驱动粒子沿着一维离散格子以特定的速率进行运动。受到硬核排斥作用的影响,TASEP 可以很好地描述复杂的非平衡动力学现象,如交通流、行人流、量子点运输、细胞间运输、转录因子输运等。因此,作为一种类似于 Ising 模型的范式模型,TASEP 在帮助人们理解集簇动力学理论等方面有突出优势,如集簇动力学、自发对称性破缺、畴壁理论、相分离等,引起研究者的广泛关注。

通常,子系统之间的相互作用对驱动扩散系统全局的非平衡特性有很大的影响。对于传统的一维 TASEP,该系统可通过平均场分析和精确解分析两种方法进行研究。而对于多通道 TASEPs,其系统是由基于一维 TASEP 的若干个子系统构成的。需要说明的是,前人的研究工作主要局限于利用平均场近似进行给定特征参量情况下 TASEP 系统的动力学演化规律探究,但是关于 TASEP 系统的精确解研究工作偏少。而工作相比于传统的平均场近似方法,TASEP 系统的精确解研究更易得到 TASEP 系统特征参量动力学演化的普适性规律。此外,Ezaki 和 Nishinari 在 2011 年和 2012 年进行了开创性工作,即关于对称换道率情况下多通道 TASEPs 组成的异质系统精确解的分析。具体而言,Ezaki(2011)研究认为对称换道率即为各个子系统的向上换道率和向下换道率彼此相等,并且数值上均等于 χ_i。然而,任意两个子系统的换道率不同($\chi_i \neq \chi_j, \forall i \neq j$),因此 Ezaki 于 2011 年和 2012 年的研究仅仅考虑了部分异质相互作用的情况。之后,Wang 等(2017)分析了两种强约束条件下的非对称换道行为,分别研究了两种特殊情况(内部换道率相等和外部换道率相等),其也是仅仅考虑了部分异质相互作用。

不同于前人的研究工作,本书的创新点在于考虑了多通道 TASEPs 间的充分异质相互作用,与实际的输运问题有很好的关联性:一种情况是对于交通流,车辆可以沿着各自的车道行驶或以不同的速率进行换道;另一种情况是分子马达的自输运行为。实际上,分子马达的输运行为可以总体分为沿着微管细丝的定向输运、以不同的吸附率吸附到微管细丝上、以不同的脱附率脱附到周围的细胞质环境中3种情况。因此,上述现象可以通过本书研究进行建模(具有不对称的异质换道率的多通道 TASEPs)。实际上,前人的研究没有充分考虑系统的异质性,仅讨论了对称的异质相互作用,因此得出的结论缺乏普适性,并且没有完全反映出随机系统的特征参量(如流量、密度等)对系统全局特性的影响。

本书引入非对称的异质相互作用,以充分反映子系统间的异质性。具体而言,通道 i 和 $i-1$ 之间的相互作用不等于通道 i 和 $i+1$ 之间的相互作用,意味着异质相互作用是不对称的。另外,每条车道的换道率可以任意设定。因此,本书的研究目标是研究具有完全异质相互作用的驱动扩散系统,提出由多个 TASEPs 组成周期性边界的二维随机系统。需要说明的是,相邻子系统之间的非对称换道率主导了系统的非平衡动态特性。本书提出了一个具有普适性的多通道异质 TASEPs 系统,其能够更好地描述真实的输运现象,构建系统的细致平衡方程,充分考虑粒子各组态间的动力学演化关系,分析各个通道之间的密度权重,利用平均场分析和蒙特卡洛模拟得到了系统的特征序参量的普适解,计算更复杂的拓扑结构。最后,本书研究充分对比分析了3种完整的情况下(完全异质系统、部分异质系统、均质系统)系统的总流量、全局密度、更新率之间的关系。

3.2　数理模型

本书所构建的数理模型示意图如图 3-1 所示(部分图扫描右侧二维码)。

本书使用了二维周期性边界条件和随机更新规则。具体而言,图 3-1 所示的系统是由 K 个子系统所构成,其中该系统的系统尺寸为 L。鉴于系统的边界条件为周期性边界,因此通道 $i+K$ 等效于 i。在本书研究中,$K>2$

数理模型示意图
(图 3-1)

被引入,即计算中至少含有两条 TASEP 通道,这种情况下可以确保各个子系统具有两个相邻的 TASEP 通道。在该模型中,二进制参数 $\tau_{i,j}(i=1,\cdots,K,j=1,\cdots,L)$ 定义为所选粒子位置的状态。在极小的时间间隔 $\mathrm{d}t$ 中,如果 $\tau_{i,j}=1$ 和 $\tau_{i-1,j}=0$,那么在通道 i 中被选中的粒子可以以向上更新率 ω_i^{u} 更新至通道 $i-1$ 的相应位置处。类似地,若 $\tau_{i,j}=1$ 和 $\tau_{i+1,j}=0$,则所选择的粒子可以以向下更新率 ω_i^{d} 进入 $i+1$ 通道中。粒子进行更新的前提是目标位置为空。若 $\tau_{i,j}=1$ 和 $\tau_{i,j+1}=0$,则所选择的粒子可以以向前更新率 P_i 向前更新。系统考虑的是完全异质相互作用,因此约束条件 $\omega_i^{\mathrm{u}} \neq \omega_i^{\mathrm{d}}$ 成立。由此可知,向上更新率 ω_i^{u}、向下更新率 ω_i^{d} 和向前更新率 P_i 决定了该系统的动力学机制。

作为更新规则,每个子系统在更新粒子前进方向上均是周期性边界条件,因此各个子系统 i 的动力学在空间上是相互独立的,即彼此等价。此外,每个子系统的密度轮廓也反映出各个子系统的空间独立性。每个子系统的粒子组态动力学主要由相邻子系统之间的异质相互作用控制。总体而言,本书提出的驱动扩散系统动力学主要受各个子系统间异质相互作用的影响,究其原因在于各个子系统间的异质相互作用能够定量地反映相邻子系统之间的相互作用,并且直接影响子系统的局部密度。在特殊情况下($\omega_i^{\mathrm{u}}=\omega_i^{\mathrm{d}}$ 时),本书构建的数理模型将退化为 Ezaki(2011) 的模型。另外,当所有组态转化率彼此相等时,本书构建的完全异质系统将演变为完全同质系统。

3.3　细致平衡

基于细致平衡条件,粒子组态 $\{\tau_{i,j}\}_i$ 可以描述子系统 i 中的粒子组态。类似地,f_i 被设定为在 i 中格点上存在粒子的可能性。由于每个子系统中格点位置的同质性,每个格点可以用相同的 f_i 表示权重。系统的配分函数可表示为

$$Z_{L,N,K} = \sum \prod_{i=1}^{K} \psi_i(M_i) f(\{\tau_{i,j}\}_i) \tag{3-1}$$

式中,N 为总粒子数;$\psi_i(M_i)f(\{\tau_{i,j}\}_i)$ 表示子系统 i 包含具有 $\{\tau_{i,j}\}_i$ 的 M_i 个粒子的组态的发生率。因此,$\prod_{i=1}^{k} \varphi_i(M_i)f(\{\tau_{i,j}\}_i)$ 表示 N 个粒子组态分布为 $\{\tau_{i,j}\}$ 情况的发生率。

对于子系统 i，每个粒子具有相同的属性。因此，子系统 i 的内部可以被视为同质系统。不同的 $\{\tau_{i,j}\}_i$ 的权重应该与特定的 M_i 相等。此外，它也等于 M_i 个粒子在子系统 i 中所占据情况的发生权重。因此，其满足如下约束：

$$\psi_i(M_i) f(\{\tau_{i,j}\}_i) = f_i^{M_i} \tag{3-2}$$

在这种情况下，权重可分为 $C_L^{M_i}$ 种，因此式（3-2）可以改写为

$$Z_{L,N,K} = \sum_{M_1=0}^{L} \cdots \sum_{M_K=0}^{L} \prod_{i=1}^{K} f_i^{M_i} \begin{bmatrix} L \\ M_i \end{bmatrix} \times \delta\left(\sum_{i=1}^{K} M_i - N\right) \tag{3-3}$$

对于给定的粒子组态 $\{\tau_{i,j}\}$，$P\{\tau_{i,j}\}$ 满足如下约束：

$$P\{\tau_{i,j}\} = Z_{L,N,K}^{-1} \prod_{i=1}^{K} f(\{\tau_{i,j}\}_i) = Z_{L,N,K}^{-1} \prod_{i=1}^{K} f_i^{M_i} \tag{3-4}$$

式中，约束 $\sum_i \sum_j P\{\tau_{i,j}\} = 1$ 成立。因为所有组态出现的概率之和 $\sum P\{\tau_{i,j}\}$ 是完备的。

此外，本书还引入主方程来说明组态演化动力学：

$$\frac{\partial P(C)}{\partial t} = \sum_{C' \neq C} \{P(C') W(C' \to C) - P(C) W(C \to C')\} = 0 \tag{3-5}$$

式中，组态 C 和 C' 分别表示组态更新前后的状态；$P(C)$ 表示组态 C 的发生率；$W(C \to C')$ 表示从 C 到 C' 的转换率。

粒子可以在每个通道中执行更新或者转换到另一个通道，因此可以定义 4 个状态为 C_1'、C_1''、C_2' 和 C_2''。其中，C_1' 和 C_1'' 都表示由换道引起的组态，C_2' 和 C_2'' 都是表示由粒子更新引起的组态变化。此外，C_1' 和 C_2' 都表示从原始状态 C 产生的中间态的粒子组态，而 C_1'' 和 C_2'' 表示粒子位置更新前的组态，即 C_1'' 和 C_2'' 将变换为 C。因此，式（3-5）可以改写为

$$\frac{\partial P(C)}{\partial t} = \sum_{C_1'} P(C) W(C \to C_1') - \sum_{C_1''} P(C_1'') W(C_1'' \to C)$$
$$+ \sum_{C_2'} P(C) W(C \to C_2') - \sum_{C_2''} P(C_2'') W(C_2'' \to C) = 0$$

$$\tag{3-6}$$

实际上，给定的 C_2' 和 C_2'' 满足约束条件 $W(C \to C_2') = W(C_2'' \to C)$。究其原因是 $W(C_2' \to C)$ 和 $W(C_2'' \to C)$ 都为等概率的转换率。鉴于模型的拓扑结构对称性，C_2'

的数量应该等于 C_2'' 的数量。此外,给定的 C_2'' 满足约束条件 $P(C) = P(C_2'')$,所以 C 和 C_2'' 之间的差异只是粒子的特定位置,而粒子的数量保持不变。因此,可以导出以下等式:

$$\begin{cases} \sum_{C_2'} P(C) W(C \rightarrow C_2') - \sum_{C_2''} P(C_2'') W(C_2'' \rightarrow C) = 0 \\ \sum_{C_1'} P(C) W(C \rightarrow C_1') - \sum_{C_1''} P(C_1'') W(C_1'' \rightarrow C) = 0 \end{cases} \quad (3-7)$$

基于系统中粒子的更新规则和模型拓扑结构的对称性,由 C 生成的任何组态也可以通过执行换道行为回归组态 C,这意味着每个 C_1' 满足 C_1''。类似地,每个 C_1'' 也满足 C_1'。

C_1' 和 C_1'' 具有相同的物理意义,即它们是等价的。因此,式(3-7)中的第二个表达式可以重写为

$$\sum_{C_1'} P(C) W(C \rightarrow C_1') - \sum_{C_1'} P(C_1') W(C_1' \rightarrow C) = 0 \quad (3-8)$$

因为组态 C 满足 $\{\tau_{1,j}\}_1 = \{\tau_{2,j}\}_2 = \cdots = \{\tau_{i-1,j}\}_{i-1} = \{\tau_{i+1,j}\}_{i-1} = \cdots = \{\tau_{K,j}\}_K$ 且 i 中的粒子数比其余任何通道中的粒子数都要多,所以 $\tau_{i,j} = 1$ 和 $\tau_{s,j} = 1$ 满足于任意 j 和 $s(j \in \{1, \cdots, L\}, s \in \{1, \cdots, i-1, i+1, \cdots, K\})$。但是,至少有一个值 $h(h \in \{1, \cdots, L\})$ 满足 $\tau_{i,h} = 1$ 和 $\tau_{s,h} = 0$,且通道 $1, \cdots, i-1, i+1, \cdots, K$ 中的粒子不能执行换道行为,这时相应的粒子更新至相邻通道。图 3-2 和图 3-3 所示分别为这种转变前和转变后的相应状态。

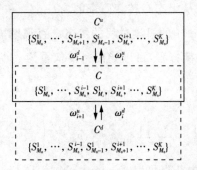

图 3-2　组态 $C(\{S_{M_0}^1, \cdots, S_{M_0}^{i-1}, S_{M_i}^i, S_{M_0}^{i+1}, \cdots, S_{M_0}^K\})$ 和其他组态间的动态转化

注:组态 C 与组态 $C^u(\{S_{M_0}^1, \cdots, S_{M_{i+1}}^{i-1}, S_{M_i-}^i, S_{M_0}^{i+1}, \cdots, S_{M_0}^K\})$ 间的动态转化通过实线框体现,而组态 C 与组态 $C^d(\{S_{M_0}^1, \cdots, S_{M_0}^{i-1}, S_{M_i}^i, S_{M_0+1}^{i+1}, \cdots, S_{M_0}^K\})$ 间的动态转化通过虚线框体现。

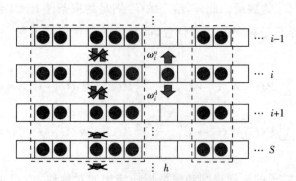

图 3-3　相邻子系统之间的换道行为

注：h 表示相关格点；虚线框表示相同的组态；箭头显示允许的更新，而叉号显示禁止的更新。

对于组态 C，相应的概率 $P\{(\tau_{i,j})\}$ 变成

$$P(\{\tau_{i,j}\}) = Z_{L,N,K}^{-1} f(\{\tau_{i,j}\}_i) = Z_{L,N,K}^{-1} f_i^{M_i} \prod_{j \neq i} f_j^{M_0} \qquad (3-9)$$

式中，M_0 表示在通道 1 中分布的其余粒子的数量。类似地，对于组态 C_1'，相应的概率可表示为

$$\begin{cases} P(\{\tau_{i,j}\}^u) = Z_{L,N,K}^{-1} f_i^{M_i-1} f_{i-1}^{M_0+1} \prod_{j \neq i,i-1} f_j^{M_0} \\ \\ P(\{\tau_{i,j}\}^d) = Z_{L,N,K}^{-1} f_i^{M_i-1} f_{i+1}^{M_0+1} \prod_{j \neq i,i+1} f_j^{M_0} \end{cases} \qquad (3-10)$$

式(3-10)对应于通道 i 中的粒子移动到通道 $i-1$ 和通道 $i+1$ 的情况。实际上，$\{\tau_{i,j}\}^u$ 和 $\{\tau_{i,j}\}^d$ 都是从组态 C 转变而来的。$\{\tau_{i,j}\}^u$ 和 $\{\tau_{i,j}\}^d$ 分别表示 i 中的粒子分别更新至 $i-1$ 和 $i+1$ 的过渡过程的组态。直观地描述细致平衡方程显示在图 3-3 中。利用细致平衡方程，可以导出密度权重为

$$f_{i+1}\,\omega_{i+1}^u + f_{i-1}\,\omega_{i-1}^d - f_i\,\omega_i^u - f_i\,\omega_i^d = 0 \qquad (3-11)$$

$$f_i = \frac{1}{2K\,\omega_i^d}\left(1 + \sum_{j=1}^{K-1} \prod_{m=1}^{j} \frac{\omega_{i+m}^u}{\omega_{i+m}^d}\right) + \frac{1}{2K\,\omega_i^u}\left(1 + \sum_{j=1}^{K-1} \prod_{m=1}^{j} \frac{\omega_{i+K-m}^d}{\omega_{i+K-m}^u}\right) \qquad (3-12)$$

因此，从式(3-12)中获得可以 $f = 1/\omega$。当 $\omega_i^u = \omega_i^d = \omega$ 时，意味着本章推广了 Ezaki 等(2011)的研究工作。

此外，本章还进行了图 3-1 所示系统特征参量的分析和仿真，利用中值定理等进行分析，得到特征参量的解析解。具体而言，全局密度 ρ 可表示为

$$\rho = \frac{N}{L} = \sum_{i=1}^{K} \frac{z\left[\frac{1}{2K\,\omega_i^{\mathrm{d}}}\left(1+\sum_{j=1}^{K-1}\prod_{m=1}^{j}\frac{\omega_{i+m}^{\mathrm{u}}}{\omega_{i+m}^{\mathrm{d}}}\right)+\frac{1}{2K\,\omega_i^{\mathrm{u}}}\left(1+\sum_{j=1}^{K-1}\prod_{m=1}^{j}\frac{\omega_{i+K-m}^{\mathrm{d}}}{\omega_{i+K-m}^{\mathrm{u}}}\right)\right]}{1+z\left[\frac{1}{2K\,\omega_i^{\mathrm{d}}}\left(1+\sum_{j=1}^{K-1}\prod_{m=1}^{j}\frac{\omega_{i+m}^{\mathrm{u}}}{\omega_{i+m}^{\mathrm{d}}}\right)+\frac{1}{2K\,\omega_i^{\mathrm{u}}}\left(1+\sum_{j=1}^{K-1}\prod_{m=1}^{j}\frac{\omega_{i+K-m}^{\mathrm{d}}}{\omega_{i+K-m}^{\mathrm{u}}}\right)\right]}$$

$$(3-13)$$

式中，z 表示式（3-13）的根。具体而言，对于特定的系统，全局密度 ρ 也是给定的，因为预设了 L、K 和 N 的具体取值，因此 z 可以从式（3-13）获得，进而得到局部密度 ρ_i 为

$$\rho_i = \frac{z\left[\frac{1}{2K\,\omega_i^{\mathrm{d}}}\left(1+\sum_{j=1}^{K-1}\prod_{m=1}^{j}\frac{\omega_{i+m}^{\mathrm{u}}}{\omega_{i+m}^{\mathrm{d}}}\right)+\frac{1}{2K\,\omega_i^{\mathrm{u}}}\left(1+\sum_{j=1}^{K-1}\prod_{m=1}^{j}\frac{\omega_{i+K-m}^{\mathrm{d}}}{\omega_{i+K-m}^{\mathrm{u}}}\right)\right]}{1+z\left[\frac{1}{2K\,\omega_i^{\mathrm{d}}}\left(1+\sum_{j=1}^{K-1}\prod_{m=1}^{j}\frac{\omega_{i+m}^{\mathrm{u}}}{\omega_{i+m}^{\mathrm{d}}}\right)+\frac{1}{2K\,\omega_i^{\mathrm{u}}}\left(1+\sum_{j=1}^{K-1}\prod_{m=1}^{j}\frac{\omega_{i+K-m}^{\mathrm{d}}}{\omega_{i+K-m}^{\mathrm{u}}}\right)\right]}$$

$$(3-14)$$

实际上，ρ 在较大程度上依赖于 ρ_i。同样，给出局部流量的情况为

$$J_i = p_i \frac{z\left[\frac{1}{2K\,\omega_i^{\mathrm{d}}}\left(1+\sum_{j=1}^{K-1}\prod_{m=1}^{j}\frac{\omega_{i+m}^{\mathrm{u}}}{\omega_{i+m}^{\mathrm{d}}}\right)+\frac{1}{2K\,\omega_i^{\mathrm{u}}}\left(1+\sum_{j=1}^{K-1}\prod_{m=1}^{j}\frac{\omega_{i+K-m}^{\mathrm{d}}}{\omega_{i+K-m}^{\mathrm{u}}}\right)\right]}{\left\{1+z\left[\frac{1}{2K\,\omega_i^{\mathrm{d}}}\left(1+\sum_{j=1}^{K-1}\prod_{m=1}^{j}\frac{\omega_{i+m}^{\mathrm{u}}}{\omega_{i+m}^{\mathrm{d}}}\right)+\frac{1}{2K\,\omega_i^{\mathrm{u}}}\left(1+\sum_{j=1}^{K-1}\prod_{m=1}^{j}\frac{\omega_{i+K-m}^{\mathrm{d}}}{\omega_{i+K-m}^{\mathrm{u}}}\right)\right]\right\}^2}$$

$$(3-15)$$

同理，可以获得粒子数的期望 $<n_i>$ 为

$$<n_i> = \frac{zL\left[\frac{1}{2K\,\omega_i^{\mathrm{d}}}\left(1+\sum_{j=1}^{K-1}\prod_{m=1}^{j}\frac{\omega_{i+m}^{\mathrm{u}}}{\omega_{i+m}^{\mathrm{d}}}\right)+\frac{1}{2K\,\omega_i^{\mathrm{u}}}\left(1+\sum_{j=1}^{K-1}\prod_{m=1}^{j}\frac{\omega_{i+K-m}^{\mathrm{d}}}{\omega_{i+K-m}^{\mathrm{u}}}\right)\right]}{1+z\left[\frac{1}{2K\,\omega_i^{\mathrm{d}}}\left(1+\sum_{j=1}^{K-1}\prod_{m=1}^{j}\frac{\omega_{i+m}^{\mathrm{u}}}{\omega_{i+m}^{\mathrm{d}}}\right)+\frac{1}{2K\,\omega_i^{\mathrm{u}}}\left(1+\sum_{j=1}^{K-1}\prod_{m=1}^{j}\frac{\omega_{i+K-m}^{\mathrm{d}}}{\omega_{i+K-m}^{\mathrm{u}}}\right)\right]}$$

$$(3-16)$$

此外，可以获得粒子数的方差 $D<n_i>$ 为

$$D<n_i> = \frac{zL\left[\frac{1}{2K\,\omega_i^{\mathrm{d}}}\left(1+\sum_{j=1}^{K-1}\prod_{m=1}^{j}\frac{\omega_{i+m}^{\mathrm{u}}}{\omega_{i+m}^{\mathrm{d}}}\right)+\frac{1}{2K\,\omega_i^{\mathrm{u}}}\left(1+\sum_{j=1}^{K-1}\prod_{m=1}^{j}\frac{\omega_{i+K-m}^{\mathrm{d}}}{\omega_{i+K-m}^{\mathrm{u}}}\right)\right]}{\left\{1+z\left[\frac{1}{2K\,\omega_i^{\mathrm{d}}}\left(1+\sum_{j=1}^{K-1}\prod_{m=1}^{j}\frac{\omega_{i+m}^{\mathrm{u}}}{\omega_{i+m}^{\mathrm{d}}}\right)+\frac{1}{2K\,\omega_i^{\mathrm{u}}}\left(1+\sum_{j=1}^{K-1}\prod_{m=1}^{j}\frac{\omega_{i+K-m}^{\mathrm{d}}}{\omega_{i+K-m}^{\mathrm{u}}}\right)\right]\right\}^2}$$

$$(3-17)$$

对于每个子系统,在任意两个位置上有粒子或没有粒子的概率是相同的。根据大数定律,当系统尺寸 L 足够大时,n_i/L 收敛于 ρ_i,其可以表示为

$$P\left(\left|\frac{n_i}{L}-\rho_i\right|>\delta\right)<\varepsilon \tag{3-18}$$

式中,任意正数 δ 和 ε 均成立。

本章还分析了完全异质相互作用对全局流量的影响。基于式(3-15),可导出总流量 J_{total} 的最大值 J_{max} 为

$$J_{max}=\sum_{i=1}^{K}\left\{0.25\left(p_i\sum_{i=1}^{K}\frac{1}{p_i}-0.5K+\frac{N}{L}\right)\left(p_i\sum_{i=1}^{K}\frac{1}{p_i}+0.5K-\frac{N}{L}\right)\Big/\left[p_i\left(\sum_{i=1}^{K}\frac{1}{p_i}\right)^2\right]\right\} \tag{3-19}$$

相应的极值条件是各通道向上和向下更新率分别是初值的 r 倍和 $1/r$ 倍,即

$$\frac{z\left[\frac{1}{2K\,\omega_i^d}\left(1+\sum_{j=1}^{K-1}\prod_{m=1}^{j}\frac{\omega_{i+m}^u}{\omega_{i+m}^d}\right)+\frac{1}{2K\,\omega_i^u}\left(1+\sum_{j=1}^{K-1}\prod_{m=1}^{j}\frac{\omega_{i+K-m}^d}{\omega_{i+K-m}^u}\right)\right]}{1+z\left[\frac{1}{2K\,\omega_i^d}\left(1+\sum_{j=1}^{K-1}\prod_{m=1}^{j}\frac{\omega_{i+m}^u}{\omega_{i+m}^d}\right)+\frac{1}{2K\,\omega_i^u}\left(1+\sum_{j=1}^{K-1}\prod_{m=1}^{j}\frac{\omega_{i+K-m}^d}{\omega_{i+K-m}^u}\right)\right]}$$

$$=\frac{0.5\left(p_i\sum_{i=1}^{K}\frac{1}{p_i}-0.5K+\frac{N}{L}\right)}{p_i\sum_{i=1}^{K}\frac{1}{p_i}} \tag{3-20}$$

此外,特征序参量的解析解和蒙特卡洛模拟解如图 3-4 ~ 图 3-13 所示。

在模拟过程中,总时间的机器时间步为 10^{10},此时能够获得稳态特征参量的模拟解。此外,保留最终 90% 的机器时间步以确保系统进入稳态。具体而言,图 3-4 所示为全局密度 ρ、子系统密度 ρ_i 和子系统流量 J_i 之间的关系。由图 3-4 可知,由于子系统之间的异质相互作用,J_i 对给定的全局密度 ρ 有影响。然而,由于 TASEP 的最大流量限制,J_i 不随 ρ 单调变化。另外,由于构建的 TASEP

特征序参量的解析解
和蒙特卡洛模拟解
(图 3-4 ~ 图 3-13)

系统的异质性,各个子系统的流量 J_i 峰值所对应的 ρ 也随着子系统的不同而不同。每个子系统中的最大流量满足 $0.25p_i$,这可以通过式(3-14)和式(3-15)得出。此外,子系统的流量与子系统的密度满足约束 $J_i=\rho_i(1-\rho_i)$。每个通道中的

流量随着前向率的增加而线性增加,相应的结论可以由图 $3-4(c)$ 得出。具体而言,完全异质相互作用(相邻子系统之间的不对称换道率)导致了各个子系统密度轮廓的定量变化,从而得到不同的粒子集簇状态。换而言之,完全异质相互作用导致各个子系统产生不同的随机动力学,其包括密度轮廓的变化、流量的变化等。

为了突出组态转换率对子系统流量的影响,本书引入了缩放率 r,其表示作用于预设组态转换率的因子,并描述了全局系统的异质程度。首先,设置初始的组态转换率,其中初始的组态转换率表示缩放率 r 作用的目标对象,由预设和随机生成;其次,基于缩放率 r,本书构造了完全异质系统、部分异质系统、均质系统 3 种情况;最后,r 作用于原始的组态转换率,使粒子向上更新和向下更新的组态转换率缩放为原始值的 r 和 $1/r$ 倍。

图 $3-5$ 所示为 J_i、r 和 p_i 之间的关系。由图 $3-5$ 可知,不同的 TASEP 通道呈现出不同的性质,子系统中的流量以不同的缩放率达到极值,并且包含不同数量的峰值。系统中的自驱动粒子具有两个运动自由度,因此还需要研究向前更新率的影响。与图 $3-4$ 相比,图 $3-5$ 中的 J_i 和 p_i 之间的关系类似于图 $3-4$ 所体现的定量和定性关系。基于图 $3-4$ 和图 $3-5$,可以发现 TASEP 子系统中的流量与向前更新率呈正比关系。

图 $3-6$ 和图 $3-7$ 所示分别为 ρ、ρ_i 和 r 之间的关系。由图 $3-6$ 可知,r 对每个子系统的影响是不同的。随着 r 的增加,ρ_i 随 ρ 的增加而变化。此外,基于粒子守恒,ρ_i 也随 ρ 单调增加。特别是,当 $\rho=0$ 时,ρ_i 变为 0,在该情况下,系统中没有粒子;当 $\rho=1$ 时,ρ_i 达到 1,在该情况下,系统被粒子占满。与图 $3-6$ 不同,图 $3-7$ 的初始组态更新率是随机产生的,而图 $3-6$ 的初始组态更新率是提前设定的。所有的精确解都与蒙特卡洛模拟解很好地匹配。

图 $3-8$ 所示为相应的密度轮廓 $\rho_i(x)$,揭示了 $\rho_i(x)$ 在空间上是均匀的,因为系统的边界条件是周期性的,即各个子系统的密度 $\rho_i(x)$ 独立于格点位置 x。对子系统而言,这意味着子系统 i 中的任何粒子都是等价的,即 i 中粒子之间的相互作用是均质的。

图 $3-9$ 所示为 $<n_i>$ 和标准差 $\sqrt{D<n_i>/(K-1)}$ 随 ρ 的变化。$<n_i>$ 和 ρ_i 与 ρ 的演化规则是相似的,因为 $<n_i>=L\rho_i$。然而,$\sqrt{D<n_i>/(K-1)}$ 依赖于 ω_i^u 和 ω_i^d 的具体取值。具体而言,随着 ρ 的增加,标准差先增大后减小。需要说明的是,当 $\rho=0$ 时,$\sqrt{D<n_i>/(K-1)}$ 变为 0;当 $\rho=1$ 时,$\sqrt{D<n_i>/(K-1)}$

变为1。

本节进一步研究了换道率变化的影响。为方便起见,将通道1的向上换道率ω_1^u设置为$0\sim1$,而除ω_1^u之外的其他转换率保持不变。另外,引入随机生成相应的转换率的是为了确保计算结果的普适性。本节计算了更复杂的拓扑结构($K=10$,$20,30,50$),而不仅仅是前人研究工作中关注的4个通道TASEP。图3-10(a)所示为K、ρ_i、ω_1^u之间的定量关系。对于图3-10(a)而言,随机生成的转换率设置为$0\sim1$。10条彩色线条的结果显示,ρ随着ω_1^u的增加而增加。特别是,绿线显示的是第10条道的计算结果,表明ρ_{10}随着ω_1^u的增加变化梯度逐渐减小,究其原因在于增加ω_1^u将直接导致第10条道中的粒子数增加。此外,黑线显示的是第1条TASEP通道的计算结果,表明ρ_1随着ω_1^u的增加而减小,究其原因在于增加ω_1^u将导致第1条TASEP中的粒子数目减少。类似地,图3-10(b)的计算结果表明,$K=20$情况下,ω_1^u的增加将直接导致ρ_1减小和ρ_{20}增加。其余通道的密度变化情况较复杂。图3-10(c)的计算结果表明,$K=30$的情况下,ω_1^u的增加将直接导致ρ_1减小,ρ_{30}增加,从而导致其他子系统发生变化。图3-10(d)的计算结果表明:$K=50$的情况下,ω_1^u的增加将直接导致ρ_1减小,ρ_{30}增加,从而导致其他子系统发生变化。图3-11所示为全局流量的绝对值$|\Delta J|$、通道数K和组态转化率ω_1^u之间的关系。另外,图3-12和图3-13直观地呈现了本书的创新点,具体而言,通过对比本书研究与前人研究的内容,可以发现本书研究的完全异质相互作用影响下多通道TASEP系统中的流量最优解优于前人的研究工作。因此,在总粒子数目守恒的前提下,引入完全异质相互作用将有利于提升多通道TASEP系统的全局流量。本节在计算中考虑了100个TASEP通道,以证明本书研究结论的普适性和理论分析的自洽性。此外,本书中的精确解与蒙特卡洛模拟结果匹配度很高,即蒙特卡洛模拟解进一步验证了精确解分析的正确性。

为了直观地描述本书研究与前人研究结果的不同与改进,本节计算了图3-13所示总流量、缩放率、全局密度之间的关系,并且通过图3-13进一步研究了引入完全异质相互作用对系统全局输运的影响。具体而言,依据图3-13(a)和(b)可知,当$r=1$时,完全异质多通道TASEP系统将演化为部分异质多通道TASEP;依据图3-13(c)和(d)可知,当$r=1$时,完全异质多通道TASEP系统将演化为同质多通道TASEP。对比图3-13的计算结果可知,引入完全异质相互作用的多通道TASEP系统的全局最优流量明显高于其余3种情况下的流量。

基于图3-4~图3-13的计算结果,需要指出的是,引入完全异质相互作用的多通道 TASEP 的动力学也可以等同于驱动扩散系统与 Langmuir 动力学的结合，相应的吸脱附率分别为率 $1/f_i$ 和率 z。基于 Frey 等于 2004 年关于一维 TASEP 系统 Langmuir 动力学的研究可知，其 Langmuir 平衡密度为 $\dfrac{K}{K+1}$，因此由式（3-12）和式（3-14）可知，$\rho_i = \dfrac{zf_i}{1+zf_i} = \dfrac{K}{1+K}$。因此，本书中等效的动力学率满足如下条件：$\omega_A = z$ 和 $\omega_D = 1/f_i$。

3.4　精确解分析

本节给出细致平衡方程的具体分析过程，为了简单起见，使用符号 A 来表示：$\sum_{C_1'} P(C)W(C \to C_1') - \sum_{C_1'} P(C_1')W(C_1' \to C)$。因此，基于式（3-14）和式（3-15），可推导出如下公式：

$$
\begin{aligned}
A &= (M_i - M_0) P(\{\tau_{i,j}\}) (\omega_i^{\mathrm{u}} + \omega_i^{\mathrm{d}}) - (M_i - M_0) P(\{\tau_{i,j}\}^d) \omega_{i+1}^{\mathrm{u}} \\
&\quad - (M_i - M_0) P(\{\tau_{i,j}\}^u) \omega_{i-1}^{\mathrm{d}} \\
&= (M_i - M_0) Z_{L,N,K}^{-1} (f_i^{M_i} \prod_{j \neq i} f_j^{M_0} (\omega_i^{\mathrm{u}} + \omega_i^{\mathrm{d}}) - f_i^{M_i-1} f_{i-1}^{M_0+1} \prod_{j \neq i, i-1} f_j^{M_0} \omega_{i-1}^{\mathrm{d}} \\
&\quad - f_i^{M_i-1} f_{i+1}^{M_0+1} \prod_{j \neq i, i+1} f_j^{M_0} \omega_{i+1}^{\mathrm{u}}) \\
&= (M_i - M_0) Z_{L,N,K}^{-1} f_i^{M_i-1} \prod_{j \neq i} f_j^{M_0} (f_i \omega_i^{\mathrm{u}} + f_i \omega_i^{\mathrm{d}} - f_{i+1} \omega_{i+1}^{\mathrm{u}} - f_{i-1} \omega_{i-1}^{\mathrm{d}}) \\
&= 0
\end{aligned} \tag{3-21}
$$

因此，$f_{i+1}\omega_{i+1}^{\mathrm{u}} + f_{i-1}\omega_{i-1}^{\mathrm{d}} - f_i\omega_i^{\mathrm{u}} - f_i\omega_i^{\mathrm{d}} = 0$ 成立，与式（3-16）相呼应。

另外，需要说明的是，式（3-16）的求解过程。实际上，式（3-16）满足任意 $i \in \{1,2,\cdots,K\}$。因此，可以获得类似式（3-16）的 K 个类似方程。此外，这些 K 方程构成如下线性方程：

$$\boldsymbol{WF} = \boldsymbol{0} \tag{3-22}$$

式中，$\boldsymbol{W} = \begin{bmatrix} -(\omega_1^{\mathrm{u}} + \omega_1^{\mathrm{d}}) & \omega_2^{\mathrm{u}} & 0 & 0 & \cdots & 0 & 0 & \omega_K^{\mathrm{d}} \\ \omega_1^{\mathrm{d}} & -(\omega_2^{\mathrm{u}} + \omega_2^{\mathrm{d}}) & \omega_3^{\mathrm{u}} & 0 & 0 & \cdots & & 0 \\ 0 & \omega_2^{\mathrm{d}} & -(\omega_3^{\mathrm{u}} + \omega_3^{\mathrm{d}}) & \omega_4^{\mathrm{u}} & 0 & 0 & & \cdots \\ \vdots & \vdots & & & & & & \vdots \\ \omega_1^{\mathrm{u}} & 0 & 0 & 0 & \cdots & \omega_{K-1}^{\mathrm{d}} & -(\omega_K^{\mathrm{u}} + \omega_K^{\mathrm{d}}) \end{bmatrix}$ 和

$\boldsymbol{F} = (f_1, f_2 \cdots f_K)^\mathrm{T}$ 均满足。还可以导出 $\boldsymbol{W}$ 的余子式为

$$W_{11} = (-1)^{K-1} \left(\sum_{j=0}^{K-1} \prod_{m=2+j}^{K} \omega_m^\mathrm{d} \prod_{n=2}^{1+j} \omega_n^\mathrm{u} \right) \tag{3-23}$$

式中，$W_{11} \neq 0$ 成立。同时，$\boldsymbol{W}$ 不是满秩的。因此，式(3-22)的解是一维的，即

$$B_i = \frac{1}{2K\,\omega_i^\mathrm{d}} \left(1 + \sum_{j=1}^{K-1} \prod_{m=1}^{j} \frac{\omega_{i+m}^\mathrm{u}}{\omega_{i+m}^\mathrm{d}} \right) + \frac{1}{2K\,\omega_i^\mathrm{u}} \left(1 + \sum_{j=1}^{K-1} \prod_{m=1}^{j} \frac{\omega_{i+K-m}^\mathrm{d}}{\omega_{i+K-m}^\mathrm{u}} \right) \tag{3-24}$$

因此，可以证明 $\boldsymbol{F} = (B_1, B_2, \cdots, B_K)^\mathrm{T}$ 为式(3-22)的解。作为拓扑和更新规则的对称性，满足以下约束：

$$\begin{cases} \omega_m^\mathrm{d} = \omega_{m+K}^\mathrm{d} \\ \omega_m^\mathrm{u} = \omega_{m+K}^\mathrm{u} \end{cases} \tag{3-25}$$

因而，基于式(3-24)和式(3-25)，可以得到

$$\begin{aligned}
B_i\,\omega_i^\mathrm{d} + B_i\,\omega_i^\mathrm{u} &= \frac{1}{2K} \left(1 + \sum_{j=1}^{K-1} \prod_{m=1}^{j} \frac{\omega_{i+m}^\mathrm{u}}{\omega_{i+m}^\mathrm{d}} \right) + \frac{1}{2K} \sum_{j=0}^{K-1} \prod_{m=0}^{j} \frac{\omega_{i+m}^\mathrm{u}}{\omega_{i+m}^\mathrm{d}} \\
&\quad + \frac{1}{2K} \left(1 + \sum_{j=1}^{K-1} \prod_{m=1}^{j} \frac{\omega_{i+K-m}^\mathrm{d}}{\omega_{i+K-m}^\mathrm{u}} \right) + \frac{1}{2K} \sum_{j=0}^{K-1} \prod_{m=0}^{j} \frac{\omega_{i+K-m}^\mathrm{d}}{\omega_{i+K-m}^\mathrm{u}} \\
&= \frac{1}{2K} + \frac{1}{2K} \sum_{j=1}^{K-1} \prod_{m=1}^{j} \frac{\omega_{i+m}^\mathrm{u}}{\omega_{i+m}^\mathrm{d}} + \frac{1}{2K} \sum_{j=0}^{K-2} \prod_{m=0}^{j} \frac{\omega_{i+m}^\mathrm{u}}{\omega_{i+m}^\mathrm{d}} + \frac{1}{2K} \prod_{m=0}^{K-1} \frac{\omega_{i+m}^\mathrm{u}}{\omega_{i+m}^\mathrm{d}} \\
&\quad + \frac{1}{2K} + \frac{1}{2K} \sum_{j=1}^{K-1} \prod_{m=1}^{j} \frac{\omega_{i+K-m}^\mathrm{d}}{\omega_{i+K-m}^\mathrm{u}} + \frac{1}{2K} \sum_{j=0}^{K-2} \prod_{m=0}^{j} \frac{\omega_{i+K-m}^\mathrm{d}}{\omega_{i+K-m}^\mathrm{u}} + \frac{1}{2K} \prod_{m=0}^{K-1} \frac{\omega_{i+K-m}^\mathrm{d}}{\omega_{i+K-m}^\mathrm{u}} \\
&= \frac{1}{2K} \left(1 + \sum_{j=0}^{K-2} \prod_{m=0}^{j} \frac{\omega_{i+m}^\mathrm{u}}{\omega_{i+m}^\mathrm{d}} \right) + \frac{1}{2K} \sum_{j=1}^{K} \prod_{m=1}^{j} \frac{\omega_{i+m}^\mathrm{u}}{\omega_{i+m}^\mathrm{d}} \\
&\quad + \frac{1}{2K} \left(1 + \sum_{j=0}^{K-2} \prod_{m=0}^{j} \frac{\omega_{i+K-m}^\mathrm{d}}{\omega_{i+K-m}^\mathrm{u}} \right) + \frac{1}{2K} \sum_{j=1}^{K} \prod_{m=1}^{j} \frac{\omega_{i+K-m}^\mathrm{d}}{\omega_{i+K-m}^\mathrm{u}} \\
&= \frac{1}{2K} \left(1 + \sum_{j=1}^{K-1} \prod_{m=1}^{j} \frac{\omega_{i-1+m}^\mathrm{u}}{\omega_{i-1+m}^\mathrm{d}} \right) + \frac{1}{2K} \sum_{j=0}^{K-1} \prod_{m=0}^{j} \frac{\omega_{i+1+m}^\mathrm{u}}{\omega_{i+1+m}^\mathrm{d}} \\
&\quad + \frac{1}{2K} \left(1 + \sum_{j=1}^{K-1} \prod_{m=1}^{j} \frac{\omega_{i+K+1-m}^\mathrm{d}}{\omega_{i+K+1-m}^\mathrm{u}} \right) + \frac{1}{2K} \sum_{j=0}^{K-1} \prod_{m=0}^{j} \frac{\omega_{i-1+K-m}^\mathrm{d}}{\omega_{i-1+K-m}^\mathrm{u}} \\
&= \left[\frac{1}{2K\,\omega_{i-1}^\mathrm{d}} \left(1 + \sum_{j=1}^{K-1} \prod_{m=1}^{j} \frac{\omega_{i-1+m}^\mathrm{u}}{\omega_{i-1+m}^\mathrm{d}} \right) + \frac{1}{2K\,\omega_{i-1}^\mathrm{u}} \left(1 + \sum_{j=1}^{K-1} \prod_{m=1}^{j} \frac{\omega_{i-1+K-m}^\mathrm{d}}{\omega_{i-1+K-m}^\mathrm{u}} \right) \right] \omega_{i-1}^\mathrm{d}
\end{aligned}$$

$$+ \left[\frac{1}{2K\,\omega_{i+1}^{d}} \left(1 + \sum_{j=1}^{K-1} \prod_{m=1}^{j} \frac{\omega_{i+1+m}^{u}}{\omega_{i+1+m}^{d}} \right) + \frac{1}{2K\,\omega_{i+1}^{u}} \left(1 + \sum_{j=1}^{K-1} \prod_{m=1}^{j} \frac{\omega_{i+1+K-m}^{d}}{\omega_{i+1+K-m}^{u}} \right) \right] \omega_{i+1}^{u}$$

$$= B_{i-1}\,\omega_{i-1}^{d} + B_{i+1}\,\omega_{i+1}^{u} \tag{3-26}$$

因此,式(3-26)可以重写为 $B_i\omega_i^u + B_i\omega_i^d - B_{i+1}\omega_{i+1}^u - B_{i-1}\omega_{i-1}^u = 0$。已证明解是一维的,因此方程的解为 $\boldsymbol{F} = (f_1, f_2, \cdots, f_K)^{\mathrm{T}} = C \cdot (B_1, B_2, \cdots, B_K)^{\mathrm{T}}$。其中,$C$ 表示实数。实际上,根据 f_i 的定义,如果所有权重因子同时增加或减少相同的乘数,系统不会有任何影响。为简单起见,Const 设置为 1,因此系统的密度权重为

$$f_i = B_i = \frac{1}{2K\,\omega_i^d}\left(1 + \sum_{j=1}^{K-1}\prod_{m=1}^{j}\frac{\omega_{i+m}^u}{\omega_{i+m}^d}\right) + \frac{1}{2K\,\omega_i^u}\left(1 + \sum_{j=1}^{K-1}\prod_{m=1}^{j}\frac{\omega_{i+K-m}^d}{\omega_{i+K-m}^u}\right)。$$

此外,有必要强调的是,特征参量精确解的求解过程。关于广义函数 $h(s) = \ln \dfrac{\prod_{i=1}^{K}(1+sf_i)}{s^{N/L}}$,可以获得高阶扩展,即 $h'(s) = -\dfrac{N}{Ls} + \sum_{i=1}^{K}\dfrac{f_i}{1+sf_i}$。通过使用中值定理,可以在实数域中获得以下等式:

$$\begin{cases} \lim_{x \to +\infty} \sum_{i=1}^{K} \dfrac{xf_i}{1+x f_i} = K > \dfrac{N}{L} \\[4mm] \lim_{x \to 0} \sum_{i=1}^{K} \dfrac{xf_i}{1+x f_i} = 0 < \dfrac{N}{L} \end{cases} \tag{3-27}$$

另外,还有如下约束条件成立:

$$\sum_{i=1}^{K} \frac{zf_i}{1+zf_i} = \frac{N}{L} \tag{3-28}$$

式中,$z \in R^+$ 成立。根据式(3-28),可得约束方程 $-\dfrac{N}{Lz} + \sum_{i=1}^{K}\dfrac{f_i}{1+zf_i} = 0$。因此,可得到约束条件 $h'(z) = 0$。由于 $h(s)$ 在复数空间 $C\backslash\{0\}$ 为全纯函数,泰勒展开可得到 $h(s) = h(z) + 0.5\,h''(z)(s-z)^2 + O[(s-z)^3]$,再将其代入式(3-3)中,可得

$$Z_{L,N,K} = \sum_{M_1=0}^{L}\cdots\sum_{M_K=0}^{L}\prod_{i=1}^{K}f_i^{M_i}\begin{pmatrix}L\\M_i\end{pmatrix}\frac{1}{2\pi i}\oint\frac{s^{\left(\sum_{i=1}^{K}M_i\right)}}{s^{N+1}}ds$$

$$= \frac{1}{2\pi i}\oint\frac{Z_{L,K}(s)}{s^{N+1}}ds$$

$$= \frac{1}{2\pi i} \oint \frac{e^{Lh(s)}}{s} ds$$

$$= \frac{e^{Lh(z)}}{2\pi i} \oint e^{[0.5Lh''(z)(s-z)^2 + o(s^2)]} [z^{-1} + O(s-z)] ds$$

$$= \frac{e^{Lh(z)} \left(\frac{2}{|h''(z)|} \right)^{0.5}}{2\pi i} \oint e^{[Ly^2 + O(y^3)]} [z^{-1} + O(y)] dy$$

$$= \frac{e^{Lh(z)} \left(\frac{2}{|h''(z)|} \right)^{0.5} \frac{i}{\sqrt{L}}}{2\pi i} \oint e^{\left[-t^2 + O\left(\frac{t^3}{\sqrt{L}}\right)\right]} \left[z^{-1} + O\left(\frac{t}{\sqrt{L}}\right)\right] dt$$

$$= \sqrt{\frac{1}{2\pi L |h''(z)|}} \frac{e^{Lh(z)}}{z} \qquad (3-29)$$

此外，可得到广义配分函数

$$Z_{L,K}(s) = \sum_{M_1=0}^{L} \cdots \sum_{M_K=0}^{K} \prod_{i=1}^{K} (s f_i)^{M_i} \begin{pmatrix} L \\ M_i \end{pmatrix} = \prod_{i=1}^{K} (1 + s f_i)^L = [F(s)]^L$$

式中 $F(s)$ 表示广义函数。另外，$[F(s)]^L = e^{Lh(s)} s^N$ 成立。将变量 $s = z + y$ $\sqrt{2/|h''(z)|}$、$t = \frac{i\sqrt{L}}{y}$ 代入方程(3-29)可得

$$Z_{L,N,K}^{(i,j)} = \sum_{M_1=0}^{L} \cdots \sum_{M_i=1}^{L} \cdots \sum_{M_K=0}^{L} f_i^{M_i} \begin{pmatrix} L-1 \\ M_i-1 \end{pmatrix} \prod_{h \neq i}^{K} f_h^{M_h} \begin{pmatrix} L \\ M_h \end{pmatrix} \delta \left(\sum_{i=1}^{K} M_i - N \right)$$

$$= \frac{1}{2\pi i} \oint \frac{Z_{L,K}^{(i,j)}(s)}{s^{N+1}} ds$$

$$= \frac{1}{2\pi i} \oint \frac{f_i e^{Lh(s)}}{1 + s f_i} ds$$

$$= \frac{e^{Lh(z)}}{2\pi i} f_i \oint e^{[Lh''(z)(s-z)^2 + o(s^2)]} \left[\frac{1}{1 + z f_i} + O(s-z) \right] ds$$

$$= \frac{e^{Lh(z)} f_i \left(\frac{2}{|h''(z)|} \right)^{0.5}}{2\pi i} \oint e^{[Ly^2 + O(y^3)]} \left[\frac{1}{1 + z f_i} + O(y) \right] dy$$

$$= \frac{e^{Lh(z)} f_i \left(\frac{2}{|h''(z)|} \right)^{0.5} \frac{i}{\sqrt{L}}}{2\pi i} \oint e^{\left[-t^2 + O\left(\frac{t^3}{\sqrt{L}}\right)\right]} \left[\frac{1}{1 + z f_i} + O\left(\frac{t}{\sqrt{L}}\right) \right] dt$$

$$= \sqrt{\frac{1}{2\pi L \mid h''(z) \mid}} \frac{\mathrm{e}^{Lh(z)}}{1 + z f_i} f_i \qquad (3-30)$$

式中，$Z_{L,K}^{(i,j)}(s) = \sum_{M_1=0}^{L} \cdots \sum_{M_i=1}^{L} \cdots \sum_{M_K=0}^{L} f_i^{M_i} s^{M_i} \begin{bmatrix} L-1 \\ M_i-1 \end{bmatrix} \prod_{h \neq i}^{K} f_h^{M_h} \begin{bmatrix} L \\ M_h \end{bmatrix} s^{M_h} = \frac{s f_i}{1 + s f_i} \times$

$[F(s)]^L$ 成立。因此，基于式（3-29）和式（3-30），可以导出子系统的密度 ρ_i 为

$$\rho_i = \frac{Z_{L,N,K}^{(i,j)}}{Z_{L,N,K}} = \frac{\sqrt{\dfrac{1}{2\pi L \mid h''(z) \mid}} \dfrac{\mathrm{e}^{Lh(z)}}{1 + z f_i} f_i}{\sqrt{\dfrac{1}{2\pi L \mid h''(z) \mid}} \dfrac{\mathrm{e}^{Lh(z)}}{z}}$$

$$= \frac{z\left[\dfrac{1}{2K}\dfrac{1}{\omega_i^{\mathrm{d}}}\left(1 + \sum\limits_{j=1}^{K-1}\prod\limits_{m=1}^{j}\dfrac{\omega_{i+m}^{\mathrm{u}}}{\omega_{i+m}^{\mathrm{d}}}\right) + \dfrac{1}{2K}\dfrac{1}{\omega_i^{\mathrm{u}}}\left(1 + \sum\limits_{j=1}^{K-1}\prod\limits_{m=1}^{j}\dfrac{\omega_{i+K-m}^{\mathrm{d}}}{\omega_{i+K-m}^{\mathrm{u}}}\right)\right]}{1 + z\left[\dfrac{1}{2K}\dfrac{1}{\omega_i^{\mathrm{d}}}\left(1 + \sum\limits_{j=1}^{K-1}\prod\limits_{m=1}^{j}\dfrac{\omega_{i+m}^{\mathrm{u}}}{\omega_{i+m}^{\mathrm{d}}}\right) + \dfrac{1}{2K}\dfrac{1}{\omega_i^{\mathrm{u}}}\left(1 + \sum\limits_{j=1}^{K-1}\prod\limits_{m=1}^{j}\dfrac{\omega_{i+K-m}^{\mathrm{d}}}{\omega_{i+K-m}^{\mathrm{u}}}\right)\right]} \qquad (3-31)$$

另外，还需要研究的另一个重要的特征参量为子系统中的流量 J_i。按照更新规则，当 $\tau_{i,j}=1$ 且 $\tau_{i,j+1}=0$ 时，粒子可以发生位置更新，进而产生流量。同样，可以获得配分函数为

$$Z_{L,N,K}^{(i,j)\rightarrow(i,j+1)} = \sqrt{\frac{1}{2\pi L \mid h''(z) \mid}} \frac{\mathrm{e}^{Lh(z)}}{(1 + z f_i)^2} f_i \qquad (3-32)$$

因此，可以得到 J_i 的解析解为

$$J_i = p_i \frac{Z_{L,N,K}^{(i,j)\rightarrow(i,j+1)}}{Z_{L,N,K}}$$

$$= p_i \frac{\sqrt{\dfrac{1}{2\pi L \mid h''(z) \mid}} \dfrac{\mathrm{e}^{Lh(z)}}{(1 + z f_i)^2} f_i}{\sqrt{\dfrac{1}{2\pi L \mid h''(z) \mid}} \dfrac{\mathrm{e}^{Lh(z)}}{z}}$$

$$= p_i \frac{z\left[\dfrac{1}{2K}\dfrac{1}{\omega_i^{\mathrm{d}}}\left(1 + \sum\limits_{j=1}^{K-1}\prod\limits_{m=1}^{j}\dfrac{\omega_{i+m}^{\mathrm{u}}}{\omega_{i+m}^{\mathrm{d}}}\right) + \dfrac{1}{2K}\dfrac{1}{\omega_i^{\mathrm{u}}}\left(1 + \sum\limits_{j=1}^{K-1}\prod\limits_{m=1}^{j}\dfrac{\omega_{i+K-m}^{\mathrm{d}}}{\omega_{i+K-m}^{\mathrm{u}}}\right)\right]}{\left\{1 + z\left[\dfrac{1}{2K}\dfrac{1}{\omega_i^{\mathrm{d}}}\left(1 + \sum\limits_{j=1}^{K-1}\prod\limits_{m=1}^{j}\dfrac{\omega_{i+m}^{\mathrm{u}}}{\omega_{i+m}^{\mathrm{d}}}\right) + \dfrac{1}{2K}\dfrac{1}{\omega_i^{\mathrm{u}}}\left(1 + \sum\limits_{j=1}^{K-1}\prod\limits_{m=1}^{j}\dfrac{\omega_{i+K-m}^{\mathrm{d}}}{\omega_{i+K-m}^{\mathrm{u}}}\right)\right]\right\}^2}$$

$$(3-33)$$

进而，可以获得子系统中粒子数的期望值 $<n_i>$ 为

$$< n_i > = E < \tau_i >$$

$$= \sum_{j=1}^{L} E < \tau_{i,j} >$$

$$= \sum_{j=1}^{L} P(\tau_{i,j} = 1)$$

$$= L \rho_i$$

$$= L \frac{z \left[\frac{1}{2K \omega_i^{\mathrm{d}}} \left(1 + \sum_{j=1}^{K-1} \prod_{m=1}^{j} \frac{\omega_{i+m}^{\mathrm{u}}}{\omega_{i+m}^{\mathrm{d}}}\right) + \frac{1}{2K \omega_i^{\mathrm{u}}} \left(1 + \sum_{j=1}^{K-1} \prod_{m=1}^{j} \frac{\omega_{i+K-m}^{\mathrm{d}}}{\omega_{i+K-m}^{\mathrm{u}}}\right) \right]}{1 + z \left[\frac{1}{2K \omega_i^{\mathrm{d}}} \left(1 + \sum_{j=1}^{K-1} \prod_{m=1}^{j} \frac{\omega_{i+m}^{\mathrm{u}}}{\omega_{i+m}^{\mathrm{d}}}\right) + \frac{1}{2K \omega_i^{\mathrm{u}}} \left(1 + \sum_{j=1}^{K-1} \prod_{m=1}^{j} \frac{\omega_{i+K-m}^{\mathrm{d}}}{\omega_{i+K-m}^{\mathrm{u}}}\right) \right]}$$

$$(3 - 34)$$

类似地，可以导出子系统中粒子数的方差 $D < n_i >$ 为

$$D < n_i > = \sum_{j=1}^{L} D(\tau_{i,j})$$

$$= \sum_{j=1}^{L} \{ E(\tau_{i,j}^2) - [E(\tau_{i,j})]^2 \}$$

$$= \sum_{j=1}^{L} (\rho_i - \rho_i^2)$$

$$= \frac{zL \left[\frac{1}{2K \omega_i^{\mathrm{d}}} \left(1 + \sum_{j=1}^{K-1} \prod_{m=1}^{j} \frac{\omega_{i+m}^{\mathrm{u}}}{\omega_{i+m}^{\mathrm{d}}}\right) + \frac{1}{2K \omega_i^{\mathrm{u}}} \left(1 + \sum_{j=1}^{K-1} \prod_{m=1}^{j} \frac{\omega_{i+K-m}^{\mathrm{d}}}{\omega_{i+K-m}^{\mathrm{u}}}\right) \right]}{\left\{ 1 + z \left[\frac{1}{2K \omega_i^{\mathrm{d}}} \left(1 + \sum_{j=1}^{K-1} \prod_{m=1}^{j} \frac{\omega_{i+m}^{\mathrm{u}}}{\omega_{i+m}^{\mathrm{d}}}\right) + \frac{1}{2K \omega_i^{\mathrm{u}}} \left(1 + \sum_{j=1}^{K-1} \prod_{m=1}^{j} \frac{\omega_{i+K-m}^{\mathrm{d}}}{\omega_{i+K-m}^{\mathrm{u}}}\right) \right] \right\}^2}$$

$$(3 - 35)$$

本书还讨论了完全异质相互作用对全局流量的影响。首先，总流量 J_{total} 可以表示为

$$J_{\mathrm{total}} = \sum_{i=1}^{K} \left\{ p_i \frac{z \left[\frac{1}{2K \omega_i^{\mathrm{d}}} \left(1 + \sum_{j=1}^{K-1} \prod_{m=1}^{j} \frac{\omega_{i+m}^{\mathrm{u}}}{\omega_{i+m}^{\mathrm{d}}}\right) + \frac{1}{2K \omega_i^{\mathrm{u}}} \left(1 + \sum_{j=1}^{K-1} \prod_{m=1}^{j} \frac{\omega_{i+K-m}^{\mathrm{d}}}{\omega_{i+K-m}^{\mathrm{u}}}\right) \right]}{\left\{ 1 + z \left[\frac{1}{2K \omega_i^{\mathrm{d}}} \left(1 + \sum_{j=1}^{K-1} \prod_{m=1}^{j} \frac{\omega_{i+m}^{\mathrm{u}}}{\omega_{i+m}^{\mathrm{d}}}\right) + \frac{1}{2K \omega_i^{\mathrm{u}}} \left(1 + \sum_{j=1}^{K-1} \prod_{m=1}^{j} \frac{\omega_{i+K-m}^{\mathrm{d}}}{\omega_{i+K-m}^{\mathrm{u}}}\right) \right] \right\}^2} \right\}$$

$$(3 - 36)$$

随后，为获得 J_{total} 的最大值，引入下列广义函数：

$$F(\omega_1^d,\omega_1^u,\cdots,\omega_K^d,\omega_K^u,\lambda)=$$

$$\sum_{i=1}^{K}\left\{p_i\frac{z\left[\frac{1}{2K\omega_i^d}\left(1+\sum_{j=1}^{K-1}\prod_{m=1}^{j}\frac{\omega_{i+m}^u}{\omega_{i+m}^d}\right)+\frac{1}{2K\omega_i^u}\left(1+\sum_{j=1}^{K-1}\prod_{m=1}^{j}\frac{\omega_{i+K-m}^d}{\omega_{i+K-m}^u}\right)\right]}{\left\{1+z\left[\frac{1}{2K\omega_i^d}\left(1+\sum_{j=1}^{K-1}\prod_{m=1}^{j}\frac{\omega_{i+m}^u}{\omega_{i+m}^d}\right)+\frac{1}{2K\omega_i^u}\left(1+\sum_{j=1}^{K-1}\prod_{m=1}^{j}\frac{\omega_{i+K-m}^d}{\omega_{i+K-m}^u}\right)\right]\right\}^2}\right\}$$

$$+\lambda\sum_{i=1}^{K}\left[\frac{z\left[\frac{1}{2K\omega_i^d}\left(1+\sum_{j=1}^{K-1}\prod_{m=1}^{j}\frac{\omega_{i+m}^u}{\omega_{i+m}^d}\right)+\frac{1}{2K\omega_i^u}\left(1+\sum_{j=1}^{K-1}\prod_{m=1}^{j}\frac{\omega_{i+K-m}^d}{\omega_{i+K-m}^u}\right)\right]}{1+z\left[\frac{1}{2K\omega_i^d}\left(1+\sum_{j=1}^{K-1}\prod_{m=1}^{j}\frac{\omega_{i+m}^u}{\omega_{i+m}^d}\right)+\frac{1}{2K\omega_i^u}\left(1+\sum_{j=1}^{K-1}\prod_{m=1}^{j}\frac{\omega_{i+K-m}^d}{\omega_{i+K-m}^u}\right)\right]}\right]$$

$$(3-37)$$

式中，λ 表示拉格朗日乘子。

当 J_{total} 达到最大值时，满足约束 $\frac{\partial F}{\partial \omega_i^u}=0$ 和 $\frac{\partial F}{\partial \omega_i^d}=0$，并且对任意 $i\in\{1,\cdots,K\}$，都成立。因此，可以得到如下方程：

$$\frac{z\left[\frac{1}{2K\omega_i^d}\left(1+\sum_{j=1}^{K-1}\prod_{m=1}^{j}\frac{\omega_{i+m}^u}{\omega_{i+m}^d}\right)+\frac{1}{2K\omega_i^u}\left(1+\sum_{j=1}^{K-1}\prod_{m=1}^{j}\frac{\omega_{i+K-m}^d}{\omega_{i+K-m}^u}\right)\right]}{1+z\left[\frac{1}{2K\omega_i^d}\left(1+\sum_{j=1}^{K-1}\prod_{m=1}^{j}\frac{\omega_{i+m}^u}{\omega_{i+m}^d}\right)+\frac{1}{2K\omega_i^u}\left(1+\sum_{j=1}^{K-1}\prod_{m=1}^{j}\frac{\omega_{i+K-m}^d}{\omega_{i+K-m}^u}\right)\right]}=0.5\left(1-\frac{\lambda}{p_i}\right)$$

$$(3-38)$$

当满足约束条件 $\sum_{i=1}^{K}\left[\frac{z\left[\frac{1}{2K\omega_i^d}\left(1+\sum_{j=1}^{K-1}\prod_{m=1}^{j}\frac{\omega_{i+m}^u}{\omega_{i+m}^d}\right)+\frac{1}{2K\omega_i^u}\left(1+\sum_{j=1}^{K-1}\prod_{m=1}^{j}\frac{\omega_{i+K-m}^d}{\omega_{i+K-m}^u}\right)\right]}{1+z\left[\frac{1}{2K\omega_i^d}\left(1+\sum_{j=1}^{K-1}\prod_{m=1}^{j}\frac{\omega_{i+m}^u}{\omega_{i+m}^d}\right)+\frac{1}{2K\omega_i^u}\left(1+\sum_{j=1}^{K-1}\prod_{m=1}^{j}\frac{\omega_{i+K-m}^d}{\omega_{i+K-m}^u}\right)\right]}\right]=$ $\frac{N}{L}$ 时，可以得到如下方程：

$$\lambda=\frac{0.5KL-N}{L\sum_{i=1}^{K}\frac{1}{p_i}}$$

$$(3-39)$$

因此，可求出总流量的最大值 J_{max} 为

$$J_{max}=\sum_{i=1}^{K}\left\{0.25\left(p_i\sum_{i=1}^{K}\frac{1}{p_i}-0.5K+\frac{N}{L}\right)\left(p_i\sum_{i=1}^{K}\frac{1}{p_i}+0.5K-\frac{N}{L}\right)\middle/\left[p_i\left(\sum_{i=1}^{K}\frac{1}{p_i}\right)^2\right]\right\}$$

$$(3-40)$$

此时,极值约束条件为

$$
\frac{z\left[\dfrac{1}{2K\,\omega_i^{\mathrm{d}}}\left(1+\sum\limits_{j=1}^{K-1}\prod\limits_{m=1}^{j}\dfrac{\omega_{i+m}^{\mathrm{u}}}{\omega_{i+m}^{\mathrm{d}}}\right)+\dfrac{1}{2K\,\omega_i^{\mathrm{u}}}\left(1+\sum\limits_{j=1}^{K-1}\prod\limits_{m=1}^{j}\dfrac{\omega_{i+K-m}^{\mathrm{d}}}{\omega_{i+K-m}^{\mathrm{u}}}\right)\right]}{1+z\left[\dfrac{1}{2K\,\omega_i^{\mathrm{d}}}\left(1+\sum\limits_{j=1}^{K-1}\prod\limits_{m=1}^{j}\dfrac{\omega_{i+m}^{\mathrm{u}}}{\omega_{i+m}^{\mathrm{d}}}\right)+\dfrac{1}{2K\,\omega_i^{\mathrm{u}}}\left(1+\sum\limits_{j=1}^{K-1}\prod\limits_{m=1}^{j}\dfrac{\omega_{i+K-m}^{\mathrm{d}}}{\omega_{i+K-m}^{\mathrm{u}}}\right)\right]}
$$

$$
=\frac{0.5\left(p_i\sum\limits_{i=1}^{K}\dfrac{1}{p_i}-0.5K+\dfrac{N}{L}\right)}{p_i\sum\limits_{i=1}^{K}\dfrac{1}{p_i}} \tag{3-41}
$$

式中,z 表示鞍点。

第 4 章　周期性边界条件下的宏观交通流模型的波动力学研究

4.1 引　言

交通流模型一直是交通领域比较重要的研究课题之一。尤其是,车辆跟驰模型(CF 模型)起着至关重要的作用,因此引起了很多研究人员的关注。Pipes 于1953 年提出了交通流模型,并考虑了驾驶员反应能力差距的影响。受到 Pipes 工作的启发,研究人员提出了一系列宏观交通流模型,将车辆跟驰模型应用于研究车辆燃油消耗的影响、实时路况、探讨驾驶员有限理性对驾驶行为的影响、燃料消耗和排放。此后,一些研究人员关注电动汽车行驶里程对驾驶员行为的影响,研究每个通勤者的行程成本与其时间间隔之间的关系,分析电动汽车电池对车辆的影响等。前人以上研究工作为深入分析车辆的跟驰行为提供了研究基础。

实际上,可以与跟驰模型相结合的边界条件有两种,即开边界条件和周期性边界条件。与开边界条件不同,周期性边界条件的特点在于,经过长时间的演化,系统的动力学仅依赖于初始状态和系统的内部属性。车辆的走走停停、速度和密度之间的磁滞回线现象、相变行为、预期驾驶行为等现象均可通过上述边界条件实现。此外,对于周期性边界条件,系统必须满足以下特点:首先,系统中的车辆数量保持不变;其次,当系统达到稳定状态时,系统的总流量保持不变;最后,车辆的速度及它们的一阶导数彼此相等。

为了测试具有周期性边界条件下系统的鲁棒性,前人进行了线性和非线性稳定性分析。对于线性稳定性分析而言,线性稳定区域和不稳定区域已获得。在这种情况下,稳态解中添加了时间和空间的微小扰动。随后,研究者观察了扰动的演变,以根据扰动的衰减区分线性稳定区域和不稳定区域。实际上,求解系统的微分方程是进行线性稳定性分析的重要方法：当控制方程的解是负实数或具有负实部的虚数时，系统是线性稳定的；否则，系统是线性不稳定的。Kerner 和 Konhauser(1993) 将线性稳定性分析应用于研究宏观交通流模型。随后，该方法由 Bando 等在 1994 年和 1995 年进行拓展，并应用于分析交通系统的稳定性，尤其是集簇的演变中。Taylor 和 Bonsall(1996) 将线性稳定性分析拓展到更加复杂的拓扑结构研究中。对于非线性稳定性分析而言，其交通波的演化特性被人们重点研究分析。前人的研究集中在临界点附近的交通流演化，尤其是自由流和拥堵相之间的转变。在非线性稳定性分析中，研究者引入了 Burgers 方程和 mKdV 方程用于研究稳定区域内的三角波(triangular wave)。Tang(2014) 建立了一个考虑实时交通状态的宏观交通流模型，通过进行数值模拟观察到车辆的走走停停现象。Wang 等(2018) 引入密度依赖的弛豫时间，以构造具有开边界的宏观交通流模型，研究发现初始密度和道路因素在交通流演变中起着决定性作用。

与前人的研究工作不同，本章利用周期性边界条件提出了一种改进的宏观交通流模型，该模型具有密度依赖的弛豫时间，是从现实交通状况中提取的。具体而言，周期性边界在真实场景中是常见的，如环形高速公路。此外，车辆之间不同的相互作用强度会导致不同的弛豫时间，定义弛豫时间取决于道路密度。换而言之，本章研究中定义的弛豫时间可以反映车辆之间的相互作用。因此，考虑密度依赖的弛豫时间能更好地反映实际交通情况。此外，本章通过数值模拟实验分析了特征参数的演化规律，研究了该系统的波动力学。随后，本章研究了线性稳定性分析和非线性稳定性分析，以探究系统的鲁棒性。

4.2　数理模型

本章所提出的交通流模型是与周期性边界相结合的，其需要用到的各个参量的物理含义和量纲见表 4-1 所列。

表 4-1　交通流模型需要用到的各个参量的物理含义和量纲

参量	物理含义	量纲
x	空间变量	m
t	时间变量	s
ρ	道路密度	veh/m

（续表）

参量	物理含义	量纲
$\rho_{\max}$	堵塞密度	veh/m
ρ_j	临界密度	veh/m
ρ_0	初始道路密度	veh/m
v	车辆运动速度	m/s
v_0	初始运动速度	m/s
v_r	由于道路状况导致的速度调整项	m/s
v_f	自由流速度	m/s
$v_e(\rho)$	不考虑道路状况时车辆平衡速度	m/s
$v_{r,e}(\rho)$	考虑道路状况时车辆平衡速度	m/s
τ	弛豫时间	s
C_r	考虑道路状况时由于微小扰动致使的密度波传播速度	m/s
a_r	考虑道路状况时加速度调整项	m/s²
q	道路流量	veh/s
L	系统尺寸	m
η_r	修正因子	

注：veh 代表车辆数。

交通流模型系统的控制方程如下：

$$v_t + vv_x = \frac{v_{r,e} - v}{\tau} + C_r v_x + \eta_r \Delta R a_r \qquad (4-1)$$

式中，τ 为弛豫时间，与密度相关，并且满足约束条件 $\tau = 150e^{(\rho_{\max} - \rho)}$；$R$ 表示交通状态因子，$\Delta R = R(x + \Delta x, t) - R(x, t)$ 成立。另外，考虑到路况的平衡速度 $v_{r,e} = v_e + \eta_r$

$\Delta R v_r = v_e + \eta_r \left[R(x + \Delta x, t) - R(x, t) \right] v_r$，其中 $v_e = v_f \left\{ \left[1 + e^{\frac{\rho \rho_j^{-1} - 0.25}{0.06}} \right]^{-1} - 3.72 \times \right.$

$\left. 10^{-6} \right\}$。此外，连续性方程也满足如下条件：

$$\rho_t + (\rho v)_x = 0 \qquad (4-2)$$

本章还提出了如下周期性边界条件：

$$\begin{cases} N = \int_0^L \rho(x,t)\,\mathrm{d}x \\[2mm] q(0,t) = q(L,t) \\[2mm] v(0,t) = v(L,t) \\[2mm] \left.\dfrac{\partial v}{\partial x}\right|_{x=0} = \left.\dfrac{\partial v}{\partial x}\right|_{x=L} \end{cases} \tag{4-3}$$

式中,第一个方程是基于周期性边界条件下的系统中的车辆数目守恒,即其是基于周期性边界条件下的系统中的流量守恒。其中,车辆的数量用 N 表示,系统尺寸用 L 表示。由于系统的连续性,第二个等式成立。第三个等式是基于系统中流量的连续性得到的。第三个和第四个等式是基于确保系统中的速度和加速度保持连续。

本节所提出的宏观交通流模型考虑了以下 3 个方面:首先,可以认为弛豫时间在主方程中与密度相关,这可以与驾驶员对加速和减速的敏感性保持一致;弛豫时间与密度呈反比关系。其次,周期性边界可以反映真实的交通系统,如环形路。在这种情况下,经常可以观察到交通系统中丰富的物理现象,如磁滞回线等。最后,周期边界条件能够很好地反映交通系统的固有属性。

4.3　数值模拟实验

本节进行了大量的数值模拟实验,研究了周期边界条件下交通流的演化。首先,将差分法应用于主方程中,有

$$\rho_i^j = \rho_i^{j-1} + \frac{\Delta t}{\Delta x}\rho_i^{j-1}(v_i^{j-1} - v_{i+1}^{j-1}) + \frac{\Delta t}{\Delta x}v_i^{j-1}(\rho_{i-1}^{j-1} - \rho_i^{j-1}) \tag{4-4}$$

基于式(4-4),当道路密度较高时($v_i^{j-1} > C_r$),引入如下离散格式:

$$v_i^j = v_i^{j-1} + \frac{\Delta t}{\Delta x}(C_r - v_i^{j-1})(v_{i+1}^{j-1} - v_i^{j-1}) + \frac{\Delta t}{\tau}\left[v_{r,e}(\rho_i^{j-1}) - v_i^{j-1}\right]$$

$$+ \Delta t \eta_r \left[R(i+1,j-1) - R(i,j-1)\right]a_r \tag{4-5}$$

原因是第 i 个车辆的速度由前一辆车的速度决定。此外,当道路密度较低时($v_i^{j-1} < C_r$),应引入如下离散格式:

$$v_i^j = v_i^{j-1} + \frac{\Delta t}{\Delta x}(C_r - v_i^{j-1})(v_i^{j-1} - v_{i-1}^{j-1}) + \frac{\Delta t}{\tau}[v_{r,e}(\rho_i^{j-1}) - v_i^{j-1}]$$

$$+ \Delta t \eta_r [R(i+1, j-1) - R(i, j-1)] a_r \qquad (4-6)$$

原因是第 i 个车辆的速度由后一辆车的速度决定。根据实证数据,将下列参数设置为特定值:

$$C_r = \begin{cases} 8, & R(x+\Delta x, t) - R(x, t) > 0 \\ 5, & R(x+\Delta x, t) - R(x, t) = 0 \\ 4, & R(x+\Delta x, t) - R(x, t) < 0 \end{cases} \qquad (4-7)$$

$$\eta_r = \begin{cases} 0, & \rho > 0.1 \ \text{或} \ \rho < 0.01 \\ 0.5, & \text{其他} \end{cases} \qquad (4-8)$$

$$a_r = \begin{cases} 0, & \rho > 0.1 \ \text{或} \ \rho < 0.01 \\ 0.5, & \text{其他} \end{cases} \qquad (4-9)$$

$$v_r = \begin{cases} 0, & \rho > 0.1 \ \text{或} \ \rho < 0.01 \\ 2, & \text{其他} \end{cases} \qquad (4-10)$$

基于上述方程组,本节进行了大量的模拟仿真实验。其他参数设置如下:$v_f = 10 \ \text{m/s}$,$\rho_j = 0.5 \ \text{veh/m}$。另外,计算步长设置为 $\Delta x = 100 \ \text{m}$,时间步长设置为 $\Delta t = 1 \ \text{s}$。为了保证系统进入稳定状态,本节将仿真时间 T 设为 20050 s。

在考虑了 $R(t, x) = \cos(2\pi x/50)$ 的情况下,本节研究了初始密度不同情况下的特征参量演化规律(需要说明的是,R 为连续参量)。

首先计算初始密度 ρ_0 较低的情况,即约束条件 $\rho_0 = 0.005$ 成立。相应的仿真模拟结果如图 4-1 所示。由图 4-1 可知,当初始密度低时,系统中的道路密度、车辆速度、流量保持不变,同时车辆速度的方差保持为零。也就是说,当道路密度较低时,交通状态因子对交通流演化的影响很小,即当前车遇到交通状态变化时,不会对后续车辆产生任何影响。

其次,考虑初始密度 ρ_0 取中间值的情况,即在道路初始密度 $\rho_0 = 0.08$ 的情况下进行相应的数值模拟,密度的数值模拟结果如图 4-2 所示。研究结果表明,当系统的道路密度取值为中间值时,闭环交通流的演化与 R 的周期性有关。此外,当交通

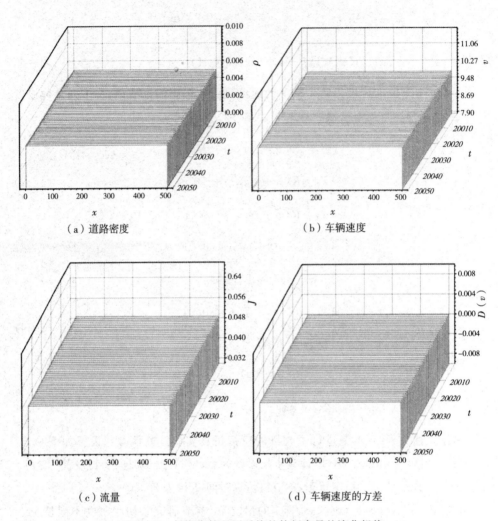

（a）道路密度　　　　　　　　　　　　　（b）车辆速度

（c）流量　　　　　　　　　　　　　　　（d）车辆速度的方差

图 4-1　低密度情况下系统的特征参量的演化规律

注：道路初始密度 ρ_0 为 0.005。

系统在相当长的时间内演化时，系统中的道路密度、车辆速度、流量的变化周期与 R 的周期是一致的。

从物理的角度来看，本节以密度波的演化为例描述特征参量的演化规律。在空间尺度上，密度波的演化可以分为两个阶段，即增加和减少。实际上，这种现象可以对应于真实的流量，即当车辆遇到路况恶劣的路段时，流量会减少，拥堵导致道路密度增加；然而在车辆通过路况恶劣的路段后，道路通行能力提升，车辆驶离导致道路密度降低。由于车辆总数是守恒的，密度持续减小，直到车辆到达具有类似的低通行能力路段为止。同样,当车辆到达这样的路段时,拥堵再次发生。

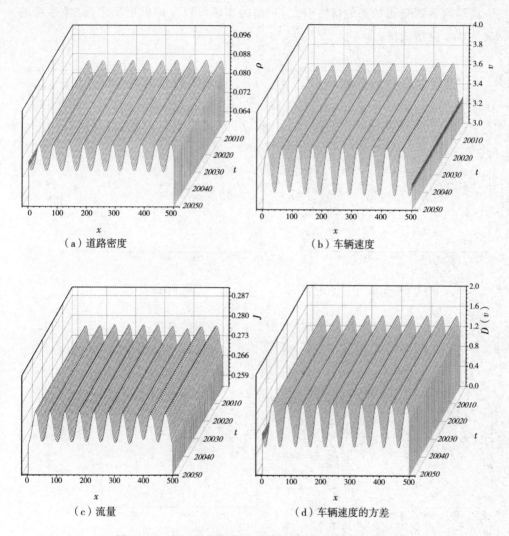

（a）道路密度　　　　　　　　　　　　（b）车辆速度

（c）流量　　　　　　　　　　　　（d）车辆速度的方差

图 4-2　中间密度情况下系统的特征参量的演化规律

注:道路初始密度ρ_0为 0.08。

最后,考虑初始密度ρ_0取值较大的情况,即约束条件$\rho_0 = 0.22$成立。类似地,系统中的车辆速度、道路密度、流量和车辆速度方差的数值模拟结果如图 4-3 所示。与从低密度情况获得的数值结果不同,全局密度相对较高,但是车辆速度和系统的流量都相对较低。这意味着,当密度相对较高时,这种周期系统中的流量在交通状态因子 R 的影响下是稳定的。从物理角度来看,当道路密度非常高时,车间距非常低,此时车辆速度偏低,而驾驶员的灵敏度较高。因此,一旦车辆遇到交通状态的突然变化,后面的车辆可以立即做出反应,这样系统的流量基本保持均衡。

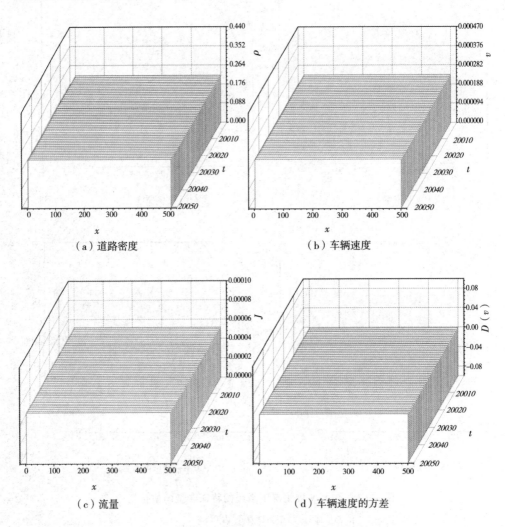

（a）道路密度 （b）车辆速度

（c）流量 （d）车辆速度的方差

图 4-3 高密度情况下系统的特征参量的演化规律

注:初始密度 ρ_0 为 0.22。

本节还计算了系统的速度和密度之间的关系,发现了回滞环,数值结果如图 4-4 所示。实际上,回滞环是研究具有周期性边界条件的交通系统的比较重要

的研究点。在图 4-4 所示的密度范围内,系统处于亚稳态,这意味着系统的状态可
以是车辆自由输运或拥堵。因为车辆自由输运和拥堵之间的过渡密度不是恒定
的,并且相变条件取决于过渡方向,所以形成这种回滞环。在长时间演变后,本节
研究系统可以获得如图 4-4 所示具有特定的密度和速度的回滞环。由图 4-4 可
知,低密度对应于高速度,而高密度对应于低速度。很显然,其计算结果与实际交
通情况一致。

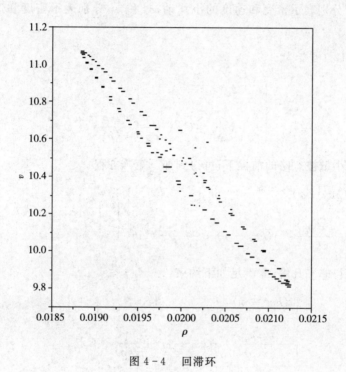

图 4-4　回滞环

4.4　线性稳定性分析

本节对系统进行了线性稳定性分析。系统的控制方程可用下列矩阵形式
书写:

$$\begin{bmatrix} \rho \\ v \end{bmatrix}_t + \begin{bmatrix} v & \rho \\ 0 & v - C_r \end{bmatrix} \begin{bmatrix} \rho \\ v \end{bmatrix}_x = \begin{bmatrix} 0 \\ \dfrac{v_e(\rho) - v}{\tau(\rho)} \end{bmatrix} \tag{4-11}$$

式中,扰动项为

$$
\begin{cases}
\rho = \rho_0 + \hat{\rho} \\[2mm]
v = v_0 + \hat{v} \\[2mm]
\bar{f} = \begin{pmatrix} \hat{\rho}(x,t) \\ \hat{v}(x,t) \end{pmatrix} = \begin{pmatrix} \hat{\rho}_0 \\ \hat{v}_0 \end{pmatrix} e^{\{i[kx - \omega(k)t]\}}
\end{cases}
\tag{4-12}
$$

其中,$\hat{\rho}$ 和 $\hat{v}$ 分别表示密度和速度的小扰动;$\hat{\rho}_0$ 和 $\hat{v}_0$ 分别表示密度和速度扰动的幅值。

式(4-12)可变为

$$
\begin{cases}
\hat{\rho}_t + \rho_0 \hat{v}_x + v_0 \hat{\rho}_x = 0 \\[3mm]
\hat{v}_t + v_0 \hat{v}_x = C_r \hat{v}_x + \dfrac{v_e'(\rho_0)\hat{\rho} - \hat{v}}{\tau(\rho)}
\end{cases}
\tag{4-13}
$$

在高阶小量被忽略的前提下,可得到如下矩阵方程:

$$
\begin{pmatrix}
i(kv_0 - \omega) & ik\rho_0 \\[3mm]
-\dfrac{v_e'(\rho_0)}{\tau(\rho)} & i(kv_0 - \omega) + \dfrac{1}{\tau(\rho)} - C_r ik
\end{pmatrix}
\begin{pmatrix} \hat{\rho}_0 \\ \hat{v}_0 \end{pmatrix}
e^{\{i[kx - \omega(k)t]\}} = 0
\tag{4-14}
$$

为了获得非平凡解,需满足如下约束:

$$
\begin{vmatrix}
i(kv_0 - \omega) & ik\rho_0 \\[3mm]
-\dfrac{v_e'(\rho_0)}{\tau(\rho)} & i(kv_0 - \omega) + \dfrac{1}{\tau(\rho)} - C_r ik
\end{vmatrix} = 0
\tag{4-15}
$$

展开矩阵可得

$$
\omega^2 + \left(\frac{i}{\tau(\rho)} + kC_r - 2kv_0\right)\omega + k^2 v_0^2 - ikv_0 \frac{1}{\tau(\rho)} - C_r k^2 v_0 - ik\rho_0 \frac{v_e'(\rho_0)}{\tau(\rho)} = 0
$$

$$
\tag{4-16}
$$

因此,可以得到下列解的实部为

$$
\mathrm{Re}(\omega_{1,2}) = -\frac{1}{2}\left(\frac{i}{\tau} + kC_r - 2kv_0\right)
$$

$$
\pm \frac{1}{2}\sqrt{\left(\frac{i}{\tau} + kC_r - 2kv_0\right)^2 - 4\left(k^2 v_0^2 - ikv_0 \frac{1}{\tau} - C_r k^2 v_0 - ik\rho_0 \frac{v_e'}{\tau}\right)}
$$

$$= -\frac{1}{2}\left(\frac{i}{\tau} + kC_r - 2kv_0\right) \pm \frac{1}{2}\sqrt{k^2C_r^2 + \frac{2ikC_r}{\tau} - \frac{1}{\tau^2} + 4ik\rho_0\frac{v_e'}{\tau}}$$

$$= -\frac{1}{2}(kC_r - 2kv_0) - \frac{i}{2\tau}\left(1 \pm \sqrt{1 - \tau^2k^2C_r^2 - 2i\tau kC_r - 4ik\rho_0\tau v_e'}\right)$$

$$(4-17)$$

还可以得到解的虚部为

$$\text{Im}(\omega_{1,2}) = -\frac{i}{2\tau}\left(1 \pm \left\{(1 - \tau^2k^2C_r^2)^2 + [2\tau kC_r + 4k\rho_0\tau v_e'(\rho_0)]^2\right\}^{1/4}\sqrt{\frac{1-\cos\varphi}{2}}\right)$$

$$(4-18)$$

为了获得线性稳定区域，ω 的虚部应该是负的，从而有

$$\left\{(1 - \tau^2k^2C_r^2)^2 + [2\tau kC_r + 4k\rho_0\tau v_e'(\rho_0)]^2\right\}^{1/4}\sqrt{\frac{1-\cos\varphi}{2}} < 1 \quad (4-19)$$

因此基于式(4-19)，可得

$$\left\{(1 - \tau^2k^2C_r^2)^2 + [2\tau kC_r + 4k\rho_0\tau v_e'(\rho_0)]^2\right\}(1-\cos\varphi)^2 < 4$$

从而，可以得到线性稳定性区域为

$$\tau^4k^4C_r^4 - 1 + 8\tau^2k^2\rho_0^2v_e'^2 + 8\tau^2k^2C_r\rho_0v_e'$$

$$(4-20)$$

$$< (1 - \tau^2k^2C_r^2)\sqrt{(1-\tau^2k^2C_r^2)^2 + (2\tau kC_r + 4k\rho_0\tau v_e')^2}$$

根据式(4-20)，需进行分类讨论：当 $(1 - \tau^2k^2C_r^2) < 0$ 满足时，上述不等式两侧都是负的。此外，还可导出 $\rho_0v_e' + C_r < \tau^2\kappa^2(\rho_0v_e' + C_r)[(\rho_0v_e' + C_r)^2 + \rho_0^2v_e'^2]$。

为了确保不等式总是成立，应该满足约束条件 $\rho_0v_e' + C_r > 0$。另外，若 $(1 - \tau^2k^2C_r^2) > 0$ 成立，右侧 $(1 - \tau^2k^2C_r^2)\sqrt{(1-\tau^2k^2C_r^2)^2 + (2\tau kC_r + 4k\rho_0\tau v_e')^2}$ 为正。此外，左侧 $(\tau^4k^4C_r^4 - 1) + 8\tau^2k^2\rho_0v_e'(\rho_0)(C_r + v_e'\rho_0)$ 应为负。因此，为了确保不等式(4-20)成立，约束条件需要为

$$\rho_0v_e' + C_r > 0 \quad\quad\quad (4-21)$$

因此，线性稳定性条件为

$$v_e'(\rho_0)\rho_0 + C_r > 0 \quad\quad\quad (4-22)$$

需要指出的是，平衡速度与初始道路密度呈依赖关系。

基于式(4-22)，可以得到如图 4-5 所示的线性稳定区域。该曲线下方的面积表

示不稳定区域。如图 4 - 5 所示,当初始
密度 ρ_0 很低或很高时,即当 $\rho_0 < 0.01$ 或
$\rho_0 > 0.175$ 时,C_r 值对应线性稳定区
域。因此,密度值是影响本节提出的系
统线性稳定性的决定性因素。同时,可
以忽略交通状态因子 R 的影响。当初
始密度 ρ_0 满足 $0.01 < \rho_0 < 0.175$ 时,C_r
值成为影响交通系统线性稳定性的关
键因素。特别是当 $0.051 < \rho_0 < 0.087$
时,C_r 的所有计算值都对应不稳定区
域,这意味着交通状态因子 R 和密度都
控制着其稳定性。

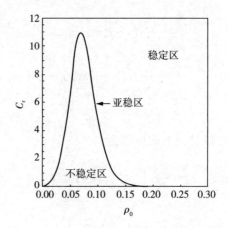

图 4 - 5　系统的线性稳定性分析的相图
注:稳定区、不稳定区和亚稳区均体现在图中。

4.5　非线性稳定性分析

本节进行了非线性稳定性分析,推导出伯格斯(Burgers)方程和改进的
KdV(Korteweg - be Vries)方程(又称为 mKdV 方程),以说明稳定和不稳定条件
下的三角波和扭结波。

1)将 Burgers 方程应用于非线性稳定性分析。具体而言,通过引入慢变量 $X = \varepsilon(j + bt)$ 和 $T = \varepsilon^2 t$,引入 $\Delta x_j(t) = h_c + \varepsilon B(X, T)$,执行泰勒(Taylor)展开式,可获
得以下方程:

$$\begin{cases} v_e(\Delta x_j) = v_e(h_c) + v'_e(h_c)(\Delta x_j - h_c) + \dfrac{v'''_e(h_c)}{6}(\Delta x_j - h_c)^3 \\[3mm] v_e(\Delta x_{j+1}) = v_e(h_c) + v'_e(h_c)(\Delta x_{j+1} - h_c) + \dfrac{v'''_e(h_c)}{6}(\Delta x_{j+1} - h_c)^3 \end{cases} \quad (4-23)$$

同样地,利用 Taylor 展开并省略上面的三阶项,可以得到

$$\begin{cases} \Delta x_{j+1} = h_c + \varepsilon B + \varepsilon^2 \partial_X B + \dfrac{\varepsilon^3}{2}\partial_X^2 B \\[3mm] \dfrac{\mathrm{d}\Delta x_j}{\mathrm{d}t} = \varepsilon^2 b \partial_X B + \varepsilon^3 \partial_T B \\[3mm] \dfrac{\mathrm{d}^2 \Delta x_j}{\mathrm{d}t^2} = \varepsilon^3 b^2 \partial_X^2 B \end{cases} \quad (4-24)$$

因此,可得到如下方程:

$$\varepsilon^3 b^2 \partial_X^2 B = \frac{1}{\tau(\Delta x_j)} \left[v_e'(h_c) \left(\varepsilon^2 \partial_X B + \frac{\varepsilon^3}{2} \partial_X^2 B \right) - \varepsilon^2 b \partial_X B - \varepsilon^3 \partial_T B \right]$$

$$+ C_r \frac{\partial}{\partial x} (\varepsilon^2 b \partial_X B + \varepsilon^3 \partial_T B) \qquad (4-25)$$

当满足约束条件 $\dfrac{\partial}{\partial x} (\varepsilon^2 b \partial_X B + \varepsilon^3 \partial_T B) = \varepsilon^3 b \partial_X^2 B + \varepsilon^4 \partial_X \partial_T B$ 时,式(4-25)可改写为

$$\varepsilon^2 \left[\frac{v_e'(h_c)}{\tau(\Delta x_j)} \partial_X B - \frac{b}{\tau(\Delta x_j)} \partial_X B \right] + \varepsilon^3 \left[\frac{v_e'(h_c)}{2\tau(\Delta x_j)} \partial_X^2 B - \frac{1}{\tau(\Delta x_j)} \partial_T B \right.$$

$$\left. + C_r b \partial_X B - b^2 \partial_X^2 B \right] = 0 \qquad (4-26)$$

消除二阶项 ε^2,可以得到

$$b = v_e'(h_c) \qquad (4-27)$$

因此,可导出如下方程:

$$\frac{1}{\tau(\Delta x_j)} \partial_T B - C_r v_e'(h_c) \partial_X B = \left\{ \frac{v_e'(h_c)}{2\tau(\Delta x_j)} - [v_e'(h_c)]^2 \right\} \partial_X^2 B \qquad (4-28)$$

可以得到解为

$$B(X,T) = \frac{X - \dfrac{\eta_{n+1} - \eta_n}{2}}{| C_r v_e'(h_c) | T} - \frac{\eta_{n+1} - \eta_n}{2 | C_r v_e'(h_c) | T} \tanh \Big(\Big\{ \frac{v_e'(h_c)}{2\tau(\Delta x_j)} \Big.$$

$$\Big. - [v_e'(h_c)]^2 \Big\} C_r v_e'(h_c) \frac{(\eta_{n+1} - \eta_n)(X - \xi_n)}{4 | C_r v_e'(h_c) | T} \Big) \qquad (4-29)$$

式中,ξ_n 表示激波的位置;η_n 对应于水平轴的截距。

2) 将 mKdV 方程应用于非线性稳定性分析。引入慢变量 $T = \varepsilon^3 t$、$X = \varepsilon(j + bt)$、$\Delta x_j(t) = h_c + \varepsilon B(X,T)$,可得到如下方程:

$$\begin{cases} \dfrac{d^2 x_j}{dt^2} = \dfrac{1}{\tau(\Delta x_j)} \left[v_e(\Delta x_j) - \dfrac{dx_j}{dt} \right] + C_r \dfrac{\partial}{\partial x} \left(\dfrac{dx_j}{dt} \right) + \eta_r a_r [R(x_j + \Delta x, t) - R(x_j, t)] \\ \\ \dfrac{d^2 x_{j+1}}{dt^2} = \dfrac{1}{\tau(\Delta x_{j+1})} \left[v_e(\Delta x_{j+1}) - \dfrac{dx_{j+1}}{dt} \right] + C_r \dfrac{\partial}{\partial x} \left(\dfrac{dx_{j+1}}{dt} \right) \\ \qquad\qquad + \eta_r a_r [R(x_{j+1} + \Delta x, t) - R(x_{j+1}, t)] \end{cases}$$

$$(4-30)$$

假设 $\dfrac{1}{\tau(\Delta x_j + 1)} - \dfrac{1}{\tau(\Delta x_j)} \ll 1$，可导出如下方程：

$$\frac{\mathrm{d}^2 \Delta x_j}{\mathrm{d}t^2} = \frac{1}{\tau(\Delta x_j)} \left[v_e(\Delta x_{j+1}) - v_e(\Delta x_j) - \frac{\mathrm{d}\Delta x_j}{\mathrm{d}t} \right] + C_r \frac{\partial}{\partial x} \left(\frac{\mathrm{d}\Delta x_j}{\mathrm{d}t} \right)$$

$$+ \eta_r a_r \left[R(x_{j+1} + \Delta x, t) - R(x_j + \Delta x, t) - R(x_{j+1}, t) + R(x_j, t) \right]$$

$$(4-31)$$

此外，通过应用 Taylor 展开式，可以得到如下方程：

$$\begin{cases} v_e(\Delta x_j) = v_e(h_c) + v'_e(h_c)(\Delta x_j - h_c) + \dfrac{v'''_e(h_c)}{6}(\Delta x_j - h_c)^3 \\[2mm] v_e(\Delta x_{j+1}) = v_e(h_c) + v'_e(h_c)(\Delta x_{j+1} - h_c) + \dfrac{v'''_e(h_c)}{6}(\Delta x_{j+1} - h_c)^3 \end{cases}$$

$$(4-32)$$

$$\begin{cases} \Delta x_j = h_c + \varepsilon B(X, T) \\[2mm] \Delta x_{j+1} = h_c + \varepsilon B + \varepsilon^2 \partial_X B + \dfrac{\varepsilon^3}{2} \partial_X^2 B + \dfrac{\varepsilon^4}{6} \partial_X^3 B + \dfrac{\varepsilon^5}{24} \partial_X^4 B \end{cases}$$

$$(4-33)$$

$$\begin{cases} \dfrac{\mathrm{d}\Delta x_j}{\mathrm{d}t} = \varepsilon^2 b \partial_X B + \varepsilon^4 \partial_T B \\[2mm] \dfrac{\mathrm{d}^2 \Delta x_j}{\mathrm{d}t^2} = \varepsilon^3 b^2 \partial_X^2 B + 2b \varepsilon^5 \partial_X \partial_T B \end{cases}$$

$$(4-34)$$

进一步地，略去五阶及五阶以上项，可导出下列方程：

$$(\Delta x_{j+1} - h_c)^3 = \left(\varepsilon B + \varepsilon^2 \partial_X B + \frac{\varepsilon^3}{2} \partial_X^2 B + \frac{\varepsilon^4}{6} \partial_X^3 B \right)^3$$

$$= \varepsilon^3 B^3 + \varepsilon^4 \partial_X B^3 + \frac{1}{2} \varepsilon^5 \partial_X^2 B^3 \qquad (4-35)$$

此外，交通状态因子 R 也可以表示为以下离散形式：

$$\begin{cases} R(x_{j+1} + \Delta x, t) - R(x_j + \Delta x, t) = \Delta x_j \dfrac{\partial R(x_j + \Delta x, t)}{\partial x} \\[2mm] R(x_{j+1}, t) - R(x_j, t) = \Delta x_j \dfrac{\partial R(x_j, t)}{\partial x} \end{cases}$$

$$(4-36)$$

由于 Δx 是函数 R 周期的整数倍,可导出下列方程式:

$$\varepsilon^3 b^2 \partial_X^2 B + 2b\varepsilon^5 \partial_X \partial_T B = \frac{1}{\tau(\Delta x_j)}\left[v'_e(h_c)\left(\varepsilon^2 \partial_X B + \frac{\varepsilon^3}{2}\partial_X^2 B + \frac{\varepsilon^4}{6}\partial_X^3 B + \frac{\varepsilon^5}{24}\partial_X^4 B\right)\right]$$

$$+ \frac{1}{\tau(\Delta x_j)}\left[\frac{v'''_e(h_c)}{6}\left(\varepsilon^4 \partial_X B^3 + \frac{1}{2}\varepsilon^5 \partial_X^2 B^3\right) - \varepsilon^2 b \partial_X B - \varepsilon^4 \partial_T B\right]$$

$$+ C_r \frac{\partial}{\partial x}(\varepsilon^2 b \partial_X B + \varepsilon^4 \partial_T B) \qquad (4-37)$$

式中, $\frac{\partial}{\partial x}(\varepsilon^2 b \partial_X B + \varepsilon^4 \partial_T B) = \varepsilon^3 b \partial_X^2 B + \varepsilon^5 \partial_X \partial_T B$ 是成立的。因此,式(4-37)可以改写为

$$\varepsilon^2\left[-\frac{1}{\tau(\Delta x_j)}v'_e(h_c)\partial_X B + \frac{1}{\tau(\Delta x_j)}b\partial_X B\right] + \varepsilon^3\left[b^2 \partial_X^2 B - \frac{v'_e(h_c)}{2\tau(\Delta x_j)}\partial_X^2 B - C_r b \partial_X^2 B\right]$$

$$+ \varepsilon^4\left[-\frac{v'_e(h_c)}{6\tau(\Delta x_j)}\partial_X^3 B - \frac{v'''_e(h_c)}{6\tau(\Delta x_j)}\partial_X B^3 + \frac{1}{\tau(\Delta x_j)}\partial_T B\right]$$

$$+ \varepsilon^5\left[2b\partial_X\partial_T B - \frac{v'_e(h_c)}{24\tau(\Delta x_j)}\partial_X^4 B - \frac{v'''_e(h_c)}{12\tau(\Delta x_j)}\partial_X^2 B^3 - C_r \partial_X \partial_T B\right] = 0$$

$$(4-38)$$

将 $\tau_c = \tau/\varepsilon^2$ 引入式(4-38)中,可得到如下方程:

$$\varepsilon^2\left[-v'_e(h_c)\partial_X B + b\partial_X B\right] - \varepsilon^3 \frac{v'_e(h_c)}{2}\partial_X^2 B$$

$$+ \varepsilon^4\left[-\frac{v'_e(h_c)}{6}\partial_X^3 B - \frac{v'''_e(h_c)}{6}\partial_X B^3 + \partial_T B\right] \qquad (4-39)$$

$$+ \varepsilon^5\left[-\frac{v'_e(h_c)}{24}\partial_X^4 B - \frac{v'''_e(h_c)}{12}\partial_X^2 B^3 + \tau_c b^2 \partial_X^2 B - C_r b \tau_c \partial_X^2 B\right] = 0$$

为了消除 ε^2 项,应做出以下约束:

$$b = v'_e(h_c) \qquad (4-40)$$

因此,当 $g_1 = v'_e(h_c)/6, g_2 = v'''_e(h_c)/6, g_3 = \tau_c\left[v'_e(h_c)\right]^2 - \tau_c C_r v'_e(h_c), g_4 = -v'_e(h_c)/24$ 和 $g_5 = v'''_e(h_c)/12$ 时,非线性稳定解可表示为

$$c = \frac{5g_2 g_3}{2g_2 g_4 - 3g_1 g_5}$$

$$= \frac{-\dfrac{5}{6} v'''_e(h_c) \tau_c v'_e(h_c) \left[v'_e(h_c) - C_r \right]}{\dfrac{v'''_e(h_c)}{3} \dfrac{v'_e(h_c)}{24} + 3 \dfrac{v'_e(h_c)}{6} \dfrac{v'''_e(h_c)}{12}}$$

$$= -15\tau_c \left[v'_e(h_c) - C_r \right] \qquad (4-41)$$

第 5 章　考虑内部动力学和 Langmuir 动力学博弈的一维 ASEP 的系统集簇平均场分析研究

5.1 引　言

在统计物理领域,活性粒子的自驱动行为广泛分布在许多物理、化学和生物现象中,如量子点链、跨膜输运等。作为统计物理学和非平衡统计力学中较重要的一维马尔可夫过程之一,ASEP 被视为描述活动粒子的自驱动行为的经典模型之一,其可以很好地描述自驱动粒子以特定率沿着一系列离散格点运动。受到硬核排斥作用的影响,位于格点中的每个位置不是空的,就是被单个粒子占据。利用已确定的更新规则(如随机顺序更新、并行更新、有序更新等),自驱动粒子可在每个时间间隔内更新至相邻格点或保持静止,但前提是目标格点未被粒子占据。此外,TASEP 是 ASEP 的一种非常重要的类型,其特点在于系统中的自驱动粒子进行定向输运。近年来,TASEP 中自驱动粒子之间相互作用的研究受到了广泛关注。Teimouri 等(2015)首先提出了考虑吸引和排斥率影响下的 TASEP 模型,并在一定程度上考虑了内部的相互作用。然而,在真正的分子马达输运过程中,分子马达不仅可以沿着细丝进行单向运动,还可以从细丝分离并扩散到周围的细胞质中。因此,在 TASEP 模型的研究中,考虑 Langmuir 动力学尤为重要。

为描述蛋白马达等自驱动粒子的驱动扩散现象,有必要将结合率和脱附率引入所提出的模型中。不同于前人的研究工作,本章将一维 TASEP 与开边界相结合,并充分考虑成键和断键过程,同时耦合 Langmuir 动力学过程。本章充分考虑了自驱动粒子之间的内部相互作用,引入并研究 Langmuir 动力学,以说明自驱动粒子与粒子源之间的相互作用。此外,本章不仅考虑了简单平均场理论分析,还应用了集簇平均场分析,即不仅仅考虑两个相邻粒子组态的动力学演化,并进行了蒙特卡洛模拟分析,以验证所提出的集簇平均场理论的正确性。

5.2　数理模型

受启发于蛋白马达在封闭细胞质环境中的真实运动,本章提出了 TASEP 模型(见图 5-1)。图 5-1(a) 所示为蛋白马达运动的直观图,图 5-1(b) 所示为其对应的系统的随机更新规则,该系统的大小定义为 L,并引入另一个二进制参数 τ_i 来表

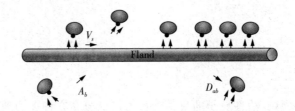

（a）蛋白马达运动的直观图

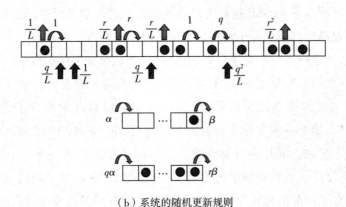

（b）系统的随机更新规则

图 5-1　TASEP 模型示意图

注:V_s 表示向前率;A_b 表示吸附率;D_{ab} 表示脱附率;

系统的随机更新规则包括内部和边界;箭头显示允许的更新。

示每个格点 $i(1 \leqslant i \leqslant L)$ 的占用状态。详细地，$\tau_i = 1$ 对应 i 被粒子占据的状态，$\tau_i = 0$ 则描述了格点 i 为空的状态。本章引入相邻两个粒子间的相互作用能 E，并且约束 $E > 0$ 表示吸引；$E < 0$ 表示排斥。

此外，对于内部动力学而言，第 n 粒子遵循以下详细的随机更新规则：① 所选择的粒子可以以单位率向前更新。其约束应满足当前位置有粒子，而目标位置为空，并且无成键和断键存在的条件。这种设计是由于在这种情况下相互作用的能量没有发生变化。② 当满足条件 $\tau_{n-1} = 0$ 且 $\tau_{n+2} = 1$ 时，所选择的粒子可以以 q 的速率向前更新。这是因为吸引将主导更新过程，相互作用 E 发生变化。由于吸引 E 的作用，在 n 和 $n+2$ 位置分离的粒子可以彼此相邻。③ 当满足条件 $\tau_{n-1} = 1$ 且 $\tau_{n+2} = 0$ 时，所选择的粒子可以以率 $r(r \neq 1)$ 向前更新，原因是排斥的影响将主导更新过程，进而导致相互作用能量的变化。因此，排斥能量为 $-E$ 时，可以分离位置 n 和 $n-1$ 中的相邻粒子。④ 当满足 $\tau_{n-1} = 1$ 且 $\tau_{n+2} = 1$ 时，所选择的粒子可以以单位率向前更新，原因是相互作用能量没有变化。吸引和排斥的影响是相同的。总而言之，对于每个时间步的内部组态动力学而言，其动力学规则可以表示为如下形式：

$$
\begin{cases}
\tau_n = 0, \tau_{n+1} = 1, r = 1, \text{当 } \tau_{n-1} = 0, \tau_n = 1, \tau_{n+2} = 0 \text{ 时} \\
\tau_n = 0, \tau_{n+1} = 1, r = q, \text{当 } \tau_{n-1} = 0, \tau_n = 1, \tau_{n+2} = 1 \text{ 时} \\
\tau_n = 0, \tau_{n+1} = 1, r = r, \text{当 } \tau_{n-1} = 1, \tau_n = 1, \tau_{n+2} = 0 \text{ 时} \\
\tau_n = 0, \tau_{n+1} = 1, r = 1, \text{当 } \tau_{n-1} = 1, \tau_n = 1, \tau_{n+2} = 1 \text{ 时}
\end{cases}
\tag{5-1}
$$

此外，对于开边界，本章所建立的 TASEP 模型的粒子更新规则如下：

$$
\begin{cases}
\tau_1 = 1, r = \alpha, \text{当 } \tau_1 = 0, \tau_2 = 0 \text{ 时} \\
\tau_1 = 1, r = q\alpha, \text{当 } \tau_1 = 0, \tau_2 = 1 \text{ 时} \\
\tau_L = 0, r = \beta, \text{当 } \tau_{L-1} = 0, \tau_L = 1 \text{ 时} \\
\tau_L = 0, r = r\beta, \text{当 } \tau_{L-1} = 1, \tau_L = 1 \text{ 时}
\end{cases}
\tag{5-2}
$$

另外，内部动力学与 Langmuir 动力学相结合，对于每个时间步长中的 Langmuir 动力学，可使用如下形式表示相应的随机更新规则：

$$\begin{cases} \tau_n=0,r=\dfrac{1}{L}, 当\ \tau_{n-1}=0,\tau_n=1,\tau_{n+1}=0\ 时 \\[2mm] \tau_n=0,r=\dfrac{r}{L}, 当\ \tau_{n-1}=0,\tau_n=1,\tau_{n+1}=1\ 时 \\[2mm] \tau_n=0,r=\dfrac{r}{L}, 当\ \tau_{n-1}=1,\tau_n=1,\tau_{n+1}=0\ 时 \\[2mm] \tau_n=0,r=\dfrac{r^2}{L}, 当\ \tau_{n-1}=1,\tau_n=1,\tau_{n+1}=1\ 时 \\[2mm] \tau_n=1,r=\dfrac{1}{L}, 当\ \tau_{n-1}=0,\tau_n=0,\tau_{n+1}=0\ 时 \\[2mm] \tau_n=1,r=\dfrac{q}{L}, 当\ \tau_{n-1}=1,\tau_n=0,\tau_{n+1}=0\ 时 \\[2mm] \tau_n=1,r=\dfrac{q}{L}, 当\ \tau_{n-1}=0,\tau_n=0,\tau_{n+1}=1\ 时 \\[2mm] \tau_n=1,r=\dfrac{q^2}{L}, 当\ \tau_{n-1}=1,\tau_n=0,\tau_{n+1}=1\ 时 \end{cases} \tag{5-3}$$

5.3　集簇平均场理论分析

本节对所建立的系统进行集簇平均场理论分析。假设将每两个相邻的粒子分组，每组都是独立的。因此，以下组态的概率可表示为

$$P(\tau_{i-1},\tau_i,\tau_{i+1},\tau_{i+2})=P(\tau_{i-1},\tau_i)P(\tau_{i+1},\tau_{i+2}) \tag{5-4}$$

式中，τ_{i-1}、τ_i、τ_{i+1}和τ_{i+2}分别表示第$i-1,i,i+1,i+2$个格点被占据的状态。此外，所有的占据状态都是二进制数，其值可以是1或0，因此两个相邻粒子有4种状态，可表示为$(1,1)$、$(1,0)$、$(0,1)$和$(0,0)$。此外，这4种状态的概率也可以表示为P_{11}、P_{10}、P_{01}和P_{00}，并且满足$P_{11}+P_{10}+P_{01}+P_{00}=1$。由于平均场近似，可以获得TASEP通道的密度为

$$\rho=P_{11}+\frac{P_{10}+P_{01}}{2} \tag{5-5}$$

对于内部动力学而言，P_{11}的变化可表示为

$$\frac{\mathrm{d}P_{11}}{\mathrm{d}t} = qP_{01}^2 - rP_{11}P_{00} + \frac{q}{L}P_{01}(P_{10} + P_{00})$$

$$+ \frac{q}{L}P_{10}(P_{01} + P_{00}) + \frac{q^2}{L}P_{01}(P_{11} + P_{01})$$

$$+ \frac{q^2}{L}P_{10}(P_{11} + P_{10}) - \frac{r}{L}P_{11}(P_{01} + P_{00})$$

$$- \frac{r}{L}P_{11}(P_{00} + P_{10}) - \frac{r^2}{L}P_{11}(P_{11} + P_{10}) - \frac{r^2}{L}P_{11}(P_{11} + P_{01}) \quad (5-6)$$

P_{10} 的变化可表示为

$$\frac{\mathrm{d}P_{10}}{\mathrm{d}t} = P_{00}(2rP_{11} + P_{01}) + P_{11}(rP_{00} + P_{01}) - P_{10}(P_{10}P_{01} + P_{00}^2 + P_{00}P_{01} + P_{00}P_{10})$$

$$- rP_{10}(P_{11}P_{00} + P_{01}^2 + P_{00}P_{01} + P_{01}P_{11}) - P_{10}(P_{10}P_{11} + P_{11}^2 + P_{11}P_{01} + P_{01}P_{10})$$

$$- qP_{10}(P_{01}P_{10} + P_{10}^2 + P_{11}P_{10} + P_{00}P_{11}) + \frac{1}{L}P_{00}(P_{00} + P_{10} + qP_{01} + qP_{11})$$

$$+ \frac{1}{L}P_{11}(rP_{01} + rP_{00} + r^2P_{11} + r^2P_{10}) - \frac{1}{L}P_{01}(qP_{00} + qP_{10} + q^2P_{01} + q^2P_{11})$$

$$- \frac{1}{L}P_{01}(P_{00} + P_{01} + rP_{11} + rP_{10}) \quad (5-7)$$

P_{01} 的变化可表示为

$$\frac{\mathrm{d}P_{01}}{\mathrm{d}t} = P_{10}(P_{01}P_{10} + P_{11}P_{01} + P_{10}P_{11} + P_{11}^2) + P_{10}(P_{01}P_{10} + P_{00}P_{01} + P_{00}P_{10} + P_{00}^2)$$

$$+ rP_{10}(P_{11}P_{00} + P_{01}^2 + P_{00}P_{01} + P_{01}P_{11}) + qP_{10}(P_{00}P_{10} + P_{10}^2 + P_{11}P_{10} + P_{00}P_{11})$$

$$- qP_{01}^2 - P_{01}P_{00} - P_{11}P_{01} - qP_{01}^2 + \frac{1}{L}P_{00}(P_{00} + P_{01} + qP_{11} + qP_{10})$$

$$+ \frac{1}{L}P_{11}(rP_{00} + rP_{10} + r^2P_{01} + r^2P_{11}) - \frac{1}{L}P_{01}(qP_{00} + qP_{10} + q^2P_{11} + q^2P_{01})$$

$$- \frac{1}{L}P_{01}(P_{00} + P_{01} + rP_{10} + rP_{11}) \quad (5-8)$$

P_{00} 的变化可表示为

$$\frac{\mathrm{d}P_{00}}{\mathrm{d}t} = qP_{01}^2 - rP_{11}P_{00} + \frac{1}{L}P_{10}(P_{10} + P_{00}) + \frac{1}{L}P_{01}(P_{01} + P_{00})$$

$$+ \frac{r}{L} P_{10}(P_{11} + P_{01}) + \frac{r}{L} P_{01}(P_{11} + P_{10}) - \frac{1}{L} P_{00}(P_{00} + P_{01})$$

$$- \frac{1}{L} P_{00}(P_{00} + P_{10}) - \frac{q}{L} P_{00}(P_{11} + P_{01}) - \frac{q}{L} P_{00}(P_{11} + P_{10})$$

$$(5-9)$$

稳态时,满足如下方程:

$$\frac{\mathrm{d}P_{00}}{\mathrm{d}t} = \frac{\mathrm{d}P_{10}}{\mathrm{d}t} = \frac{\mathrm{d}P_{01}}{\mathrm{d}t} = \frac{\mathrm{d}P_{11}}{\mathrm{d}t} = 0 \qquad (5-10)$$

通过上述方程联立,可以求解出 P_{11}、P_{10}、P_{01} 和 P_{00}。

此外,根据图 5-1(b) 所示系统的随机更新规则可知以下情况。

(1) 对于左边界,考虑不同的组态演化。首先,可以推导出 P_{11} 为

$$\frac{\mathrm{d}P_{11}}{\mathrm{d}t} = q\alpha P_{01} - r P_{11} P_{00} - P_{11} P_{01} - \frac{1}{L} P_{11}(r P_{00} + r P_{01} + r^2 P_{10} + r^2 P_{11})$$

$$- \frac{1}{L} P_{10}(q P_{00} + q P_{01} + q^2 P_{11} + q^2 P_{10}) \qquad (5-11)$$

其次,可以获得 P_{00} 为

$$\frac{\mathrm{d}P_{00}}{\mathrm{d}t} = P_{00} P_{01} + q P_{01} P_{01} - \alpha P_{00} + \frac{1}{L} P_{01}(P_{01} + P_{00} + r P_{10} + r P_{11})$$

$$- \frac{1}{L} P_{00}(P_{01} + P_{00} + qP + q P_{11}) \qquad (5-12)$$

再次,可以获得 P_{10} 为

$$\frac{\mathrm{d}P_{10}}{\mathrm{d}t} = \alpha P_{00} + r P_{11} P_{00} + P_{11} P_{01} - P_{10}(P_{00} + P_{01} + q P_{10} + q P_{11})$$

$$+ \frac{1}{L} P_{11}(r P_{01} + r P_{00} + r^2 P_{10} + r^2 P_{11}) - \frac{1}{L} P_{10}(q P_{01} + q P_{00} + q^2 P_{11} + q^2 P_{10}) \qquad (5-13)$$

最后,可以获得 P_{01} 为

$$\frac{\mathrm{d}P_{01}}{\mathrm{d}t} = P_{10}(P_{00} + P_{01} + q P_{01} + q P_{10}) - q\alpha P_{01} - P_{00} P_{01} - q P_{01}^2$$

$$+ \frac{1}{L} P_{00}(P_{00} + P_{01} + qP_{10} + qP_{11}) - \frac{1}{L} P_{01}(P_{00} + P_{01} + qP_{10} + qP_{11})$$

$$(5-14)$$

(2) 对于右边界,也可分别导出相应的 P_{11}、P_{10}、P_{01} 和 P_{00} 分别为

$$\frac{\mathrm{d}P_{11}}{\mathrm{d}t} = qP_{01}^2 + P_{11}P_{01} - r\beta P_{11} + \frac{1}{L} P_{01}(qP_{00} + qP_{10} + q^2 P_{11} + q^2 P_{01})$$

$$- \frac{1}{L} P_{11}(rP_{00} + rP_{10} + r^2 P_{01} + r^2 P_{11}) \qquad (5-15)$$

$$\frac{\mathrm{d}P_{10}}{\mathrm{d}t} = rP_{11}P_{00} + P_{01}P_{00} + r\beta P_{11} - P_{10}(P_{00} + P_{10} + rP_{11} + rP_{01})$$

$$+ \frac{1}{L} P_{00}(P_{00} + P_{10} + qP_{01} + qP_{11}) - \frac{1}{L} P_{10}(P_{00} + P_{10} + rP_{01} + rP_{11})$$

$$(5-16)$$

$$\frac{\mathrm{d}P_{01}}{\mathrm{d}t} = P_{10}(P_{00} + P_{10} + rP_{11} + rP_{01}) - P_{11}P_{01} - qP_{01}^2 - \beta P_{01}$$

$$+ \frac{1}{L} P_{11}(rP_{10} + rP_{00} + r^2 P_{11} + r^2 P_{01}) - \frac{1}{L} P_{01}(qP_{00} + qP_{10} + q^2 P_{11} + q^2 P_{01})$$

$$(5-17)$$

$$\frac{\mathrm{d}P_{00}}{\mathrm{d}t} = \beta P_{01} - rP_{11}P_{00} - P_{00}P_{01} + \frac{1}{L} P_{10}(P_{00} + P_{10} + qP_{01} + qP_{11})$$

$$- \frac{1}{L} P_{00}(P_{00} + P_{10} + rP_{01} + rP_{11}) \qquad (5-18)$$

成键和断键是一对可逆的过程,因此可以得到如下关于引力和排斥效应的约束:

$$q = \mathrm{e}^{(CEk_\mathrm{B}^{-1} T^{-1})} r \qquad (5-19)$$

式中,E 表示蛋白马达运动过程中 ATP 水解过程中的化学能;k_B 表示玻尔兹曼(Boltzmann)常数;T 表示温度。为了描述这种可逆的过程,本节提出了以下限制:

$$q = \mathrm{e}^{(C'Ek_\mathrm{B}^{-1} T^{-1})} \qquad (5-20)$$

式(5-19)和式(5-20)中,C和C'是在计算过程中可以设置为任意值的常数,因为它们的具体值不会改变所提出模型的特征参数的解析解。

5.4　蒙特卡洛模拟解

本节详细分析了$E>0$、$E=0$、$E<0$这3种情况下TASEP通道的密度分布,计算结果发现在所有情况下,密度分布在空间上独立于格点位置,其由密度轮廓直观地反映。随着相互作用能量E、注入率α和逃逸率β的变化,密度分布的值彼此不同。为了确认理论结果的有效性,本节还进行了蒙特卡洛模拟。系统大小L设置为1000。根据图5-1所示的系统的随机更新规则可以看出,需要强调的是弱耦合效应,因为吸附率和脱附率与系统大小L呈反比关系。模拟的总时间T被设置为10^7个蒙特卡洛时间步长,即10^{10}个机器时间步。此外,对比蒙特卡洛模拟解和集簇平均场解析解,可以发现它们彼此吻合度很高。另外,图5-2～图5-4分别表示在$\alpha=0.4$、$\beta=0.6$和$\alpha=0.8$、$\beta=0.4$两种情况。由图5-2(a)和(b)可知,在$E<0$的情况下,TASEP通道处于低密度相(low density,LD);由图5-3(a)和(b)可知,在$E>0$的情况下,TASEP通道处于高密度相(high density,HD);由图5-4(a)和(b)可知,在$E=0$的情况下,TASEP通道也处于高密度相。

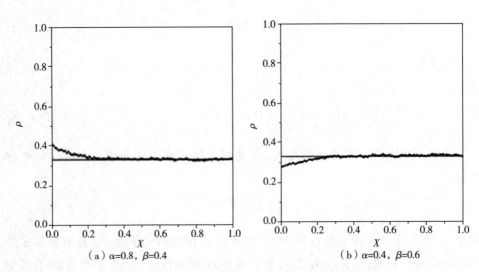

图5-2　在$E<0$的情况下,TASEP通道的密度分布

注:离散点为蒙特卡洛模拟解,实线为平均场解析解;$E=1.2k_BT$是成立的。

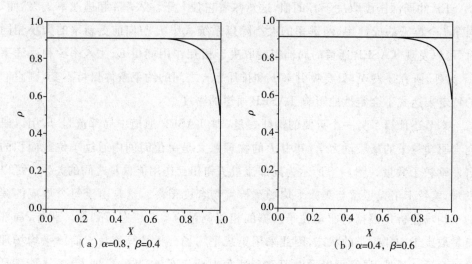

（a）α=0.8，β=0.4　　　　　　　（b）α=0.4，β=0.6

图 5-3　在 $E > 0$ 的情况下，TASEP 通道的密度分布

注：离散点为蒙特卡洛模拟解，实线为平均场解析解；$E = 1.2k_B T$ 是成立的。

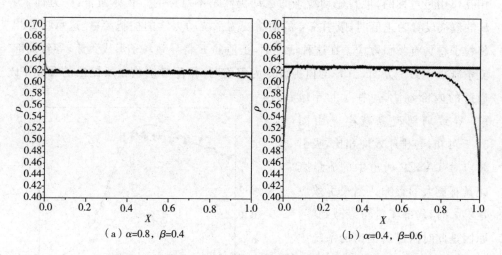

（a）α=0.8，β=0.4　　　　　　　（b）α=0.4，β=0.6

图 5-4　在 $E = 0$ 的情况下，TASEP 通道的密度分布

注：离散点为蒙特卡洛模拟解，实线为平均场解析解。

　　由图 5-2～图 5-4 可知，E 的值对应蛋白马达之间内部相互作用的不同情况：$E < 0$ 时，对应蛋白马达之间的排斥效应在系统的内部动力学中占主导地位；$E > 0$ 时，反映了蛋白马达中的吸引效应在系统的内部动力学中占主导地位；$E = 0$ 时，意味着排斥和吸引效应彼此相同。此外，通过进行大量的蒙特卡洛模拟，可以发现当第 i 个（$2 \leqslant x \leqslant L-1$）粒子的成键率、断键率和向前更新率具有相同的数量级时，

TASEP 的局部密度取决于 E 的值，这意味着它独立于注入率 α 和逃逸率 β。然而，当第 i 个粒子的成键率、断键率的大小除以系统大小 L 与向前更新率的大小相同时，可以发现 TASEP 通道的局部密度取决于相互作用能量 E、注入率 α 和逃逸率 β。另外，研究还发现，只要吸引率 p 和排斥率 r 之间的约束条件保持不变，则它们的特定表达式不会定性地影响 TASEP 通道的密度。

本节还计算了另一个重要的特征参量，即 TASEP 通道中局部流量 J，用以研究自驱动粒子的集簇动力学，其中 J 的物理意义是单位时间内通过单位截面积的自驱动粒子数量。图 5-5 所示为局部流量 J 和相互作用能量 E 之间的关系。可以发现，蒙特卡洛模拟解与集簇平均场解析解吻合度很高。这是由于每个形成的簇的平均场分析是根据自驱动粒子占据的相邻位置的 4 个组态得到的。此外，局部流量取决于相邻粒子的状态，因此采用集簇平均场分析计算流量比简单平均场理论更合适。另外，研究可以看出，J 的最大值对应于 $E = 0.8k_{B}T$，即 $E = 0$ 不能满足所提出系统的局部电流的极值条件。这是因为尽管 $E = 0$ 意味着粒子之间的内部相互作用是对称的，但自驱动粒子的运动仍然是不对称的。具体而言：一方面，当 E 的值被设置为正值时，吸引率 q 的值将变为系统动力学的控制参量，这意味着相邻粒子将具有吸引效应。在这种情况下，正值的 E 将导致粒子形成集簇，导致局部流量减小。另一方面，当 E 的值被设置为负值时，排斥效应将在所提出的 TASEP 通道的内部动力学中占主导地位，导致局部流量减小。由图 5-5 可知，与排斥效应相比，吸引效应对 TASEP 通道中的流量衰减具有更大的影响。当吸引效应足够大时，局部流量将衰减到零，原因是此时满足所提出的系统中的所有格点都被粒子占据；当 E 的值被设置为负值时，P_{01} 的发生率增加，这反映了更强的排斥效应。图 5-6 所示为局部密度 ρ 与相互作用能量 E 之间的关系。由图 5-6 可知，局部密度随内部相互作用的增加而增加，原因是增

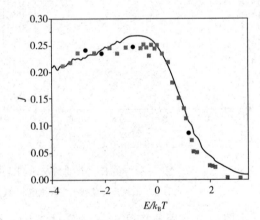

图 5-5　局部流量 J 与相互作用
能量 E 之间的关系

注：离散点为蒙特卡洛模拟解，
实线为平均场解析解。

加 E 将导致更强的吸引效应和更多的团簇粒子。

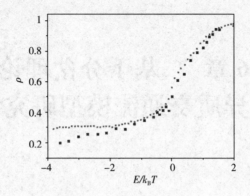

图 5-6　局部密度 ρ 与相互作用能量 E 之间的关系

注：紧密离散点为集簇平均场解析解，稀疏离散点为蒙特卡洛模拟解。

5.5　本章小结

在统计物理学领域，TASEP 被视为较重要的驱动扩散系统之一，它包含了深刻的非平衡统计物理机制，原因是它是同 Ising 模型一样的范式模型。本章考虑了一维 TASEP 与内部相互作用和 Langmuir 动力学，并在所提出的模型中引入了弱耦合率、成键率、断键率，进行了集簇平均场分析及自驱动粒子的成键和断键机制，研究了蛋白马达的自驱动输运。吸引效应和排斥效应之间的竞争将决定这些活性粒子的相互作用能的具体值。本章研究将有助于理解相互作用粒子系统的非平衡相变行为。

第6章 基于分岔理论的异质交通流模型研究

6.1 引 言

在过去的几十年,交通流引起了人们的较多关注,其中最重要的应用是描绘真实的交通现象。根据交通流模型的控制方程的形式,交通流模型可分为 3 种,即宏观模型、微观模型、介观模型:宏观模型侧重于系统的全局性质,如交通网络模型;微观模型强调单个车辆的行为,如最优速度(optimal velocity,OV)模型、跟驰模型、公交线路模型(bus route model,BRM)模型等;介观模型集中了以上两种模型的特征。实际上,许多交通流模型专注于研究同质系统,即系统中仅包含一种车辆,或假设系统中的车辆没有区别。然而,不同类型的车辆在实际交通系统中具有各种特征,即实际交通系统应视为异质系统。在异构系统中,应考虑不止一种车辆。从微观角度来看,这种异构系统也可以被视为多体系统。

虽然异质系统是错综复杂的,但仍然可以在异质系统中找到、总结和解释各种系统的经典现象。实际上,分岔现象作为均质微观交通流模型中经典的特征之一,在均匀系统中已被广泛研究,其用于描述速度与车头时距之间的关系。前人的研究首先描述了同步运动的分岔现象,并在均质系统中进行了数值模拟。霍普夫(Hopf)分岔证明了系统稳定性的削弱,随后在圆形道路上获得最优速度模型的动力学。此外,前人还研究了具有反应时滞的车辆跟驰模型中的亚临界 Hopf 分岔,并在此基础上进一步建立了具有延迟反馈的跟驰模型中的分岔现象。然而,以前的研究很少关注异质交通流模型中的分岔现象。

为了很好地说明异质系统的抗干扰能力,应该进行稳定性分析。稳态对复杂系统具有重要意义,尤其是对具有强混沌效应的系统,原因如下:首先,由于稳定状态的恒定性,可以通过稳定状态的性质掌握复杂系统的特征,然后用稳定状态来检验理论的有效性;其次,稳定状态的存在可以在一定程度上反映复杂系统的混沌特征。因此,系统的稳定性一直备受研究者的关注。Whitham 于 1974 年提出了线性和非线性波理论。著者通过类似的方法进行了一系列的工作,如分析了连续模型和恒定速度差模型,研究了相对速度模型,介绍了 Burgers 方程的非线性稳定性分析,求解了 KdV 解和 mKdV 解,得到了孤波解等。

　　不同于前人的工作,本章关注的是异质微观交通流模型的分岔现象。在所提出的模型的控制方程中,异质系统是指具有不同的特征参量的系统。本章进行了双分岔分析,以描绘多种车辆属性的交通系统的分岔模式。同时本章研究了系统的稳定性分析,并总结了车辆数量与稳定性之间的关系,还研究了异质微观交通流模型的吸引子,总结出系统的普适特性。

6.2　数 理 模 型

　　本节研究了具有周期性边界条件的异质交通流模型。该模型的示意图如图 6-1 所示。系统中有 N 种 M 车。系统尺寸 L 满足 $M\delta_0$,其中 δ_0 表示相邻车辆的平均车间距。车辆的最优速度 V 满足:

$$V = \left[\beta + (1-\beta)e^{\frac{\lambda'}{v_a}x}\right]\left[\tanh\left(x - \frac{V^2}{2a}\right) + \tanh\left(\frac{V^2}{2a}\right)\right]$$

$$= \left[\beta + (1-\beta)e^{-\lambda x}\right]\left[\tanh\left(x - \frac{V^2}{2a}\right) + \tanh\left(\frac{V^2}{2a}\right)\right] \tag{6-1}$$

式中,v_a 表示平均速度;λ' 表示影响车辆速度的影响因素的发生率,约束条件满足 $\lambda' = \lambda v_a$;λ 表示影响车辆速度的影响因子的平均发生率(实际上,λ 可以对应真实的交通情况,如乘客的到达率等);a 表示车辆的最大加速度;β 表示车辆速度的影响因子,如等待乘客的影响的实际交通、停止和走动现象等,且 β 为 $0 \sim 1$。另外,所有影响因素的集合 $\bar{\beta}$ 为 $\bar{\beta} = (\beta_1 \cdots \beta_i \cdots \beta_N)$,其中 β_i 表示对第 i 种车辆的影响。因此,不同种类的车辆具有不同的类型。

　　本节引入了参数 M_i、x_{i1}、x_{i2} 和 k_j,其中 M_i 为第 i 种车的数量且满足 $\sum_{i=1}^{N} M_i =$

M；x_{i1} 和 x_{i2} 分别为第 i 种车辆的较小间隙和较大间隙；k_j 为对应于小间隙的第 j 种车辆的数量。这些参数的差异也体现了这类车辆的各种特性，同时不同类型的车辆构成了这一异质系统。

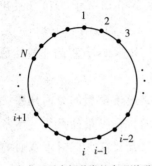
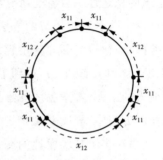

（a）显示车辆种类的直观说明　　　　（b）描绘了满足 $N=1$ 的系统的分岔模式

图 6-1　具有周期性边界条件的异质交通流模型示意图

注：在图 6-1(b) 的情况下，存在两种间隙，即较小的和较大的，分别表示为 x_{11} 和 x_{12}。

对于所提出的模型，x 代表式（6-1）中的车辆位置。车头时距是指两个相邻车辆之间的间隙尺寸，这是描绘车辆之间相互作用的重要参数之一。优化速度 V 考虑了车辆的最大速度、交通状态、车辆种类的影响等，因此 V 是依赖于 x 的函数，并且 V 的具体值应该通过执行式（6-1）的数值计算来解决。

如图 6-1 所示，在特定的速度范围内，车辆有两个可能的间隙达到平衡，这就是分岔现象。实际上，式（6-1）是分岔分析的基础。最优速度在本节的研究中是由两部分组成的：第一部分是 $\left(x - \dfrac{V^2}{2a}\right) + \tanh\left(\dfrac{V^2}{2a}\right)$，第二部分是 $\beta + (1-\beta)\,\mathrm{e}^{-\lambda x}$。需要说明的是，本节研究工作受到了前人研究的启发，并且提出的模型是从真实的交通现象中提取的。基于 3 个假设的 OV 模型引入 $\left(x - \dfrac{V^2}{2a}\right) + \tanh\left(\dfrac{V^2}{2a}\right)$：在传统的 OV 模型中，第一个假设是当车头时距等于零时，速度等于零；第二个假设是当车头时距趋于无限大时，速度具有上限；第三个假设是车头时距和速度之间的关系是单调的。因此，OV 模型中使用了双曲正切函数。然而，启发于传统 OV 模型，并考虑实际交通，本节引入了非单调函数用以描述速度和车头时距之间的关系。另外，本节还引入了 $\beta + (1-\beta)\,\mathrm{e}^{-\lambda x}$，原因是当时间接近无穷大时，必须存在影响车辆速度的影响因素。此外，随着时间接近零，没有影响因素。由于影响因子和间隙大小的影响是正相关的，间隙大小 x 可以表示影响车辆速度的影响因子发生的可能

性 $1-\mathrm{e}^{-\lambda t}$。事实上，$1-\mathrm{e}^{-\lambda t}$ 也可以对应真实的交通情况，如到达旅客的可能性。此外，没有这种影响的可能性是 $\mathrm{e}^{-\lambda t}$。相似地，$\mathrm{e}^{-\lambda t}$ 相当于真正交通，如同没有乘客的概率，因此最终速度可以表示为 $\beta(1-\mathrm{e}^{-\lambda t})+1\cdot\mathrm{e}^{-\lambda t}$，即 $\beta+(1-\beta)\mathrm{e}^{-\lambda t}$。本节所使用的参数的物理含义见表 6-1 所列。

表 6-1　本节所使用的参数的物理含义

参量	物理含义
M	车辆总数
M_i	第 i 种车辆的总数
N	车辆种类总数
L	系统尺寸
V	优化速度
v_a	车辆的平均速度
λ'	影响因子存在时该因子对车辆速度的影响速率
λ	影响因子存在时该因子对车辆速度的平均影响速率
a	车辆的最大加速度
β	车辆速度的影响因子
$\bar{\beta}$	所有种类的车辆的影响因子集合
β_i	第 i 种车辆的影响
δ_0	相邻车辆的平均车间距
x_{i1}	第 i 种车辆的较小车间距
x_{i2}	第 i 种车辆的较大车间距
k_j	对应的车间距为较小车间距的第 j 种车辆的数目
K_i	超体在 i 轴上的截距
$\boldsymbol{K}_0$	$N-1$ 维超体的法向量
v_f	自由流速度
g_i	第 i 辆车的车前距
$\bar{G}_1$	$N=2$ 情况下第一种车辆的平均车间距

（续表）

参量	物理含义
$\bar{G}_2$	$N=2$ 情况下第二种车辆的平均车间距
G'	$N=1$ 情况下所关注的特定车辆的车间距
$D(G_1)$	第一种车的车间距的方差
$D(G_2)$	第二种车的车间距的方差
$D(G)$	$N=1$ 情况下车间距的方差
V_{ol}	N 维超体的体积
$V_M(x)$	用于描述稳定性分析中 M 个车辆的真实状态对应的子空间体积
$V_M^0(x)$	稳态真实子空间的体积
P_M	稳定区域中真实状态出现的概率

6.3　分岔分析

本节主要进行分岔分析。图 6-2 所示为最优速度 V 和车间距 x 之间的关系。基于车辆种类的数量，可以严格地导出系统的分岔，并将其分为以下 3 种情况。

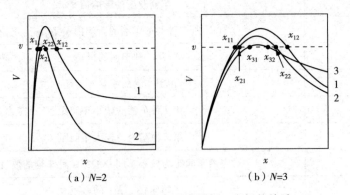

（a）$N=2$　　　　　　　　　　（b）$N=3$

图 6-2　最优速度 V 和车间距 x 之间的关系

注：图 6-2(a)中曲线 1 为第一种最优速度，曲线 2 为第二种最优速度；图 6-2(b)中曲线 1、曲线 2 和曲线 3 分别代表系统中的 3 种车辆。

（1）$N=1$ 的情况。这意味着该系统仅包含一种车辆。系统存在两种车间距，即较小车间距和较大车间矩，这两种车间距可分别表示为 x_{11} 和 x_{12}。再引入参数

k_1,并将其定义为与小车间距对应的车辆数量。由于系统规模和车辆数量是恒定的,系统的分岔满足以下约束:

$$\begin{cases} k_1 x_{11} + (M - k_1) x_{12} = M\delta_0 \\ k_1 > 0 \\ M - k_1 > 0 \\ x_{11} < x_{12} \end{cases} \qquad (6-2)$$

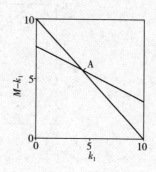

图 6-3 N 为 1 时的分岔模式

注:参数为 $\delta_0 = 2, M = 10, a = 0.5$, $x_{11} = 1.2, x_{12} = 2.6$,交点 A 表示系统中只有一种分岔模式。

在这种情况下,当确定其中两个参数时,可以确定 3 个参数的精确值。特别是,当分配较小车间距 x_{11} 和较大的 x_{12} 时,可以在数学上确定对应于较小车间距的车辆数量 k_1。因此,可以导出分岔模式的数量 s 为 1,这意味着系统是同质的。N 为 1 时的分岔模式如图 6-3 所示。

（2）$N = 2$ 的情况。这意味着系统包含两种车辆,从而存在两种车间距,即两种车辆中较大的车间距和较小的车间距。同样,由于系统规模和车辆数量是恒定的,系统的分岔满足以下约束:

$$\begin{cases} k_1 x_{11} + (M_1 - k_1) x_{12} + k_2 x_{21} + (M_2 - k_2) x_{22} = M\delta_0 \\ M_1 + M_2 = M \\ k_1 > 0 \\ M_1 - k_1 > 0 \\ k_2 > 0 \\ M_2 - k_2 > 0 \\ x_{11} < x_{12} \\ x_{21} < x_{22} \end{cases} \qquad (6-3)$$

式中,x_{11}、x_{12}、x_{21} 和 x_{22} 分别表示给定速度 v 的经典车间距;k_1 和 k_2 表示与较小车间距对应的车辆数量;$M_1 - k_1$ 和 $M_2 - k_2$ 表示与较大车间距对应的车辆数量,其中 k_1 和 k_2 都应该是整数。在这种情况下,当分配车间距为 x_{11}、x_{12}、x_{21} 和 x_{22} 时,可以导出车辆数量 k_1 和 k_2 之间的约束关系。N 为 2 时的分岔模式如图 6-4 所示。为简单起见,假设 β_1 和 β_2 之间存在一点差异。因此,分岔模式的数量 s 可以根据如下公式导出:

$$s = (M_1 x_{11} + M_2 x_{21} - M\delta_0)\sqrt{\left(\frac{1}{x_{12} - x_{11}}\right)^2 + \left(\frac{1}{x_{22} - x_{21}}\right)^2} \qquad (6-4)$$

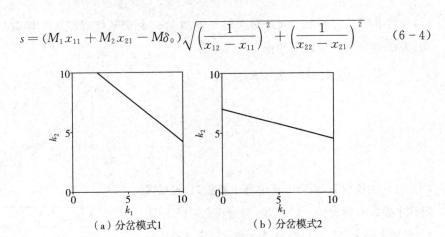

（a）分岔模式1　　　　　　（b）分岔模式2

图 6-4　N 为 2 时的分岔模式

注：系统的分岔斑图显示为直线；图 6-4(a) 的参数为 $\delta_0 = 2, M = 20, M_1 = M_2 = 10$ 和 $a = 0.5$，满足 $x_{11} = 1.7, x_{12} = 2.6, x_{21} = 1.6$ 和 $x_{22} = 2.8$；图 6-4(b) 的参数为 $\delta_0 = 2, M = 20, M_1 = M_2 = 10$ 和 $a = 0.5$，满足 $x_{11} = 1.7, x_{12} = 2.6, x_{21} = 0.3$ 和 $x_{22} = 3.9$。

应该注意的是，式(6-4)是在两种车辆的性能变化相对较小的条件下得出的，其对应图 6-4(b) 中所示情况。实际上，在这种情况下，s 等于图 6-4(b) 中显示的线段的长度。

（3）$N > 2$ 的情况。这意味着该系统包含两种以上的车辆。存在 $2N$ 种车间距，分别包括 N 种车辆中较大的车间距和 N 种车辆中较小的车间距。由于系统规模和车辆数量是恒定的，系统的分岔模式满足以下约束：

$$
\begin{cases}
(k_1 \cdots k_i \cdots k_N)\begin{pmatrix} x_{12} - x_{11} \\ \vdots \\ x_{i2} - x_{i1} \\ \vdots \\ x_{N2} - x_{N1} \end{pmatrix} = (M_1 \cdots M_i \cdots M_N)\begin{pmatrix} x_{12} \\ \vdots \\ x_{i2} \\ \vdots \\ x_{N2} \end{pmatrix} - M\delta_0 \\
\sum_{i=1}^{N} M_i = M \\
0 < k_i < M_i \\
x_{i1} < x_{i2}
\end{cases} \qquad (6-5)
$$

式中，M_i 表示第 i 种车辆的数量；x_{i1} 和 x_{i2} 分别表示较小车间距和第 i 种车辆中的较大车间隙;k_i表示与较小间隙对应的第i种车辆的数量。N为3时的分岔模式如图6-5所示。实际上,系统的所有状态构成了N维超体,即系统的相空间。根据式(6-5)的第一个等式所描述的约束关系,可以将N维超体简化为$(N-1)$维超体,因此这种$(N-1)$维超体的体积是所有可能状态的集合。再引入k_i以表示i轴上的$(N-1)$维超体的截距。为了获得超体的截距k_i,可以将其他分量设置为零。因此,等式$k_1=\cdots=k_{i-1}=k_{i+1}=\cdots=k_N=0$被应用于式(6-5)的第一个等式中,可获得以下方程:

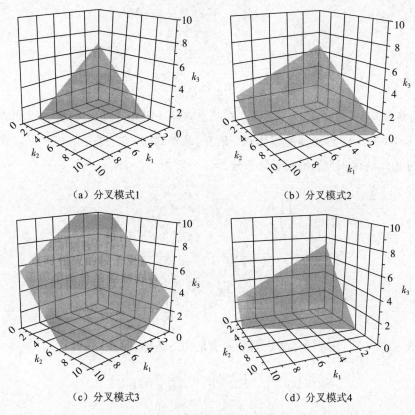

（a）分叉模式1　　　　　　　　　　（b）分叉模式2

（c）分叉模式3　　　　　　　　　　（d）分叉模式4

图6-5　N为3时的分岔模式

注:参数为$a=0.5,\delta_0=1,M=30,M_1=M_2=M_3=10$;图6-5(a)满足$x_{11}=0.64,x_{12}=1.07,x_{21}=0.63,x_{22}=1.12,x_{31}=0.61$和$x_{32}=1.18$,分岔斑图显示为三角形表面;图6-5(b)满足$x_{11}=0.61,x_{12}=1.07,x_{21}=0.63,x_{22}=1.12,x_{31}=0.84$和$x_{32}=1.07$,分岔斑图显示为五边形表面图;图6-5(c)满足$x_{11}=0.87,x_{12}=1.14,x_{21}=0.82,x_{22}=1.17,x_{31}=0.77$和$x_{32}=1.18$,分岔斑图显示为六边形表面;图6-5(d)满足$x_{11}=0.849,x_{12}=1.32,x_{21}=0.145,x_{22}=1.19,x_{31}=0.186,x_{32}=1.2$,分岔斑图显示为四边形表面。

$$K_i \cdot (x_{i2} - x_{i1}) = (M_1 \cdots M_N) \begin{bmatrix} x_{12} \\ \vdots \\ x_{N2} \end{bmatrix} - M\delta_0 \qquad (6-6)$$

式中，K_i 是 k_i 的一个特定值，此时 K_i 应该满足式（6-5）中所示的约束条件，即应该满足 $0 < K_i < M_i$ 的限制。因此，基于式（6-6）和约束 $0 < k_i < M_i$，可以得到如下方程：

$$\begin{cases} K_i = \dfrac{(M_1 \cdots M_N) \begin{bmatrix} x_{12} \\ \vdots \\ x_{N2} \end{bmatrix} - M\delta_0}{x_{i2} - x_{i1}} \\ 0 < K_i < M_i \end{cases} \qquad (6-7)$$

为简单起见，假设 β_i 和 β_j 之间存在一点差异。因此，可以计算分岔模式的数量 s 并表示为 $(N-1)$ 维超体的超体积。因此，基于式（6-5）和式（6-7），可以获得这种 N 维超体的体积 V_{ol} 和截距的微分 $\mathrm{d}K_j$ 分别为

$$\begin{cases} V_{ol} = \dfrac{\displaystyle\prod_{i=1}^{N} K_i}{N!} \\ \mathrm{d}K_j = \dfrac{\sqrt{\displaystyle\sum_{i=1}^{N} \dfrac{1}{K_i^2}}}{\dfrac{1}{K_j}} \mathrm{d}\boldsymbol{K}_0 = \dfrac{\sqrt{\displaystyle\sum_{i=1}^{N} \dfrac{1}{K_i^2}}}{\dfrac{1}{K_j}} \mathrm{d}(|\boldsymbol{K}_0|) \end{cases} \qquad (6-8)$$

式中，$\boldsymbol{K}_0$ 为 $(N-1)$ 维超体的法向量并满足如下条件：

$$\boldsymbol{K}_0 = \left[\sqrt{\sum_{i=1}^{N} K_i^{-2}} (K_1^{-1}, K_2^{-1}, \cdots, K_N^{-1}) \right]^{-1}$$

因此，可以导出分岔模式数量 s 为

$$s = \frac{\mathrm{d}V_{ol}}{\mathrm{d}\boldsymbol{K}_0} = \sum_{j=1}^{N} \frac{V_{ol}}{K_j} \cdot \frac{\mathrm{d}K_j}{\mathrm{d}\boldsymbol{K}_0} = K_j \sqrt{\sum_{i=1}^{N} \frac{1}{K_i^2}} \sum_{j=1}^{N} \frac{V_{ol}}{K_j}$$

$$= N \cdot V_{ol} \cdot \sqrt{\sum_{i=1}^{N} \frac{1}{K_i^2}} = \frac{\displaystyle\prod_{i=1}^{N} K_i}{(N-1)!} \cdot \sqrt{\sum_{j=1}^{N} \frac{1}{K_j^2}} \qquad (6-9)$$

基于上述方程,可以仔细分析本节多体粒子系统的 3 种情况的分岔模式。首先,图 6-3 所示为仅由一种车辆构成的系统中 k_1 和 $M-k_1$ 之间的约束关系,即 N 为 1 时的分岔模式,可以发现交叉点表示只有一种分岔模式。其次,图 6-4 所示为由两种车辆构成的系统的分岔模式,即 N 为 2 时的分岔模式。此外,图 6-5 所示为由 3 种车辆构成的系统的分岔模式,即 N 为 3 时的分岔模式。在这种情况下,得到 4 种不同情况的分岔模式。详细地,对于图 6-5(a),其表面表示 k_1、k_2 和 k_3 之间的约束关系。对于图 6-5(b),其表面表示第二种车辆和第三种车辆的特性是相似的,并且都与第一种车辆的特性相差很大。然而,第二种和第三种车辆中的较小间距与较大间距之间的差异相对较小。对于图 6-5(c),其表面到达 k_1、k_2 和 k_3 的所有边界,这意味着 3 种车辆的特性略有不同。较小间距与较大间距之间的差异很小。对于图 6-5(d),其表面到达 k_1 的边界,同时达到 k_2 和 k_3 其中一个的边界。因此,第二种车辆和第三种车辆的特性是相似的,并且都与第一种车辆的特性相差很大。在这种情况下,除了图 6-4(b) 之外,第二种和第三种车辆中的较小间隙和较大间隙之间的差异相对较大。

6.4 稳定性分析

为了更好地说明系统的鲁棒性,本节对该多体粒子系统进行稳定性分析。

首先,设置系统的状态空间。对于单个车辆 i,设定车头时距 g_i 和当前速度 v_i 为状态变量。显然,这个空间是一个二维的欧几里得空间。为简单起见,本节假设系统的能量分布是均匀的。因此,解空间是 $2M$ 维状态空间集,它是所有状态空间的直和。此外,由于车辆数量的守恒,前方车头时距 g_i 满足以下约束:

$$\sum_{i=1}^{M} g_i = L \tag{6-10}$$

其次,假设所提出的模型是哈密顿系统,其受正则方程的约束,其相互作用较弱被认为是不产生能量波动的。因此,系统的状态空间的概率分布是均匀的。此外,需要严格的数学推导来获得所提出的模型的所述 $2M$ 维状态空间集的超体积。因此,可以得到子空间的超体积 $V_M(x)$ 为

$$V_M(x) = \frac{L^{M-1}}{\sqrt{M}} \tag{6-11}$$

再次,为了说明系统的稳定性,引入概率 P_M 并定义如下:

$$P_M = \frac{V_M^0(x)}{V_M(x)} \tag{6-12}$$

式中，$V_M^0(x)$ 表示包含所有稳定状态的子空间的超体积。

因此，当系统包含 $M+1$ 车辆时，可获得这种稳定子空间的超体积 $V_{M+1}^0(x)$ 为

$$
\begin{aligned}
V_{M+1}^0(x) &= \int_0^L V_M^0(L - g_{M+1}) \mathrm{d}g_{M+1} \\
&= -\int_0^L V_M^0(L - g_{M+1}) \mathrm{d}(L - g_{M+1}) \\
&= \int_0^L V_M^0(x) \mathrm{d}x
\end{aligned}
\tag{6-13}
$$

同样，$V_M^0(x)$ 可以表示为

$$V_M^0(x) = \int_0^L V_{M-1}^0(x) \mathrm{d}x \tag{6-14}$$

因此，可得到如下公式：

$$V_{M+1}^0(x) = \int_0^L V_M^0(x_1) \mathrm{d}x_1 = \int_0^L \mathrm{d}x_1 \int_0^{x_1} V_{M-1}^0(x_2) \mathrm{d}x_2 \tag{6-15}$$

进而获得如下表达式：

$$
\begin{aligned}
V_{M+1}^0(x) &= \int_0^L V_M^0(x_1) \mathrm{d}x_1 = \int_0^L \mathrm{d}x_1 \cdots \int_0^{x_{M-1}} V_1^0(x_M) \mathrm{d}x_M \\
&= \frac{1}{(M-1)!} \int_0^L V_1^0(x_1)(L - x_1)^{M-1} \mathrm{d}x_1 \\
&= \frac{L^M}{(M-1)!} \int_0^1 f(x_1)(1 - x_1)^{M-1} \mathrm{d}x_1
\end{aligned}
\tag{6-16}
$$

当 $f(x_1) = V_1^0(x_1 L)$ 时，根据超体的物理意义，$f(x_1) > 0$ 成立。因此，可以得到

$$f(x)(1-x)^{M-1} < f(x)(1-x)^{M-2}, \quad x \in (0,1) \tag{6-17}$$

进而可以得出

$$\int_0^1 f(x)(1-x)^{M-1} \mathrm{d}x < \int_0^1 f(x)(1-x)^{M-2} \mathrm{d}x \tag{6-18}$$

可以推出

$$\frac{\int_0^1 f(x)(1-x)^{M-1}\,dx}{\int_0^1 f(x)(1-x)^{M-2}\,dx} < 1 \tag{6-19}$$

因此,可以得到

$$\frac{V_{M+1}^0}{V_M^0} = \frac{L}{M-1}\frac{\int_0^1 f(x)(1-x)^{M-1}\,dx}{\int_0^1 f(x)(1-x)^{M-2}\,dx} < \frac{L}{M-1} \tag{6-20}$$

最后,可以导出约束条件为

$$P_{M+1} = \sqrt{\frac{M+1}{M}}\frac{V_{M+1}^0}{LV_M} < \frac{\sqrt{\frac{M+1}{M}}}{M-1}\frac{V_M^0}{V_M} < P_M \tag{6-21}$$

概率 P_M 随着车辆数量的增加而减少,这意味着稳定区域的比率会随着车辆数量的增加而下降。这表明,无论考虑多少种车辆,增加车辆数量都会降低系统的稳定性。

6.5　吸引子分析

为了以可见的方式说明所提出的多体粒子系统的演化特性,并观察系统在其稳态邻域附近的性质,本节通过大量的数值模拟实验进行吸引子分析,其中考虑 $N=1$ 和 $N=2$。图 6-6(a) 和 (b) 所示为 $N=1$ 的数值结果,图 6-6(c) 和 (d) 所示为 $N=2$ 的数值结果。在图 6-6(a) 和 (b) 中,参数设定为 $M=100$,$L=100$,$\beta=0.3$,$\lambda=1$,$a=0.5$。初始速度的值为 $0.5\sim0.8$,是非均匀分布的,而初始车间距的值为 $0.87\sim0.97$。对于图 6-6(c) 和 (d),参数设定为 $M_1=M_2=50$,$L=60$,$\beta_1=0.35$,$\beta_2=0.3$,$\lambda=1$,$a=0.5$。初始速度的值为 $0.39\sim0.46$,是非均匀分布的,而初始间隙的值范围为 $0.4\sim0.8$。

对于图 6-6(a) 和 (b),满足 $N=1$,这意味着该系统仅包含一种车辆。此时,系统可以被视为同质系统。系统中有两种分岔模式,包括较大车间距和较小车间距。为简单起见,本节考虑具有较小车间距模式的特定车辆,即在这种情况下,处于稳定状态的计算车辆的车头时距属于较小车间距。另外,相邻车辆的平均车间距 δ_0 满足 $\delta_0 = L/M$。计算出的车辆的车头时距与其速度之间的关系如图 6-6(a) 所示,由图 6-6(a) 可知,在所提出的均匀系统中,车辆的车头时距和车速趋于平衡,平衡状态最后收敛于左上角 A 的状态点。相应地,车头时距的方差和速度之间的关系如图6-6(b)所示,由图6-6(b)可知,车头时距的偏差趋向于与系统中车辆的速度一致。此外,平衡状态收敛于左下角状态点 B。

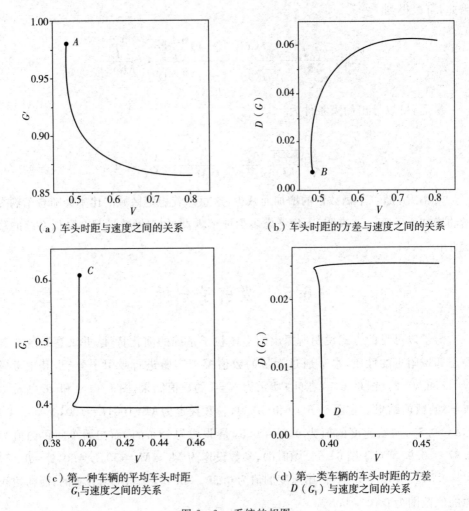

（a）车头时距与速度之间的关系

（b）车头时距的方差与速度之间的关系

（c）第一种车辆的平均车头时距 $\overline{G}_1$ 与速度之间的关系

（d）第一类车辆的车头时距的方差 $D(G_1)$ 与速度之间的关系

图6-6 系统的相图

注:图6-6(a)和(b)表示系统仅包含一种车辆的情况,满足 $N=1$,计算的车辆是随机选择的,点 A 和点 B 对应于最终状态;图6-6(c)和(d)表示系统包含两种车辆的情况,满足 $N=2$,点 C 和点 D 对应最终状态。

此外,图6-7(a)表示平均车间距的演化,其计算结果发现,系统经过折线过程到达最终状态。图中右线是从约束 $\overline{G}_1+\overline{G}_2=2\delta_0$ 获得的,这意味着车辆的总数是恒定的。此外,两端的折线清楚地反映了吸引子附近系统的汇聚特性。当系统没有达到最终状态时,两个子部分的平均值几乎是恒定的。在达到最终状态后,子部分平均值倾向于各自的最终状态,因此图 6-7(a) 表示两个部分的总体平均值的变化。图 6-7(b) 表示子部分内部的分布,其描绘了车间距变化的趋势,由 6-7(b) 可知,在车辆的平均速度收敛到最终状态后,平均车间距的方差减小,且系统的相图中出现迂回现象。总而言之,可以得出车辆的平均速度趋向于最终状态,并且平均车间距趋于稳定值的结论。根据图 6-7 所示,系统向吸引子发展。在此过程中,车辆的速度在车间距达到平衡之前达到平衡,即受车辆之间相互作用的影响,系统对速度无序的影响比对车间距的影响更敏感。此外,这两种车辆的速度的方差保持不变,直到速度达到平衡。因此,在车辆的速度趋于平衡之前,车间距的无序将不会得到改善,并且通过数值模拟,可以观察到吸引子附近系统的收敛特性,也可以发现系统收敛到稳定状态。

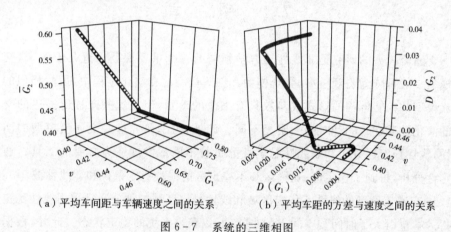

(a) 平均车间距与车辆速度之间的关系　　(b) 平均车距的方差与速度之间的关系

图 6-7　系统的三维相图

注:图 6-7(a) 和 (b) 表示系统仅包含两种车辆的情况,满足 $N=2$。

第7章　混合交通流模型的稳定性分析及其波动力学研究

7.1　引　言

交通流模型的研究是非线性动力学领域的一个重要课题。近几十年来,交通流模型一般可分为宏观模型、微观模型和细观模型。在演化过程中,虽然相似的交通流模型的控制方程的形式或参数只有细微的差别,但是这些方程所描述的交通波的演化性质在空间和时间上明显不同。此外,为了研究这些交通流模型的演化特性,线性稳定性分析和非线性稳定性分析被不断地发展成为必要的工具。通过稳定性分析,得到了稳定区、亚稳区和不稳定区的线性稳定条件和非线性波。

1) 交通流模型的线性不稳定区域和线性稳定区域的划分通常采用线性稳定性分析。本章引入了时间和空间上的小扰动,以获得系统的稳定状态。此外,根据扰动幅度值是否随时间衰减的准则,得到了系统的稳定条件。一般线性稳定性可分为两类:独立扰动项和耦合扰动项。事实上,线性稳定性分析最初是在线性和非线性波理论中被提出的。之后,Kerner 和 Konhauser(1993)首次应用独立扰动来分析基于纳维叶-斯托克斯(Navier Stokes)方程的交通流模型。在此基础上,于1993 年提出并建立了耦合扰动的简化 Kerner 模型。此外,在前人研究的基础上,Nagatani(1998)将线性稳定理论应用于格点模型中,采用延迟反馈控制进行线性稳定性分析,并分析了格子气模型。随后,Redhu 等(2015)分析了二维交通网络的线性稳定性。

2) 为了分析亚稳区和不稳定区波的性质,前人广泛研究了非线性稳定分析方法。实际上,非线性稳定性分析包括 Burgers 方程、KdV 方程、mKdV 方程和摄动分析。特别地,前人还推导了 Burgers 方程、KdV 方程和 mKdV 方程,以描述稳定区的三角波、亚稳区的孤波解和扭结波。Gardner 等(1987) 首先给出了 KdV 方程在任意初始条件下出现的孤波解,然后利用 Burgers 方程提出了一组三角波。Kurtze 和 Hong(2015) 从流体动力学模型中推导出 KdV 方程。Muramatsu 和 Nagatani 于 1999 年发展了该方法,并从最优速度模型中得到了含扰动项的 KdV 方程。Nagatani(1998) 导出了稳定区密度波的 Burgers 方程,表明三角波为稳定区后期的密度波。此外,前人的研究还有其他应用,如 Newell 跟驰模型、Ligthill - Whitham - Richards 模型、双通道格子流体力学模型等。

本章主要研究了 WZY 混合交通流模型,该模型考虑了宏观模型的性质和局部车辆之间的相互作用。本章进行了线性稳定性分析,通过 WZY 模型导出了 KdV 方程,进行了非线性分析,给出了行波解,并对解析解与仿真结果进行比较,最后给出了模型的周期解和有理解。

7.2　数理建模

基于 Navier - Stokes 方程,WZY 混合交通流模型考虑了局部车辆之间的相互作用,其控制方程可表示如下:

$$
\begin{cases}
\dfrac{\partial \rho}{\partial t} + \dfrac{\partial (\rho v)}{\partial x} = 0 \\[4mm]
\dfrac{\partial v}{\partial t} + v\dfrac{\partial v}{\partial x} = -\dfrac{c_0^2}{\rho}\dfrac{\partial \rho}{\partial x} + \dfrac{\sqrt{2a/\rho} - v}{\tau} + \dfrac{1}{\rho}\dfrac{\partial \left(\mu \dfrac{\partial v}{\partial x}\right)}{\partial x}
\end{cases} \tag{7-1}
$$

本章推导的波动力学不局限于开放边界条件,即波动动力学也适用于其他类型的边界条件,如周期边界和混合边界。

7.3　线性稳定性分析

本节对线性稳定性分析进行了进一步的研究。一般情况下,线性稳定性分析方法可分为两种:一种是角频率将扰动波矢量看成相互独立,另一种是微扰的角频率和波矢被认为是相互耦合的。虽然两者都能显示出不同交通波的特征。在一定程度上,第一种方法只需在频域上取一个离散子集,而第二种方法则可以取一个通用集。因此,本书对耦合扰动下的线性稳定性进行了分析,以刻画系统的线性稳定条件,并对线性不稳定区和线性稳定区进行了详细的划分。

首先,引入如下微扰项:

$$\rho = \rho_h + e^{(ikr+zt)} \tag{7-2}$$

可以得到

$$z^2 + z(2ikV_h + k^2\rho_h^{-1} + 1) + ik\left[k^2 V_h \rho_h^{-1} + V_h + \xi(\rho_h)\rho_h\right] + k^2(C_0^2 - V_h^2) = 0 \tag{7-3}$$

式中,z 可表示为

$$z = z_1(ik) + z_2(ik)^2 = iz_1 k - k^2 z_2 \tag{7-4}$$

因此,可得到如下方程:

$$i\left[\frac{k^3 z_1}{\rho_h} + z_1 k - 2k^3 z_2 V_h + \frac{k^3 V_h}{\rho_h} + kV_h + k\rho_h \xi(\rho_h)\right] \tag{7-5}$$

$$+ k^2(C_0^2 - V_h^2) - 2k^2 z_1 V_h - \frac{k^4 z_2}{\rho_h} - k^2 z_2 = 0$$

通过设置方程的实部为零,可以得到

$$C_0^2 - V_h^2 - 2z_1 V_h - \frac{k^2 z_2}{\rho_h} - z_2 = 0 \tag{7-6}$$

从而可以得到

$$z_1 = \frac{C_0^2 - V_h^2}{2V_h} - \frac{\dfrac{k^2}{\rho_h} + 1}{2V_h} z_2 \tag{7-7}$$

同样,令虚部为零,可导出如下方程:

$$\left(1 + \frac{k^2}{\rho_h}\right)(z_1 + V_h) - 2k^3 z_2 V_h + \rho_h \xi(\rho_h) = 0 \tag{7-8}$$

从而可以得到

$$z_2 = \frac{\left(\dfrac{k^2}{\rho_h} + 1\right)(C_0^2 + V_h^2) + 2V_h \rho_h \xi(\rho_h)}{\left(\dfrac{k^2}{\rho_h} + 1\right)^2 + 4k^2 V_h^2} \tag{7-9}$$

总之,线性稳定的条件是扰动可以随时间衰减,且应满足 $z_2 < 0$ 的要求。因此,系统的线性稳定条件为

$$\frac{k^2}{\rho_h} + \frac{C_0^2}{C_0^2 + \dfrac{2a}{\rho_h}} > 0 \qquad (7-10)$$

7.4　非线性稳定性分析

本节研究得到了系统在亚稳区的孤波解。首先,引入慢变量 X 和 T

$$\begin{cases} X = \xi(j + bt) \\ T = \xi^3 t \end{cases} \qquad (7-11)$$

式中,$0 < \zeta \ll 1$ 是满足的。

引入微扰项可得

$$x_j = h_c + \xi^2 R(X, T) \qquad (7-12)$$

式中,h_c 表示稳定状态下的车间距。

此外,还可得到如下方程:

$$\frac{d^2 X_j}{dt^2} = -\frac{C_0^2}{\rho_j} \frac{\partial \rho}{\partial x} + \frac{1}{\tau}\left[V(x_j) - \frac{dX_j}{dt}\right] + \frac{\mu}{\rho_j}\frac{\partial^2}{\partial x^2}\left(\frac{\partial X_j}{\partial t}\right) \qquad (7-13)$$

式中,X_j 表示交通波的笛卡尔坐标。

$$\frac{d^2 X_{j+1}}{dt^2} = -\frac{C_0^2}{\rho_{j+1}} \frac{\partial \rho_{j+1}}{\partial x} + \frac{1}{\tau}\left[V(x_{j+1}) - \frac{dX_{j+1}}{dt}\right] + \frac{\mu}{\rho_{j+1}}\frac{\partial^2}{\partial x^2}\left(\frac{\partial X_{j+1}}{\partial t}\right) \qquad (7-14)$$

根据泰勒展开式,可以得到如下方程:

$$x_{j+1} = h_c + \xi^2 R + \xi^3 \partial_x R + \xi^4 \frac{1}{2}\partial_x^2 R + \xi^5 \frac{1}{6}\partial_x^3 R + \xi^6 \frac{1}{24}\partial_x^4 R \qquad (7-15)$$

因此,在极限 $\dfrac{\rho_{j+1} - \rho_j}{\rho_{j+1}\rho_j} \to 0$ 时,可以得到

$$\begin{cases} \dfrac{dx_j}{dt} = \xi^3 b\partial_x R + \xi^5 \partial_T R \\ \dfrac{d^2 x_j}{dt^2} = \xi^4 b^2 \partial_x^2 R + \xi^6 2b\partial_x\partial_T R \end{cases} \qquad (7-16)$$

$$V(x_{j+1}) - V(x_j) = \xi^3 V'\partial_x R + \xi^4 \frac{1}{2}V'\partial_x^2 R$$

$$+ \xi^5 \left[\frac{V'}{6} \partial_X^3 R + V'' R \partial_X R + \xi^6 \left(\frac{V'}{24} \partial_X^4 R + \frac{V''}{4} R \partial_X^2 R^2 \right) \right]$$

$$(7-17)$$

根据 $\rho_j = \dfrac{1}{x_j} , p_j = x_j^{-1}$，可以导出如下方程：

$$\frac{\partial \rho_j}{\partial x} = - \frac{1}{(x_j)^2} \xi^3 \partial_X R \qquad (7-18)$$

$$\frac{\partial \rho_{j+1}}{\partial x} = - \frac{1}{(x_{j+1})^2} (\xi^3 \partial_X R + \xi^4 \partial_X^2 R + \xi^5 \frac{1}{2} \partial_X^3 R + \xi^6 \frac{1}{6} \partial_X^4 R) \quad (7-19)$$

因此，可得到如下方程：

$$\xi^4 b^2 \partial_X^2 R + \xi^6 2b \partial_X \partial_T R = c_0^2 (h_c + \xi^2 R + \xi^3 \partial_X R + \xi^4 \frac{1}{2} \partial_X^2 R + \xi^5 \frac{1}{6} \partial_X^3 R$$

$$+ \xi^6 \frac{1}{24} \partial_X^4 R) \frac{1}{(x_{j+1})^2} (\xi^3 \partial_X R + \xi^4 \partial_X^2 R + \xi^5 \frac{1}{2} \partial_X^3 R + \xi^6 \frac{1}{6} \partial_X^4 R)$$

$$- c_0^2 (h_c + \xi^2 R) \frac{1}{(x_j)^2} \xi^3 \partial_X R + \frac{1}{\tau} [- \xi^3 b \partial_X R - \xi^5 \partial_T R$$

$$+ \xi^3 V' \partial_X R + \xi^4 \frac{1}{2} V' \partial_X^2 R + \xi^5 (\frac{1}{6} V' \partial_X^3 R + V'' R \partial_X R)$$

$$+ \xi^6 (\frac{1}{24} V' \partial_X^4 R + \frac{1}{4} V'' \partial_X^2 R^2)] + \mu (h_c + \xi^2 R) \xi^5 b \partial_X^3 R$$

$$(7-20)$$

另外，还可导出如下方程：

$$\begin{cases}
(x_j)^2 = h_c^2 + \xi^2 2 h_c R + \xi^4 R^2 \\[2mm]
(x_{j+1})^2 = h_c^2 + \xi^2 2 h_c R + \xi^3 2 h_c \partial_X R + \xi^4 (R^2 + h_c \partial_X^2 R) \\[2mm]
\qquad + \xi^5 (2R \partial_X R + \frac{h_c}{3} \partial_X^3 R) + \xi^6 [\frac{h_c}{12} \partial_X^4 + R \partial_X^2 R + (\partial_X R)^2] \\[2mm]
(x_j x_{j+1})^2 = h_c^4 + \xi^2 4 h_c^3 R + \xi^3 2 h_c^3 \partial_X R + \xi^4 (6 h_c^2 R^2 + h_c^3 \partial_X^2 R) \\[2mm]
\qquad + \xi^5 (6 h_c^2 R \partial_X R + \frac{h_c^3}{3} \partial_X^3 R) + \xi^6 [4 h_c R^3 + \frac{h_c^3}{12} \partial_X^4 R + 3 h_c^2 R \partial_X^2 R + h_c^2 (\partial_X R)^2]
\end{cases}$$

$$(7-21)$$

因此,可以得到如下简化方程:

$$\xi^4 h_c^4 b^2 \partial_X^2 R + \xi^6 (2bh_c^4 \partial_X \partial_T R + 4b^2 h_c^3 R \partial_X^2 R)$$

$$= \left\{ \xi^3 c_0^2 h_c^3 \partial_X R + \xi^4 c_0^2 h_c^3 \partial_X^2 R + \xi^5 \left(\frac{1}{2} c_0^2 h_c^3 \partial_X^3 R + 3c_0^2 h_c^2 R \partial_X R \right) \right.$$

$$\left. + \xi^6 \left[\frac{1}{6} c_0^2 h_c^3 \partial_X^4 R + 3c_0^2 h_c^2 R \partial_X^2 R + c_0^2 h_c^2 (\partial_X R) 2 \right] \right\}$$

$$- \{ \xi^3 c_0^2 h_c^3 \partial_X R + \xi^5 3c_0^2 h_c^2 R \partial_X R + \xi^6 2c_0^2 h_c^2 (\partial_X R) 2 \}$$

$$+ \left\{ \xi^3 \left(\frac{V''}{\tau} h_c^4 \partial_X R - \frac{b}{\tau} h_c^4 \partial_X R \right) + \xi^4 \frac{V'}{2\tau} h_c^4 \partial_X R + \xi^5 \left(\frac{V'}{6\tau} h_c^4 \partial_X^3 R \right. \right.$$

$$\left. + \frac{V''}{\tau} h_c^4 R \partial_X R - \frac{1}{\tau} h_c^4 \partial_T R + \frac{4V'}{\tau} h_c^3 R \partial_X R - \frac{4b}{\tau} h_c^3 R \partial_X R \right)$$

$$+ \xi^6 \left[\frac{V'}{24\tau} h_c^4 \partial_X^4 R + \frac{V''}{4\tau} h_c^4 \partial_X^2 R^2 + 2h_c^3 V' R \partial_X^2 R \right.$$

$$\left. \left. + 2h_c^3 V' (\partial_X R) 2 - 2h_c^3 b (\partial_X R) 2 \right] \right\} + \xi^5 \mu b h_c^5 \partial_X^3 R \qquad (7-22)$$

通过对按升序排列的项进行排序,可以得到

$$\xi^3 \left(\frac{V'}{\tau} h_c^4 \partial_X R - \frac{b}{\tau} h_c^4 \partial_X R \right) + \xi^4 (h_c^3 c_0^2 \partial_X^2 R + \frac{V'}{2\tau} h_c^4 \partial_X R - h_c^4 b^2 \partial_X^2 R^2)$$

$$+ \xi^5 \left(\frac{1}{2} h_c^3 c_0^2 \partial_X^3 R + \frac{V'}{6\tau} h_c^4 \partial_X^3 R + \frac{V''}{\tau} h_c^4 R \partial_X R - \frac{1}{\tau} h_c^4 \partial_T R + \frac{4V'}{\tau} h_c^3 R \partial_X R \right.$$

$$\left. - \frac{4b}{\tau} h_c^3 R \partial_X R + \mu b h_c^5 \partial_X^3 R \right) + \xi^6 \left[\frac{1}{6} h_c^3 c_0^2 \partial_X^4 R + 3h_c^2 c_0^2 R \partial_X^2 R - h_c^2 c_0^2 (\partial_X R) 2 \right.$$

$$- 2bh_c^4 \partial_X \partial_T R - 4b^2 h_c^3 R \partial_X^2 R + \frac{V'}{24\tau} h_c^4 \partial_X^4 R + \frac{V''}{4\tau} h_c^4 \partial_X^2 R^2 + 2h_c^3 V' R \partial_X^2 R$$

$$+ 2h_c^3 V' (\partial_X R) 2 - 2h_c^3 b (\partial_X R) 2 \right] = 0$$

$$(7-23)$$

消除 ξ_3 和 ξ_4 后,可以获得

$$\begin{cases} V' = b \\ h_c^3 c_0^2 \partial_X^2 R + \frac{V'}{2\tau} h_c^4 \partial_X R - h_c^4 V'^2 \partial_X^2 R^2 = 0 \end{cases} \qquad (7-24)$$

式(7-23)可改写为

$$\xi^5\left[\left(\frac{1}{2}h_c^3c_0^2+\frac{V'}{6\tau}h_c^4+\mu bh_c^5\right)\partial_X^3R+\frac{V''}{\tau}h_c^4R\partial_XR-\frac{1}{\tau}h_c^4\partial_TR\right]$$

$$+\xi^6\left[\left(\frac{1}{6}h_c^3c_0^2+\frac{V'}{24\tau}h_c^4\right)\partial_X^4R+(3h_c^2c_0^2+2h_c^3V'-4V'^2h_c^3)R\partial_X^2R\right.\quad(7-25)$$

$$\left.-h_c^2c_0^2(\partial_XR)2-2bh_c^4\partial_X\partial_TR+\frac{V''}{4\tau}h_c^4\partial_X^2R^2\right]=0$$

设置方程的第一项为零,可以导出如下表达式:

$$\left(\frac{1}{2}h_c^3c_0^2+\frac{V'}{6\tau}h_c^4+\mu bh_c^5\right)\partial_X^4R+\frac{V''}{\tau}h_c^4R\partial_x^2R=\frac{1}{\tau}h_c^4\partial_x\partial_TR\quad(7-26)$$

因而,可以得到

$$\xi^5\left[\left(\frac{1}{2}h_c^3c_0^2+\frac{V'}{6\tau}h_c^4+\mu bh_c^5\right)\partial_X^3R+\frac{V''}{\tau}h_c^4R\partial_XR-\frac{1}{\tau}h_c^4\partial_TR\right]$$

$$+\xi^6\left[\left(\frac{1}{6}h_c^3c_0^2+\frac{V'}{24\tau}h_c^4-V'h_c^3\tau c_0^2-\frac{V'^2}{3}h_c^4-2\tau\mu V'^2h_c^5\right)\partial_X^4R\right.$$

$$\left.+(3h_c^2c_0^2+2h_c^3V'-4V'^2h_c^3)R\partial_X^2R-h_c^2c_0^2(\partial_XR)2+\left(\frac{V''}{4\tau}h_c^4+V'V''h_c^4\right)\partial_X^2R^2\right]=0$$

$$(7-27)$$

此外,通过引入 $h_c=\dfrac{h_0}{\xi^2}h_c=\dfrac{h_0}{\zeta_2}$,可以给出如下表达式:

$$\xi^5\left(\partial_TR-\frac{V'}{6}\partial_X^3R-V''R\partial_XR\right)+\xi^6\left[\left(\frac{V'^2}{3}\tau-\frac{V'}{24}\right)\partial_X^4R\right.$$

$$\left.-\left(\frac{V''}{4}+\tau V'V''\right)\partial_X^2R^2-\tau\frac{c_0^2}{h_o^2}\partial_X^2R\right]=0\quad(7-28)$$

因此,可以得到下列方程

$$\partial_TR-g_1\partial_X^3R-g_2R\partial_XR+\xi[g_3\partial_X^4R+g_4\partial_X^2R^2+g_5\partial_X^2R]=0\quad(7-29)$$

式中,$g_1=\dfrac{V'}{6}$,$g_2=V''$,$g_3=\dfrac{1}{3}V'^2\tau-\dfrac{1}{24}V'$,$g_4=-\dfrac{1}{4}V''-\tau V'V''$,$g_5=-\tau c_0^2/h_0^2$。

此外,通过应用基变换 $T=\sqrt{g_1}\,T_k$ 和 $R=R_k/g_2$ 可以得到如下方程:

$$\partial_{T_k}R_k+\partial_{X_k}^3R_k+R_k\partial_{X_k}R_k+\frac{\xi}{\sqrt{g_1}}\left(\frac{g_3}{g_1}\partial_{X_k}^4R_k+\frac{g_4}{g_2}\partial_{X_k}^2R_k^2+g_5\partial_{X_k}^2R_k\right)=0$$

$$(7-30)$$

实际上，式（7 - 30）是具有高阶修正项的标准 KdV 方程。此外，假设 $R_k(X_k,T_k)=R_0(X_k,T_k)+\xi R_1(X_k,T_k)$ 和 $O(\xi)$，可以得到孤波解为

$$R_0(X_k,T_k)=A\,\mathrm{sech}^2\left[\sqrt{\frac{A}{12}}\left(X_k-\frac{A}{3}T_k\right)\right] \tag{7-31}$$

式中，A 为孤波解的振幅。

为了求出 A 的值，引入如下可解的条件：

$$(R_0,M[R_0])=\int_{-\infty}^{+\infty}\mathrm{d}X_kR_0M[R_0]=0 \tag{7-32}$$

因此，A 的表达式为

$$A=\frac{21g_1g_2g_5}{5g_2g_3-24g_1g_4} \tag{7-33}$$

系统的孤波解可以表示为

$$x(j,t)=h_c+\frac{A}{g_2}\cdot\frac{h_o}{h_c}\,\mathrm{sech}^2\left[\sqrt{\frac{A}{12g_1}\frac{h_o}{h_c}}\left(j+h_c^2V't+\frac{A}{3}\frac{h_o}{h_c}t\right)\right] \tag{7-34}$$

实际上，孤子波表示微扰在亚稳态区域的形式。由于交通流模型是由非平衡方程驱动的，所有的扰动都会演变成扭结波和反扭结波，或者随着时间的推移而衰变。图 7 - 1 所示为系统 KdV 方程的孤波解。如果交通状况恶化，孤波解可能是扭结波和反扭结波。否则，孤波解会消失。

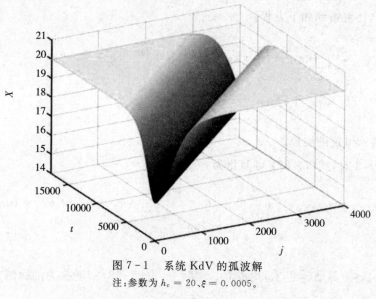

图 7 - 1　系统 KdV 的孤波解

注：参数为 $h_c=20$、$\xi=0.0005$。

7.5 摄 动 分 析

为了求出稳态行波解,本节采用多尺度微扰法对下列含扰动项的 mKdV 方程进行分析:

$$\partial_T R - \partial_X^3 R + \partial_X R^3 + \xi\left(\frac{s_3}{s_1}\partial_X^2 R + \frac{s_4}{s_1}\partial_X^4 R + \frac{s_5}{s_2}\partial_X^2 R^3\right) = 0 \qquad (7-35)$$

首先引入 $X' = X - \omega T$ 和 $\sqrt{\omega} u = R + \sqrt{\frac{\omega}{a}}$。因此,式(7-35)可转化为

$$\begin{cases} \partial_T R = -\omega^{\frac{3}{2}} u_X' \\[2mm] \partial_X^2 R = \omega^{\frac{1}{2}} u_{X'X'} \\[2mm] \partial_X^3 R = \omega^{\frac{1}{2}} u_{X'X'X'} \\[2mm] \partial_X^4 R = \omega^{\frac{1}{2}} u_{X'X'X'X'} \\[2mm] \partial_X R^3 = \left(3\sqrt{\omega} u - \sqrt{\frac{\omega}{t}}\right)^2 \omega^{\frac{1}{2}} u_X' \\[2mm] \partial_X^2 R^3 = \omega^{\frac{3}{2}} \partial_X^2 \left(u - \frac{1}{\sqrt{t}}\right)^3 \end{cases} \qquad (7-36)$$

此外,还可得到如下方程:

$$\xi\left[\frac{s_3}{s_1} u_{X'X'} + \frac{s_4}{s_1} u_{X'X'X'X'} + \omega\frac{s_5}{s_2}\partial_{X'X'}\left(u - \frac{1}{\sqrt{a}}\right)^3\right] + u_{X'X'X'}$$

$$- \omega u_X' + \frac{3\omega}{a} u_X' - \frac{6\omega}{\sqrt{a}} u u_X' + 3\omega u^2 u_X' = 0 \qquad (7-37)$$

式中,ω 表示恒定的波速。

当 $a = 3$ 时,式(7-37)可简化为

$$\xi\left[\frac{s_3}{s_1} u_{X'X'} + \frac{s_4}{s_1} u_{X'X'X'X'} + \omega\frac{s_5}{s_2}\partial_{X'X'}\left(u - \frac{1}{\sqrt{a}}\right)^3\right] + \lambda u_{X'X'X'} - \gamma u^2 u_X' + \upsilon u u_X' = 0$$

$$(7-38)$$

式中,$\lambda = 1, \gamma = 3\omega, \upsilon = 2\sqrt{3}\,\omega$ 均成立。实际上,式(7-38)可转换为加德纳方程。此

外,引入 $u(X')=u_0(\theta,x)+\xi u_1(\theta,x)+\xi^2 u_2(\theta,x)+O(\xi^3)$, $x=\xi X'$, $\theta_X=\frac{1}{\xi}k(x)$,

其中 x 和 θ 分别表示慢变量和快变量,可以得到

$$\xi\left[\frac{s_3}{s_1}u_{X'X'}+\frac{s_4}{s_1}u_{X'X'X'X'}+\omega\frac{s_5}{s_2}\partial_{X'X'}\left(u-\frac{1}{\sqrt{a}}\right)^3\right]+\partial_{X'}^3(u_0+\xi u_1)$$

$$-\gamma(u_0+\xi u_1)^2\partial_{X'}(u_0+\xi u_1)+\nu(u_0+\xi u_1)\partial_{X'}(u_0+\xi u_1)=0 \quad (7-39)$$

此外,通过保留方程的 $O(\xi_0)$ 和 $O(\xi_1)$ 项,可以得到

$$(\lambda k^3 u_{0,\theta\theta\theta}-\gamma k u_0^2 u_{0,\theta}+\nu k u_0 u_{0,\theta})$$

$$+\xi[3\lambda k^2 u_{0,x\theta\theta}+\lambda k^2 u_{1,\theta\theta\theta}+3\lambda u_{0,\theta\theta}kk_x+\gamma k\ (u_0^2 u_1)_\theta-\gamma u_0^2 u_{0,x}$$

$$+\nu k\ (u_0 u_1)_\theta+\nu u_0 u_{0,x}+G(\theta,x)]=0 \quad (7-40)$$

式中,ν 为系数,物理变量 G 是将基变换应用到 $\frac{s_3}{s_1}uX'X'+\frac{s_4}{s_1}uX'X'X'X'+$

$\omega\frac{s_5}{s_2}\partial X'X'\left(u-\frac{1}{\sqrt{a}}\right)^3$。

将 $O(\xi_0)$ 项进行两次积分,可以得到

$$\frac{\lambda k^2}{2}u_{0,\theta}^2=\frac{\gamma}{12}u_0^4-\frac{\nu}{6}u_0^3+\hat{C}u_0+\hat{D} \quad (7-41)$$

式中,参量 $\hat{C}$ 和 $\hat{D}$ 是积分常数。

此外,本节还引入了参量 a、b、c、d 来深入表示多项式的根:

$$u_0(\theta,x)=\frac{-c\dfrac{b-d}{b-c}+d\times\mathrm{sn}^2[K(m)(\theta-\theta_0)/P;m]}{-\dfrac{b-d}{b-c}+\mathrm{sn}^2[K(m)(\theta-\theta_0)/P;m]} \quad (7-42)$$

式中,椭圆模 m 满足 $m=\sqrt{\dfrac{(a-d)(b-c)}{(a-c)(b-d)}}$;sn 表示 Jacobi 椭圆函数;$K(m)$ 表示完全椭圆积分。

因此,系统的摄动解可以导出为

$$\Delta h(x,t)=h_c+\xi\sqrt{\frac{\omega g_1}{g_2}}\left[c+(d-c)\right.$$

$$\left.\times\frac{\mathrm{sn}^2(\beta\{k[\xi(x+V't)-\omega g_1\xi^3 t]-\theta_0\};m)}{-\dfrac{b-d}{b-c}+\mathrm{sn}^2(\beta\{k[\xi(x+V't)-\omega g_1\xi^3 t]-\theta_0\};m)}-\frac{1}{\sqrt{3}}\right]$$

$$(7-43)$$

基于上述方程组，系统的具有空间周期性的渐近解也被发现。图 7 - 2 和图 7 - 3 所示为计算得到的扰动解。图 7 - 2 所示为系统的向下扰动解。图 7 - 2(a) 和(b) 显示在时间尺度上具有两个不同区域的向下解，它们反映了相对较高的速度的车辆群。实际上，如果一辆车因事故而减速，该扰动将进行扩展。因此，由于后面车辆的影响，交通波向后移动。此外，图 7 - 2(c) 和(d) 的模拟结果表明，在时空尺度的演化过程中，模拟结果与解析解吻合得很好。与此同时，系统的向上扰动解如图 7 - 3 所示。由图 7 - 3 可知，向上扰动解也包含两个不同的区域。与向下扰

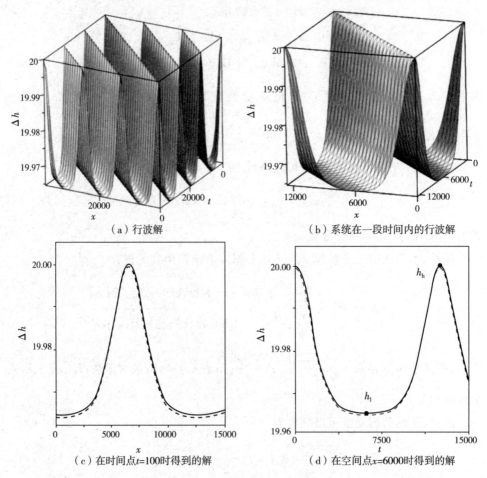

（a）行波解　　　　　　　　　　（b）系统在一段时间内的行波解

（c）在时间点 t=100时得到的解　　　（d）在空间点 x=6000时得到的解

图 7 - 2　系统的向下扰动解

注：参数为 $h_c = 20, m = 0.997, w = 4.8, a = 0.252, b = 0.252, c = 0.575, d = 2.217, \xi = 0.07$；图 7-2(a) 的参数还包括 $x \in [0,37800]$ 和 $t \in [0,37800]$；图 7-2(b) 的参数还包括 $x \in [0,12600]$ 和 $t \in [0,12600]$；图 7-2(c) 和(d) 中，实线为解析解，虚线为模拟解。

动解不同,向上扰动解反映了相对较低的速度的车辆群。需要说明的是,在实际交通中,若道路交通状况较好,车辆可以在短时间内加速行驶,且它们可以加速直到恢复到初始状态,则交通波也会向后移动。图7-2和图7-3的结果表明,周期解在稳定线临界点的邻域内是稳定的。

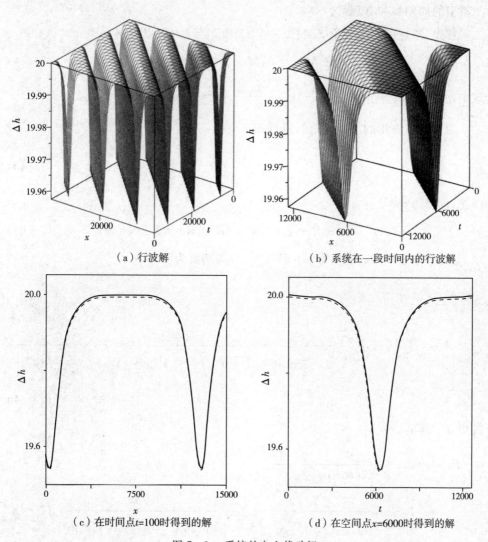

（a）行波解　　　　　　　　　　　（b）系统在一段时间内的行波解

（c）在时间点$t=100$时得到的解　　　　　（d）在空间点$x=6000$时得到的解

图 7 - 3　　系统的向上扰动解

注:参数为$h_c = 20$,$m = 0.22$,$w = 4.8$,$a = 0.219$,$b = 0.219$,$c = 0.575$,$d = 0.575$,$\xi = 0.07$;图 7-3(a) 的参数还包括$x \in [0,37800]$和$t \in [0,37800]$;图 7-3(b) 的参数还包括$x \in [0,12600]$和$t \in [0,12600]$;图 7-3(c) 和(d) 中,实线为解析解,虚线为模拟解。

7.6　Darboux 变换分析

本节对基于 WZY 模型的 mKdV 方程进行了达布变换（Darboux 变换），得到了模型的周期解和有理解。

首先，通过引入慢变量 $x=\xi(x+V't)$ 和 $T=\xi^3 t$，可以得到

$$\partial_T M - g_1 \partial_X^3 M - g_2 \partial_X M^3 = 0 \tag{7-44}$$

式中，$g_1 = \dfrac{\tau}{2h_c}c_0^2 + \mu V'h_c\tau + \dfrac{V'}{6}$；$g_2 = \dfrac{1}{6}V'''$。

为了导出修正的 KdV 方程，进行如下变换：

$$M = \sqrt{\dfrac{6g_1}{g_2}}R \tag{7-45}$$

因此，可以得到

$$\partial_T R - g_1(\partial_X^3 R + 6R^2\partial_X R) = 0 \tag{7-46}$$

其次，基于 WZY 模型的 mKdV 的一阶周期解为

$$M_1 = \sqrt{\dfrac{6g_1}{g_2}}R_1$$

$$= -\sqrt{\dfrac{6g_1}{g_2}} + \sqrt{\dfrac{6g_1}{g_2}}\,\dfrac{4-4b^2}{2-2b\cos(2\sqrt{1-b^2}\sqrt{\dfrac{\tau}{\tau_s}-1}\{x+[V'+v(\dfrac{\tau}{\tau_s}-1)]t\})}$$

$$\tag{7-47}$$

式中，R_1 满足

$$R_1 = -1 + \dfrac{4-4b^2}{2-2b\cos\cos\left[2\sqrt{1-b^2}\,(X+vT)\right]}$$

$$= -1 + \dfrac{4-4b^2}{2-2b\cos(2\sqrt{1-b^2}\sqrt{\dfrac{\tau}{\tau_s}-1}\{x+[V'+v(\dfrac{\tau}{\tau_s}-1)]t\})} \tag{7-48}$$

其中，$v = g_1(2+4b^2)$；$V = \sqrt{2a\Delta h}$。系统的一阶周期解如图 7-4 所示。图 7-4 的结果表明，随着时间和空间的周期性波动，波解保持恒定的振幅。图 7-4 中的波解的空间频率是 $2\sqrt{1-b^2}\sqrt{\tau/\tau_s-1}$，而时间频率是 $2\sqrt{1-b^2}\sqrt{\tau/\tau_s-1}\left[V'+v(\tau/\tau_s-1)\right]$。此

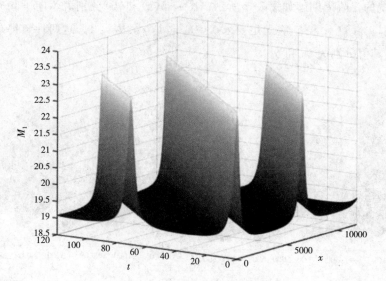

图 7-4 系统的一阶周期解

注:参数为 $a=2, h_c=20, c_0^2=3, \mu=1, \tau=1, b=0.971$。

外,根据 Darboux 变换,可以得到基于 WZY 模型的 mKdV 方程的二阶周期解为

$$M_2 = R_2 = \sqrt{\frac{6g_1}{g_2}} + \sqrt{\frac{6g_1}{g_2}} \frac{N_2}{D_2} \qquad (7-49)$$

式中,$R_2 = 1 + N_2/D_2$;N_2 和 D_2 满足如下方程:

$$N_2 = 32(b_1^2 - b_2^2)[b_2(b_1\cos F_1 - 1)(\cos F_2 - b_2) - b_1(\cos F_1 - b_1)(b_2\cos F_2 - 1)]$$
$$(7-50)$$

$$D_2 = -32b_1b_2[b_1b_2\sin F_1\sin F_2 + (\cos F_1 - b_1)(\cos F_2 - b_2)] \qquad (7-51)$$

F_1 和 F_2 满足如下方程:

$$F_1 = 2Tg_1b_1\left(\frac{3g_2}{g_1} - 4b_1^2\right) + 2Xb_1$$

$$= 2\left(\frac{\tau}{\tau_s} - 1\right)^{\frac{3}{2}} g_1b_1t\left(\frac{3g_2}{g_1} - 4b_1^2\right) + 2b_1\left(\frac{\tau}{\tau_s} - 1\right)^{\frac{1}{2}}(x + V't) \qquad (7-52)$$

$$F_2 = 2Tg_1b_2\left(\frac{3g_2}{g_1} - 4b_2^2\right) + 2Xb_2$$

$$= 2\left(\frac{\tau}{\tau_s} - 1\right)^{\frac{3}{2}} g_1b_2t\left(\frac{3g_2}{g_1} - 4b_2^2\right) + 2b_2\left(\frac{\tau}{\tau_s} - 1\right)^{\frac{1}{2}}(x + V't) \qquad (7-53)$$

系统的二阶周期解如图 7-5 所示。图 7-5(a)和(b)分别表示向下和向上的二阶周期解。参数 b_1 和 b_2 应满足要求 $0 < b_1 < 1, 0 < b_2 < 1$。这两种解都是二阶双周期解,其值分别为 b_1 和 b_2。

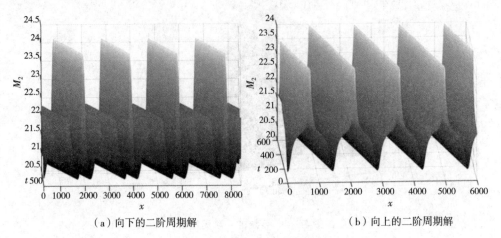

（a）向下的二阶周期解　　　　　　　　（b）向上的二阶周期解

图 7-5　系统的二阶周期解

注:图 7-5(a)的参数为 $b_1 = 0.33, b_2 = 0.99, \xi = 0.0049$;
图 7-5(b)的参数为 $b_1 = 0.9, b_2 = 0.45, \xi = 0.0049$。

模型的有理解如图 7-6 所示,在 $b \rightarrow 1$ 的极限下,mKdV 方程的一阶周期解退化为有理解

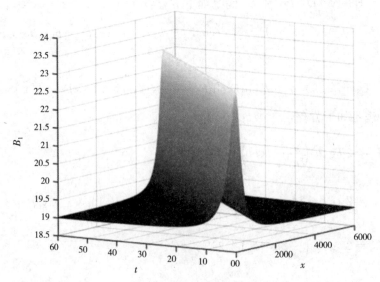

图 7-6　模型的有理解

注:参数为 $a = 2, h_c = 20, c_0^2 = 3, \mu = \tau = 1$。

$$B_1 = \sqrt{\frac{6g_1}{g_2}} R_1 = -\sqrt{\frac{6g_1}{g_2}} + \sqrt{\frac{6g_1}{g_2}} \frac{4}{1 + 4\left(\frac{\tau}{\tau_s} - 1\right)\left[x + V't + g_2\left(\frac{\tau}{\tau_s} - 1\right)t\right]^2}$$

$$(7-54)$$

式中，R_1 满足如下方程：

$$R_1 = -1 + \frac{4}{1 + 4\ (X + 3g_2 T)^2}$$

$$= -1 + \frac{4}{1 + 4\left(\frac{\tau}{\tau_s} - 1\right)\left[x + V't + g_2\left(\frac{\tau}{\tau_s} - 1\right)t\right]^2} \qquad (7-55)$$

第8章　基于修正的 BPR 函数的可降解网络可靠性研究

8.1　引　言

在用户需求和道路通行能力的影响下,交通配流问题主要研究旅客的路径选择和出行时间决策。分析可降解网络中的交通配流问题,有助于了解系统的交通状态和旅客的路径选择行为。在该领域,一方面,旅行时间的可靠性因其对旅客路线选择的巨大影响而备受关注。实际上,旅行时间可靠性是指在预定的旅行时间预算内旅客到达目的地的概率。另一方面,旅行时间的期望也被强调,因为它是重要的决策变量之一。交通时间的期望表示通过一条路径所需的时间,不仅能直观地反映交通状况,还是决定旅客在目的地对之间路线选择的关键指标。因此,出行时间期望的计算成为解决交通流分配问题的关键环节。

事实上,美国公路局(Bureau of Public Roads)1964 年所提出的函数(BPR 函数)是解决交通旅行时间可靠性和路径选择问题的关键,特别是在计算车辆旅行时间时至关重要。随后,许多有关 BPR 函数的研究被报道,如研究者通过研究指出路段流量与道路通行能力的比值应是 BPR 函数的一个关键因素;研究者通过引入 BPR 函数,提出并分析了一个具有可降维网络,重点研究了起点终点构成的起讫点(orig destination,OD) 对之间交通旅行时间的可靠性;研究者在考虑异质交通风险的可降维交通网络中,对旅客出行时间期望进行了研究;研究者研究了基于 BPR 函数的日常需求驱动的用户均衡交通分配问题;研究者通过引入 BPR 函数,在交通分配问题中考虑了网络需求和供给的不确定性;研究者利用 BPR 函数估计了高峰时段 OD 需要量的均值和协方差。

　　需要注意的是,普通的 BPR 函数只考虑路径的正常流量。实际上,由于通行能力的限制和出口处的瓶颈,正常流量和强制流往往同时出现在路径上。在旅行时间和流量之间的关系中,应该有一个流量的上限,其可以用基本图来揭示。与以前的工作不同,本章提出了考虑正常流量和强制流的路径行程时间,推导了路段行程时间的具体形式,通过引入限速策略计算出了路径旅行时间的均值和方差,并对可降解网络进行了数值分析。此外,本章通过比较有速度限制和无速度限制考察了路径和路段的出行时间,并对出行时间进行了预算。

8.2　数理建模

　　本节建立了考虑容量限制的修正 BPR 函数的交通配流模型。首先,图 8-1 所示为基本模型的示意图,展示出了速度与流量的关系。在图 8-1 中,法向流用上半部分描述,强迫流用下半部分描述。其次,正常流对应的路径行程时间表示为 T_N,可以用 BPR 函数描述为

$$T_N = t_a \left[1 + \beta \left(\frac{q}{c_a} \right)^n \right], \quad 0 \leqslant q \leqslant c_a \tag{8-1}$$

式中,t_a 表示自由流的旅行时间;c_a 表示路径的通行能力;q 表示路径流量;β 和 n 分别表示经验参数。

　　在系统基本图的下部,可以设置了一个具体的函数来描述道路上强制流的速度与流量之间的关系:

$$v_F = c_F q^k \tag{8-2}$$

式中,参数 v_F 表示强制流的速度;参数 c_F 表示强制流动因子。

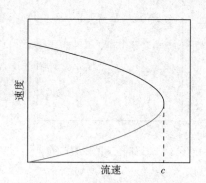

图 8-1　基本模型的示意图

注:实线为正常流;虚线为强制流;
　　c 点为路径的容量。

　　为了求出旅行时间的函数,可得到如下公式:

$$T_F = \frac{1}{c_F q^k} \tag{8-3}$$

通过考虑法向流和强迫流之间的连续性,我们可以获取参数的特定值,并导出如下方程:

$$\begin{cases} T_F(c_a) = T_N(c_a) \\ t_a(1+\beta) = \dfrac{1}{c_F c_a^k} \end{cases} \tag{8-4}$$

因此,强制流相应的旅行时间 T_F 为

$$T_F = \frac{c_a^k t_a(1+\beta)}{q^k}, \quad 0 \leqslant q \leqslant c_a \tag{8-5}$$

式中,系数 k 代表经验参数。

由于路径上的流量(正常流和强制流)可由图 8-2 表示,车辆在路径上的行驶时间可描述为

$$t = \frac{L-L'}{L} T_N + \frac{L'}{L} T_F = \frac{L-L'}{L} t_a \left[1 + \beta\left(\frac{q}{c_a}\right)^n\right] + \frac{L'}{L} \frac{c_a^k t_a(1+\beta)}{q^k}, \quad 0 \leqslant q \leqslant c_a \tag{8-6}$$

式中,L 表示路径的长度;L' 表示强制流所占的长度。

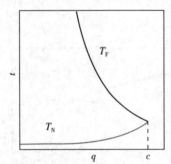

图 8-2　路径上的旅行时间 t

注:虚线为正常流;实线为强制流;
　　c 点为路径的容量。

修改后的行程时间可在图 8-2 中显示。如图 8-2 可知,法向流的行程时间可用图的下半部分来描述,而强迫流的行程时间则由其上半部分来描述。然而,在可降解网络中,路径的 BPR 函数中的容量项是一个变量。因此,可得到

$$t = \frac{L-L'}{L} t_a \left[1 + \beta\left(\frac{q}{xc}\right)^n\right] + \frac{L'}{L} \frac{(xc)^k t_a(1+\beta)}{q^k}, \quad 0 \leqslant q \leqslant c_a \tag{8-7}$$

式中,x 表示路径退化的程度,并且 x 的值为 $(0,1)$。

事实上,可降解网络的关键特征是容量的不确定性。道路充分使用时的通行能力称为道路的最大通行能力。在这种情况下,没有紧急事件或任何限制可以减少原来的容量。此外,在可降解网络中需要考虑突发事件和限制,这与 $c_a = xc$ 的情

况相对应,因此本节引入了路径的退化程度 x,x 用于描述严重的紧急事件和限制可能影响道路通行能力的程度。此外,因为路径的行程时间存在概率密度分布,所以可以由给定的流量得到路径行程时间 t 的概率密度分布 p_t(见图 8-3),相应地,可以得到累积分布 P_t(见图 8-4)。

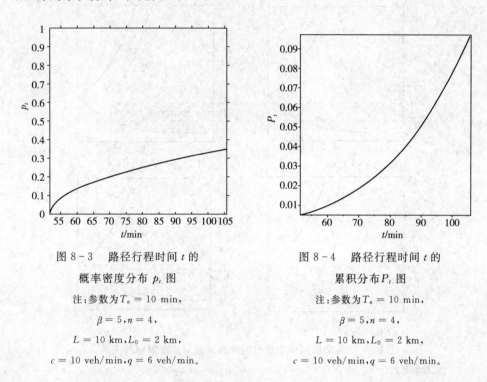

图 8-3　路径行程时间 t 的
概率密度分布 p_t 图

注:参数为 $T_a = 10$ min,
$\beta = 5, n = 4$,
$L = 10$ km, $L_0 = 2$ km,
$c = 10$ veh/min, $q = 6$ veh/min。

图 8-4　路径行程时间 t 的
累积分布 P_t 图

注:参数为 $T_a = 10$ min,
$\beta = 5, n = 4$,
$L = 10$ km, $L_0 = 2$ km,
$c = 10$ veh/min, $q = 6$ veh/min。

8.3　限速策略

可降解网络中旅行时间和流量与速度限制的关系如图 8-5 所示,具体分析如下。

第一种情况是 $T_R \leqslant t_{\min}$,如图 8-5(a) 所示。在这种情况下,旅行时间限制 T_R 小于最小旅行时间 $t_{\min}$,即指定流量 q' 下最大容量的行程时间。此外,它还显示速度限制高于最大速度,即无论容量如何,速度限制都不起作用。速度限制如图 8-5(a) 所示。因此,路径旅行时间的平均值 $E(t)$ 为

$$E(t) = \int_{xc}^{c} \left\{ \frac{L-L'}{L} t_a \left[1 + \beta \left(\frac{q}{c_a} \right)^n \right] + \frac{L'}{L} \cdot \frac{c_a^k t_a (1+\beta)}{q^k} \right\} \frac{1}{c - xc} dc_a$$

$$= \frac{L-L'}{L} t_a \left(1 + \beta q^n \frac{1-x^{1-n}}{c^n (1-n)(1-x)} \right) + \frac{L'}{L} \cdot \frac{t_a (1+\beta) c^k (1-x^{k+1})}{q^k (k+1)(1-x)}$$

$$(8-8)$$

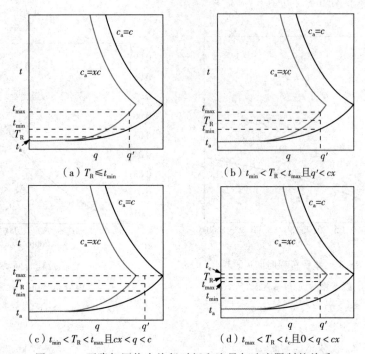

（a）$T_R \leqslant t_{min}$ （b）$t_{min} < T_R < t_{max}$ 且 $q' < cx$

（c）$t_{min} < T_R < t_{max}$ 且 $cx < q < c$ （d）$t_{max} < T_R < t_c$ 且 $0 < q < cx$

图 8-5   可降解网络中旅行时间和流量与速度限制的关系

注：参数为 $T_a = 10$ min, $\beta = 5$, $n = k = 4$, $c = 10$ veh/min, $q = 6$ veh/min 和 $x = 0.8$。

同样，可以得到路径行程时间二阶矩 $E(t^2)$ 为

$$E(t^2) = \int_{xc}^{c} \left\{ \frac{L-L'}{L} t_a \left[1 + \beta \left(\frac{q}{c_a} \right)^n \right] + \frac{L'}{L} \frac{c_a^k t_a (1+\beta)}{q^k} \right\}^2 \frac{1}{c-xc} dc_a$$

$$= \left(\frac{L-L'}{L} \right)^2 t_a^2 \left[\frac{2\beta q^n (1-x^{1-n})}{c^n (1-x)(1-n)} + \frac{\beta^2 q^{2n} c^{-2n} (1-x^{1-2n})}{(1-x)(1-2n)} + 1 \right]$$

$$+ \left(\frac{L'}{L} \right)^2 \frac{t_a^2 (1+\beta)^2 c^{2k} (1-x^{2k+1})}{q^{2k} (1-x)(2k+1)} + \frac{2(L-L')L'}{L^2} \frac{t_a^2 (1+\beta)}{q^k (1-x)}$$

$$\times \frac{c^{k-n} q^n \beta (1-x^{k-n+1})(k+1) + c^k (1-x^{k+1})(k-n+1)}{(k+1)(k-n+1)}$$

$$(8-9)$$

因此，可以得到路径行程时间的方差 $var(t)$ 为

$$var(t) = E(t^2) - [E(t)]^2$$

$$= \left(\frac{L-L'}{L}\right)^2 \frac{t_a^2 \beta^2 q^{2n}}{c^{2n}(1-x)} \left[\frac{1-x^{1-2n}}{1-2n} - \frac{(1-x^{1-n})^2}{(1-x)(1-n)^2}\right]$$

$$+ \left(\frac{L'}{L}\right)^2 \frac{t_a^2(1+\beta)^2 c^{2k}}{q^{2k}(1-x)} \left(\frac{1-x^{2k+1}}{2k+1} - \frac{(1-x^{k+1})^2}{(1-x)(k+1)^2}\right)$$

$$+ \frac{2(L-L')L'}{L^2} \frac{t_a^2\beta(1+\beta)c^{k-n}}{q^{k-n}(1-x)} \times \left(\frac{1-x^{k-n+1}}{k-n+1} - \frac{(1-x^{1-n})(1-x^{k+1})}{(k+1)(1-n)(1-x)}\right)$$

$$(8-10)$$

第二种情况是 $t_{\min} < T_R < t_{\max}$ 和 $q < xc$，如图 8-5(b) 所示。当速度低于速度限制时，速度限制在旅行时间上不起作用；当速度大于速度限制时，将行程时间补充到旅行时间限制 T_R。此外，路径的价值可降解网络的容量位于区间 $[cx, c]$ 内。因此，可以行程时间的平均值和方差为

$$E(t) = \int_{xc}^{c_R} \left\{\frac{L-L'}{L}t_a\left[1+\beta\left(\frac{q}{c_a}\right)^n\right] + \frac{L'}{L}\frac{c_a^k t_a(1+\beta)}{q^k}\right\}\frac{1}{c-xc}\mathrm{d}c_a$$

$$+ \int_{c_R}^{c} \left[\frac{L-L'}{L}T_R + \frac{L'}{L}\frac{t_a c_a^k(1+\beta)}{q^k}\right]\frac{1}{c-xc}\mathrm{d}c_a$$

$$= \frac{L-L'}{L}\frac{1}{c(1-x)}\left\{t_a(c_R-xc) + T_R(c-c_R) + \frac{t_a\beta q^n[c_R^{1-n}-(xc)^{1-n}]}{1-n}\right\}$$

$$+ \frac{L't_a(1+\beta)c^k(1-x^{k+1})}{Lq^k(1-x)(k+1)}$$

$$(8-11)$$

$$E(t^2) = \int_{xc}^{c_R} \left\{\frac{L-L'}{L}t_a\left[1+\beta\left(\frac{q}{c_a}\right)^n\right] + \frac{L'}{L}\frac{t_a c_a^k(1+\beta)}{q^k}\right\}^2 \frac{1}{c-xc}\mathrm{d}c_a$$

$$+ \int_{c_R}^{c} \left(\frac{L-L'}{L}T_R + \frac{L'}{L}\frac{t_a c_a^k(1+\beta)}{q^k}\right)^2 \frac{1}{c-xc}\mathrm{d}c_a$$

$$= \left(\frac{L-L'}{L}\right)^2 \left\{\frac{2t_a^2\beta q^n[c_R^{1-n}-(xc)^{1-n}]}{c(1-x)(1-n)} + \frac{t_a^2\beta^2 q^{2n}[c_R^{1-2n}-(xc)^{1-2n}]}{c(1-x)(1-2n)}\right.$$

$$\left. + \frac{t_a^2(c_R-xc)}{c(1-x)} + \frac{T_R^2(c-c_R)}{c(1-x)}\right\}$$

$$+ \left(\frac{L'}{L}\right)^2 \frac{t_a^2(1+\beta)^2 c^{2k}(1-x^{2k+1})}{q^{2k}(2k+1)(1-x)} + \frac{2L'(L-L')t_a(1+\beta)}{L^2(1-x)q^k}$$

$$\times \left\{\frac{t_a[c_R^{k+1}-(cx)^{k+1}]}{k+1} + \frac{t_a\beta(c_R^{k-n+1}-(cx)^{k-n+1})}{q^{-n}(k-n+1)} + \frac{T_R(c^{k+1}-c_R^{k+1})}{k+1}\right\}$$

$$(8-12)$$

$$\mathrm{var}(t) = E(t^2) - [E(t)]^2$$

$$= \left(\frac{L-L'}{L}\right)^2 \frac{1}{c(1-x)} \left\{ \frac{2t_a^2 \beta q^n [c_R^{1-n} - (xc)^{1-n}]}{1-n} + \frac{t_a^2 \beta^2 q^{2n} [c_R^{1-2n} - (xc)^{1-2n}]}{1-2n} \right.$$

$$+ t_a^2 (c_R - xc) + T_R^2 (c - c_R) - \frac{t_a^2 \beta^2 q^{2n} [c_R^{1-n} - (xc)^{1-n}]^2}{c(1-x)(1-n)^2}$$

$$- \frac{t_a^2 (c_R - xc)^2}{c(1-x)} - \frac{T_R^2 (c - c_R)^2}{c(1-x)} - \frac{2t_a T_R (c_R - xc)(c - c_R)}{c(1-x)}$$

$$\left. - \frac{2t_a T_R \beta q^n [c_R^{1-n} - (xc)^{1-n}](c - c_R)}{c(1-x)(1-n)} - \frac{2t_a^2 \beta q^n [c_R^{1-n} - (xc)^{1-n}](c_R - xc)}{c(1-x)(1-n)} \right\}$$

$$+ \left(\frac{L'}{L}\right)^2 \frac{t_a^2 c^{2k}(1+\beta)^2}{q^{2k}(1-x)} \left[\frac{1-x^{2k+1}}{2k+1} - \frac{(1-x^{k+1})^2}{(1-x)(k+1)^2}\right]$$

$$+ \frac{2L'(L-L')t_a(1+\beta)}{L^2 c(1-x)q^k} \left\{\frac{t_a[c_R^{k+1} - (cx)^{k+1}]}{k+1}\right.$$

$$+ \frac{t_a \beta [c_R^{k-n+1} - (cx)^{k-n+1}]}{q^{-n}(k-n+1)} + \frac{T_R(c^{k+1} - c_R^{k+1})}{k+1}$$

$$- \frac{t_a \beta c^{k+1} q^n (1-x^{k+1})[c_R^{1-n} - (xc)^{1-n}]}{c(k+1)(1-x)(1-n)} - \frac{t_a c^{k+1}(1-x^{k+1})(c_R - xc)}{c(k+1)(1-x)}$$

$$\left. - \frac{T_R c^{k+1}(1-x^{k+1})(c - c_R)}{c(k+1)(1-x)} \right\} \tag{8-13}$$

第三种情况是$t_{\min} < T_R < t_{\max}$，且$cx < q < c$，如图8-5(c)所示。在图8-5中，$t_a$表示当流量达到容量时的路径行程时间。虽然速度限制的效果和第二种情况是一样的，但可降解道路网络的路径容量范围为$[c_q, c]$，而不是$[xc, c]$，其中参数c_q表示的容量等于旅行时间为t_r的流量，可以得出旅行时间的平均值和方差分别为

$$E(t) = \int_{c_q}^{c_R} \left\{\frac{L-L'}{L} t_a \left[1 + \beta \left(\frac{q}{c_a}\right)^n\right] + \frac{L'}{L} \frac{c_a^k t_a(1+\beta)}{q^k}\right\} \frac{1}{c-xc} \mathrm{d}c_a$$

$$+ \int_{c_R}^{c} \left[\frac{L-L'}{L} T_R + \frac{L'}{L} \frac{t_a c_a^k (1+\beta)}{q^k}\right] \frac{1}{c-xc} \mathrm{d}c_a$$

$$= \frac{L-L'}{L} \frac{1}{c-c_q} \left[t_a(c_R - c_q) + T_R(c - c_R) + \frac{t_a \beta q^n (c_R^{1-n} - c_q^{1-n})}{1-n}\right]$$

$$+ \frac{L' t_a(1+\beta)c^{k+1}(1-x^{k+1})}{Lq^k(c-c_q)(k+1)} \tag{8-14}$$

$$E(t^2) = \int_{c_q}^{c_R} \left\{ \frac{L-L'}{L} t_a \left[1 + \beta \left(\frac{q}{c_a} \right)^n \right] + \frac{L'}{L} \frac{t_a c_a^k (1+\beta)}{q^k} \right\}^2 \frac{1}{c-xc} dc_a$$

$$+ \int_{c_R}^{c} \left[\frac{L-L'}{L} T_R + \frac{L'}{L} \frac{t_a c_a^k (1+\beta)}{q^k} \right]^2 \frac{1}{c-xc} dc_a$$

$$= \left(\frac{L-L'}{L} \right)^2 \left\{ \frac{2 t_a^2 \beta q^n \left[c_R^{1-n} - (xc)^{1-n} \right]}{(c-c_q)(1-n)} + \frac{t_a^2 \beta^2 q^{2n} \left[c_R^{1-2n} - (xc)^{1-2n} \right]}{(c-c_q)(1-2n)} \right.$$

$$+ \frac{t_a^2 (c_R - xc)}{c-c_q} + \frac{T_R^2 (c-c_R)}{c-c_q} \right\} + \left(\frac{L'}{L} \right)^2 \frac{t_a^2 (1+\beta)^2 c^{2k+1} (1-x^{2k+1})}{q^{2k}(2k+1)(c-c_q)}$$

$$+ \frac{2L'(L-L') t_a (1+\beta)}{L^2 (c-c_q)} \left[\frac{t_a (c_R^{k+1} - c_q^{k+1})}{q^k (k+1)} + \frac{t_a \beta (c_R^{k-n+1} - c_q^{k-n+1})}{q^{k-n}(k-n+1)} \right.$$

$$\left. + \frac{T_R (c^{k+1} - c_R^{k+1})}{q^k (k+1)} \right] \tag{8-15}$$

$$\mathrm{var}(t) = E(t^2) - \left[E(t) \right]^2 = \left[\frac{L-L'}{L} \right]^2 \frac{1}{c-c_q} \left(\frac{2 t_a^2 \beta q^n (c_R^{1-n} - c_q^{1-n})}{1-n} \right.$$

$$+ \frac{t_a^2 \beta^2 q^{2n} (c_R^{1-2n} - c_q^{1-2n})}{1-2n} + t_a^2 (c_R - c_q) + T_R^2 (c-c_R)$$

$$- \frac{t_a^2 \beta^2 q^{2n} (c_R^{1-n} - c_q^{1-n})^2}{(c-c_q)(1-n)^2} - \frac{t_a^2 (c_R - c_q)^2}{c-c_q} - \frac{T_R^2 (c-c_R)^2}{c-c_q}$$

$$- \frac{2 t_a T_R (c_R - c_q)(c-c_R)}{c-c_q} - \frac{2 t_a T_R \beta q^n (c_R^{1-n} - c_q^{1-n})(c-c_R)}{(c-c_q)(1-n)}$$

$$- \frac{2 t_a^2 \beta q^n (c_R^{1-n} - c_q^{1-n})(c_R - c_q)}{(c-c_q)(1-n)} \right] + \left(\frac{L'}{L} \right)^2 \frac{t_a^2 (1+\beta)^2}{q^{2k}(c-c_q)}$$

$$\left[\frac{c^{2k+1} - c_q^{2k+1}}{2k+1} - \frac{(c^{k+1} - c_q^{k+1})^2}{(c-c_q)(k+1)^2} \right] + \frac{2L'(L-L') t_a (1+\beta)}{L^2 (c-c_q) q^k}$$

$$\left[\frac{t_a (c_R^{k+1} - c_q^{k+1})}{k+1} + \frac{t_a \beta (c_R^{k-n+1} - c_q^{k-n+1})}{q^{-n}(k-n+1)} + \frac{T_R (c^{k+1} - c_R^{k+1})}{k+1} \right.$$

$$- \frac{t_a \beta q^n (c^{k+1} - c_q^{k+1})(c_R^{1-n} - c_q^{1-n})}{(k+1)(c-c_q)(1-n)} - \frac{t_a (c^{k+1} - c_q^{k+1})(c_R - c_q)}{(k+1)(c-c_q)}$$

$$\left. - \frac{T_R (c^{k+1} - c_q^{k+1})(c-c_R)}{(k+1)(c-c_q)} \right] \tag{8-16}$$

第四种情况是 $t_{max} < T_R < t_c$ 和 $0 < q < xc$，如图 8-5(d) 所示。速度限制的影响是强加在正常流量上的。正常流量对应的车辆的速度高于速度限制，且强迫流

动不受影响，可以得到旅行时间的平均值和方差分别为

$$E(t) = \int_{xc}^{c} \left[\frac{L-L'}{L} T_R + \frac{L'}{L} \cdot \frac{t_a c_a^k (1+\beta)}{q^k} \right] \frac{1}{c-xc} \mathrm{d}c_a$$

$$= \frac{L-L'}{L} T_R + \frac{L'}{L} \cdot \frac{t_a c^k (1+\beta)(1-x^{k+1})}{q^k (k+1)(1-x)} \qquad (8-17)$$

$$E(t^2) = \int_{xc}^{c} \left[\frac{L-L'}{L} T_R + \frac{L'}{L} \cdot \frac{t_a c_a^k (1+\beta)}{q^k} \right]^2 \frac{1}{c-xc} \mathrm{d}c_a$$

$$= \left(\frac{L'}{L} \right)^2 \frac{t_a^2 (1+\beta)^2 c^{2k}(1-x^{2k+1})}{q^{2k}(2k+1)(1-x)} + \left(\frac{L-L'}{L} \right)^2 T_R^2$$

$$+ \frac{2L'(L-L')t_a c^k T_R (1+\beta)(1-x^{k+1})}{L^2 q^k (1-x)(k+1)} \qquad (8-18)$$

$$\mathrm{var}(t) = E(t^2) - \left[E(t) \right]^2$$

$$= \left(\frac{L'}{L} \right)^2 \frac{t_a^2 c^{2k} (1+\beta)^2}{q^{2k}(1-x)} \left[\frac{1-x^{2k+1}}{2k+1} - \frac{(1-x^{k+1})^2}{(k+1)^2(1-x)} \right] \qquad (8-19)$$

根据上述四种情况下路径行程时间的平均值和方差，基于网络特性的路径旅行时间分布是自发的，可以获得如下方程：

$$\begin{cases} T_r = \sum_a (\delta_a^r T_a) \\[2mm] E(T_r) = \sum_a \left[\delta_a^r E(T_a) \right] \\[2mm] \sigma_{T_r} = \sqrt{\sum_a \left[\delta_a^r \mathrm{var}(T_a) \right]} \end{cases} \qquad (8-20)$$

式中，σ_{T_r} 为路线 r 上旅行时间的方差。

此外，基于路径旅行时间的均值和方差，本节还研究了旅行时间预算，以反映网络的稳定性。实际上，因为在可降解网络中，路径的容量是随机的，所以路径的行程时间和路线也是随机的。根据旅行时间预算的定义，计算了路线 r 的出行时间预算 b_r，是衡量网络可靠性的标准之一，也是乘客路径选择的参考标准之一，具体如下：

$$b_r = E(T_r) + \lambda \sigma_{T_r} \qquad (8-21)$$

其中，λ 是由旅行者在旅行时间预算内到达目的地的概率决定的。

8.4　数值模拟实验

为了表示速度限制的影响,本节对可降解网络施加速度限制进行了数值模拟实验。本节重点分析了网络的平衡态,原因是它们对研究特定网络的可靠性至关重要。本节在计算中引入连续平均法(method of successive average,MSA)。MSA 算法流程图如图 8-6 所示。具体而言,第一步是初始化过程。在该步骤中,将网络中的初始路径流量设置为非零元素;设置系统的特征参数,如路径的长度和容量、自由流量的行程时间、速度限制等。第二步是数值模拟。在该步骤中,执行路径和路段的行进时间的平均值和方差的计算。第三步为流量更新,即全有全无分配,可得

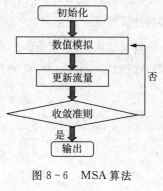

图 8-6　MSA 算法
流程图

$$(f_r^{od})_{i+1} = (f_r^{od})_i + \frac{1}{i}\left[(f_r^{od'})_i - (f_r^{od})_i\right] \qquad (8-22)$$

第四步是检验其收敛性 $\sum_o \sum_d \sum_r f_r^{od}(b_r^{od} - \tilde{d}^{od})$,其中,$b_r^{od}$ 表示 OD 对之间路线 r 的旅行时间预算;$\tilde{d}^{od}$ 表示 OD 对之间的最小旅行时间预算。若 $\sum_o \sum_d \sum_r f_r^{od}(b_r^{od} - \tilde{d}^{od})$ 不是收敛的,则返回到第二步。收敛检验公式表示车辆在所有路线上的行驶时间与最近区域内所有车辆的行驶时间之间的差异。通过进行收敛性检验,可以得到目标网络的均衡流量分配。

若 $\sum_o \sum_d \sum_r f_r^{od}(b_r^{od} - \tilde{d}^{od})$ 是收敛的,网络达到均衡,即 OD 对之间每条路线的旅行时间预算是相同的。

图 8-7 所示为可降解网络的拓扑结构。可降解网络的路径特性见表 8-1 所列。该网络有 6 个节点、9 个路径、4 个 OD 对和 10 条路由。此外,可降解网络的特征见表 8-2 所列,其参数为 $\beta=0.15$ 和 $n=4$。事实上,k 和 n 是修改后的 BPR 函数中的关键参数,但它们对 BPR 函数的影响主要集中在曲率上,而不是趋势上。速度限

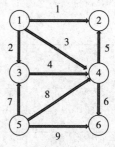

图 8-7　可降解网
络的拓扑结构

制不仅可以减少平均行程时间和时间旅行预算,还可以降低系统在某种程度上车辆行驶时间的变化。在计算路线和链路的旅行时间预算时,λ 为 1.64。此外,它还表明车辆到达目的地的概率在时间旅行预算为 95%。在此,可降解网络的速度限制为 70 km/h。应用 MSA 进行分析,可以得到系统的平衡路径流分配。有限速和无速度限制的计算结果对比见表 8-3 所列。平衡流与无速度限制的路径特性见表 8-4 所列。通过对比表 8-3 和表 8-4 的结果可以看出,采用限速可以减少平均行程时间和时间行程预算。同时,速度限制在一定程度上降低了网络运行时间的标准差。

表 8-1 可降解网络的路径特性

编号	t_a/min	L/km	L'/km	V_R/(km/h)	c/(veh/min)	x	β
1	5	5	0.05	70	15	0.7	0.15
2	4.5	5	0.05	70	30	0.7	0.15
3	1.5	2	0.02	70	15	0.7	0.15
4	2	2	0.02	70	40	0.7	0.15
5	2	2	0.02	70	20	0.7	0.15
6	5	5	0.05	70	30	0.7	0.15
7	4.5	5	0.05	70	30	0.7	0.15
8	1.5	2	0.02	70	20	0.7	0.15
9	1.5	2	0.02	70	10	0.7	0.15

表 8-2 可降解网络的特征

OD 对	路径	用户需求	交通需求 /(veh/min)
(1,2)	1	1	8
	2	3,5	
	3	2,4,5	
(1,6)	4	3,6	8
	5	4,4,6	
(5,4)	6	8	8
	7	7,4	
(5,6)	8	9	8
	9	8,6	
	10	7,4,6	

表 8 - 3　有限速和无速度限制的计算结果对比

路径	路段流量 / (veh/min)	b_r/min	$E(T_r)$/min	路段旅行时间 / min
1	0.27/0.27	8.119/8.119	7.665/7.665	0.526/0.526
2	0.11/0.03	6.695/7.199	5.178/6.672	0.680/0.401
3	7.62/7.7	9.139/9.162	8.926/8.939	0.208/0.213
4	0.12/0.04	9.88/10392	8.302/9.796	0.695/0.426
5	7.88/7.96	12.332/12.355	12.050/12.063	0.239/0.243
6	0.12/0.04	5.124/6.374	3.456/5.674	1.009/0.653
7	7.88/7.96	7.108/7.131	6.896/6.909	0.254/0.260
8	0.03/0.03	5.209/7.189	3.515/6.373	1.016/0.706
9	0.11/0.03	10.364/11.614	8.625/10.843	0.728/0.485
10	7.86/7.94	12.348/12.371	12.065/12.078	0.240/0.244

表 8 - 4　平衡流与无速度限制的路径特性

路径	q/(veh/min)	$E(t)$/min	路径旅行时间 /min
1	0.27/0.27	7.665/7.665	0.277/0.277
2	15.5/15.66	4.641/4.645	0.034/0.035
3	0.23/0.07	3.134/4.627	0.923/0.320
4	31.24/31.56	2.240/2.250	0.095/0.099
5	7.73/7.73	2.045/2.045	0.001/0.001
6	15.97/15.97	5.169/5.169	0.043/0.043
7	15.74/15.90	4.656/4.659	0.034/0.036
8	0.23/0.07	3.456/5.674	1.017/0.427
9	0.11/0.03	3.515/6.373	1.033/0.498

第9章　考虑密度依赖弛豫时间的宏观交通模型研究

9.1　引　言

随着道路的快速发展,交通出现了巨大的问题(如交通拥堵、交通瓶颈、VOCs排放)。为了更好地说明实际流量,近几十年人们提出了许多模型。一般,主流模式可分为三类,即宏观模型、微观模型和介观模型。其中,由 Lighthill 等(1955)提出的 LWR 模型是著名的交通流模型之一,其引入开边界条件和连续方程,得到了密度函数。PW 模型(由 Payne - Whitham 提出的模型)首次引入流体力学方程来模拟实际交通。KK 模型(Kerner 和 Konhauser 于 1993 年提出的模型)发展了宏观模型,其考虑了由自由速度和堵塞密度组成的速度密度函数。Tang 自 2009 年到 2017 年还专注于研究微观驾驶行为、信号灯对油耗的影响、平均速度反馈策略(mean velocity feedback strategy,MVFS)、车辆数目控制策略(the number of vehicles feedback strategy,NVFS)等。

描述真实交通的跟驰模型是交通流研究中的重要问题之一。考虑到驾驶员灵敏度的影响,Pipes 于 1953 年提出了跟随模型。随后,Nagatani(1999)通过研究交通流在自由运动阶段之间的相转变来改进模型,并在此基础上提出了速度梯度模型。该模型提出了当前车速度较高时,瞬时前进速度可小于安全行驶速度。在前人研究的基础上,Bando 等于 1995 年提出了基于前车跟踪距离的最优速度模型。

Treiber 等提出了 GKT 模型,以研究内部均匀的不同街道上的交通流。Jiang 等(2017)在一条环形道路上进行了汽车跟踪模拟,并指出跟踪过程会引起车间距的波动,然而他们并没有考虑不同的交通状况及相应的影响。最近,Tang 等(2015)提出了一个描述实时交通状况的宏观交通流模型,在弛豫时间保持不变情况下,计算了交通状态对交通流的影响。但在现实世界中,弛豫时间确实与交通流的密度有关。在不同的交通情况下,不同的驾驶员会有不同的反应情况。一般情况下,密度越高,弛豫时间越短。基于上述事实,本章不仅考虑了交通状态对交通流的影响,还将松弛时间视为密度相关变量,并讨论了松弛时间对交通流演化的影响:首先,提出了一种改进的宏观交通流模型,用以说明开边界情况下的交通流模型;其次,对交通状态因子 R 进行了仿真模拟研究,在考虑不同初始密度 ρ_0 的情况下,重点研究了交通流的演化过程;最后,计算了特征参量(如密度 ρ、速度 v、流量 J 和速度方差 v_D)的影响。

9.2　数理建模

本书提出了一个宏观交通流模型,模型中使用的全部参数及其物理含义和量纲见表 9-1 所列。ρ_{max} 和 ρ_c 均具有较高的密度,且 ρ_c 值略高于 ρ_{max} 值,原因是与拥堵状态对应的弛豫时间并不总是为零。该模型考虑了依赖于密度的弛豫时间,与 Tang(2015) 的工作不同,该系统的控制方程可表示为

表 9-1　模型中使用的全部参数及其物理含义和量纲

参量	物理含义	量纲
x	空间变量	m
t	时间变量	s
ρ	道路密度	veh/m
ρ_c	临界密度	veh/m
ρ_{max}	堵塞密度	veh/m
v	车辆运动速度	m/s
v_r	速度调整项	m/s
v_f	自由流速度	m/s
τ	弛豫时间	s
v_t	瞬态速度	m/s
$v_e(\rho)$	不考虑道路状况时车辆平衡速度	m/s
$v_{r,e}(\rho)$	考虑道路状况时车辆平衡速度	m/s
a_r	加速度调整项	m/s^2
$c_{r,0}$	考虑道路状况时微小扰动导致的密度波传播速度	m/s
η_r	常数	无量纲

$$
\begin{cases}
\rho_t + (\rho v)_x = 0 \\[2mm]
v_t + vv_x = \dfrac{v_{r,e}(\rho) - v}{\tau} + c_{r,0} v_x + \eta_r \left[R(x + \Delta x) - R(x) \right] a_r \\[2mm]
v_{r,e} \left[\rho(x,t) \right] = v_e \left[\rho(x,t) \right] + \eta_r \left[R(x + \Delta x) - R(x) \right] v_r \\[2mm]
v_e = v_f \left\{ \left[1 + \exp\left(\dfrac{\rho/\rho_{\max} - 0.25}{0.06} \right) \right]^{-1} - 3.72 \times 10^{-6} \right\} \\[2mm]
\tau = 150 \exp\left(\dfrac{1}{\rho - \rho_c} \right)
\end{cases}
\tag{9-1}
$$

式中,第一个表达式是连续性方程。其中,η_r 是反映交通状况对交通流的影响的参数,其是一个与道路密度有关的经验参数,数值结果表明,当密度很低或很高时,η_r 对交通流没有影响;当密度适中时,它才起作用。此外,本节引入了参数 $R(x)$ 来描述实际交通的交通状态,$R(x)$ 取决于交通流量、系统尺寸和道路质量(如平整度、路面材料等),且 $R(x)$ 的值为 $[-1,1]$。可知,$R(x)$、η_r 和加速度调整项 a_r 一起影响速度的变化,因此 $R(x)$ 有一个相对值,理论上它的值可以在任何范围内设定。然而,为了简单地说明交通状态,本节选择了区间 $[-1,1]$,然后可以确定 η_r 和 a_r 的值。$R(x)$ 与交通状况之间的关系可归纳如下:$R(x) > 0$ 时,表示道路拥堵情况较好;$R(x) < 0$ 时,表示道路拥堵情况较严重;$R(x) = 0$ 时,表示道路拥堵情况一般。第三个等式描述了特定道路条件下的平衡速度。采用交通状态因子 $R(x)$ 对道路条件下的平衡速度 $v_{r,e}$ 进行修正,认为加速度是由路段的相对条件引起的。此外,在交通流达到平衡状态的情况下,得到了道路条件下的平衡速度。因此有方程 $v_t = v_x = 0$。将其代入式(9-1)的第二个等式中,可以得到 $v_{r,e}[\rho(x,t)] = v_e[\rho(x,t)] + \eta_r[R(x + \Delta x,t) - R(x, t)]a_r \tau$。第五个等式是从下列事实中得出的:一方面,密度越大,弛豫时间越短;另一方面,密度越低,弛豫时间越长。此外,当速度较高时,需要较长的加减速时间。其中,ρ_c 表示交通拥堵的临界密度。图9-1所示为弛豫时间 τ 和道路密度 ρ 之间的关系。

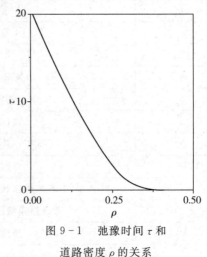

图 9-1　弛豫时间 τ 和道路密度 ρ 的关系

9.3　数值模拟实验

本节研究了具有扰动的开边界系统上交通流特征参量的演化，着重分析了两种情况：第一种情况是引入余弦函数来表示 $R(x)$；另一种情况是用伪随机序列来表示 $R(x)$。

将有限差分法应用于数值分析中，可以得到如下方程：

$$\rho_i^j = \rho_i^{j-1} + \frac{\Delta t}{\Delta x}\rho_i^{j-1}(v_{i+1}^{j-1} - v_i^{j-1}) + \frac{\Delta t}{\Delta x}v_i^{j-1}(\rho_i^{j-1} - \rho_{i-1}^{j-1}) \tag{9-2}$$

利用迎风格式 $\frac{1}{\Delta t}(\rho_i^j - \rho_i^{j-1}) = \frac{1}{\Delta x}[\rho_i^{j-1}(v_i^{j-1} - v_{i+1}^{j-1}) + v_i^{j-1}(\rho_{i-1}^{j-1} - \rho_i^{j-1})]$ 将非平衡速度方程的离散格式改写成如下形式

$$v_i^j = v_i^{j-1} + \frac{\Delta t}{\Delta x}(c_{r,0} - v_i^{j-1})(v_{i+1}^{j-1} - v_i^{j-1}) + \frac{\Delta t}{150}e^{-\frac{1}{\rho_i^{j-1}-\rho_c}}[v_{r,e}(\rho_i^{j-1}) - v_i^{j-1}]$$

$$+ \Delta t\eta_r[R(i+1,j-1) - R(i,j-1)]a_r \tag{9-3}$$

当流量较小时（$v_i^{j-1} < c_{r,0}$），速度的变化主要受第 i 辆车和后车（第 $i+1$ 辆车）之间的速度差的影响。同样，可以按如下方式获得离散格式：

$$v_i^j = v_i^{j-1} + \frac{\Delta t}{\Delta x}(c_{r,0} - v_i^{j-1})(v_i^{j-1} - v_{i-1}^{j-1}) + \frac{\Delta t}{150}e^{-\frac{1}{\rho_i^{j-1}-\rho_c}}[v_{r,e}(\rho_i^{j-1}) - v_i^{j-1}]$$

$$+ \Delta t\eta_r[R(i+1,j-1) - R(i,j-1)]a_r \tag{9-4}$$

式中，i、j、Δx、Δt 分别表示空间索引、时间索引、空间步长和时间步长。

为了简单起见，本节假定初始密度 ρ_0 为固定值，初始速度为均衡速度 $v_{r,e}(\rho)$，并引入一个小扰动 $\rho_{bd}(0,t)$。其左边界条件为

$$\rho_{bd}(0,t) = \rho_0\left[1 + 0.02\sin\left(\frac{\pi t}{10}\right)\right] \tag{9-5}$$

相应参数的具体值设置为

$$c_{r,0} = \begin{cases} 8, & R(x+\Delta x) - R(x) > 0 \\ 5, & R(x+\Delta x) - R(x) = 0 \\ 4, & R(x+\Delta x) - R(x) < 0 \end{cases} \tag{9-6}$$

$$\eta_r = \begin{cases} 0, & \rho > 0.05 \text{ 或 } \rho < 0.01 \\ 0.5, & \text{其他} \end{cases} \tag{9-7}$$

$$a_r = \begin{cases} 0, & \rho > 0.05 \text{ 或 } \rho < 0.01 \\ 0.5, & \text{其他} \end{cases} \tag{9-8}$$

$$v_r = \begin{cases} 0, & \rho > 0.05 \text{ 或 } \rho < 0.01 \\ 2, & \text{其他} \end{cases} \tag{9-9}$$

计算参数设置为 $v_f = 10 \text{ m/s}$，$\rho_c = 0.5 \text{ veh/m}$，$\Delta x = 100 \text{ m}$，$\Delta t = 1 \text{ s}$，且空间步长满足 $N = 100$。因此，系统大小满足 $L = 10 \text{ km}$。首先，计算了 $\rho_0 = 0.005 \text{ veh/m}$ 的低密度情况。图 9-2 所示为 $\rho_0 = 0.005 \text{ veh/m}$ 情况下满足 $R(x) = \cos(\pi x/15)$ 时特征

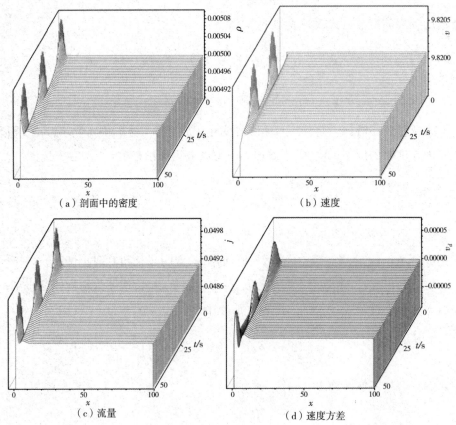

（a）剖面中的密度 　　　　　　　　（b）速度

（c）流量 　　　　　　　　　　（d）速度方差

图 9-2　$\rho_0 = 0.005 \text{ veh/m}$ 情况下满足 $R(x) = \cos(\pi x/15)$ 时特征参量的演化

注：参数为 $t = 50 \text{ s}$。

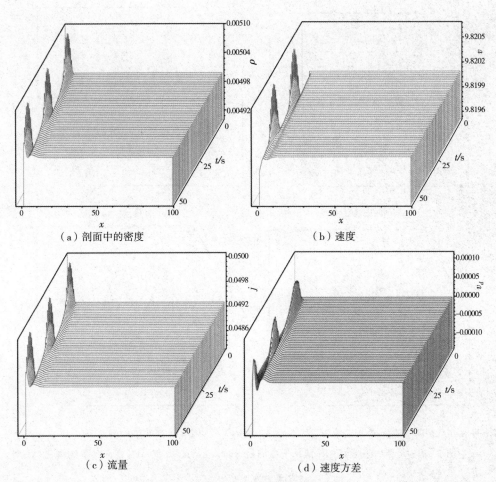

图 9-3　$\rho_0 = 0.005\,\text{veh/m}$ 情况下在区间 $[-1,1]$ 中伪随机序列被选择为 $R(x)$ 时特征参量的演化

注：参数为 $t = 50\,\text{s}$。

参量的演化。图 9-3 所示为 $\rho_0 = 0.005\,\text{veh/m}$ 情况下在区间 $[-1,1]$ 中伪随机序列被选择为 $R(x)$ 时特征参量的演化。其次，计算了密度相对较低（$\rho_0 = 0.01\,\text{veh/m}$）的情况。类似于上述情况，$R(x) = \cos(\pi x/15)$ 和伪随机序列也在此应用（见图 9-4 和图 9-5）。由图 9-4 可知，密度有 4 种状态，即增加部分、收缩部分、平坦部分和第二个收缩部分，这可以用实际的交通来解释，当车辆遇到较为拥堵的路段时，通行能力就会下降，密度也会增加。然后，车辆的速度趋于平衡，前进的速度趋于不变，导致密度下降和保持不变。之后，由于车辆总数是守恒的，便会出现一个密度很低、速度较高的状态。由图 9-5 可以看出，在这种情况下，交通状态因素对交通流的演变有

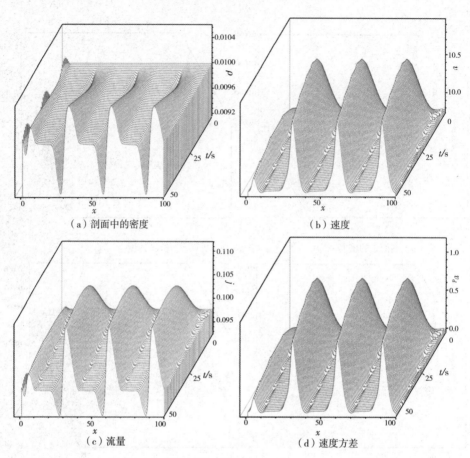

（a）剖面中的密度　　　　　　　　　　　　（b）速度

（c）流量　　　　　　　　　　　　　　（d）速度方差

图 9-4　$\rho_0 = 0.01\ \text{veh/m}$ 情况下在满足 $R(x) = \cos(\pi x/15)$ 时特征参量的演化

注:参数为 $t = 50\ \text{s}$。

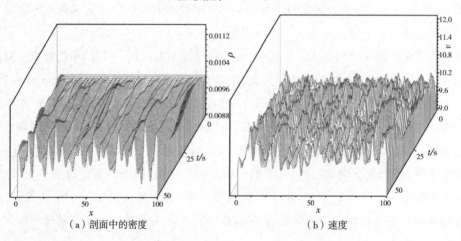

（a）剖面中的密度　　　　　　　　　　　　（b）速度

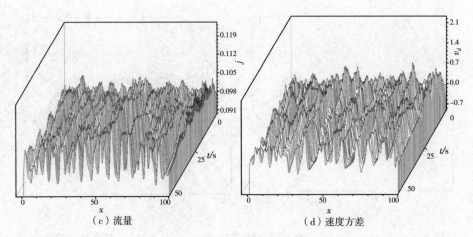

（c）流量　　　　　　　　　　　　（d）速度方差

图 9-5　$\rho_0 = 0.01$ veh/m 情况下在区间$[-1,1]$中伪随机序列被选择为$R(x)$时特征参量的演化

注:参数为 $t = 50$ s。

很大的影响,即当$R(x)$是随机数时,密度波和速度波的演化是不规则的。随后,考虑了密度较高($\rho_0 = 0.03$ veh/m)的情况。类似于上述情况,$R(x) = \cos(\pi x/15)$和伪随机序列也在此应用(见图 9-6 和图 9-7)。由图 9-6 可知,密度的平坦状态消失。与图 9-4 相比,图 9-6 表现出在满足$R(x) = \cos(\pi x/15)$时,随着密度的增加,"平台"逐渐缩小。平缓状态与实际相结合,意味着实现交通流的均衡。然而,当密度相对较高时,车辆在行驶前会遇到下一个交通瓶颈,达到平衡状态。同时,如图 9-7所示,在这种情况下,交通状态因子对交通流的演化也有很大的影响。类似地,当$R(x)$是随机数时,密度波和速度波的分布是不规则的。最后,计算了满足$\rho_0 = 0.3$ veh/m 的高密度情况。与上述情况类似,

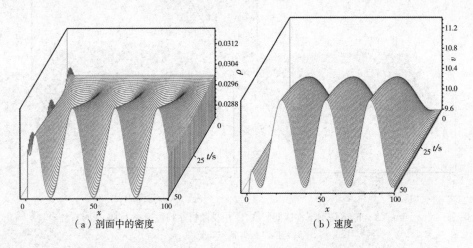

（a）剖面中的密度　　　　　　　　　　（b）速度

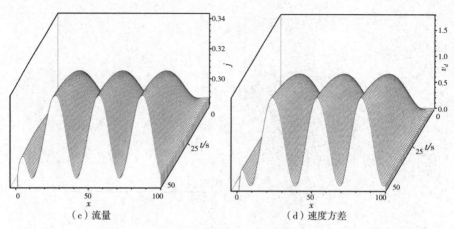

（c）流量 （d）速度方差

图 9-6　$\rho_0 = 0.03\ \text{veh/m}$ 情况下在满足 $R(x) = \cos(\pi x/15)$ 时特征参量的演化

注：参数为 $t = 50\ \text{s}$。

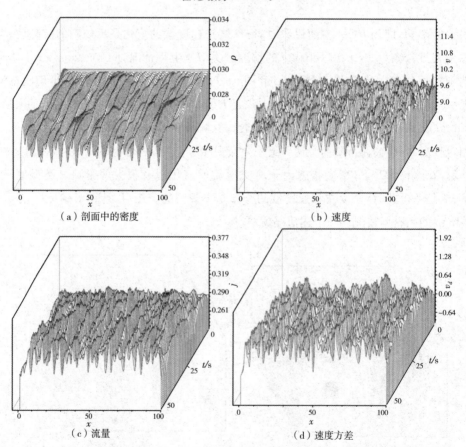

（a）剖面中的密度 （b）速度

（c）流量 （d）速度方差

图 9-7　$\rho_0 = 0.03\ \text{veh/m}$ 情况下在区间 $[-1,1]$ 中伪随机序列被选择为 $R(x)$ 时特征参量的演化

注：参数为 $t = 50\ \text{s}$。

$R(x)＝\cos(\pi x/15)$ 和伪随机序列也在此应用（见图 9-8 和图 9-9）。实际上，在这种情况下得到的结果与低密度情况下的结果相似。当达到平衡时，密度较高，流量和速度都较低。与低密度情况类似，交通状态因子 $R(x)$ 对交通流演化影响不大。另一种观点认为，当密度较高时，速度一般较低，弛豫时间较短。由图 9-8 和图 9-9 可知，扰动对后续车辆几乎没有影响，它们很快就会被抑制。因此，在高密度情况下，弛豫时间在交通流的演变过程中起主导作用。交通流速度方差表示实时速度和平衡速度之间的差异，即方差可以反映交通流是否达到平衡，以及交通流的状态偏离均衡的程度。综合图 9-2 ～ 图 9-9，可以得出如下结论：当密度很低或很高时，来自左边界的扰动对交通流没有影响；而当密度适中时，扰动对交通流没有影响。

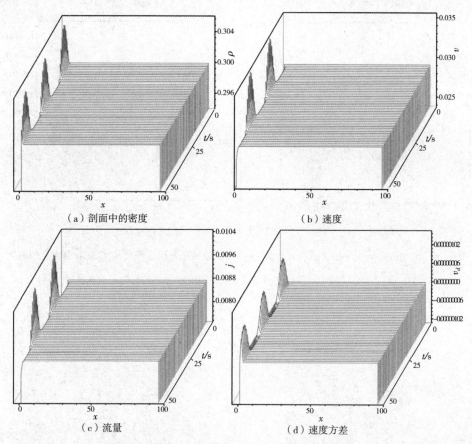

（a）剖面中的密度　　　　　　　　　　（b）速度

（c）流量　　　　　　　　　　（d）速度方差

图 9-8　$\rho_0 = 0.3\,\mathrm{veh/m}$ 情况下在满足 $R(x) = \cos(\pi x/15)$ 时特征参量的演化

注：考虑高密度情况；模拟时间 t 满足 $t = 50\,\mathrm{s}$。

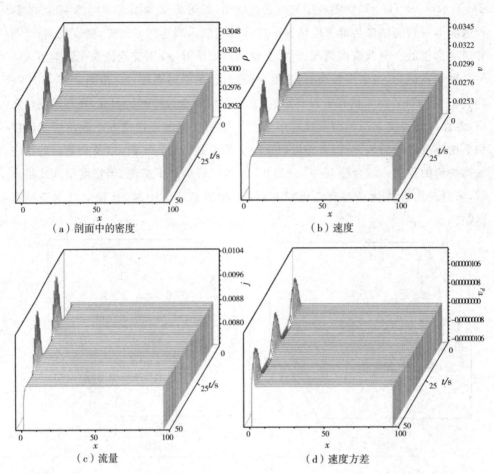

（a）剖面中的密度   （b）速度

（c）流量   （d）速度方差

图 9-9 $\rho_0 = 0.3\,\mathrm{veh/m}$ 情况下在区间 $[-1,1]$ 中伪随机序列被选择为 $R(x)$ 时特征参量的演化

注：参数为 $t = 50\,\mathrm{s}$。

第10章　考虑安全速度的
混合交通模型研究

10.1　引　言

　　交通流模型的研究是设计交通系统的经典方法。自 Lighthill 等(1955)提出 LWR 模型以来,大量的交通流模型被提出。总体而言,交通流模型可分为宏观模型、微观模型和介观模型。尽管这些模型具有不同的基本图,但所有模型都用连续性方程和动力学方程来说明。连续性方程描述了交通流的连续性,而动力学方程描述了所构造出的系统的动态特性。实际上,动态方程可以很好地说明非平衡交通情况,如紧急交通事故、临时堵塞、停停走走现象等。一方面,微观模型主要由 3 个不同的参数控制,即单个车辆的速度、位置、道路中的车流量。这些模型强调了车辆之间的相互作用。另一方面,宏观模型主要受其他 3 个特征参数控制,即全局速度、密度和交通流量,并且这些模型关注交通流的全局特征。

　　传统的 LWR 模型用于描述平衡情况下速度和密度之间的关系,然而相应的控制方程不能揭示处于非平衡状态的交通状况(如在紧急交通事故期间,临时堵塞、走走停停现象等)。为了解决这个问题,研究者引入动力学方程以便更准确地描述实际的交通流量,因此出现了非均衡模型。例如,PW 模型介绍了汽车的弛豫实际,KK 模型引入了描述黏度系数和密度波的密度梯度进行微观动力学分析,Gupta 和 Katiyar 于 2005 年提出了 GK 模型等。然而,宏观模型和微观模型都不是完美的:一方面,微观模型需要比宏观模型更多的微分方程;另一方面,宏观模型无法描述交通流的内部情况,这可以在微观模型中清楚地表明,因为大多数宏观模型是通过修改微观模型的数学公式来提出的,而且相互作用过程中,将车辆视为可忽略体积的粒子是不合适的。本章采用的 WZY 模型结合了微观模型和宏观模型的优点,不仅可以描述交通流的全局特征,还可以描述交通流内部的相互作用,避免了大量的微分方程,并且强调了宏观模型形式的局部车辆之间的相互作用。

10.2　数理建模

受现实世界中交通现象的影响,在 WZY 模型中引入了以下两个假设:一是,驾驶员清楚地意识到它们的速度和车辆的最大减速度,可以估计之前的车辆之间的距离;二是规定了调节速度的标准,即为了避免撞到前方车辆,当前车突然停止时,车辆将以最大减速度减速。根据 Navier - Stokes 方程,WZY 模型的动力学方程可以表示为

$$
\begin{cases}
\rho\left[\dfrac{\partial v}{\partial t} + v\,\dfrac{\partial v}{\partial x}\right] = \dfrac{\partial}{\partial x}\left(\mu\,\dfrac{\partial v}{\partial x}\right) - \dfrac{\partial p}{\partial x} + X \\[2mm]
X = \rho\left[V(\rho) - v\right]/\tau \\[2mm]
p = \rho c_0^2
\end{cases}
\tag{10-1}
$$

式中,v 表示速度;ρ 表示密度;μ 表示黏度系数;V 表示跟随汽车的合法速度;τ 表示弛豫时间;p 表示交通压力;扩散项 $\dfrac{\partial}{\partial x}\left(\mu\,\dfrac{\partial v}{\partial x}\right)$ 描述了交通流内的扩散现象;$V(\rho)$ 可表示为

$$
V = \sqrt{2a/\rho}
\tag{10-2}
$$

其中,$\rho = 1/\Delta x$。

结合连续性方程,本书提出的 WZY 模型的控制方程为

$$
\frac{\partial v}{\partial t} + v\,\frac{\partial v}{\partial x} = -\frac{C_0^2}{\rho}\,\frac{\partial \rho}{\partial x} + \frac{\sqrt{2a/\rho} - v}{\tau} + \frac{1}{\rho}\,\frac{\partial\left(\mu\dfrac{\partial v}{\partial x}\right)}{\partial x}
\tag{10-3}
$$

实际上,混合模型通过修改宏观模型和考虑车辆之间的相互作用来描述交通流的演化特征。

为简单起见,本节研究了一段道路的交通流量,为了求解微分方程引入了系统两侧的边界条件。左边界为

$$
\begin{cases}
\rho(0,t) = \tilde{\rho}(t) \\
v(0,t) = \bar{v}[\tilde{\rho}(t)]
\end{cases}, \forall\, t \in R_+
\tag{10-4}
$$

右边界为

$$\begin{cases} \partial^2 \rho / \partial x^2 = 0 \\ \partial^2 v / \partial x^2 = 0 \end{cases}, \forall t \in R_+ \tag{10-5}$$

假设输入流在进入系统之前已达到平衡。引入诺伊曼 Neumann 边界条件,通过将有限差分方法应用于控制方程,可以在两种不同的情况下推导出微分方程的离散格式。

(1) 分析交通拥堵状况较低的情况($\rho < \rho_{safe}$)。在这种状况下,第 j 辆车的速度由第 $(j-1)$ 辆车的速度决定,可以将离散格式转换为

$$\frac{v_i(j,k+1) - v_i(j,k)}{\Delta t} + \frac{v_i(j,k)[v_i(j+1,k) - v_i(j,k)]}{\Delta x}$$

$$= -\frac{C_0^2[\rho_i(j,k) - \rho_i(j-1,k)]}{\rho_i(j,k)\Delta x} + \frac{\sqrt{\dfrac{2a}{\rho}} - v_i(j,k)}{\tau}$$

$$+ \frac{\mu}{\rho_i(j,k)} \cdot \frac{\rho_i(j-1,k) - 2\rho_i(j,k) + \rho_i(j+1,k)}{(\Delta x)^2} \tag{10-6}$$

因此,可以导出

$$v_i(j,k+1) = v_i(j,k) + \frac{\Delta t}{\Delta x} v_i(j,k)[v_i(j+1,k) - v_i(j,k)]$$

$$- \frac{\Delta t}{\tau}\left[v_i(j,k) - \sqrt{\frac{2a}{\rho}}\right] + \frac{C_0^2 \Delta t}{\rho_i(j,k)\Delta x}[\rho_i(j-1,k) - \rho_i(j,k)]$$

$$+ \frac{\Delta t \mu}{\rho_i(j,k)} \cdot \frac{\rho_i(j-1,k) - 2\rho_i(j,k) + \rho_i(j+1,k)}{(\Delta x)^2} \tag{10-7}$$

(2) 分析了交通拥堵状况较为严重的情况($\rho > \rho_{safe}$)。在这种情况下,第 j 辆车的速度由第 $(j+1)$ 辆车的速度决定。因此,离散格式转换为

$$\frac{v_i(j,k+1) - v_i(j,k)}{\Delta t} + \frac{v_i(j,k)[v_i(j+1,k) - v_i(j,k)]}{\Delta x}$$

$$= -\frac{C_0^2[\rho_i(j+1,k) - \rho_i(j,k)]}{\rho_i(j,k)\Delta x} + \frac{\sqrt{\dfrac{2a}{\rho}} - v_i(j,k)}{\tau}$$

$$+ \frac{\mu}{\rho_i(j,k)} \cdot \frac{\rho_i(j-1,k) - 2\rho_i(j,k) + \rho_i(j+1,k)}{(\Delta x)^2} \tag{10-8}$$

因此,可以导出

$$v_i(j,k+1) = v_i(j,k) - \frac{\Delta t}{\Delta x} v_i(j,k) \left[v_i(j+1,k) - v_i(j,k) \right]$$

$$- \frac{\Delta t}{\tau} \left[v_i(j,k) - \sqrt{\frac{2a}{\rho}} \right] + \frac{C_0^2 \Delta t}{\rho_i(j,k) \Delta x} \left[\rho_i(j,k) - \rho_i(j+1,k) \right]$$

$$+ \frac{\Delta t \mu}{\rho_i(j,k)} \frac{\rho_i(j-1,k) - 2\rho_i(j,k) + \rho_i(j+1,k)}{(\Delta x)^2} \tag{10-9}$$

上述离散格式,本书进行了数值模拟实验,详细参见后面相关内容。

10.3　线性稳定性分析

为了测试混合模型,本节将模型应用于一段道路,并根据奇异摄动理论将方程线性化。在这个平衡状态附近,即满足 $\rho = \rho_h$ 和 $v = v_h$,有如下公式成立:

$$\begin{cases} \delta \rho(x,t) = \delta \rho(x) \exp(-\gamma t), \delta \rho(x) = \delta \rho_0 e^{ikx} \\ \delta v(x,t) = \delta v(x) e^{-\gamma t}, \delta v(x) = \delta v_0 e^{ikx} \end{cases} \tag{10-10}$$

式中,$\delta \rho_0$ 表示密度扰动的幅度;γ 表示扰动时间系数。通过将式(10-10)代入控制方程式(10-3),可得

$$\gamma^2 - \gamma(2ikV_h + k^2\rho_h^{-1} + 1) + ik\left[k^2 V_h \rho_h^{-1} + V_h + \xi(\rho_h)\rho_h\right] + k^2(C_0^2 - V_h^2) = 0 \tag{10-11}$$

将 $r = \lambda + i\omega$ 代入式(10-11)中,可以得到

$$\left[\lambda^2 + \omega^2 + 2i\lambda\omega - (\lambda + i\omega)(2ikV_h + k^2\rho_h^{-1} + 1) + k^2(C_0^2 - V_h^2)\right]$$

$$+ ik\left[k^2 V_h \rho_h^{-1} + \xi(\rho_h)\rho_h + V_h\right] = 0 \tag{10-12}$$

分离式(10-12)的实部和虚部,可以得到

$$\left[\lambda^2 - \omega^2 - \lambda(k^2\rho_h^{-1} + 1) + 2\omega k V_h + k^2(C_0^2 - V_h^2)\right]$$

$$= -i\{2\lambda\omega - 2\lambda k V_h - \omega(k^2\rho_h^{-1} + 1) + k\left[k^2 V_h \rho_h^{-1} + V_h + \xi(\rho_h)\rho_h\right]\} \tag{10-13}$$

假设实部等于零,我们可以得到

$$[\lambda^2 - \omega^2 - \lambda(k^2\rho_{\rm h}^{-1} + 1) + 2\omega k V_{\rm h} + k^2(C_0^2 - V_{\rm h}^2)] = 0 \qquad (10-14)$$

进而可以得到

$$\omega^2 - 2\omega k V_{\rm h} - k^2(C_0^2 - V_{\rm h}^2) - \lambda^2 + \lambda(k^2\rho_{\rm h}^{-1} + 1) = 0 \qquad (10-15)$$

假设 $|\lambda| \ll 1$ 和 $|\lambda| \ll k^2 C_0^2$,可以得到

$$\omega^2 - 2\omega k V_{\rm h} - k^2(C_0^2 - V_{\rm h}^2) = [\omega - k(C_0 - V_{\rm h})][\omega - k(C_0 + V_{\rm h})] = 0$$

$$(10-16)$$

因此,可以得到 ω 的两个解分别为

$$\begin{cases} \omega_1 = k(V_{\rm h} - C_0) \\ \omega_2 = k(V_{\rm h} + C_0) \end{cases} \qquad (10-17)$$

同样,让虚部等于零,可以得到

$$2\lambda\omega - 2\lambda k V_{\rm h} - \omega(k^2\rho_{\rm h}^{-1} + 1) + k[k^2 V_{\rm h}\rho_{\rm h}^{-1} + V_{\rm h} + \xi(\rho_{\rm h})\rho_{\rm h}] = 0 \qquad (10-18)$$

将 $\omega_1 = k(V_{\rm h} - C_0)$ 代入式(10-18),可以得到

$$2\lambda = 1 + \frac{k^2}{\rho_{\rm h}} + \xi(\rho_{\rm h})\frac{\rho_{\rm h}}{C_0} \qquad (10-19)$$

根据线性稳定性准则($\lambda \geqslant 0$),可以得到如下线性稳定条件:

$$k^2 \geqslant -\rho_{\rm h} - \xi(\rho_{\rm h})\frac{\rho_{\rm h}^2}{C_0} \qquad (10-20)$$

当 $\xi(\rho_{\rm h}) = \dfrac{{\rm d}V}{{\rm d}\rho}\Big|_{\rho_{\rm h}} = -\sqrt{\dfrac{a}{2}}\rho_{\rm h}^{-\frac{3}{2}}$ 时,可以得到

$$k^2 \geqslant -\rho_{\rm h} + \sqrt{\frac{a}{2}} \cdot \frac{\sqrt{\rho_{\rm h}}}{C_0} \qquad (10-21)$$

通过进一步简化,可以得到

$$\rho_{\rm h} \geqslant \frac{a}{2C_0^2} \qquad (10-22)$$

同样,将 $\omega_2 = k(V_{\rm h} + C_0)$ 代入式(10-18),可以得到

$$2\lambda = 1 + \frac{k^2}{\rho_{\rm h}} - \xi(\rho_{\rm h})\frac{\rho_{\rm h}}{C_0} \qquad (10-23)$$

基于线性稳定性准则($\lambda \geqslant 0$),可以得到如下线性稳定条件:

$$k^2 \geqslant \xi(\rho_h) \frac{\rho_h^2}{C_0} - \rho_h \qquad (10-24)$$

因此,满足如下等式:

$$k^2 \geqslant -\sqrt{\frac{a}{2}} \frac{\sqrt{\rho_h}}{C_0} - \rho_h \qquad (10-25)$$

经进一步简化,可推导出

$$\rho_h \geqslant \frac{a}{2C_0^2} \qquad (10-26)$$

因为 $V_h = \sqrt{\dfrac{2a}{\rho_h}} \geqslant C_0$ 成立,所以线性稳定条件为

$$\frac{a}{2C_0^2} \leqslant \rho_h \leqslant \frac{2a}{C_0^2} \qquad (10-27)$$

图 10-1 所示为由式(10-27)求解的线性稳定区域。

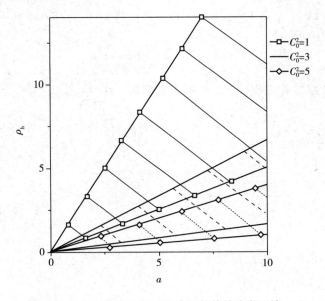

图 10-1　由式(10-27)求解的线性稳定区域

10.4　数值实验

本节进行了数值计算,以便更好地说明模型。数值计算的结果可以揭示一段

道路的密度和速度的演化规律。将系统长度设置为 5 km,模型的特征可以从扫描右侧二维码中的图 $10-2\sim$ 图 $10-5$ 中显示出来。

模型的特征
(图 $10-2\sim$ 图 $10-5$)

当满足条件 $t=0$ 时,交通流模型处于平衡状态。此外,本节还介绍了如下条件:

$$\begin{cases} \rho(0,x)=0.05 \\ v(0,x)=\sqrt{\dfrac{2a}{\rho(0,x)}} \end{cases} \qquad (10-28)$$

在这种状态下,如果左边界的输入保持与道路的初始状态相同,则不会有任何扰动。假设输入流在进入系统之前达到平衡,可将左边界条件设置为

$$\begin{cases} \rho(0,t)=0.05+0.01\times\sin\left(\dfrac{2\pi k}{20}\right) \\ v(0,t)=\sqrt{\dfrac{2a}{\rho(t,0)}} \end{cases} \qquad (10-29)$$

具体而言,图 $10-2$ 所示为具有不同 C_0^2 值的系统密度波的演变。随着时间的推移,可以发现密度波从左边界向右扩散。从图 $10-2$ 的放大视图可知,左边界上的初始变化在道路的全局部分中向右传播,扰动随着控制方程的影响而衰减,密度波的值大于系统的初始密度(0.05)。图 $10-3$ 所示为具有不同 C_0^2 值的系统速度波的传播规律,可以看出速度波也从左边界向右传播。由图 $10-3$ 的放大视图可知,由左边界上的初始变化引起的扰动也缩小到非常低的振幅水平,速度波的值低于系统的初始速度(8.944)。结合图 $10-2$ 和图 $10-3$ 可知,密度波的值与系统的相同位置的速度波的值成反比。实际上,对于各种车辆,最大减速度的值是不同的。在模型描述和线性稳定性分析的结果中,最大减速度无疑是一个关键参数。因此,也进行类似的计算以研究 a 的影响,如图 $10-4$ 和图 $10-5$ 所示。图 $10-4$ 中用不同的 a 值计算最大减速度对密度波演变的影响,图 $10-5$ 中研究了具有不同 a 值的系统的速度波的传播规律。如上所述,交通波的传播规律如图 $10-2\sim$ 图 $10-5$ 所示。因为交通流模型的控制方程式(10-3)可以有效地减弱交通流中的扰动并缓解交通压力,所以本节构造的系统鲁棒性良好。

第 11 章　有限粒子源及无限粒子源诱发的完全异质粒子源效应作用下的多层排他网络的解析与模拟研究

11.1　引　言

ASEP 是一类关于多体粒子相互作用的驱动扩散系统,其中粒子遵循体积硬核排斥作用。当粒子某一方向的动力学位置更新概率为零时,这种情况下被认为是 TASEP,其动力学更新规则虽简单,却总能表现出有趣的物理现象,如非平衡相变、畴壁现象及自发对称破缺等。前人对 TASEP 的研究主要以随机更新和并行更新为主,前者表示在尺寸范围内随机选择一个格点,并对其中是否存在粒子进行判断,以此进行相应的动力学位置更新;而后者则表示在一个时间步内,对所有格点从右至左依次进行更新。这两种更新规则都是基于一种简单的排他机制,即被选中的格点若存在粒子且前向相邻格点为空时,该粒子将会以一定的概率跳跃至目标格点。最早被提出的 TASEP 模型是用于模拟生物系统中的蛋白质合成过程,其中粒子表示核糖体,一维晶格表示信使 RNA。此后,研究者引入各种形式的 TASEP 扩展模型,已成功应用到不同情境下的生物输运系统和交通输运系统中。

目前,为了研究更真实的驱动扩散系统,人们提出了大量关于 TASEP 的网络拓扑结构。该类系统通常是由多条 TASEP 链组成,以此形成一个复杂的随机网络形状。网络的每一条边都遵循粒子的简单排他机制,网络的节点则表示多条一维链的交汇。根据不同的情况，节点处的更新规则也不同。基于 TASEP 的随机网络在描述实际系统时，能够更真实地反映出主动运动单元的输运情况。尤其在生物网络和交通网络方面，能在一定程度上刻画出实际所观察到的多体物质驱动过程。例如，在微观尺度上的分子马达沿细胞微管的移动，其中包含大量的运动蛋白和纵横交错的生物丝。这些生物丝作为运动蛋白的导轨，其连接情况是随机的。因此，在复杂的网络结构中研究粒子的简单排他过程是目前复杂性系统科学、统计物理中较为前沿的方向之一，也是理解实际输运系统的重要理论基础。

　　不同于前人的工作，本章研究的主旨是对多层排他网络的解析和模拟，并考虑了有限粒子源和无限粒子源对系统动态的影响。为了探究更普适的网络输运特征，本章将子环之间、子环与粒子源之间的换道率设置为自由变动状态，同时提出了两种可能的解析方法，并讨论了传统方法失效的原因。本章系统性地介绍了本文所建立的排他网络理论模型，重点突出了与传统研究工作的不同，阐述了为何需要研究完全异质粒子源效应、完全异质吸附率、脱附率的引入的研究动机、理论价值及现实意义，通过直观地对比突出了模型较之传统模型的创新性；描述所构建的完全异质粒子源效应作用下的多层排他网络统计物理学及非线性动力学特性的特征序参量的解析解求解过程，以仅仅考虑局域精细平衡条件(local detailed balance，LDB)及全局平衡条件(detailed balance，DB)为研究切入点，给出了详细的理论解析推导。本章基于权重因子的主方程法对该模型的预测，给出了详细的解析思路、推导过程和结果，指出该方法与先前预测方法的差别，并指出其在更普适的模型，即完全随机的换道率分布模型下仍然有效，同时阐述了较之传统方法的优势，即迅速预测各个子系统的密度、准确控制全局粒子数目，突出子系统间粒子调度与外界粒子源与子系统间的粒子调度构成的闭环控制体系及负反馈控制体系。

11.2　数理建模

　　本节构建并研究了有限粒子源及无限粒子源诱发的完全异质粒子源效应作用下的多层排他网络，其基本构成元素即子系统为排他过程，由任意数目 N 个排他过程构成所研究的多层排他网络。该网络的底层动力学为周期性边界 ASEP，并且各个子系统中的粒子在子系统内部仅仅能进行定向输运，即定向前向位置更新。

各个子系统的系统尺寸为 L_i。不同于传统的复杂网络,本节所研究的排他网络其特点在于各个网络节点拓展为一维周期性边界 ASEP。而网络的边则是通过描述各个子系统间的相互作用、子系统与外界粒子源的相互作用予以体现的,本节在第 4 章详细阐述了拓扑结构对于解析及模拟结果的影响。

　　需要特别强调的是本节所研究模型的特色及创新点,其完全不同于前人的研究,研究的是完全异质粒子源效应对多层排他网络的影响。传统的研究以同质粒子源为核心,这些传统研究工作极大地影响了模型的应用价值、理论研究结论的普适性及方法的普适性。为了研究的方便,本节引入 ω_{a_j}、ω_{d_j} 表征完全异质粒子源效应,即对于任意两个不相等的子系统 j 及 k,$\omega_{a_j} \neq \omega_{a_k}$、$\omega_{d_j} \neq \omega_{d_k}$ 成立。此外,本节使用 ω_j 表示第 j 个子系统脱离至其余任意不等于 j 的子系统 k 的粒子脱离率。本节研究的是完全异质随机相互作用,即各个率均为随机取值且可以完全不同。有限粒子源及无限粒子源诱发的完全异质粒子源效应作用下的多层排他网络模型示意图如图 11 - 1 所示。

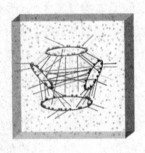

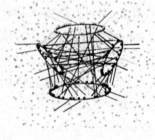

（a）有限粒子源效应影响下全局动力学示意图　　　　（b）无限粒子源效应影响下全局动力学示意图

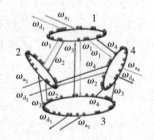

（c）子系统间异质随机相互作用及　　　　（d）子系统间及外界粒子源与系统间的充分的异质
外界粒子源与系统间的异质随机相互作用　　　　随机相互作用,子系统间随机相互作用足够充分

图 11 - 1　　有限粒子源及无限粒子源诱发的完全异质粒子源

效应作用下的多层排他网络模型示意图

11.3　特征序参量的解析解求解

1. 权重因子的推导

首先给出权重因子 $f(M_i)$ 的详细推导。

考虑子系统间的严格精细平衡条件，则有

$$P(C')W(C' \to C) - P(C)W(C \to C')$$

$$= \Xi^{-1} \prod_{j=1, j \neq j_1, j_2} f_j(M_j) \left[f_{j_1}(M_{j_1}) f_{j_2}(M_{j_2}) \omega_{j_2} - f_{j_1}(M_{j_1}+1) f_{j_2}(M_{j_2}-1) \omega_{j_1} \right]$$

$$= 0 \tag{11-1}$$

若使其满足条件，则应有

$$f_{j_1}(M_{j_1}) f_{j_2}(M_{j_2}) \omega_{j_2} - f_{j_1}(M_{j_1}+1) f_{j_2}(M_{j_2}-1) \omega_{j_1} = 0 \tag{11-2}$$

因此，可得到

$$f_j(M_j) = \left(\frac{\overline{\omega_a w}}{\overline{\omega_d} \omega_j} \right)^{M_j} \tag{11-3}$$

为了标记方便令 $\dfrac{\overline{\omega_a w}}{\overline{\omega_d}} = A$。

即本节的密度权重因子为

$$f_j(M_j) = \left(\frac{\overline{\omega_a w}}{\overline{\omega_d} \omega_j} \right)^{M_j} \tag{11-4}$$

式中，各项满足如下条件：

$$\begin{cases} \overline{\omega_a w} = \dfrac{\sum\limits_{j=1}^{K} \omega_{a_j} \omega_j}{K} \\[4mm] \overline{\omega_d} = \dfrac{\sum\limits_{j=1}^{K} \omega_{d_j}}{K} \end{cases} \tag{11-5}$$

式(11-3) ～ 式(11-5) 中，下标 a 表示吸附；下标 d 表示脱附；算符上横线表示平均值。

2. 验证各个局域精细平衡条件

本书所关注的相互作用可细化为子系统间的完全异质相互作用、子系统与外界粒子源间的完全异质相互作用。

首先,验证子系统间的完全异质相互作用在式(11-1)所引入及推导的密度权重因子的作用下是完全满足局域精细平衡条件的。具体而言,对于任意两个不相同的子环 j_1 与 j_2 间,有

$$\left(\frac{\overline{\omega_a\omega}}{\omega_{j_1}\,\overline{\omega_d}}\right)^{M_{j_1}}\left(\frac{\overline{\omega_a\omega}}{\omega_{j_2}\,\overline{\omega_d}}\right)^{M_{j_2}}\omega_{j_1}-\left(\frac{\overline{\omega_a\omega}}{\omega_{j_1}\,\overline{\omega_d}}\right)^{M_{j_1}-1}\left(\frac{\overline{\omega_a\omega}}{\omega_{j_2}\,\overline{\omega_d}}\right)^{M_{j_2}+1}$$

$$\omega_{j_2}=\left(\frac{\overline{\omega_a\omega}}{\omega_{j_1}\,\overline{\omega_d}}\right)^{M_{j_1}}\left(\frac{\overline{\omega_a\omega}}{\omega_{j_2}\,\overline{\omega_d}}\right)^{M_{j_2}}\left(\omega_{j_1}-\frac{\omega_{j_1}}{\omega_{j_2}}\omega_{j_2}\right)=0 \tag{11-6}$$

其次,验证子系统与外界粒子源间的完全异质相互作用在式(11-2)所引入及推导的密度权重因子的作用下是完全满足局域精细平衡条件的。具体而言,对于任意子系统 j 与外界粒子源间满足广义精细平衡条件,即

$$\sum_i\frac{\prod\limits_{j=1}^{K}f(M_j)}{f(M_i)}\left[f(M_i)\,\omega_{d_i}-f(M_i-1)\,\omega_{a_i}\right]=\prod_{j=1}^{K}f(M_j)\sum_i\left(\omega_{d_i}-\frac{\omega_i\,\overline{\omega_d}}{\overline{\omega_a\omega}}\omega_{a_i}\right)=0$$

$$\tag{11-7}$$

3. 有限粒子源效应与无限粒子源效应的对比

(1) 有限系统尺寸及无限粒子源 $\frac{N_0}{L_{总}}\gg 1$ 共同耦合下的特征序参量解析解分析。

利用流量和密度的物理含义的本质,可得

$$J_i=\varXi^{-1}\prod_{i'\neq i}^{K}\sum_{M_i'=0}^{L_i'}f_i(M_i')\binom{L_i'}{M_i'}\sum_{M_i=1}^{L_i-1}f_i(M_i)\binom{L_i-2}{M_i-1}$$

$$=\frac{\prod\limits_{i'\neq i}^{K}\sum\limits_{M_i'=0}^{L_i'}\left(\frac{\overline{\omega_a\omega}}{\omega_{i'}\,\overline{\omega_d}}\right)^{M_i'}\binom{L_i'}{M_i'}\sum\limits_{M_i=1}^{L_i-1}\left(\frac{\overline{\omega_a\omega}}{\omega_i\,\overline{\omega_d}}\right)^{M_i}\binom{L_i-2}{M_i-1}}{\prod\limits_{j=1}^{K}\sum\limits_{M_j=0}^{L_j}\left(\frac{\overline{\omega_a\omega}}{\omega_j\,\overline{\omega_d}}\right)^{M_j}\binom{L_j}{M_j}}$$

$$=\frac{\sum\limits_{M_i=1}^{L_i-1}\left(\frac{\overline{\omega_a\omega}}{\omega_i\,\overline{\omega_d}}\right)^{M_i}\binom{L_i-2}{M_i-1}}{\sum\limits_{M_i=0}^{L_i}\left(\frac{\overline{\omega_a\omega}}{\omega_i\,\overline{\omega_d}}\right)^{M_i}\binom{L_j}{M_j}}=\frac{\frac{\overline{\omega_a\omega}}{\omega_i\,\overline{\omega_d}}\left(1+\frac{\overline{\omega_a\omega}}{\omega_i\,\overline{\omega_d}}\right)^{L_i-2}}{\left(1+\frac{\overline{\omega_a\omega}}{\omega_i\,\overline{\omega_d}}\right)^{L_i}}$$

$$= \dfrac{\overline{\dfrac{\overline{\omega_a \omega}}{\omega_i \ \omega_d}}}{\left(1 + \overline{\dfrac{\overline{\omega_a \omega}}{\omega_i \ \omega_d}}\right)^2} \tag{11-8}$$

$$\rho_i = \dfrac{\displaystyle\prod_{i' \neq i}^{K} \sum_{M_i'=0}^{L_i'} \left(\overline{\dfrac{\overline{\omega_a \omega}}{\omega'_i \ \omega_d}}\right)^{M_i'} \begin{pmatrix} L_i' \\ M_i' \end{pmatrix} \sum_{M_i=0}^{L_i} \left(\overline{\dfrac{\overline{\omega_a \omega}}{\omega_i \ \omega_d}}\right)^{M_i} M_i \begin{pmatrix} L_i \\ M_i \end{pmatrix}}{\displaystyle\prod_{j=1}^{K} \sum_{M_j=0}^{L_j} \left(\overline{\dfrac{\overline{\omega_a \omega}}{\omega_j \ \omega_d}}\right)^{M_j} \begin{pmatrix} L_j \\ M_j \end{pmatrix} L_i}$$

$$= \dfrac{\displaystyle\sum_{M_i=0}^{L_i} \left(\overline{\dfrac{\overline{\omega_a \omega}}{\omega_i \ \omega_d}}\right)^{M_i} M_i \begin{pmatrix} L_i \\ M_i \end{pmatrix}}{\displaystyle\sum_{M_i=0}^{L_i} \left(\overline{\dfrac{\overline{\omega_a \omega}}{\omega_i \ \omega_d}}\right)^{M_i} \begin{pmatrix} L_i \\ M_i \end{pmatrix} L_i} = \dfrac{\overline{\dfrac{\overline{\omega_a \omega}}{\omega_i \ \omega_d}}}{1 + \overline{\dfrac{\overline{\omega_a \omega}}{\omega_i \ \omega_d}}} \tag{11-9}$$

（2）有限系统尺寸及有限粒子源共同耦合下的特征序参量解析解分析。

有限粒子源的粒子总数大于等于系统总尺寸时，$\dfrac{N_0}{L_{总}} \geqslant 1$。利用流量和密度的物理含义的本质，可得

$$J_i = \varXi^{-1} \prod_{i' \neq i}^{K} \sum_{M_i'=0}^{L_i'} f_i(M_i') \begin{pmatrix} L_i' \\ M_i' \end{pmatrix} \sum_{M_i=1}^{L_i-1} f_i(M_i) \begin{pmatrix} L_i - 2 \\ M_i - 1 \end{pmatrix}$$

$$= \dfrac{\displaystyle\prod_{i' \neq i}^{K} \sum_{M_i'=0}^{L_i'} \left(\overline{\dfrac{\overline{\omega_a \omega}}{\omega'_i \ \omega_d}}\right)^{M_i'} \begin{pmatrix} L_i' \\ M_i' \end{pmatrix} \sum_{M_i=1}^{L_i-1} \left(\overline{\dfrac{\overline{\omega_a \omega}}{\omega_i \ \omega_d}}\right)^{M_i} \begin{pmatrix} L_i - 2 \\ M_i - 1 \end{pmatrix}}{\displaystyle\prod_{j=1}^{K} \sum_{M_j=0}^{L_j} \left(\overline{\dfrac{\overline{\omega_a \omega}}{\omega_j \ \omega_d}}\right)^{M_j} \begin{pmatrix} L_j \\ M_j \end{pmatrix}}$$

$$= \dfrac{\displaystyle\sum_{M_i=1}^{L_i-1} \left(\overline{\dfrac{\overline{\omega_a \omega}}{\omega_i \ \omega_d}}\right)^{M_i} \begin{pmatrix} L_i - 2 \\ M_i - 1 \end{pmatrix}}{\displaystyle\sum_{M_i=0}^{L_i} \left(\overline{\dfrac{\overline{\omega_a \omega}}{\omega_i \ \omega_d}}\right)^{M_i} \begin{pmatrix} L_j \\ M_j \end{pmatrix}} = \dfrac{\overline{\dfrac{\overline{\omega_a \omega}}{\omega_i \ \omega_d}} \left(1 + \overline{\dfrac{\overline{\omega_a \omega}}{\omega_i \ \omega_d}}\right)^{L_i-2}}{\left(1 + \overline{\dfrac{\overline{\omega_a \omega}}{\omega_i \ \omega_d}}\right)^{L_i}}$$

$$= \dfrac{\overline{\dfrac{\overline{\omega_a \omega}}{\omega_i \ \omega_d}}}{\left(1 + \overline{\dfrac{\overline{\omega_a \omega}}{\omega_i \ \omega_d}}\right)^2} \tag{11-10}$$

$$\rho_i = \frac{\prod\limits_{i' \neq i}^{K} \sum\limits_{M_i'=0}^{L_i'} \left(\dfrac{\overline{\overline{\omega_a \omega}}}{\omega'_i \omega_d}\right)^{M_i'} \begin{bmatrix} L_i' \\ M_i' \end{bmatrix} \sum\limits_{M_i=0}^{L_i} \left(\dfrac{\overline{\overline{\omega_a \omega}}}{\omega_i \omega_d}\right)^{M_i} M_i \begin{bmatrix} L_i \\ M_i \end{bmatrix}}{\prod\limits_{j=1}^{K} \sum\limits_{M_j=0}^{L_j} \left(\dfrac{\overline{\overline{\omega_a \omega}}}{\omega_j \omega_d}\right)^{M_j} \begin{bmatrix} L_j \\ M_j \end{bmatrix} L_i} = \frac{\sum\limits_{M_i=0}^{L_i} \left(\dfrac{\overline{\overline{\omega_a \omega}}}{\omega_i \omega_d}\right)^{M_i} M_i \begin{bmatrix} L_i \\ M_i \end{bmatrix}}{\sum\limits_{M_i=0}^{L_i} \left(\dfrac{\overline{\overline{\omega_a \omega}}}{\omega_i \omega_d}\right)^{M_i} \begin{bmatrix} L_i \\ M_i \end{bmatrix} L_i}$$

$$= \frac{\dfrac{\overline{\overline{\omega_a \omega}}}{\omega_i \omega_d}}{1 + \dfrac{\overline{\overline{\omega_a \omega}}}{\omega_i \omega_d}} \tag{11-11}$$

有限粒子源的粒子总数小于系统总尺寸时，$\dfrac{N_0}{L_\text{总}} < 1$。利用流量和密度的物理含义的本质，可得

$$\rho_i = \sum\limits_{N=0}^{N_0} \frac{\Xi^{-1}}{L_i} \sum\limits_{\substack{\sum\limits_{j=1}^{K} M_j = N_0 \\ M_j \leqslant L_i (i=1,2,\cdots,K)}} \prod\limits_{i' \neq i}^{K} \sum\limits_{M_i'=0}^{L_i'} \left(\dfrac{\overline{\overline{\omega_a \omega}}}{\omega'_i \omega_d}\right)^{M_i'} \begin{bmatrix} L_i' \\ M_i' \end{bmatrix} \sum\limits_{M_i=0}^{L_i} \left(\dfrac{\overline{\overline{\omega_a \omega}}}{\omega_i \omega_d}\right)^{M_i} M_i \begin{bmatrix} L_i \\ M_i \end{bmatrix} \tag{11-12}$$

$$J_i = \Xi^{-1} \sum\limits_{N=0}^{N_0} \sum\limits_{\substack{\sum\limits_{j=1}^{K} M_j = K \\ M_j \leqslant L_j}} \prod\limits_{i' \neq i}^{K} \sum\limits_{M_i'=0}^{L_i'} \left(\dfrac{\overline{\overline{\omega_a \omega}}}{\omega'_i \omega_d}\right)^{M_i'} \begin{bmatrix} L_i' \\ M_i' \end{bmatrix} \left(\dfrac{\overline{\overline{\omega_a \omega}}}{\omega_i \omega_d}\right)^{M_i} \begin{bmatrix} L_i - 2 \\ M_i - 1 \end{bmatrix}$$

$$\tag{11-13}$$

(3) 无限系统尺寸及有限粒子源共同耦合下的特征序参量解析解分析。

利用流量和密度的物理含义的本质，可得

$$J_i = \frac{\prod\limits_{i' \neq i}^{K} \sum\limits_{N=0}^{N_0} \sum\limits_{M_i'=0}^{L_i'} \left(\dfrac{\overline{\overline{\omega_a \omega}}}{\omega'_i \omega_d}\right)^{M_i'} \begin{bmatrix} L_i' \\ M_i' \end{bmatrix} \sum\limits_{M_i=1}^{L_i-1} \left(\dfrac{\overline{\overline{\omega_a \omega}}}{\omega_i \omega_d}\right)^{M_i} \begin{bmatrix} L_i - 2 \\ M_i - 1 \end{bmatrix} \delta_{N,\sum\limits_{i=1}^{K} M_i}}{\prod\limits_{j=1}^{K} \sum\limits_{N=0}^{N_0} \sum\limits_{M_j=0}^{L_j} \left(\dfrac{\overline{\overline{\omega_a \omega}}}{\omega_j \omega_d}\right)^{M_j} \begin{bmatrix} L_j \\ M_j \end{bmatrix} \delta_{N,\sum\limits_{i=1}^{K} M_i}} \tag{11-14}$$

$$\rho_i = \frac{\prod\limits_{i' \neq i}^{K} \sum\limits_{N=0}^{N_0} \sum\limits_{M_i'=0}^{L_i'} \left(\dfrac{\overline{\overline{\omega_a w}}}{\omega_i'' \omega_d}\right)^{M_i'} \begin{bmatrix} L_i'' \\ M_i'' \end{bmatrix} \sum\limits_{M_i=0}^{L_i} M_i \left(\dfrac{\overline{\overline{\omega_a w}}}{\omega_i \omega_d}\right)^{M_i} \begin{bmatrix} L_i \\ M_i \end{bmatrix} \delta_{N,\sum\limits_{i=1}^{K} M_i}}{\prod\limits_{j=1}^{K} \sum\limits_{N=0}^{N_0} \sum\limits_{M_j=0}^{L_j} \left(\dfrac{\overline{\overline{\omega_a w}}}{\omega_j \omega_d}\right)^{M_j} \begin{bmatrix} L_j \\ M_j \end{bmatrix} \delta_{N,\sum\limits_{i=1}^{K} M_i} L_j} \tag{11-15}$$

（4）无限系统尺寸及无限粒子源共同耦合下的特征序参量解析解分析

需要说明的是，本节需要对式（4-1）和式（4-2）进行细分，以体现粒子总数及系统总尺寸趋向于无穷的速度。

粒子源粒子总数的小于系统总尺寸时，$\dfrac{N_0}{L_总} < 1, N_0 \to \infty, L_总 \to \infty$。

利用流量和密度的物理含义的本质，可得

$$\rho_i = \sum_{N=0}^{N_0} \frac{\Xi^{-1}}{L_i} \sum_{\substack{\sum_{j=1}^{K} M_j = K \\ M_j \leqslant L_j (i=1,2,\cdots,K)}} \prod_{i' \neq i}^{K} \sum_{M_i'=0}^{L_i'} \left(\frac{\overline{\omega_a \omega}}{\omega'_i \overline{\omega_d}}\right)^{M_i'} \begin{bmatrix} L_i' \\ M' \end{bmatrix} \sum_{M_i=0}^{L_i} \left(\frac{\overline{\omega_a \omega}}{\omega_i \overline{\omega_d}}\right)^{M_i} M_i \begin{bmatrix} L_i \\ M_i \end{bmatrix} \tag{11-16}$$

$$J_i = \Xi^{-1} \sum_{N=0}^{N_0} \sum_{\substack{\sum_{j=1}^{K} M_j = K \\ M_j \leqslant L_j}} \prod_{i' \neq i}^{K} \sum_{M_i'=0}^{L_i'} \left(\frac{\overline{\omega_a \omega}}{\omega_i' \overline{\omega_d}}\right)^{M_i'} \begin{bmatrix} L_i' \\ M_i' \end{bmatrix} \left(\frac{\overline{\omega_a \omega}}{\omega_i \overline{\omega_d}}\right)^{M_i} \begin{bmatrix} L_i - 2 \\ M_i - 1 \end{bmatrix} \tag{11-17}$$

粒子源粒子总数大于等于系统总尺寸时，$\dfrac{N_0}{L_总} \geqslant 1, N_0 \to \infty, L_总 \to \infty$。利用流量和密度的物理含义的本质，可得

$$\rho_i = \frac{\displaystyle\prod_{i' \neq i}^{K} \sum_{M_i'=0}^{L_i'} \left(\frac{\overline{\omega_a \omega}}{\omega_i' \overline{\omega_d}}\right)^{M_i'} \begin{bmatrix} L_i' \\ M_i' \end{bmatrix} \sum_{M_i=0}^{L_i} \left(\frac{\overline{\omega_a \omega}}{\omega_i \overline{\omega_d}}\right)^{M_i} M_i \begin{bmatrix} L_i \\ M_i \end{bmatrix}}{\displaystyle\prod_{j=1}^{K} \sum_{M_j=0}^{L_j} \left(\frac{\overline{\omega_a \omega}}{\omega_j \overline{\omega_d}}\right)^{M_j} \begin{bmatrix} L_j \\ M_j \end{bmatrix} L_i}$$

$$= \frac{\displaystyle\sum_{M_i=0}^{L_i} \left(\frac{\overline{\omega_a \omega}}{\omega_i \overline{\omega_d}}\right)^{M_i} M_i \begin{bmatrix} L_i \\ M_i \end{bmatrix}}{\displaystyle\sum_{M_i=0}^{L_i} \left(\frac{\overline{\omega_a \omega}}{\omega_i \overline{\omega_d}}\right)^{M_j} \begin{bmatrix} L_i \\ M_j \end{bmatrix}} = \frac{\dfrac{\overline{\omega_a \omega}}{\omega_i \overline{\omega_d}}}{1 + \dfrac{\overline{\omega_a \omega}}{\omega_i \overline{\omega_d}}} \tag{11-18}$$

$$J_i = \Xi^{-1} \prod_{i' \neq i}^{K} \sum_{M_i'=0}^{L_i'} f(M_i') \begin{bmatrix} L_i' \\ M_i' \end{bmatrix} \sum_{M_i=1}^{L_i-1} f(M_i) \begin{bmatrix} L_i - 2 \\ M_i - 1 \end{bmatrix}$$

$$= \frac{\displaystyle\prod_{i' \neq i}^{K} \sum_{M_i'=0}^{L_i'} \left(\frac{\overline{\omega_a \omega}}{\omega_i' \overline{\omega_d}}\right)^{M_i'} \begin{bmatrix} L_i' \\ M_i' \end{bmatrix} \sum_{M_i=1}^{L_i-1} \left(\frac{\overline{\omega_a \omega}}{\omega_i \overline{\omega_d}}\right)^{M_i} \begin{bmatrix} L_i - 2 \\ M_i - 1 \end{bmatrix}}{\displaystyle\prod_{j=1}^{K} \sum_{M_j=0}^{L_j} \left(\frac{\overline{\omega_a \omega}}{\omega_j \overline{\omega_d}}\right)^{M_j} \begin{bmatrix} L_j \\ M_j \end{bmatrix}}$$

$$= \frac{\sum\limits_{M_i=1}^{L_i-1} \left(\frac{\overline{\omega_a \omega}}{\omega_j \ \omega_d}\right)^{M_i} \begin{bmatrix} L_i - 2 \\ M_i - 1 \end{bmatrix}}{\sum\limits_{M_i=0}^{L_i} \left(\frac{\overline{\omega_a \omega}}{\omega_i \ \omega_d}\right)^{M_i} \begin{bmatrix} L_i \\ M_i \end{bmatrix}} = \frac{\left(\frac{\overline{\omega_a \omega}}{\omega_i \ \omega_d}\right) \left(1 + \frac{\overline{\omega_a \omega}}{\omega_i \ \omega_d}\right)^{L_i-2}}{\left(1 + \frac{\overline{\omega_a \omega}}{\omega_i \ \omega_d}\right)^{L_i}}$$

$$= \frac{\frac{\overline{\omega_a \omega}}{\omega_i \ \omega_d}}{\left(1 + \frac{\overline{\omega_a \omega}}{\omega_i \ \omega_d}\right)^2} \tag{11-19}$$

11.4 主方程分析法及普适模型

本节研究方法仍然采用先前权重因子的假设,对于任意一个子环,其总流入应等于总流出。

利用主方程分析法(全局平衡分析法),建立如下全局平衡条件:

$$\Xi^{-1} \sum_{j_2=1, j_2 \neq j_1} \prod_{j \neq j_1, j_2}^{K} f_j(M_j) \left[f_{j_1}(M_{j_1}) f_{j_2}(M_{j_2}) \omega_{j_1} - f_{j_1}(M_{j_1}-1) f_{j_2}(M_{j_2}+1) \omega_{j_2} \right]$$

$$+ \Xi^{-1} \prod_{j \neq j_1}^{K} f_j(M_j) \left[f_{j_1}(M_{j_1}) \omega_{d_{j_1}} - f_{j_1}(M_{j_1}-1) \omega_{a_{j_1}} \right] = 0 \tag{11-20}$$

进而得到

$$\sum_{j_2 \neq j_1} \left[\omega_{j_1} - \frac{f_{j_1}(M_{j_1}-1) f_{j_2}(M_{j_2}+1)}{f_{j_1}(M_{j_1}) f_{j_2}(M_{j_2})} \omega_{j_2} \right] + \omega_{d_{j_1}} - \frac{f_{j_1}(M_{j_1}-1)}{f_{j_1}(M_{j_1})} \omega_{a_{j_1}} = 0$$

$$\tag{11-21}$$

令

$$g_j = \frac{f_j(M_j)}{f_j(M_j-1)} \tag{11-22}$$

由于式(11-22)与 M_j 无关,式(11-22)可写作

$$\sum_{j_2 \neq j_1} \left(\omega_{j_1} - \frac{g_{j_2}}{g_{j_1}} \omega_{j_2} \right) + \omega_{d_{j_1}} - \frac{\omega_{a_{j_1}}}{g_{j_1}} = 0 \tag{11-23}$$

整理可得到

$$
\begin{bmatrix}
(K-1)\,\omega_1 + \omega_{d_1} & -\omega_2 & \cdots & -\omega_K \\
-\omega_1 & (K-1)\,\omega_2 + \omega_{d_2} & \cdots & -\omega_K \\
\vdots & \vdots & & \vdots \\
-\omega_1 & -\omega_2 & \cdots & (K-1)\,\omega_K + \omega_{d_K}
\end{bmatrix}
\begin{bmatrix}
g_1 \\ g_2 \\ \vdots \\ g_K
\end{bmatrix}
=
\begin{bmatrix}
\omega_{a_1} \\ \omega_{a_2} \\ \vdots \\ \omega_{a_K}
\end{bmatrix}
\tag{11-24}
$$

进而可以求解上述方程组为

$$
g_i = \frac{
\begin{vmatrix}
(K-1)\,\omega_1 + \omega_{d_1} & \cdots & \omega_{a_1} & \cdots & -\omega_K \\
\vdots & \ddots & \vdots & & \vdots \\
-\omega_1 & & \omega_{a_i} & & -\omega_K \\
\vdots & & \vdots & \ddots & \vdots \\
-\omega_1 & \cdots & \omega_{a_K} & \cdots & (K-1)\,\omega_K + \omega_{d_K}
\end{vmatrix}
}{
\begin{vmatrix}
\omega_{d_1} + (K-1)\,\omega_1 & \cdots & \omega_i & \cdots & -\omega_K \\
\vdots & \ddots & \vdots & & \vdots \\
-\omega_1 & & \omega_{d_i} + (K-1)\,\omega_i & & -\omega_K \\
\vdots & & \vdots & \ddots & \vdots \\
-\omega_1 & \cdots & \omega_i & \cdots & \omega_{d_K} + (K-1)\,\omega_K
\end{vmatrix}
}
\tag{11-25}
$$

　　本节研究方法与先前的方法对于特征序参量推导的区别仅仅体现在权重因子的不同上,在此不再赘述。对于更加普适的情况,先前的方法将会失效,而本节研究方法仍然可以使用。

　　具备普适性的有限粒子源及无限粒子源诱发的完全异质粒子源效应作用下的多层排他网络模型架构如图 11-2 所示。不同于前人的研究工作,本节给出的模型的子系统间的相互作用为完全随机异质相互作用、子系统与外界粒子源间为完全随机异质相互作用。

　　随后,本节给出普适系统的特征序参量解析解。利用全局广义精细平衡的思

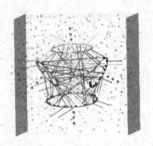

（a）有限粒子源效应影响下全局动力学示意图　　（b）无限粒子源效应影响下全局动力学示意图

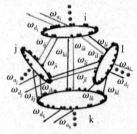

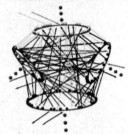

（c）子系统间异质随机相互作用及外界　　　　（d）子系统间及外界粒子源与系统间的充分的异质
　　　粒子源与系统间的异质随机相互作用　　　　　　随机相互作用，子系统间随机相互作用足够充分

图 11-2　具备普适性的有限粒子源及无限粒子源诱发的完全异质

粒子源效应作用下的多层排他网络模型架构

想，验证全局平衡条件如下：

$$\Xi^{-1}\sum_{j_2=1,j_2\neq j_1}\prod_{j\neq j_1,j_2}^{K}f_j(M_j)\left[f_{j_1}(M_{j_1})f_{j_2}(M_{j_2})\omega_{j_1j_2}-f_{j_1}(M_{j_1}-1)f_{j_2}(M_{j_2}+1)\omega_{j_2j_1}\right]$$

$$+\Xi^{-1}\prod_{j\neq j_1}^{K}f_j(M_j)\left[f_{j_1}(M_{j_1})\omega_{\mathrm{d}_{j_1}}-f_{j_1}(M_{j_1}-1)\omega_{\mathrm{a}_{j_1}}\right]=0 \tag{11-26}$$

进而得到

$$\sum_{j_2\neq j_1}\left(\omega_{j_1j_2}-\frac{f_{j_1}(M_{j_1}-1)f_{j_2}(M_{j_2}+1)}{f_{j_1}(M_{j_1})f_{j_2}(M_{j_2})}\omega_{j_2j_1}\right)+\omega_{\mathrm{d}_{j_1}}-\frac{f_{j_1}(M_{j_1}-1)}{f_{j_1}(M_{j_1})}\omega_{\mathrm{a}_{j_1}}=0$$

$$\tag{11-27}$$

由于式（11-22）与 M_j 无关，式（11-27）可写作

$$\sum_{j_2\neq j_1}\left(\omega_{j_1j_2}-\frac{g_{j_2}}{g_{j_1}}\omega_{j_2j_1}\right)+\omega_{\mathrm{d}_{j_1}}-\frac{\omega_{\mathrm{a}_{j_1}}}{g_{j_1}}=0 \tag{11-28}$$

整理可得到

$$
\begin{pmatrix}
\omega_{d_1} + \sum\limits_{i=2}^{K}\omega_{1i} & -\omega_{21} & \cdots & -\omega_{K1} \\
-\omega_{12} & \omega_{d_2} + \sum\limits_{i=1,i\neq 2}^{K}\omega_{2i} & \cdots & -\omega_{K2} \\
\vdots & \vdots & & \vdots \\
-\omega_{1K} & -\omega_{2K} & \cdots & \omega_{d_K} + \sum\limits_{i=1}^{K-1}\omega_{Ki}
\end{pmatrix}
\begin{pmatrix} g_1 \\ g_2 \\ \vdots \\ g_K \end{pmatrix}
=
\begin{pmatrix} \omega_{a_1} \\ \omega_{a_2} \\ \vdots \\ \omega_{a_K} \end{pmatrix}
$$

$$(11-29)$$

进而可以求解上述方程组为

$$
g_i = \dfrac{
\begin{vmatrix}
\omega_{d_1} + \sum\limits_{i=2}^{K}\omega_{1i} & \cdots & \omega_{a_1} & \cdots & -\omega_{K1} \\
\vdots & \ddots & \vdots & & \vdots \\
-\omega_{1i} & & \omega_{a_i} & & -\omega_{Ki} \\
\vdots & & \vdots & \ddots & \vdots \\
-\omega_{1K} & \cdots & \omega_{a_K} & \cdots & \omega_{d_K} + \sum\limits_{i=1}^{K-1}\omega_{Ki}
\end{vmatrix}
}{
\begin{vmatrix}
\omega_{d_1} + \sum\limits_{i=2}^{K}\omega_{1i} & \cdots & \omega_{i1} & \cdots & -\omega_{K1} \\
\vdots & \ddots & \vdots & & \vdots \\
-\omega_{1i} & & \omega_{d_i} + \sum\limits_{j=1,j\neq i}^{K}\omega_{ij} & & -\omega_{Ki} \\
\vdots & & \vdots & \ddots & \vdots \\
-\omega_{1K} & \cdots & \omega_{iK} & \cdots & \omega_{d_K} + \sum\limits_{i=1}^{K-1}\omega_{Ki}
\end{vmatrix}
}
$$

$$(11-30)$$

对于特征序参量 J 和 ρ 的解析表达与本文第 2 章关于非普适情况下网络 $ASEP$ 模型的特征序参量解析解表达式之差别体现在密度权重因子,仅需将 $f_j(M_j)$ 替换为对应的表达式即可。

11.5　相较于传统方法的优势

本章介绍了本书研究相较于传统研究的技术优势、理论特色、实用性、普适性、应用性价值。本章的研究能够迅速预测各个子系统的密度、准确控制全局粒子数目,突出子系统间粒子调度与外界粒子源与子系统间的粒子调度构成的闭环控制体系及负反馈控制体系。本节详细解释了所采用的方法(Langmuir 动力学方法,以密度和流量作为切入点,突出了并非一条简单数学关系曲线 $y = \dfrac{x}{1+x}$ 或 $y = \dfrac{x}{(1+x)^2}$,而应该是一簇曲线)相较于传统方法(日本研究者提出的方法以及本书作者已发表论文的方法等)的优势。

1. 本节提出方法的详细说明

本节总结本书所提出并使用的解析方法与传统方法的对比,并将现有的几种平衡条件总结如下。

(1) 广义精细平衡条件需满足以下两个条件:一是通过子系统间的相互作用,能够满足任意子系统 A 的组态(这里仅关注子系统内部的粒子数目,而不考虑粒子的组态排列)转变至任意子系统 B 的组态平衡于子系统 B 的组态(这里仅关注子系统内部的粒子数目,而不考虑粒子的组态排列)转变至子系统 A 的组态,也就是说仅通过子系统间的相互作用,子系统 A 和子系统 B 的粒子数目分别维持不变,即转变可逆;二是通过子系统与外界粒子源间的相互作用,能够满足任意子系统 A 的组态(这里仅关注子系统内部的粒子数目,而不考虑粒子的组态排列)转变至子系统 A 的另一种组态平衡于子系统 A 的另一种组态(这里仅关注子系统内部的粒子数目,而不考虑粒子的组态排列)转变至子系统 A 的原组态,也就是说仅通过任意子系统 A 与外界粒子源间的相互作用,任意子系统 A 的粒子数目维持不变,即上述两种组态转变可逆。

(2) 全局(精细)平衡条件需满足以下两个条件:一是通过子系统间的相互作用,能够满足任意子系统 A 的组态(这里仅关注子系统内部的粒子数目,而不考虑粒子的组态排列）转变至任意子系统 B 的组态平衡于子系统 B 的组态（这里仅关注子系统内部的粒子数目，而不考虑粒子的组态排列，而内部的非平衡流将在附录的最后一点进行考虑）转变至子系统 A 的组态，也就是说仅通过子系统间的相互作用，子系统 A 和子系统 B 的粒子数目分别维持不变，即转变可逆；二是通过子系统与外界粒子源间的相互作用，能够满足全部子系统 A、B、C 的某一组态（这里仅关注子系统内部的粒子数目，而不考虑粒子的组态排列）转变至全部子系统 A、B、C 的另一组态平衡于全部子系统 A、B、C 的另一组态（这里仅关注子系统内部的粒子数目，而不考虑粒子的组态排列）转变至全部子系统 A、B、C 的原组态，也就是说仅通过全部子系统 A、B、C 与外界粒子源间的相互作用，全部子系统 A、B、C 的粒子数目维持不变，即上述两种组态转变可逆。

（3）局域（精细）平衡条件仅重点考虑由于子系统间的相互作用诱发任意子系统 A 的组态（这里仅关注子系统内部的粒子数目，而不考虑粒子的组态排列）转变至任意子系统 B 的组态平衡于子系统 B 的组态（这里仅关注子系统内部的粒子数目，而不考虑粒子的组态排列）转变至子系统 A 的组态，也就是说仅通过子系统间的相互作用，子系统 A 和子系统 B 的粒子数目分别维持不变，即转变可逆。

（4）主方程平衡条件紧扣任意子系统 A，综合考虑子系统 A 与其余子系统 B、C 间的相互作用及子系统 A 与外界粒子源间的相互作用，若在上述综合相互作用的耦合影响下能够使得任意子系统 A 的组态（这里仅关注子系统内部的粒子数目，而不考虑粒子的组态排列）转变至任意子系统 A 的另一个组态平衡于子系统 A 的该组态（这里仅关注子系统内部的粒子数目，而不考虑粒子的组态排列）转变至子系统 A 的原组态，也就是说仅通过子系统间的相互作用，子系统 A 的粒子数目分别维持不变，即转变可逆。

上述内容均是以 3 个子系统耦合外界粒子源为例进行说明。

广义精细平衡条件包含全局精细平衡条件包含局域精细平衡条件，而对于普适模型局域精细平衡条件，应满足如下条件：

$$\frac{\omega_{j1}}{\omega_{j2}} = \frac{g_{j2}}{g_{j1}} \tag{11-31}$$

利用表 11-1 表述 4 种解析平衡条件的差别，其中 C'、C'' 分别表示子环间单次作用后组态 C 可到达的组态、子环与外界粒子源单次作用后组态 C 可到达的组态。

表 11-1　4 种解析方法的对比

条件	直观表述	组态方程表述
严格意义上的精细平衡条件	对任意子环 A 和 B： $(A \to B) = (B \to A)$ 且 $(A \to O) = (O \to A)$	$\begin{cases} P(C')W(C' \to C) = P(C)W(C \to C') \\ P(C'')W(C'' \to C) = P(C)W(C \to C'') \end{cases}, \forall C', C''$
全局（精细）平衡条件	对任意子环 A 和 B： $(A \to B) = (B \to A)$ 且 $((A, B, C\cdots) \to O) = (O \to (A, B, C\cdots))$	$\begin{cases} P(C')W(C' \to C) = P(C)W(C \to C') \\ (P(C'')W(C'' \to C) - P(C)W(C \to C'')) = 0 \end{cases}, \forall C'$
局域（精细）平衡条件	对任意子环 A 和 B： $(A \to B) = (B \to A)$	$P(C')W(C' \to C) = P(C)W(C \to C'), \forall C'$
主方程平衡条件	对于任意子环 A： $(A \to (B, C, \cdots, O)) = ((B, C, \cdots, O) \to A)$	无需用组态方程表述

　　严格意义上的精细平衡条件的直观示意图如图 11-3 所示，全局（精细）平衡条件的直观示意图如图 11-4 所示，局域（精细）平衡条件的直观示意图如图 11-5 所示，主方程平衡条件的直观示意图如图 11-6 所示。

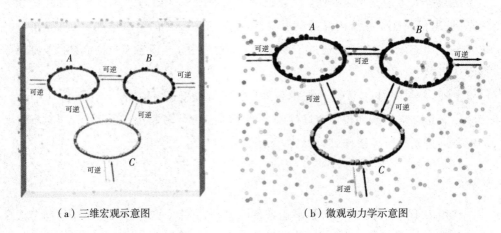

（a）三维宏观示意图　　　　　　　　　　（b）微观动力学示意图

图 11-3　严格意义上的精细平衡条件的直观示意图

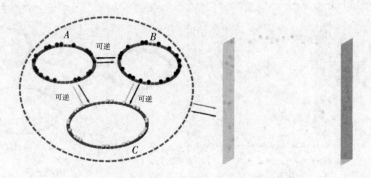

（a）有限粒子源效应

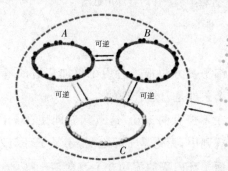

（b）无限粒子源效应

图 11 - 4　全局（精细）平衡条件的直观示意图

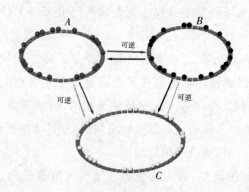

图 11 - 5　局域（精细）平衡条件的直观示意图

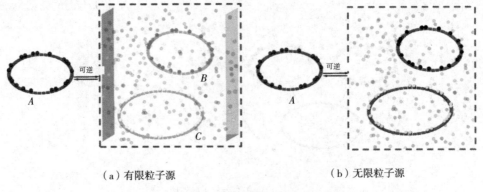

（a）有限粒子源　　　　　　　　　　　　　（b）无限粒子源

图 11-6　主方程平衡条件的直观示意图

2. 解析与模拟的对比及相关分析

（1）解析方式上的分析。

首先需要指出，传统的严格精细平衡方法很难适用于更加普适的情况。对该类模型的研究，采用相对宽松的平衡条件是自然合理的。

在该模型下，每个子环内部存在不停息的流动，这意味着即使在平衡态附近，系统内部仍存在运动，但是在更新规则中，无论是子环之间，还是子环与外界之间，其流量取决于此时子环的粒子数，而子环内部的流动并不改变这一物理量。

① 分析主方程法。在主方程法最早列出方程时，为了得到清晰的解析解，其实只列了一半的方程，即现在的流出等于少一个后的流入，而没有考虑现在的流入与多一个后的流出。在没有非平衡流时，这两个方程是等价的，即满足一个则另一个自然满足；而非平衡流非常剧烈时，这两个方程的差异也非常大，给出的解析的偏差也就相应增大，这可能是主方程法更要求所研究子环与外界双向流量的平衡的根源。

② 分析广义平衡法。广义平衡做出的假设是子环之间的流量仍然满足精细平衡，而所有子环构成的整体与外部粒子源满足类似主方程的广义平衡。这一假设本身存在更大的问题，即体系不满足精细平衡时，可以预见，即使是子环间的流量也是普遍不满足精细平衡的。可以先做出假设，即可能带来结果上较大的偏差，这也许是该方法普遍解析吻合度偏低的原因。

本节相较于传统的模型，最大的优势在于模型的普适性，即给出的 3 种方法（主方程、f、行列式）。虽然拟合精度不完善，但给出了相关较普适模型下 J 与 ρ 的合理预测。模型稍加普适后，严格精细平衡已经不可能满足，故本节的方法并未局限于此，f 与行列式的方法均以前人的密度权重因子为基础，结合广义精细平衡的条件,对新的普适模型进行相关研究。不难注意到,本节最后一种模型已经是该类模型的最普适情况,即给出一种该模型的预测方法具有深远意义。

对于 Langmuir 法,虽然有其叙述的合理性,但在该模型中难免显得过于粗糙,假设各环尺寸相同,该法无异于将每环看成仅容纳一个粒子的四格点模型(可以写出相同的方程),这一等效的准确性有待进一步研究分析。在精细平衡得以满足时,精细平衡的解将与现有各方法给出的表达式一致,也是因为非平衡流不存在,湮没了现有各方法间的差异。在 Langmuir 法中,一个假设是 ρ_2、ρ_3、ρ_4 之间的独立性,这在弱非平衡流下可以看到较好满足。但有强非平衡流时,各环之间的流动使其联系更为密切,ρ_1 在现前的非精细平衡中,子环间的流动速率差异仍未最大化,这可能是导致 Langmuir 法仍保持较高精度的原因。

(2) 对非平衡流较大时的分析。

模型 1 在参数 $\omega_{a1} = 0.1, \omega_{a2} = 0.1, \omega_{a3} = 0.1, \omega_{a4} = 0.1, \omega_{d1} = \omega_{a1}/k, \omega_{d2} = 0.1, \omega_{d3} = 0.1, \omega_{d4} = 0.1, \omega_1 = 0.5, \omega_2 = 0.1, \omega_3 = 0.1, \omega_4 = 0.1$ 下的结果如图 11-7 所示;模型 1 在参数 $\omega_{a1} = 0.1, \omega_{a2} = 0.1, \omega_{a3} = 0.1, \omega_{a4} = 0.1, \omega_{d1} = \omega_{a1}/k,$ $\omega_{d2} = 0.1, \omega_{d3} = 0.1, \omega_{d4} = 0.1, \omega_1 = 0.2, \omega_2 = 0.1, \omega_3 = 0.1, \omega_4 = 0.1$ 下的结果如图 11-8 所示。

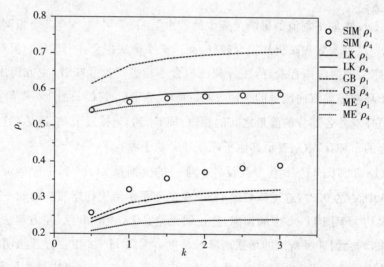

图 11-7　模型 1 在参数 $\omega_{a1} = 0.1, \omega_{a2} = 0.1, \omega_{a3} = 0.1, \omega_{a4} = 0.1, \omega_{d1} = \omega_{a1}/k, \omega_{d2} = 0.1,$ $\omega_{d3} = 0.1, \omega_{d4} = 0.1, \omega_1 = 0.5, \omega_2 = 0.1, \omega_3 = 0.1, \omega_4 = 0.1$ 下的结果

注:ρ_1、ρ_2、ρ_3、ρ_4 分别为子环 1、2、3、4 的稳态粒子数密度;LK、GB、ME 分别为用 Langmuir 法、广义平衡法、主方程法给出的解析结果;SIM 为模拟结果;ρ_2、ρ_3、ρ_4 所有解析相同,模拟略有差异。

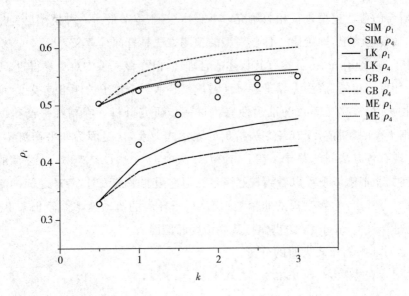

图 11-8　模型 1 在参数 $\omega_{a1}=0.1,\omega_{a2}=0.1,\omega_{a3}=0.1,\omega_{a4}=0.1,\omega_{d1}=\omega_{a1}/k,\omega_{d2}=0.1,$
$\omega_{d3}=0.1,\omega_{d4}=0.1,\omega_1=0.2,\omega_2=0.1,\omega_3=0.1,\omega_4=0.1$ 下的结果

注：ρ_1、ρ_2、ρ_3、ρ_4 分别为子环 1、2、3、4 的稳态粒子数密度；LK、GB、ME 分别为用 Langmuir 法、广义平衡法、主方程法给出的解析结果；SIM 为模拟结果；ρ_2、ρ_3、ρ_4 所有解析相同，模拟略有差异。

图 11-7 中非平衡流的影响是最大的。由图 11-7 可知，对于 3 个相同的子环，Langmuir 法和主方程法仍然拟合较好，而广义平衡法拟合并不理想。但对于单独的子环，广义平衡法拟合最好，主方程法拟合不理想。这意味着，主方程法更要求所研究子环与外界双向流量的平衡，即 C_1 到 C_2 等于 C_2 到 C_1；而广义平衡法更要求所研究子环对外各部分的流量之间的相似，即 C_1 到 C_2 接近于 C_1 到 C_3（这里 C_1 表示所研究的子环，C_2、C_3 表示其他子环或外界粒子源）。

图 11-7 和图 11-8 在参数设置上唯一的区别是 ω_1（图 11-7 中 ω_1 为 0.5，图 11-8 中 ω_1 为 0.2），这意味着图 11-7 中的非平衡流更加剧烈。图 11-7 中各方法的偏离均大于图 11-8 中的偏离，这说明无论是 Langmuir 法、主方程法，还是广义平衡法，均会因非平衡流的增强而降低精度。而图 11-8 中主方程法明显占优，图 11-7 中优势不那么明显，这说明相对于广义平衡法，主方程法受非平衡流的影响更大。

Langmuir 法会受到非平衡流的影响。在最早的 ASEP 模型中，即使格点间是非平衡流，Langmuir 法的吻合度也很好。当然，Langmuir 法有宏观上的缺陷，它把一个子环用单一的参数 rho 来描述,而完全忽略了其内部结构,但是对于其细节上出现的问题,人们仍然无法给出解释。

模型 1 中在参数 $\omega_{a1}=0.1,\omega_{a2}=0.1,\omega_{a3}=0.1,\omega_{a4}=0.1,\omega_{d1}=\omega_{a1}/k,\omega_{d2}=0.1,$ $\omega_{d3}=0.1,\omega_{d4}=0.1,\omega_1=0.2,\omega_2=0.1,\omega_3=0.1,\omega_4=0.1$ 下的结果如图 11 - 9 所示。

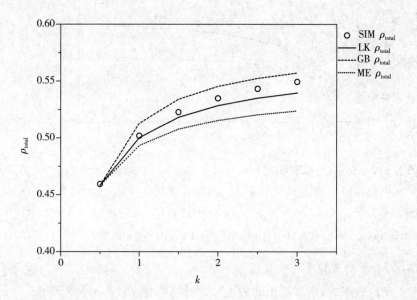

图 11 - 9　模型 1 中在参数 $\omega_{a1}=0.1,\omega_{a2}=0.1,\omega_{a3}=0.1,\omega_{a4}=0.1,\omega_{d1}=\omega_{a1}/k,$ $\omega_{d2}=0.1,\omega_{d3}=0.1,\omega_{d4}=0.1,\omega_1=0.2,\omega_2=0.1,\omega_3=0.1,\omega_4=0.1$ 下的结果

注:$\rho_{total}=(\rho_1+\rho_2+\rho_3+\rho_4)/4,\rho_1、\rho_2、\rho_3、\rho_4$ 分别为子环 1、2、3、4 的稳态粒子数密度;LK、GB、ME 分别为用 Langmuir 法、广义平衡法、主方程法给出的解析结果;SIM 为模拟结果。

由图 11 - 9 可知,其参数下,非平衡流的影响并不突出,3 种方法的解析拟合均较为接近。对于全局平均的密度,广义平衡法甚至略显优势。广义平衡的假设原本是将 4 个子环看成一个整体,其对全局密度的预测具有优势是可以预见的。

模型 1 中在参数 $\omega_{a1}=0.1,\omega_{a2}=0.1,\omega_{a3}=0.1,\omega_{a4}=0.1,\omega_{d1}=\omega_{a1}/k,\omega_{d2}=0.1,$ $\omega_{d3}=0.1,\omega_{d4}=0.1,\omega_1=0.5,\omega_2=0.1,\omega_3=0.1,\omega_4=0.1$ 下的结果如图 11 - 10 所示。

由图 11 - 10 可知,其参数下,非平衡流的影响较大,整体解析偏离模拟较大。根据之前的分析,广义平衡法受到非平衡流影响较大,故此时其拟合效果呈现较大劣势。虽然主方程法也呈现较大偏差,但相对于广义平衡法其呈现出优势。

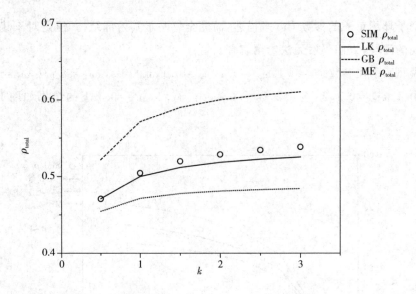

图 11-10　模型 1 中在参数 $\omega_{a1}=0.1,\omega_{a2}=0.1,\omega_{a3}=0.1,\omega_{a4}=0.1,\omega_{d1}=\omega_{a1}/k,\omega_{d2}=$ $0.1,\omega_{d3}=0.1,\omega_{d4}=0.1,\omega_1=0.5,\omega_2=0.1,\omega_3=0.1,\omega_4=0.1$ 下的结果

注：$\rho_{total}=(\rho_1+\rho_2+\rho_3+\rho_4)/4,\rho_1,\rho_2,\rho_3,\rho_4$ 分别为子环 1、2、3、4 的稳态粒子数密度；LK、GB、ME 分别为用 Langmuir 法、广义平衡法、主方程法给出的解析结果；SIM 为模拟结果。

（3）对非平衡流较小时的分析。

非平衡流较小时，本节提出的方法可以给出拟合度较高的解析结果。

模型 2 在参数 $\omega_{a1}=0.11,\omega_{a2}=0.12,\omega_{a3}=0.13,\omega_{a4}=0.14,\omega_{d1}=\omega_{a1}/k,\omega_{d2}=$ $0.14,\omega_{d3}=0.13,\omega_{d4}=0.12,\omega_{12}=0.14,\omega_{13}=0.13,\omega_{14}=0.12,\omega_{21}=0.11,\omega_{23}=$ $0.12,\omega_{24}=0.13,\omega_{31}=0.14,\omega_{32}=0.13,\omega_{34}=0.12,\omega_{41}=0.11,\omega_{42}=0.12,\omega_{43}=0.13$ 下的结果如图 11-11 所示。模型 1 在参数 $\omega_{a1}=0.11,\omega_{a2}=0.12,\omega_{a3}=0.13,\omega_{a4}=$ $0.14,\omega_{d1}=\omega_{a1}/k,\omega_{d2}=0.14,\omega_{d3}=0.13,\omega_{d4}=0.12,\omega_1=0.14,\omega_2=0.11,\omega_3=0.13,$ $\omega_4=0.12$ 下的结果如图 11-12 所示。

在非平衡流影响不太显著的情况下，两种方法均呈现可以接受的拟合结果，其中一种方法甚至呈现出比朗格谬拟合度更高的结果。

对于图 11-12 的情况，其拟合结果反而不如图 11-11 的情况，即使两者的参数设计的波动较为接近，原因是图 11-12 的模型将 ω_{ij} 的随机性设计得较弱或者其对应的 ω_i 较为平均，而图 11-11 的模型中，ω_i 均匀呈现单增或者单减且各 ω_i 之和基本相等。另外，图 11-12 的模型 ω_i 最大值为 0.14 最小值为 0.11，ω_i 最大值和最小值相差较大，可能带来较大的非平衡流。

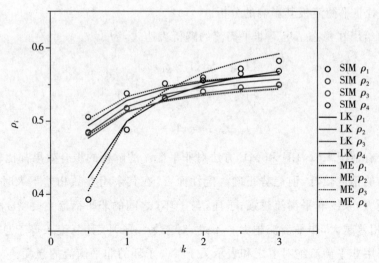

图 11 - 11　模型 2 在参数 $\omega_{a1} = 0.11, \omega_{a2} = 0.12, \omega_{a3} = 0.13, \omega_{a4} = 0.14, \omega_{d1} = \omega_{a1}/k, \omega_{d2} = 0.14, \omega_{d3} = 0.13, \omega_{d4} = 0.12, \omega_{12} = 0.14, \omega_{13} = 0.13, \omega_{14} = 0.12, \omega_{21} = 0.11, \omega_{23} = 0.12, \omega_{24} = 0.13, \omega_{31} = 0.14, \omega_{32} = 0.13, \omega_{34} = 0.12, \omega_{41} = 0.11, \omega_{42} = 0.12, \omega_{43} = 0.13$ 下的结果

注：ρ_1、ρ_2、ρ_3、ρ_4 分别为子环 1、2、3、4 的稳态粒子数密度；LK，ME 分别为用 Langmuir 法、广义平衡法、主方程法给出的解析结果；SIM 为模拟结果。

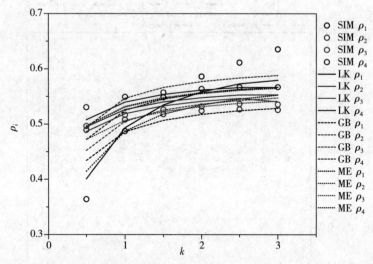

图 11 - 12　模型 1 中在参数 $\omega_{a1} = 0.11, \omega_{a2} = 0.12, \omega_{a3} = 0.13, \omega_{a4} = 0.14, \omega_{d1} = \omega_{a1}/k, \omega_{d2} = 0.14, \omega_{d3} = 0.13, \omega_{d4} = 0.12, \omega_1 = 0.14, \omega_2 = 0.11, \omega_3 = 0.13, \omega_4 = 0.12$ 下的结果

注：ρ_1、ρ_2、ρ_3、ρ_4 分别为子环 1、2、3、4 的稳态粒子数密度，LK，ME 分别为用 Langmuir 法、广义平衡法、主方程法给出的解析结果；SIM 为模拟结果。

（4）对非平衡流极其影响的分析。

本节给出在稳态情况下非平衡流的解析表达式，为

$$\begin{cases} J_{i\to j} = \rho_i (1 - \rho_j) \omega_{ij} \\ J_{i\to \text{reservoir}} = \rho_i \omega_{di} \\ J_{\text{reservoir}\to i} = (1 - \rho_i) \omega_{ai} \end{cases} \quad (11-32)$$

由既有情况来看，LK 和 ME 方法对非平衡流的解析的拟合效果都比较好；GB 方法拟合的精度较低，但趋势正确。定性而言，在其余组参数相差不大时，一组参数偏离越大，系统非平衡流越强；子环 i 与子环 j 之间的非平衡流主要受 ω_{ij} 和 ω_{ji} 影响，两者相差越大，非平衡流越大。不过，对于某一子环，其总流入等于总流出，因而一般采用非平衡流绝对值之和表示关于某一子环的非平衡流的强度。

模型 1 在参数 $\omega_{a1} = 0.11$，$\omega_{a2} = 0.12$，$\omega_{a3} = 0.13$，$\omega_{a4} = 0.14$，$\omega_{d1} = \omega_{a1}/k$，$\omega_{d2} = 0.14$，$\omega_{d3} = 0.13$，$\omega_{d4} = 0.12$，$\omega_{12} = 0.14$，$\omega_{13} = 0.13$，$\omega_{14} = 0.12$，$\omega_{21} = 0.11$，$\omega_{23} = 0.12$，$\omega_{24} = 0.13$，$\omega_{31} = 0.14$，$\omega_{32} = 0.13$，$\omega_{34} = 0.12$，$\omega_{41} = 0.11$，$\omega_{42} = 0.12$，$\omega_{43} = 0.13$ 下的结果如图 11-13 所示。

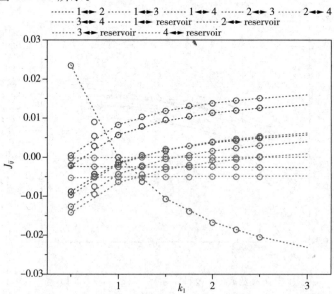

图 11-13　为模型 1 在参数 $\omega_{a1} = 0.11$，$\omega_{a2} = 0.12$，$\omega_{a3} = 0.13$，$\omega_{a4} = 0.14$，$\omega_{d1} = \omega_{a1}/k$，$\omega_{d2} = 0.14$，$\omega_{d3} = 0.13$，$\omega_{d4} = 0.12$，$\omega_{12} = 0.14$，$\omega_{13} = 0.13$，$\omega_{14} = 0.12$，$\omega_{21} = 0.11$，$\omega_{23} = 0.12$，$\omega_{24} = 0.13$，$\omega_{31} = 0.14$，$\omega_{32} = 0.13$，$\omega_{34} = 0.12$，$\omega_{41} = 0.11$，$\omega_{42} = 0.12$，$\omega_{43} = 0.13$ 下的结果

注：$J_{i\leftrightarrow j}$ 为子环 i 或粒子源与子环 j 或粒子源之间总的粒子交换速率，取由 i 到 j 为正；虚线表示用主方程法给出的解析结果；空心点为模拟结果。

由图 11-13 可知,子环 1 相关的非平衡流最强,相应地图 11-11 中关于 ρ_1 的各种解析拟合程度最不理想,这说明非平衡流的强度会对解析的拟合度造成显著影响。这些非平衡流的存在断绝了系统满足精细平衡的可能性。

11.6　重要公式推导

本节给出权重因子 $f(M_i)$ 的详细推导。

首先考虑子系统间的严格精细平衡条件:

$$P(C')W(C' \to C) - P(C)W(C \to C')$$

$$= \Xi^{-1} \prod_{j=1, j \neq j_1, j_2} f_j(M_j) \left[f_{j_1}(M_{j_1}) f_{j_2}(M_{j_2}) \omega_{j_2} - f_{j_1}(M_{j_1} + 1) f_{j_2}(M_{j_2} - 1) \omega_{j_1} \right]$$

$$= 0 \tag{11-33}$$

若使式(11-33)满足,则应有

$$f_{j_1}(M_{j_1}) f_{j_2}(M_{j_2}) \omega_{j_2} - f_{j_1}(M_{j_1} + 1) f_{j_2}(M_{j_2} - 1) \omega_{j_1} = 0 \tag{11-34}$$

因此,基于式(11-34)可得

$$\frac{f_{j_1}(M_{j_1} + 1) \omega_{j_1}}{f_{j_1}(M_{j_1})} = \frac{f_{j_2}(M_{j_2}) \omega_{j_2}}{f_{j_2}(M_{j_2} - 1)} \tag{11-35}$$

为使 $f_j(M_j)$ 满足全局精细平衡,即广义精细平衡,则可以使

$$f_j(M_j) = \left(\frac{A}{\omega_j} \right)^{M_j} \tag{11-36}$$

式中,A 是与 j 无关的参数。

随后,考虑子系统与粒子源之间的全局平衡条件,即广义精细平衡条件,可得

$$\sum_{C' \neq C} \left[P(C')W(C' \to C) - P(C)W(C \to C') \right]$$

$$= \Xi^{-1} \sum_{j_1=1}^{K} \prod_{j=1, j \neq j_1}^{K} f_j(M_j) \left[f_{j_1}(M_{j_1}) \omega_{d_{j_1}} - f_{j_1}(M_{j_1} - 1) \omega_{a_{j_1}} \right]$$

$$= \Xi^{-1} \prod_{j=1}^{K} f_j(M_j) \sum_{j_1=1}^{K} \left[\omega_{d_{j_1}} - \omega_{a_{j_1}} \frac{f_{j_1}(M_{j_1} - 1)}{f_{j_1}(M_{j_1})} \right]$$

$$= \Xi^{-1} \prod_{j=1}^{K} f_j(M_j) \sum_{j_1=1}^{K} \left(\omega_{d_{j_1}} - \omega_{a_{j_1}} \frac{\omega_{j_1}}{A} \right)$$

$$= \varXi^{-1} \prod_{j=1}^{K} f_j (M_j) (K \overline{\omega_{\mathrm{d}}} - A^{-1} K \overline{\omega_{\mathrm{a}} \omega})$$

$$= 0 \qquad\qquad\qquad (11-37)$$

令

$$K \overline{\omega_{\mathrm{d}}} - A^{-1} K \overline{\omega_{\mathrm{a}} \omega} = 0 \qquad\qquad (11-38)$$

因此,可得到式(11 - 3),进而可以得到本章研究方法的密度权重因子为式(11 - 4)。

第12章 异质公交线路系统中非平衡相变机理的解析及模拟研究

12.1 引 言

公交线路的微观仿真模型可以让公交运营商更好地了解公交线路的动态,并有助于更好地制定政策。20世纪中叶,交通流研究使用流体动力学进行解释。在20世纪90年代,复杂性科学以多智能体系统(multi-agent system,MAS)的概念重新强调了交通流分析,使研究人员能够将微观事件进行模拟以再现真实的交通流。研究者基于修正的S-NFS模型(随机NFS模型,即stochastic nishinari,fukui,schadschneider模型)建立了一个新的元胞自动机(cellular automation,CA)模型,以量化驾驶员妨碍他人换道的恶意行为导致的社会困境,以研究变换车道的车辆与阻碍或协助它变换车道的车辆之间的二体关系。结果表明,允许4种策略(有意或无意改变车道,以及有意阻碍或帮助他人改变车道)的系统是一个典型的社会困境结构,这种结构可以是多态均衡的,也可以具有几乎单一的策略优势。而车头时距(公交车辆到达停靠点之间的时间量)本质上是不稳定的,如轻微的干扰都可能导致与预定服务的偏离。为了研究乘客需求变化对车距不稳定性和公交车拥挤现象的影响,研究者提出一种在可变交通需求下的公交集群CA模型,并用于模拟真实的公交路线。结果显示,乘客需求的可变性是聚集形成的充分条件。此外,为了补偿需求偏差并防止形成集束,前人还提出了减少上下车时间,限制公交车在延误时停留在站点的时间两种策略。此外,针对等距不稳定性的问题,研究者提出一种自组织方法,使用本地信息以分散的方式调节车头时距,自适应地调节超出理论最佳值的进展,通过修改NaSch模型(Nagel和Schreckberg提出的一个模拟车辆交通的元胞自动机模型),并行扩展延迟瓶颈,描述了因车道过度扩张而发生的拥堵,分析了瓶颈的连续扩展的流量。基于蒙特卡洛巴士网络的模拟结果表明,可以通过降低乘客到达率或增加公共汽车密度来化解排队。

在上述单种车辆公交线路模型的基础上,研究者提出一种耦合周期边界条件的异质交通流模型,用于研究由多类车辆组成的异质系统,采用分岔分析方法研究了系统间隙大小的变化规律,分析结果表明车辆数量的增加会导致系统稳定性的丧失。考虑相互作用、有限制动和加速能力的前提下,该模型将 OV 模型中单辆汽车的复杂动力学和 CA 模型中自然出现的汽车相互作用结合在一个单一模型中,增强了人们对交通拥堵等城市交通动态的理解,并为改善交通灯同步提供更全面的方法。通过参数定标和数据同化(data assimilation,DA)的结合,提出一种允许 ABMs 动态优化的方法,提高了基于 ABMs 的模型预测的实时准确性。

传统的公交线路仿真模型没有考虑公交车与其时刻表之间的重要相互作用。之后有研究者提出了在传统的基于时间表的公共交通系统中,公交车试图遵守时间表的观点。研究结果显示,该模型对观测数据具有良好的模拟性能。针对城市快速交通中单线公交车实时调节问题,前人提出一种考虑乘客需求和干扰不确定性的非线性最优控制模型,通过 MPC 方法来解决了该问题,验证了所提优化模型在提高车辆车头时距稳定性方面的有效性。对比对应泊松过程中乘客流入电梯向下移动的动力学,前人的研究结果表明多电梯系统的平均速度比单电梯系统的平均速度快,而公交车系统的平均速度则不能套用类似的结论。相互作用稳定了电梯的自发秩序,而没有体积排斥则表征了集群的动力学特征。在最小概率模型的框架下,"前人"构造了一个快速收敛的迭代过程,可知电梯的循环次数分布和电梯的占用率分布有明确的峰值。

凝聚是各种非平衡系统稳态的特征,包括颗粒状物质、交通流等。在一些非平衡统计力学模型中,粒子分布在大量的位点上,可以表现为单一位点的宏观占有。在任意维度中,前人研究滚转粒子模型(run - and - tumble particle model,RTP)经过 N 次滚动后的位置分布。建立了 RTP 的总持续时间 T,而不是总运行次数是固定的情况下的模型。结果表明,凝聚转变是 RTP 模型的一般特征,采用受约束的马尔可夫链蒙特卡洛技术来验证大偏差结果,最终显示数值模拟与理论结果非常吻合。在热力学极限下,前人建立一个完整的包含过程中冷凝的图像,并使用配置的尺寸偏置采样表征了几种状态下的冷凝相,它可以扩展到多个晶格位置,并表现出一种有趣的分层结构。其特征是泊松-狄利克雷分布。

多体粒子相互作用模型中最突出的一类是基于零程过程(zero range process,

ZRP)的,在该过程中,粒子从任何位置以仅取决于该位置上粒子数量 n 的速率 u 跳跃。如果 u 是一个递增函数,则不会形成凝聚态。在研究一个非守恒零量程过程中,跳跃率与每个站点的粒子数成正比。粒子以位点相关的产生率加入系统中,并以均匀的湮灭率从系统中移除。ERP 模型及类 ERP 系统研究了具有广泛跳跃率、产生率和湮灭率的非守恒零距离过程在具有大量位点的全连接晶格上的稳态。ERP 模型及类 ERP 系统可以很自然地解释为单倍体群体中选择与突变平衡的随机模型。ERP 模型及类 ERP 系统可以被映射到一个种群动态或是一个不断进化的网络模型。ERP 模型及类 ERP 系统研究一个耦合重置的扩散过程模型,结果显示随机重置可能会减少扩散搜索过程的平均持续时间,该随机过程发生在有界域。

本章拟解决的关键科学问题如下。

(1)本章通过构建双粒子下的异质公交线路系统模型,较为全面地研究了该系统中非平衡相变的发生机理及集簇动力学演化机制,给出了系统特征序参量的推导结果,并针对速度(v)、流量(J、Js、Jz)、间隔概率[$P(x)$]等统计量完成了解析与模拟的计算。

(2)与前人研究不同的是,双粒子的构建为模型带来了更为突出的实际意义,能够更完备地对现实运输系统进行抽象呈现。本章引入参数 d_s、d_z 来表征乘客滞留效应对系统的影响,在解析工作中更好地修正了对观测量的研究结果。

(3)为凸显双粒子系统构型(configuration)的特殊性,本章引入乱序度 O 来度量粒子序列对系统动力学的影响,并给出了统计量随粒子组成及构型序列演化的结果,其呈现了令人惊讶而自洽的复杂变化趋势。

(4)为体现工作的完整性,本章还另从鞍点法角度出发,给出了有限粒子与无限粒子情形下上述特征序参量的鞍点近似解,详细对比尺寸效应在本模型中的影响,为该问题提供了一种较为普适的解法。

(5)本章充分考虑实际公交运行的容载量限制、乘客上下车人数、类 MFPT 计算。

12.2　数理建模

本章所研究的是考虑两种不同的公交车及乘客所构成的异质公交路线模型,其基本构成元素如下:以两种异质粒子分别表征两种完全不同的公交车,它们拥有相同的公交线路，而搭载两种不同的乘客，每种乘客只能乘坐对应的公交车。为方便起见，本章以 z 和 s 分别标记第一种公交车（或仅乘坐第一种公交车的乘客）、第二种公交车（或仅乘坐第二种公交车的乘客）。不同于传统的 BRM 模型，本章所考虑的模型充分考虑了系统的异质性，即完全不同的两种车、完全不同的两种乘客。模型的基本构成元素及构造思想可用于表征实际交通系统运行中，隶属于两种不同公交公司所对应的公交共线运行情况或用以表征两种不同的车辆性能所对应的混合交通系统（如由公交车及出租车两种不同的车辆所构成的交通系统）。

在本章的研究中，充分考虑异质外部源效应的影响，充分研究有限尺寸和无限尺寸下的两种不同的公交车及乘客所构成的异质公交路线模型的解析解和模拟解。本章模型引入了周期性边界条件，以期充分探究系统内部动力学。由两种公交车及两种乘客构成的异质多体粒子相互作用系统示意图如图 12-1 所示，两种公交车的数目分别标记为 M_z 及 M_s，因而系统内部总公交车数目为 $M = M_z + M_s$。此外，标记系统内部全局密度为 ρ，则 $\rho = M/L$，其中 L 表征系统尺寸。公交站台被视为离散格点序列 $\{1, \cdots, L\}$。系统内部公交车的动力学规则遵从排他性，即每个格点最多仅能容纳一颗粒子，每个站台最多仅能容纳一辆公交车，而各站台对乘客数量无限制。另外，为了研究的方便，系统内部不允许公交车超车现象发生，这也契合排他过程的底层动力学机制。本章提出的模型其本质可视为两种异质粒子在外界无穷异质粒子源影响下的异质多体粒子相互作用系统。自驱动粒子为本模型中的异质公交车、外界异质粒子源对应于不同类型的乘客（异质乘客）、离散格点对应于公交站台、公交车位置更新遵从定向输运（所有公交车的运动方向均一致，且模型不考虑"倒车"等现象）及排他性。然后，本章采用随机更新规则以表征离散随

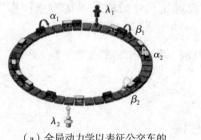

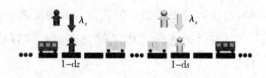

（a）全局动力学以表征公交车的　　　　　（b）两种乘客所构成的异质外界粒子源
　　　动力学位置更新规则　　　　　　　　　　效应对系统内部底层动力学的影响说明

图 12-1　由两种公交车及两种乘客构成的异质多体粒子相互作用系统示意图

机过程,即各个时间步随机选择一个离散格点并判断其占据状态以进行公交车位置更新与否、站台上人与否的判断及操作。具体而言,若当前时刻选中的公交站台已被第 j 种($j=z,s$)公交车占据,且其前方目标站台未被任何一种公交车占据并且该目标站台亦不存在第 j 种乘客,则被选中的当前位置的公交车进行前向位置更新的率为 α_j。

本章使用二元量 a_{ij} 与 b_{ij} 表征公交车 z 种车和 s 种车的位置更新规则[见图12-1(a)],细化为 a_{iz}、b_{iz}、a_{is}、b_{is}。其中,a_{ij} 用来刻画在第 i 个站点有无第 j 种乘客的状态,如 $a_{ij}=1$ 表示有对应的乘客,$a_{ij}=0$ 表示没有对应的乘客;b_{ij} 表示在第 i 个站点有对应的第 j 种车的状态,如 $b_{ij}=1$ 表示有对应的第 j 种车,代表没有对应的第 j 种车。需要说明的是如下情况:一是若 $b_{ij}=1$ 且 $b_{(i+1)j'}=0$(对所有的 $j'=z,s$),即在第 $i+1$ 个站点没有车,则当 $a_{(i+1)j}=0$ 时,该公交车会以 α_j 的速率向前方站台进行位置更新;当 $a_{(i+1)j}=1$ 时,该公交车会以 β_j 的速率向前方站台进行位置更新。二是若存在 j' 使 $b_{(i+1)j'}=1$,则该公交车不会进行前向位置更新。

本章引入的 ds、dz 是由相邻车辆种类不一致引起的,即第 s 种车(当某一 s 种车的前方车辆为 z 种车时)的前方站台没有第 s 种人滞留的概率为 ds,第 z 种车(当某一 z 种车前方车辆为 s 种车时)的前方站台没有第 z 种人滞留的概率为 dz。具体而言,某种固定的车辆只能接走固定种类的乘客,并且在相邻车辆 A、B 的种类不同时,B 在经过 A 的前方站点时,无法接走 A 类型的乘客,因此 A 的前方站点会出现滞留有 A $b_{ij}=0$ A 的乘客的现象,引入 d 来描述停滞系数,d 的物理含义是前方车辆类型和 A 不同时,对应的 A 车的前方站点不滞留 A 乘客的一种概率,相应的 $1-d$ 是滞留有相应的乘客的概率。

本章采用 e 指数形式的 ds 和 dz 的目的是体现:对于相邻 A、B 两车种类相同和不同的两种情况。当相邻两车的种类相同($A=B$),且 β、α、λ 等参数提前确定时,被选中车辆 A 的运行速度仅受两车的距离 x 的影响;当相邻两车的种类不同时,由于车辆 A 的前方车辆 B 在路过车辆 A 的前方站点时,无法接走被选中车辆对应的乘客,产生一种滞留的效应,把这种效应用停滞系数 d 来表示,这会使被 A 前方站点对应的 A 车辆的乘客存在的概率更大,从而使 A 更倾向于以 $\beta_A < \alpha_A$ 的速度进行前向位置更新,拖慢 A 的行驶速度。

具体而言,若当前时刻选中的公交站台已被第 j 种车占据,下面分两种情况讨论:该车的前方车辆也为第 j 种车,该车的前方站台未被任何一种公交车占据且该站台不存在对应的 j 种乘客。但为了区分这两种情况,可以认为第二种情况中该车前方站台没有对应乘客的概率要受到一个耦合系数 ds 或 dz（也称停滞系数）的影响，具体的影响方式在第 2 章的式（2-1）中体现。细化而言，若一辆车的前置车辆不与该车辆同种类型，该车辆的前置车辆在经过该车前方的站台时，不会把该车前方站点的与该车同种的乘客接走，而只会接走该前置车辆对应的乘客（同种车只带同种人），这使该车的前方站台中滞留有对应的该车的乘客，从而使第二种情况中前方站台没有对应乘客的概率更低，因为在前置车辆行驶 x 距离时，上述讨论的前方站台也会涌入更多的乘客。在考虑到两车之间的距离（车间距 x 时）依然会影响车辆运动速度的同时，将这种滞留的作用用停滞系数 d 来表征，它会使车辆的前方站台没有乘客的概率更低。换句话说，车辆会趋向于以更低的速率 β 进行前向位置更新。也正因为此，在两种车的模型中，对应的车间距排列有 4 种方式，对应 N 种车则对应有 N^2 种方式，参阅第 2 章的图 2-2。而相应的，若前方站台没有对应的第 j 种车的乘客，该车会以对应的速率 β 向前进行位置更新。

此外，由于泊松分布的概率函数为 $P(x=k)=\dfrac{\lambda^k}{k!}\mathrm{e}^{-\lambda}$，其中，$\lambda$ 为单位时间（或单位面积）内随机事件的平均发生次数。其中，单位时间内乘客涌入站台的速率为 λ，对应的站台在单位时间没有乘客的概率是 $P(x=0)=\mathrm{e}^{-\lambda}$，经过时间 $\dfrac{x}{v}$ 后，仍然没有乘客的概率是 $P'=P(x=0) \cdot \mathrm{e}^{-\frac{x}{v}}=\mathrm{e}^{\frac{\lambda x}{v}}$，其中 v 是稳态平均速度。在有限尺寸条件下，本章使用 β_j[见图 12-1(b)]替代上述表达式中的 v。因为在单种粒子时，系统的稳态速度近似等于 β，在没有得出 v 的具体值之前，用 β 近似地替代 v。由图 12-1(b)可知，z 的前面第三个格点存在黑色 s，前面第一格点已添加一个箭头 λ_z，并且为了以区分滞留和涌入的区别，对应滞留被表征为孤立的乘客在格点位置，而涌入是以带有乘客的箭头耦合 d_λ 进行表征。

这里的依然遵从泊松分布，且有 dz 和 ds 两种。下面对 dz 进行说明，系统的总间隔为 $L-M$，其中 L 表示系统的站台总数，M 表示系统的粒子总数，因此对于 z 种车，它们之间的平均间隔为 $\dfrac{L-M}{M_z}$，距离某辆 z 车 z_j 的前面一辆 z 车（称之为 z_j+1）经过 z 车前方的站台到当前时刻度过的时间 $\Delta t=\dfrac{L-M}{M_z\beta_z}$，即 dz 依然遵从泊松分布。类似上述讨论可知：$dz=\mathrm{e}^{-\lambda_z\Delta t}=\mathrm{e}^{-\frac{\lambda_z(L-M)}{M_z v}}\approx\mathrm{e}^{-\frac{\lambda_z(L-M)}{M_z\beta_z}}$。同理，$ds=\mathrm{e}^{-\lambda_s\Delta t}=\mathrm{e}^{-\frac{\lambda_s(L-M)}{M_s v}}\approx\mathrm{e}^{-\frac{\lambda_s(L-M)}{M_s\beta_s}}$。因为对应的稳态速度应当是 β_z 和 β_s 耦合之后产生的结果，但是为了凸

显车辆之间的异质性且为了方便起见,将 v 分别用各自的 β 替代。

下面对 4 种 $u(u_{zz},u_{zs},u_{ss},u_{sz})$ 的由来进行简要说明。

1) 相邻车辆种类相同时,以 u_{zz} 为例,设被选中的 z 为 z_1,其前方的车为 z_2,当 z_2 经过 z_1 的前方站点时(记此时刻为 t_0)会把该站点对应的 z 种车的乘客接走,在 t_0 时刻该站点的 z 乘客为零,而在 z_2 离开该站点直到 z_2 其当前站点经过的时间 Δt 等于 $\frac{x}{v}$,由于 z 乘客的涌入率为 λ_z,由泊松分布,z_1 前方站点没有对应的 z 乘客的概率为 $\mathrm{e}^{-\frac{\lambda_z x}{v}}$,从而有对应的 z 乘客的概率为 $1-\mathrm{e}^{-\frac{\lambda_z x}{v}}$,故有 $u_{zz}(x)=\alpha_z\mathrm{e}^{-\frac{\lambda_z x}{v}}+[1-\mathrm{e}^{-\frac{\lambda_z x}{v}}]\beta_z=\beta_z+(\alpha_z-\beta_z)\,\mathrm{e}^{-\frac{\lambda_z x}{v}}$。

2) 相邻车辆种类不同的情况,以 zs 为例,s 车经过 z 车前方站点时无法接走对应 z 车的乘客,因此在 t_0 时刻 z 车的前方站点并不是百分百没有滞留 z 种车的乘客,而没有滞留 z 种车的乘客的概率是 $\mathrm{d}z$(可以由上述推导得出),所以在 t_0 时刻没有 z 车乘客的概率是 $\mathrm{d}z$,在经过 Δt 的时间后依然没有 z 车的乘客的概率是 $\mathrm{e}^{-\frac{\lambda_z x}{v}}$,故在当前时刻 $t=t_0+\Delta$ 没有乘客的概率 P 是两者相乘,即 $P=\mathrm{e}^{-\frac{\lambda_z x}{v}}\mathrm{d}z$,类似上述讨论可知,$u_{zs}(x)=\beta_z+(\alpha_z-\beta_z)P=\beta_z+(\alpha_z-\beta_z)\,\mathrm{d}z\mathrm{e}^{-\frac{\lambda_z x}{v}}$。对于 u_{ss} 和 u_{sz} 的讨论与 u_{zz} 和 u_{zs} 类似。

而若其前方目标站台未被任何一种公交车占据并且该目标站台且存在第 j 种乘客,则被选中的当前位置的公交车进行前向位置更新的率为 β_j,借此表征同种公交车只能携带对应的同种乘客,即其余异质种类公交车将不会影响当前种类公交车的运行速度。而若其前方目标站台已被任何一种公交车占据,则被选中的当前位置的公交车无法进行前向位置更新;若随机选中的站台未被公交车占据,则以率 λ_i 表征第 i 种乘客上至该站台。每次更新时,不允许多种乘客同时进入该站台,而上乘客过程遵从泊松分布。需要说明的是以下情况。

(1) 本章所研究的理论模型无须要求初始两种公交车的排列顺序,即不同的车辆排布顺序都可以用解析公式算出相应的结果。本章给出随机分布的初始公交车位置分布序列情况下的理论分析解,同时给出了 N 种车情况下的解析推导。

(2) 与单种车不同的是,由于相邻车辆可能存在 4 种排布情况,对应的车前距为 x 情况下当前车的运动速度存在 $u_{zz}(x)$、$u_{zs}(x)$、$u_{ss}(x)$ 和 $u_{sz}(x)$ 4 种形式。也正因为此,两种车情况随着不同的排布顺序会产生不同的稳态速度,因此对应的相变和临界性质也呈现出比单粒子更为复杂的趋势,N 种车 N 种乘客情况更为复杂。为了研究的完整性,本章同时给出了 N 种车情况下的解析推导。

(3)$d < 1$ 时,从 u_{zs} 和 u_{sz} 的表达式可知,它会使对应的 $(\alpha - \beta)$ 的影响减小,从而使相应的函数值更倾向于 $\beta_z(\beta_s)$。

12.3　理论解析

首先,研究系统中存在两种异质公交车的情况,为方便起见,本章分别标记为 z、s 以示区别。鉴于车前距之间的异质性,车间距可细化并表征为下列 4 种形式 $\{zz\}$、$\{zs\}$、$\{sz\}$、$\{ss\}$,四种典型车前距示意图如图 12-2 所示。$\{zz\}$、$\{zs\}$、$\{sz\}$、$\{ss\}$ 分别表征 z 种公交车的前方为同种 z 公交车、z 种公交车的前方为异质 s 种公交车、s 种公交车的前方为异质 z 种公交车、s 种公交车的前方为同种 s 公交车。

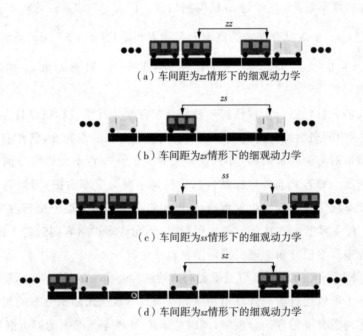

（a）车间距为 zz 情形下的细观动力学

（b）车间距为 zs 情形下的细观动力学

（c）车间距为 ss 情形下的细观动力学

（d）车间距为 sz 情形下的细观动力学

图 12-2　4 种典型车前距示意图

因而,相应于图 12-2(a) ～ (d) 的 4 种典型车前距,该异质系统中公交车的运动速度可细分为如下 4 种解析关系式:

$$\begin{cases} u_{zz}(x) = \beta_z + (\alpha_z - \beta_z)\, e^{\frac{\lambda_z x}{v}} \\[2mm] u_{zs}(x) = \beta_z + (\alpha_z - \beta_z)\, dz\, e^{\frac{-\lambda_z x}{v}} \\[2mm] u_{ss}(x) = \beta_s + (\alpha_s - \beta_s)\, e^{\frac{\lambda_s x}{v}} \\[2mm] u_{sz}(x) = \beta_s + (\alpha_s - \beta_s)\, ds\, e^{\frac{-\lambda_s x}{v}} \\[2mm] ds = e^{\frac{\lambda_s (L - M_s)}{M_s v_s}} \approx e^{\frac{\lambda_s (L - M_s)}{M_s \beta_s}} \\[2mm] dz = e^{\frac{\lambda_z (L - M_z)}{M_z v_z}} \approx e^{\frac{\lambda_z (L - M_z)}{M_z \beta_z}} \end{cases} \tag{12-1}$$

式中，$P(x)$ 为车前距为 x 的概率；$P_{(s_i, s_i+1)}(x)$ 为第 i 个 s 种车与它的前车的车间距为 x 的概率；$P_{(z_i, z_i+1)}(x)$ 为第 i 个 z 种车与它的前车的车间距为 x 的概率；$u_{zz}(x)$ 为第 z 种车的前车为第 z 种车，并且当前车的车间距为 x，则当前车的前向运动速度；$u_{zs}(x)$ 为第 z 种车的前车为第 s 种车，并且当前车的车间距为 x，则当前车的前向运动速度；$u_{sz}(x)$ 为第 s 种车的前车为第 z 种车，并且当前车的车间距为 x，则当前车的前向运动速度；$u_{ss}(x)$ 为第 s 种车的前车为第 s 种车，并且当前车的车间距为 x，则当前车的前向运动速度。需要说明的是，把 v 视为 β 在密度较高的时候可能会有比较大的误差，但是经过计算，发现 v-ρ 图在高密度时，仍然是线性下降的趋势，符合物理实际，说明这种近似具备自洽性；而在低密度时，此时团簇之间的关联长度（或是说"典型的大车间距"）会比较大，这使每一个站台从恰好脱离有车状态到下一次有车的状态经过的时间较长，而对应的 λdt 会较大，因此每个站台会更趋向于有乘客的状态，更倾向于以 β 的速率进行前向位置更新。

　式（12-1）中前四个子方程的左侧各项物理含义分别为被选中的站点被 z 种公交车占据，而其最近邻车前距对应的公交车也为 z 种公交车，则被选中站点处的 z 种公交车的局部运动速度为 $u_{zz}(x)$；被选中的站点被 z 种公交车占据，而其最近邻车前距对应的公交车也为 s 种公交车，则被选中站点处的 z 种公交车的局部运动速度为 $u_{zs}(x)$；被选中的站点被 s 种公交车占据，而其最近邻车前距对应的公交车也为 s 种公交车，则被选中站点处的 s 种公交车的局部运动速度为 $u_{ss}(x)$；被选中的站点被 s 种公交车占据，而其最近邻车前距对应的公交车也为 z 种公交车，则被选中站点处的 s 种公交车的局部运动速度为 $u_{sz}(x)$。其中，x 的物理含义为车间距。需要强调的是，各站台处乘客进入站台的概率遵从泊松分布、站台处的乘客对驶入站台的公交车局域运动速度的影响通过幂指数进行表征。需要说明的是，在有限尺寸系统时,利用 β_s、β_z 代替 v。实际计算时,在没有得出 v 之前我们无法得出 u 的表达式,因为 u 的表达式中含有 v 而 v 需要由 u 算出。考虑到单粒子低密度态的系统的稳态平均速度接近于 β,且在 ρ 小于临界密度 ρ_c 时偏差极小,而在已知的表征速度的参数 β 与 α 中,通过观察单粒子情形的速密图,可以发现 β 更加接近实际的速度 v,因此将 u_{zz}、u_{zs}、u_{ss}、u_{sz} 中的 v 分别用 β_z 和 β_s 替代,可以避免用 v 去求 v 的矛盾发生。

其车间距概率满足如下条件:

$$
\begin{cases}
q_{zz}(x) = \prod_{y=1}^{x} \dfrac{1}{u_{zz}(y)} \\[2.5ex]
q_{zs}(x) = \prod_{y=1}^{x} \dfrac{1}{u_{zs}(y)} \\[2.5ex]
q_{sz}(x) = \prod_{y=1}^{x} \dfrac{1}{u_{sz}(y)} \\[2.5ex]
q_{ss}(x) = \prod_{y=1}^{x} \dfrac{1}{u_{ss}(y)}
\end{cases}
\tag{12-2}
$$

式中,$q_{zz}(x)$ 为当前车为第 z 种车,其前方车也为第 z 种车,且两者车间距为 x 的概率的权重因子;$q_{ss}(x)$ 为当前车为第 s 种车,且其前方车也为第 s 种车,且两者车间距为 x 的概率的权重因子,$q_{sz}(x)$ 为当前车为第 s 种车,且其前方车也为第 z 种车,且两者车间距为 x 的概率的权重因子;$q_{zs}(x)$ 为当前车为第 z 种车,其前方车也为第 s 种车,且两者车间距为 x 的概率的权重因子,也为玻尔兹曼因子权重因子。

其次,系统的全局配分函数满足如下条件:

$$
z(L,M) = z(i+j,M) = \sum_{\substack{i+j=L \\ i \geqslant M_s \\ j \geqslant M_z}} z_z(j,M_z) z_s(i,M_s)
\tag{12-3}
$$

式中,子系统配分函数满足:

$$
\begin{cases}
z_s(i,M_s) = \sum_{x_{s_1} \cdots x_{s_{M_s}}} q_{(s_1,s_1+1)}(x_{s_1}) \cdots q_{(s_{M_s},s_{M_s}+1)}(x_{s_{M_s}}) \delta_{x_{s_1}+\cdots x_{s_{M_s}},\,i-M_s} \\[3ex]
z_z(j,M_z) = \sum_{x_{z_1} \cdots x_{z_{M_z}}} q_{(z_1,z_1+1)}(x_{z_1}) \cdots q_{(z_{M_z},z_{M_z}+1)}(x_{z_{M_z}}) \delta_{x_{z_1}+\cdots x_{z_{M_z}},\,j-M_z}
\end{cases}
$$

$$
\tag{12-4}
$$

进一步地，第 z 种粒子中对应的第 i 个粒子的车前距概率满足如下条件：

$$P_{\langle z_i, z_i+1 \rangle}(x) = q_{\langle z_i, z_i+1 \rangle}(x) \frac{\sum\limits_{t=x+M}^{L-M} z_{s \backslash z_i}(L-t, M) z_{z \backslash z_i}(t-x-1, M-1)}{z(L, M)}$$

$$(12-5)$$

式中，z_s 和 z_z 均是除去了 z_i 粒子后的配分函数；$q_{\langle z_i, z_{i+1} \rangle}(x)$ 为第 i 个 z 粒子车前距为 x 的概率权重，而分子一系列的求和部分是除去 z_i 粒子之后全部的可能事件的概率权重，因此与 $q_{\langle z_i, z_{i+1} \rangle}(x)$ 相乘后的结果为系统的第 i 个 z 粒子车前距为 x 的全系统的总权重，除以 $Z(L, M)$ 后为相应的全系统中第 i 个 z 粒子车前距为 x 的概率。第 s 种粒子中对应的第 i 个粒子的车前距概率满足如下条件：

$$P_{\langle s_i, s_i+1 \rangle}(x) = q_{\langle s_i, s_i+1 \rangle}(x) \frac{\sum\limits_{t=x+M}^{L-M} z_{z \backslash z_i}(L-t, M) z_{s \backslash z_i}(t-x-1, M-1)}{z(L, M)}$$

$$(12-6)$$

式中，z_s 和 z_z 均是除去了 z_i 粒子后的配分函数；$q_{\langle s_i, s_{i+1} \rangle}(x)$ 为第 i 个 s 粒子车前距为 x 的概率权重，而分子一系列的求和部分是除去 s_i 粒子之后全部的可能事件的概率权重，因此与 $q_{\langle s_i, s_{i+1} \rangle}(x)$ 相乘后的结果为系统的第 i 个 z 粒子车前距为 x 的全系统的总权重，除以 $Z(L, M)$ 后为相应的全系统中第 i 个 s 粒子车前距为 x 的概率。令两种公交车的稳态平均速度分别标记为 v_z 和 v_s。有限尺寸时，应满足如下条件：

$$v_z = \frac{\sum\limits_{x=1}^{L-M_z} (P_{\langle z_1, z_1+1 \rangle}(x) u_{\langle z_1, z_1+1 \rangle}(x) + \cdots + P_{\langle z_{M_z}, z_{M_z}+1 \rangle}(x) u_{\langle z_{M_z}, z_{M_z}+1 \rangle}(x))}{M_z}$$

$$= \frac{\sum\limits_{x=1}^{M_z} v_{z_x}}{M_z}$$

$$(12-7)$$

式中，每一项 $\sum\limits_{x=1}^{L-M_z} P_{\langle z_i, z_i+1 \rangle}(x) u_{\langle z_i, z_i+1 \rangle}(x)$ 表示第 i 个 z 种粒子的稳态平均速度 v_{z_i}，并且有

$$v_s = \frac{\sum\limits_{x=1}^{L-M_s} (P_{(s_1,s_1+1)}(x) u_{(s_1,s_1+1)}(x) + \cdots + P_{(s_{M_s},s_{M_s}+1)}(x) u_{(s_{M_s},s_{M_s}+1)}(x))}{M_s}$$

$$= \frac{\sum\limits_{x=1}^{M_s} v_{s_x}}{M_s} \tag{12-8}$$

在稳态下，$v_g = v_z = v_s = \dfrac{v_s + v_z}{2}$，可知时空演化图呈现斜率不变的直线型排布，则可推导出序列概率满足如下条件：

$$\begin{cases} P_z(\{x_{z_i}\}) = \dfrac{q_{(z_1,z_1+1)}(x_{z_1}) + \cdots + q_{(z_{M_z},z_{M_z}+1)}(x_{z_{M_z}})}{z_z(j,M_z)} \\[4mm] P_s(\{x_{s_i}\}) = \dfrac{q_{(s_1,s_1+1)}(x_{s_1}) + \cdots + q_{(s_{M_s},s_{M_s}+1)}(x_{s_{M_s}})}{z_s(i,M_s)} \end{cases} \tag{12-9}$$

进而全局系统的总体车前距序列概率应满足如下条件：

$$P(\{x_{s_1} \cdots x_{s_{M_s}}, x_{z_1} \cdots x_{z_{M_z}}\})$$

$$= \frac{[q_{(s_1,s_1+1)}(x_{s_1}) + \cdots + q_{(s_{M_s},s_{M_s}+1)}(x_{s_{M_s}})][q_{(z_1,z_1+1)}(x_{z_1}) + \cdots + q_{(z_M,z_M+1)}(x_{z_{M_z}})]}{z(L,M)}$$

$$\tag{12-10}$$

系统时空演化图如图 12-3 和图 12-4 所示。由图 12-3 可知，刚开始时，在保证 $\rho = 0.2$ 的前提下，随机生成了 z 种车和 s 种车的数量，并把它们随机摆放在系统之中。可以观察到，图 12-3 中存在呈直线排布的一段图像，由于速度 $v = \mathrm{d}x/\mathrm{d}t$，在图像为直线的部分，系统的速度是恒定的，并且由该段图像直线部分斜率 k 的倒数 $1/k = v$ 可推知系统的稳态速度。由图 12-4 可知，刚开始时，在保证 $\rho = 0.6$ 的前提下，随机生成了 z 种车和

系统时空演化图
（图 12-3 ～ 图 12-4）

s 种车的数量，并把它们随机摆放在系统之中。可以观察到，图 12-4 中存在呈现出直线排布的一段图像，由于速度 $v = \mathrm{d}x/\mathrm{d}t$，在图像为直线的部分，系统的速度是恒定的，并且由该段图像直线部分斜率 k 的倒数 $1/k = v$ 可推知系统的稳态速

度。对比图 12-3 和图 12-4,可以发现低密度($\rho = 0.2$)时系统的稳态速度要高于较高密度($\rho = 0.6$)时系统的稳态速度,这与图 12-6 中的结果对应,说明本章研究具有自洽性。

12.4 特征序参量解析解及蒙特卡洛模拟

本节研究了乱序情况下系统特征序参量解析解与蒙特卡洛模拟,并且以流密图、速密图为研究切入点。

首先,本节研究了两种车的数量相等($M_z = M_s$)及不等($M_z \neq M_s$)两种情况下的速密图(见图 12-5 和图 12-6)。由图 12-5 和图 12-6 可知,该 v-ρ 图像出现先增后减的趋势。这是因为,低密度时,粒子形成集簇(jam),当有单粒子脱离集簇时系统平均密度增大;而高密度时,粒子间距不断减小,粒子脱离集簇的效用被扼制,整体体现在高密度下速度递减的规律。由图 12-5 可知,引入 d_z、d_s 可以表征在相邻两车种类不同时车辆的停滞效应,故整个系统的平均速度相比于未引入 d_z、d_s 的解析解会降低。由图 12-6 可知,引入 d_s、d_z 的解析,相较不引入 d_s、d_z 的解析结果与模拟贴合更好,从而验证了前述内容中引入 d_s、d_z 的合理性。

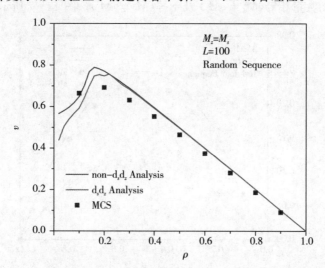

图 12-5 乱序情况下,两种车数量相等时,全局速度与全局密度关系图

注:参数为 $\alpha_z = 1, \alpha_s = 1, \beta_z = 0.2, \beta_s = 0.3, \lambda_z = 0.001, \lambda_s = 0.002, L = 100$;实线表示解析解,离散点表示模拟解;深色实线表示不考虑 d_s、d_z 修正情况下的解析解,浅色实线表示本书提出的 d_s、d_z 修正情况下的解析解。

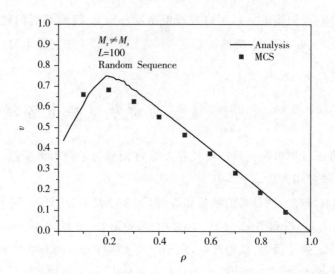

图 12-6 乱序情况下，两种车数量不相等时，全局速度与全局密度关系图

注：参数为 $\alpha_z = 1, \alpha_s = 1, \beta_z = 0.2, \beta_s = 0.3, \lambda_z = 0.001, \lambda_s = 0.002, L = 100$；实线表示解析解，离散点表示模拟解；深色实线表示本文提出的 d_s、d_z 修正情况下的解析解。

　　其次，乱序情况下，系统的流密图如图 12-7 和图 12-8 所示。本节分两种情况讨论，即两种车的数量相等（$M_z = M_s$）及不等（$M_z \neq M_s$）。图 12-7 所示为 $M_z = M_s$

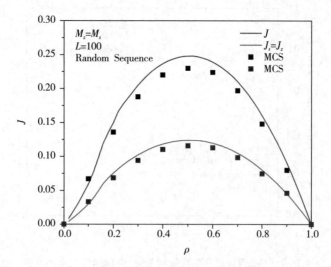

图 12-7 乱序情况下，两种车数量相等时，全局流量与全局密度关系图

注：参数为 $\alpha_z = 1, \alpha_s = 1, \beta_z = 0.2, \beta_s = 0.3, \lambda_z = 0.001, \lambda_s = 0.002, L = 100$；实线表示解析解，离散点表示模拟解。

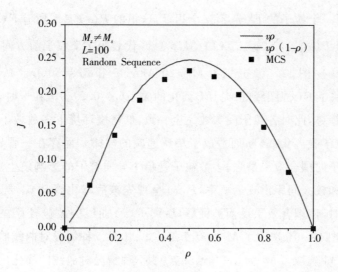

图 12-8 乱序情况下,两种车数量不相等时,全局流量与全局密度关系图

注:参数为 $\alpha_z = 1, \alpha_s = 1, \beta_z = 0.2, \beta_s = 0.3, \lambda_z = 0.001, \lambda_s = 0.002, L = 100$。实线表示解析解,离散点表示模拟解。

时全局流量与密度关系图,两种粒子在 $M_z = M_s$ 情形下退化到 $J_s = J_z = \dfrac{J}{2}$,无论是每种车的各自流量,还是系统全局流量都呈现出流量随密度增大而先增后减的趋势,这与排他过程的流量密度关系的物理实际相符。图 12-8 所示为 $M_z \neq M_s$ 时全局流量与密度关系图(这里不分别给出 J_s 与 J_z 的变化曲线),此时每个密度点对应的 M_z 与 M_s 值均随机生成,单独观测 M_z 或 M_s 不能呈现单增的变化趋势,因此 J_z 或 J_s 也不能得到与 $M_z = M_s$ 时类似先增后减的结果。全局流量、各种车子系统流量的解析解可以利用如下公式进行计算:

$$\begin{cases} J = \rho v \\ J_s = \rho_s v_s \\ J_z = \rho_z v_z \end{cases} \qquad (12-11)$$

需要强调的是,在计算 v 时,通过求出 $u(x)$ 的期望可以得到 v 的数值解,即 v 等于 $\sum p(x)u(x)$,那么 $J = v\rho = \sum \rho p(x)u(x)$。这里,令 $x=0$ 时 $u(0)=0$,不参与 v 的贡献;$x \neq 0$ 时,出现粒子与前方粒子的车间距为 x 的概率为 $p(x)$,此时粒子以 $u(x)$ 的速度进行前向位置更新,因此 $J = v\rho$ 就是流量。

最后,研究车间距概率 $p(x)$ 与车前距 x 之间的定量演化关系。与单粒子情形不同,由于每一个粒子的 $P(x)$ 不完全相等,这里的 $P(x)$ 是对所有 $P(x)$ 去平均的一个结果,即 $P(x) = \sum p_{(i,i+1)}(x)/M$,$p_{(i,i+1)}$ 代表第 i 个粒子前方间距为 x 的概率。图 12-9 ~ 图 12-11 分别为 $M=20$、$M=40$ 和 $M=60$($L=100$)的情形。图 12-9 反映了 $P(x)$ 图线随 M_z、M_s 演化的关系($\rho=0.2$)。单粒子时,图线呈现出单调递减的趋势,此时各粒子间参数完全一致,低密度环境下多数粒子倾向于形成集簇、少数粒子脱离集簇,从而造成了单调递减的规律。而存在一颗异质粒子时,单个异质粒子的耦合效果最强,多数粒子受单个异质粒子的影响发生聚集,从而增大了小间距和较大间距出现的概率,$P(x)$ 呈现先减后增再降至 0。当异质粒子个数继续增多时,该耦合效果反而被稀释,后续 $P(x)$ 曲线的波包较存在一颗异质粒子时平滑。图 12-10 选取了 M_z 为 0、1、20、39、40 共 5 种情况对曲线的演化进行了研究;图 12-11 选取了 M_z 为 0、1、30、59、60 共 5 种情况对曲线的演化进行了研究。与图 12-9 和图 12-10 对比,由图 12-11 可知,与低密度情形不同的是,在高密度范畴下($\rho=60$),由于粒子间可能出现的间距范围被压缩,$P(x)$ 曲线呈现出更为明显的单调递减态势,原有异质粒子耦合造成的波包也被大大压缩。图 12-12 反映了 $\lambda_s=\lambda_z$ 前提下,$P(x)$ 随 λ 值演化的变化。随着 λ 的增大,每个 site 存在乘客的概率随之增大,从而车辆有更大的概率以率 β 进行前向输运。而本节取定参数 $\beta < \alpha$,因此车辆的运动情况反映为 v 实际减小,与前车的间距倾向于增大,$P(x)$ 曲线随 λ 的

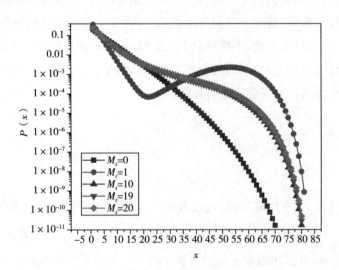

图 12-9　乱序情况下,$M=20$、$L=100$ 时,车前距概率 $P(x)$ 与车前距 x 间的定量关系

注:参数为 $\alpha_z=1$,$\alpha_s=1$,$\beta_z=0.6$,$\beta_s=0.8$,$\lambda_z=0.01$,$\lambda_s=0.02$;离散点表示解析解。

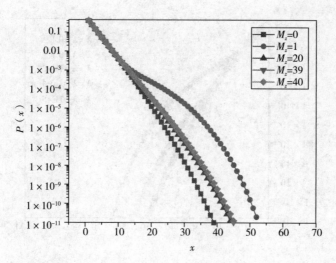

图 12 - 10　乱序情况下,$M = 40$、$L = 100$ 时,车前距概率 $P(x)$ 与车前距 x 间的定量关系

注:参数为 $\alpha_z = 1$,$\alpha_s = 1$,$\beta_z = 0.6$,$\beta_s = 0.8$,$\lambda_z = 0.01$,$\lambda_s = 0.02$;离散点表示解析解。

增大而上升。图 12 - 13 反映了给定前提下 $P(x)$ 随 λ 值演化的变化。与图 12 - 12 相似的是,固定 λ_z 时,随着 λ_s 增大,图中曲线出现上升的趋势,而此处演化不明显的原因是固定了 λ_z 本身处于一个较低的水平,并且设置参数 $\beta_s > \beta_z$,即 β_s 本身相较 $\alpha_s = 1$ 的差距更小。

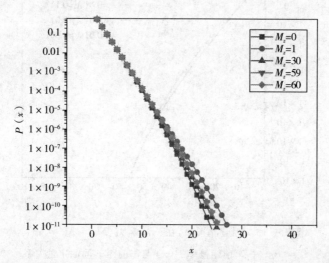

图 12 - 11　乱序情况下,$M = 60$、$L = 100$ 时,车前距概率 $P(x)$ 与车前距 x 间的定量关系

注:参数为 $\alpha_z = 1$,$\alpha_s = 1$,$\beta_z = 0.6$,$\beta_s = 0.8$,$\lambda_z = 0.01$,$\lambda_s = 0.02$;离散点表示解析解。

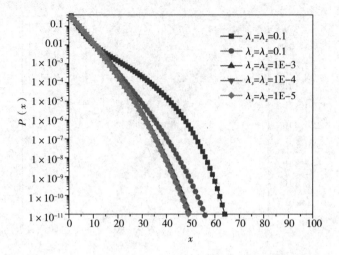

图 12-12　乱序情况下，$-\lambda_s = \lambda_z$、$M_z = M_s = 15$、

$L = 100$ 时，车前距概率 $P(x)$ 与车前距 x 间的定量关系

注：参数为 $\alpha_z = 1, \alpha_s = 1, \beta_z = 0.6, \beta_s = 0.8$；离散点表示解析解。

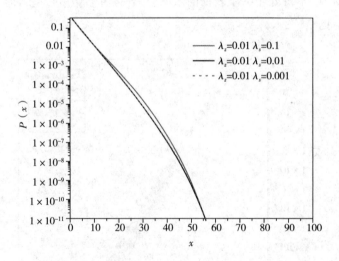

图 12-13　乱序情况下，在 $-\lambda_s \neq \lambda_z$、$M_z = M_s = 15$、

$L = 100$ 时，车前距概率 $P(x)$ 与车前距 x 间的定量关系

注：参数为 $\alpha_z = 1, \alpha_s = 1, \beta_z = 0.6, \beta_s = 0.8$；离散点表示解析解。

12.5　乱序度对集簇动力学的影响

本节主要研究乱序度对车辆集簇动力学的影响,以特征序参量速度为研究的切入点。

首先,在乱序情况下,固定 M_s 等于 M_z,绘制出 v 的分布图,并且观测是否存在多峰结构,以反映在相同车辆情况下不固定序列对速度的影响规律。计算结果如图 12-14 所示。

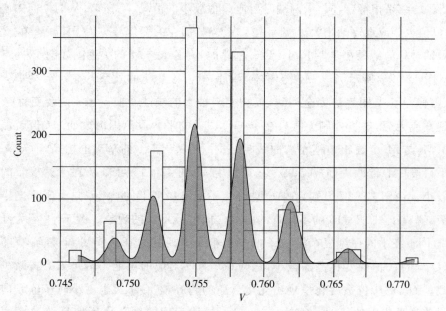

图 12-14　车辆平均运动速度 v 的统计频数 Count 图

注:参数为 $M_s = M_z = 10, \alpha_z = 1, \alpha_s = 1, \beta_z = 0.2, \beta_s = 0.3, \lambda_z = 0.001, \lambda_s = 0.002$。

其次,在乱序情况下,引入乱序度 O,标记序列为 $\{x_1, x_2, x_3, \ldots, x_M\}$,其中,通过 x_i 等于 1 和 2,分别表示存在第 z 种车、存在第 s 种车。则 $O = \dfrac{1}{M}\sum_{i=1}^{M}|x_{i+1} - x_i|$,且 $x_{M+1} = x_1$,并且 O 越大,表示序列越混乱。固定 $M_s + M_z = M$,绘制出多条 v-O 曲线,计算结果如图 12-15 所示,其目的在于刻画序列混乱度对 v 的影响。对于图 12-14 而言,图 12-15 说明,在给定 $M_z = M_s$ 时,不同车辆序列下速度的分布在局部上呈现多峰性,在整体上呈现正态性。不同序列下的结果趋向于聚集在几个 v

值附近,这与本章研究的 $v\text{-}O$ 图像结果自洽。若在 $v\text{-}O$ 图像中绘制多条平行于 O 轴的 $v = v_i$ 直线,可以发现在两侧(v_i 较大或较小时)穿过的 O 值较少,在中心穿过的 O 值较多。这意味着中心附近的 v 值对应更多的 O 值,也即对应更多的车辆序列,因此在直方图中密度较高;同理,两侧附近的 v 值对应更少的 O 值,也即对应更少的车辆序列,因此在直方图中密度较低。图 12-15 所示为在给定车辆总数下,改变不同车辆占比时速度变化的曲线。由图 12-15 可知,图线呈较为复杂的趋势,具体表现在两侧端点处取得最大,而后两端各自先降至极小值再递增出现衔接的平台段,平台段中心区域略低于边缘区域。若去除两侧最高的端点对内部进行拟合,可以明显看出平台段中心区域略低于边缘区域。这种复杂的变化趋势也与 $v\text{-}O$ 图像的结果相符合,M_z 取两端时对应 O 值较小的情况,随着 M_z 从两侧向中心逼近,O 值也相应地逐渐增大。实际上,该 $v\text{-}M_z$ 图像的变化与 $v\text{-}O$ 图以 $O = O_{\max}$ 为轴做轴对称的结果在定性上一致。乱序时,多条 v 与 M 的关系图如图 12-16 所示。图 12-16 所示为 $v\text{-}M$ 图像随不同车辆占比变化的关系。在给定某个 k 值时,图像与 $v\text{-}\rho$ 图趋势完全一致,仅相差横轴上的线性变换。当 k 值改变时(k 不取到 0 或无穷,这里控制 k 值只在 $v\text{-}M_z$ 图像的平台段范围内改变),k 值越偏离 1.0(M_z 与 M_s 个数相差越大),曲线越倾向于在 $k = 1.0$ 的基础上抬高,对应 $v\text{-}O$ 图平台段中心低两侧高的结果。在定量上,由图 12-16 可知,k 对于速度 v 的影响较小。由图 12-17 可知,在 M 相同时,不同乱序度下的 v 相差只有千分之一的量级,解释了图 12-16 的不同 k 的曲线之间差异不大的现象。图 12-17 为乱序情况下,v 在不同序列复杂度 O 下的多组箱线图。由图 12-17 可知,随着 O 的增大($O \neq 0$),v 值的变化范围减小,这与 O 增大时对应的可能车辆排列方式减少相一致。而 v 的中位数变化呈现出先增后减的趋势,在 O 不大也不小时车辆倾向于获得较高且集中的速度。O 过小时,单一异质车辆的耦合作用使系统速度倾向于减小,此时车辆排列方式实际上较多,存在个别排列使速度达到极大值,但在总体上仍然趋向于速度减小,这里反映为中位数的减小;而 O 过大时,车辆排列方式趋向于交替排列,此时排列方式减少,异质车辆的耦合作用达到最大,从而使系统速度(中位数)达到整体上的最小值。需要注意的是,在某一确定的乱序度下系统所能达到的最大速度随着 O 的变大呈现线性减小趋势。理论上,乱序度越大,系统的车辆的停滞效应越显著,因此 v 随着 O 的增大而减小是符合实际的。而 $v_{\max} = a_0 + b, a < 0、b > 0$ 这一结果暗示了乱序度是影响系统稳态速度 v 的内源性因素之一。

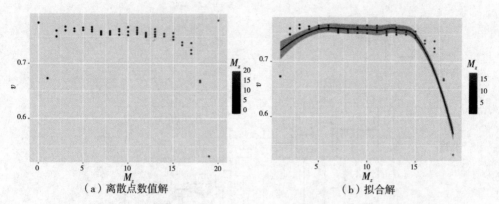

（a）离散点数值解　　　　　　　（b）拟合解

图 12-15　乱序情况下,固定 $M_s + M_z = 20$,绘制出 v 与 M_z 间的关系图

注:参数为 $\alpha_z = 1, \alpha_s = 1, \beta_z = 0.2, \beta_s = 0.3, \lambda_z = 0.001, \lambda_s = 0.002$。

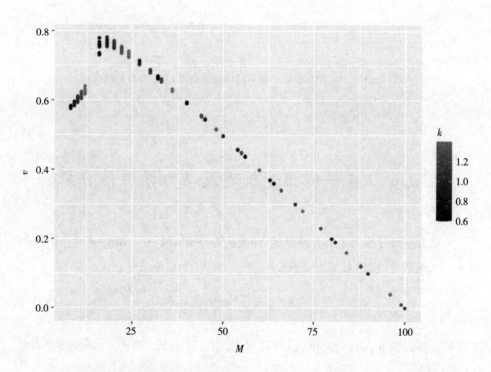

图 12-16　乱序情况下,固定不同的 $M_z/M_s = k$ 的值的大小,绘制出多条 v 与 M 的关系图

注:参数为 $\alpha_z = 1, \alpha_s = 1, \beta_z = 0.2, \beta_s = 0.3, \lambda_z = 0.001, \lambda_s = 0.002$。

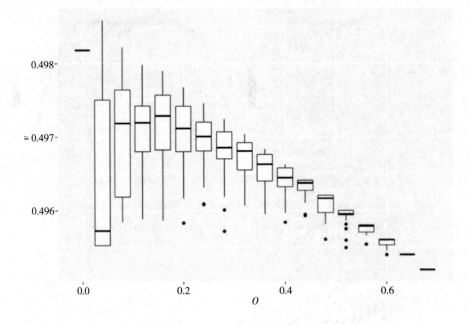

图 12-17　乱序情况下，v 在不同序列复杂度 O 下的多组箱线图

注：参数为 $L = 100$、$M = 50$。$\alpha_z = 1, \alpha_s = 1, \beta_z = 0.2, \beta_s = 0.3, \lambda_z = 0.001, \lambda_s = 0.002$。

12.6　非平衡相变机理及动力学特性分析

考虑无限尺寸影响下的异质系统，即满足 $L \to \infty, M \to \infty, M_1 \to \infty, M_2 \to \infty$。对于广义函数 F，则满足如下条件：

$$F(s) = \sum_{x=0}^{\infty} q(x) s^x \qquad (12-12)$$

对应的 q 可以为 q_{zz}、q_{zs}、q_{sz} 和 q_{ss}，对应有 F_{zz}、F_{zs}、F_{ss}、F_{sz}，而 $q(x)$ 满足如下条件：

$$q(x) = \prod_{i=1}^{x} \frac{1}{u(i)} \qquad (12-13)$$

对应的 u（与 q 对应）可以为 u_{zz}、u_{zs}、u_{ss} 和 u_{sz}。

下面进行如下近似：

$$\begin{cases} u_{zz}(x) \approx u_{zs}(x) \approx u_z(x) = \beta_z + \dfrac{(\alpha_z - \beta_z)(1 + \mathrm{d}z)\,\mathrm{e}^{\frac{\lambda_z x}{\beta_z}}}{2} \\[4mm] u_{ss}(x) \approx u_{sz}(x) \approx u_s(x) = \beta_s + \dfrac{(\alpha_s - \beta_s)(1 + \mathrm{d}s)\,\mathrm{e}^{\frac{\lambda_s x}{\beta_s}}}{2} \end{cases} \qquad (12-14)$$

这里将 $u_{zz}(x)$ 与 $u_{zs}(x)$ 统一近似为 $u_z(x)$，其中，$\dfrac{1+\mathrm{d}z}{2}$ 是对车辆的停滞情况取平均的处理，以此将 $q_{zz}(x)$ 与 $q_{zs}(x)$ 统一近似为 $q_z(x)$，$F_{zz}(s)$ 与 $F_{zs}(s)$ 统一近似为 $F_z(s)$。类似的，$u_{ss}(x)$ 与 $u_{sz}(x)$ 统一近似为 $u_s(x)$，其中，$\dfrac{1+\mathrm{d}s}{2}$ 是对车辆的停滞情况取平均的处理，以此将 $q_{ss}(x)$ 与 $q_{sz}(x)$ 统一近似为 $q_s(x)$，$F_{ss}(s)$ 与 $F_{sz}(s)$ 统一近似为 $F_s(s)$。其中，

$$\begin{cases} F_z(s) = \displaystyle\sum_{i=0}^{\infty} q_z(i)s^i \\[4mm] F_s(s) = \displaystyle\sum_{i=0}^{\infty} q_s(i)s^i \end{cases} \qquad (12-15)$$

此时，满足如下条件：

$$\begin{cases} L_z(s) = \left(\displaystyle\prod_{i=1}^{M_z} F_{(z_i, z_i+1)}(s) \right)^{\frac{1}{M_z}} \approx F_z(s) \\[5mm] L_z(s) = \left(\displaystyle\prod_{i=1}^{M_s} F_{(s_i, s_i+1)}(s) \right)^{\frac{1}{M_s}} \approx F_s(s) \end{cases} \qquad (12-16)$$

对于特定的 λ_z、λ_s，当 $x \to \infty$ 时，应满足如下条件：

$$\begin{cases} u_z(x) = \beta_z + (\alpha_z - \beta_z)\dfrac{1+\mathrm{d}z}{2}\mathrm{e}^{\frac{\lambda_z x}{\beta_z}} \to \beta_z \\[4mm] u_s(x) = \beta_s + (\alpha_s - \beta_s)\dfrac{1+\mathrm{d}s}{2}\mathrm{e}^{\frac{\lambda_s x}{\beta_s}} \to \beta_s \end{cases} \qquad (12-17)$$

可以找到最小的 k_z 与 k_s，使对 $\forall x_z > k_z$，$\forall x_s > k_s$，有

$$\begin{cases} e^{-\frac{\lambda_z x_z}{\beta_z}} < \text{miss}_z = 10^{-8} \\ e^{-\frac{\lambda_s x_s}{\beta_s}} < \text{miss}_s = 10^{-8} \end{cases} \tag{12-18}$$

此时,我们认为: $u_z(x_z)$ 可被视为 β_z, $u_s(x_s)$ 可被视为 β_s。miss_z 与 miss_s 是预先取定的值,其两者越小,计算得出的结果越准确,可以取

$$\text{miss}_z = \text{miss}_s = 10^{-8} \tag{12-19}$$

此时,可得

$$\begin{cases} F_z(s) = \sum_{i=0}^{\infty} q_z(i)s^i = \sum_{i=0}^{k_z} q_z(i)s^i + \sum_{i=k_z+1}^{\infty} q_z(i)s^i \\ \qquad \approx \sum_{i=0}^{k_z} q_z(i)s^i + \sum_{i=k_z+1}^{\infty} \left(\frac{q_z(k_z)s^i}{\beta_z^{i-k_z}} \right) = \sum_{i=0}^{k_z} q_z(i)s^i + \left(\frac{s^{k_z+1}}{\beta_z-s} \right) \\ F_s(s) = \sum_{i=0}^{\infty} q_s(i)s^i = \sum_{i=0}^{k_s} q_s(i)s^i + \sum_{i=k_s+1}^{\infty} q_s(i)s^i \\ \qquad \approx \sum_{i=0}^{k_s} q_s(i)s^i + \sum_{i=k_s+1}^{\infty} \left(\frac{q_s(k_s)s^i}{\beta_s^{i-k_s}} \right) = \sum_{i=0}^{k_s} q_s(i)s^i + \left(\frac{s^{k_s+1}}{\beta_s-s} \right) \end{cases} \tag{12-20}$$

式中,$F_z(s)$ 与 $F_s(s)$ 被近似为一个项数有限的多项式函数和无穷等比数列的求和;s 的取值为小于对应的 β_z 与 β_s,这是因为在相应的单粒子情形,只有当 $s < \beta_z$ 与 $s < \beta_s$ 时,相应的 $F_z(s)$ 与 $F_z{}'(s)$、$F_s(s)$ 与 $F_s{}'(s)$ 才是收敛的。虽然在之后给出的图像中,存在鞍点值大于 β_z 与 β_s 的情况,但是其定性趋势符合理论预期,且超出不大,这说明本章的近似是自洽的。

从而,由鞍点方程

$$\begin{cases} \dfrac{L_z}{M_z} - 1 = \dfrac{1}{\rho_z{}^*} - 1 = z\dfrac{L'_z(z)}{L_z(z)} \approx z\dfrac{F'_z(z)}{F_z(z)} \\ \dfrac{L_s}{M_s} - 1 = \dfrac{1}{\rho_s{}^*} - 1 = s\dfrac{L'_s(s)}{L_s(s)} \approx s\dfrac{F'_s(s)}{F_s(s)} \end{cases} \tag{12-21}$$

改变不同的 $\rho_z{}^*$ 与 $\rho_s{}^*$ 取值,可以计算出对应不同的鞍点 z 与 s 的值。下面,在 λ_z 与 λ_s 较小(可视为 λ_z、$\lambda_s \rightarrow 0$)和 λ_z 与 λ_s 相对较大时两种情况下,分别得到如图 12-18 和

图 12 - 19 所示的结果。

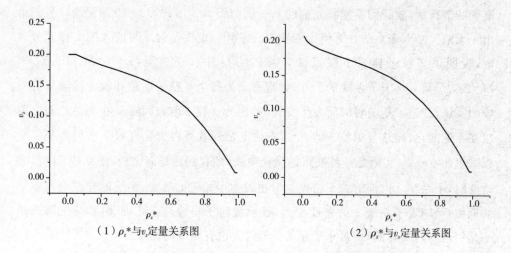

（1）ρ_z^*与v_z定量关系图　　　　　　（2）ρ_z^*与v_s定量关系图

图 12 - 18　无限尺寸情况下,鞍点法得到的速密图解析解(1)

注:参数为 $\alpha_z = 1, \alpha_s = 1, \beta_z = 0.2, \beta_s = 0.3, \lambda_z = 0.1, \lambda_s = 0.2$;全局视角下第 z 种车的密度满足:$\rho_z = \dfrac{M_z}{L} = 0.2$;全局视角下第 s 种车的密度满足:$\rho_s = \dfrac{M_s}{L} = 0.2$。

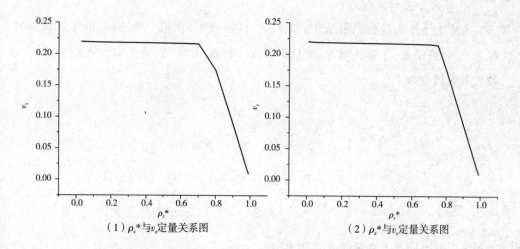

（1）ρ_z^*与v_z定量关系图　　　　　　（2）ρ_z^*与v_s定量关系图

图 12 - 19　无限尺寸情况下,鞍点法得到的速密图解析解(2)

注:参数为 $\alpha_z = 1, \alpha_z = 1, \beta_z = 0.2, \beta_s = 0.3, \lambda_z = 0.01, \lambda_s = 0.02$;全局视角下第 z 种车的密度满足:$\rho_z = \dfrac{M_z}{L} = 0.2$;全局视角下第 s 种车的密度满足:$\rho_s = \dfrac{M_s}{L} = 0.2$。

需要说明的是,这里的 ρ^*,不管是 ρ_z^* 还是 ρ_s^*,均与 ρ_z、ρ_s 有很大区别,由于 ρ^*

与 ρ 在物理意义上的差别,且鞍点 z(或者 s) 是计算机给出的近似数值结果,而不是准确的解析解,故我们不能将先前的 v-ρ 图与图 12-18、图 12-19 相混淆。我们给出了无限尺寸下鞍点法计算得出的鞍点-密度图,主要是为了与前人的工作充分对应,说明了多粒子体系下鞍点法计算的可行性。 在这里,$\rho_z{}^* = M_z/L_z$,$\rho_s{}^* = M_s/L_s$,L_z 是 z 这个子系统的尺寸,物理意义为每个 z 粒子以及其前方间隔集合构成的系统,理论上是随着时间发生变化的,因为 z 粒子前方间隔 x 在到达稳态之前也在不断变化,而这与单粒子的 ρ_z 预先给定之后就不再变化有着本质的区别。所以这里的 v-$\rho_z{}^*$ 实则是一种鞍点的演化曲线,即在到达稳态之前,子系统 z 的尺寸改变时,子系统 z 内部的粒子密度 $\rho_z{}^*$ 也发生了相应的改变,系统的鞍点会有不同的取值,而随着子系统 z 的密度变大,子系统趋于一种拥挤态,此时相应的鞍点减小是符合物理实际的,而对于子系统 s 的讨论也有相应的结果。

12.7　公交车运行元素及 N 种车普适解

1. 考虑公交车运行元素

考虑上下车人数分别服从 $P_{oi}(\lambda_1)$、$P_{oi}(\lambda_2)$ 分布:在第 i 个站台,上客人数 X_i 服从 $P_{oi}(\lambda_1)$ 分布,下客人数 Y_i 服从 $Poi(\lambda_2)$ 分布,其中,$Y_1 = 0$,且二者独立,则有最大乘客约束为

$$\begin{cases} X_1 \leqslant M \\ X_2 + X_1 - Y_2 \leqslant M \\ X_3 + X_2 + X_1 - Y_2 - Y_3 \leqslant M \\ \quad\quad\vdots \end{cases} \tag{12-22}$$

则第 i 个站点处车上总最大人数满足,即

$$M_i = \left(\sum_{K=1}^{i} X_K - \sum_{K=2}^{i} Y_K \right) \leqslant M, \forall\, 1 \leqslant i \leqslant N \tag{12-23}$$

式中,M_i 满足分布 $Poi(i\lambda_1 - (i-1)\lambda_2)$。需要注意的是,对每个站点处总最大人数的统计在乘客完成上下车行为后进行。乘客在 j 站点上车 K 站点下车的概率为

$$P_1 = \sum_{\langle y_1, \cdots, y_K, m_1, \cdots, m_{K-1} \rangle}$$

$$\left\{ \left[\prod_{i=j}^{K-1} \left(1 - \frac{Y_i}{M_{i-1}} \right) \right] \left(\frac{Y_K}{M_{K-1}} \right) P(Y_1 = y_1, \cdots, Y_K = y_K, M_1 = m_1, \cdots, M_{K-1} = m_{K-1}) \right\}$$

$$(12 - 24)$$

这构成一个复合的几何分布,各个 Y_i、M_i 为 poisson 分布。式(12 - 24)中概率为

$$P_1' = P(Y_1 = y_1, \cdots, Y_K = y_K, X_1 = m_1,$$

$$X_1 - Y_2 + X_2 = m_2, \cdots, X_1 + \cdots + X_K - Y_2 - \cdots - Y_{K-1} = m_{K-1})$$

$$(12 - 25)$$

其表示在每个站点下车人数分别为 $y_1 \cdot \cdots, y_k$、在各站点上车上的总人数分别为 $m_1, \cdots, m_{k-1}$,即式(12 - 25)的概率为 P',则有

$$P' = \frac{\exp(-K\lambda_2 - (K-1)\lambda_1)\lambda_2^{\sum_{i=1}^{K} y_i} \lambda_1^{m_{K-1} + \sum_{i=2}^{K-1} y_i}}{\left(\prod_{i=1}^{K} y_i! \right) (m_1!) \prod_{i=2}^{K-1} (m_i - m_{i-1} + y_i)!} |J| \quad (12 - 26)$$

构造雅克比矩阵(Jacobi 矩阵)满足:

$$J = \begin{bmatrix} I_K & O_{K \times (K-1)} \\ A_{(K-1) \times K} & B_{(K-1) \times (K-1)} \end{bmatrix} \quad (12 - 27)$$

式中,J 为 $(2K-1) \times (2K-1)$ 的矩阵;I_K 为 K 阶单位阵;$O_{K \times (K-1)}$ 为 $K \times (K-1)$ 零矩阵;$B_{(K-1) \times (K-1)}$ 为 $(K-1) \times (K-1)$ 阶阵;主对角线元素为 1、下副对角线元素为 -1,并满足:

$$B = \begin{bmatrix} 1 & & & & \\ -1 & & & & \\ & \cdots & \cdots & & \\ & & \cdots & \cdots & \\ & & & \cdots & \cdots \\ & & & & -1 & 1 \end{bmatrix}_{(K-1) \times (K-1)} \quad (12 - 28)$$

并且 $A_{(K-1) \times K}$ 为 $(K-1) \times K$ 的矩阵,且满足如下矩阵:

$$A = \begin{bmatrix} 0 & 0 & 0 & \cdots & 0 & 0 \\ 0 & 1 & 0 & \cdots & 0 & 0 \\ 0 & 0 & 1 & \cdots & 0 & 0 \\ \vdots & \vdots & \vdots & & \vdots & \vdots \\ 0 & 0 & 0 & \cdots & 1 & 0 \end{bmatrix}_{(K-1) \times K} \quad (12-29)$$

这里 12.7 节所讨论的内容是与运动规则相独立的,只考察上下车行为而不考虑车辆前向输运过程,仅与参数 λ_1、λ_2 相关。此处的统计量不是传统意义的MFPT,实际上为乘客的滞留时间(搭乘站点数),也即乘客从第 i 个站点出发初次穿越第 $i+k$ 个站点的概率。上下车人数服从泊松分布,因此上下车人数增大时,概率会呈现指数级的递减并很快降低到一个小值,所以此处限制上下车人数最大均为 3 人。乘客继续搭乘车辆的概率随站点数之间的关系如图 12-20 所示。图 12-20 所示为乘客旅行距离随参数演化的关系。乘客继续搭乘车辆的概率随站点数的增加而呈现出先增加后减少的规律,这与每个站点处上下车人数服从泊松分布,从而乘客旅行距离服从复合几何分布的假设相符,并且上车所服从分布的期望(λ_1)越大(小)、下车所服从分布的期望(λ_2)越小(大),则曲线越倾向于抬高(降低)。该图省略了乘客不上车($K-1=0$)时的概率,并未标注出纵轴上的该对应点。

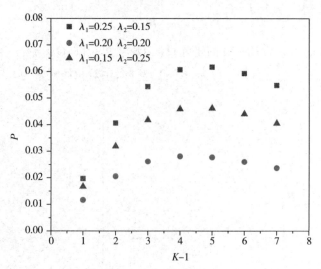

图 12-20 乘客继续搭乘车辆的概率随站点数之间的关系($M=5$)

2. N 种车的普适解

N 足够大时，无论有限尺寸情况下配分函数的计算复杂度过高，还是无限尺寸情况下鞍点的计算过于复杂，本章并不呈现 N 种车的解析结果，计算 N 种车的解析图像是不现实的。首先，车辆运行速度应满足如下条件：

$$u_{(l_i,l_{i+1})}(x) = \beta_{l_i} + (\alpha_{l_i} - \beta_{l_i}) \Delta_{(l_i,l_{i+1})} \, \mathrm{e}^{\frac{\lambda_{l_{i+1}} x}{\beta_{l+1}}} \qquad (12-30)$$

式中，l_i 为在初始车辆序列中第 i 个位置对应车的种类。此外，满足：

$$\Delta_{(l_i,l_{i+1})} = 1 + \delta_{(l_i,l_{i+1})}(d_{(l_i,l_{i+1})} - 1)$$

$$= 1 + \delta_{(l_i,l_{i+1})} (\mathrm{e}^{\frac{\lambda_{l_i}(L-M)}{M_{l_i}\beta_{l_{i+1}}}} - 1) \qquad (12-31)$$

式中，$\delta_{(l_i,l_{i+1})}$ 为克罗内克算符。

可得概率权重因子满足如下条件：

$$q_{(l_i,l_{i+1})}(x) = \prod_{y=1}^{x} \frac{1}{u_{(l_i,l_{i+1})}(y)} \qquad (12-32)$$

并且配分函数满足如下条件：

$$Z(L,M) = \sum_{x_{l_1},x_{l_2},\cdots,x_{l_M}} q_{(l_1,l_2)}(x_{l_1})\cdots q_{(l_i,l_{i+1})}(x_{l_i})\cdots q_{(l_M,l_1)}$$

$$(x_{l_M}) \delta_{x_{l_1}+x_{l_2}+\cdots\cdots x_{l_M},L-M}$$

$$= \sum_{x_{M_1},x_{M_2},\cdots x_{M_{M_1}},\cdots,x_{M_{N_1}},\cdots,x_{M_{N_{M_N}}}} q_{(t_{l_{1}},t_{l_1+1})}(x_{t_{1_1}}) \times \cdots$$

$$\times q_{(t_{l_{M_1}},t_{l_{M_1}})}(x_{t_{l_{M_1}}})\delta_{x_{t_{1_1}}+\cdots x_{t_{1_{M_1}}},L1-M_1} \times \cdots$$

$$\times q_{(t_{N_1},t_{N_1+1})}(x_{t_{N_1}})\cdots q_{(t_{N_{M_N}},t_{N_{M_N}+1})}(x_{t_{N_{M_N}}})\delta_{x_{t_{N_1}}+\cdots\cdots x_{t_{N_{M_N}}},L_N-M_N}$$

$$= \sum \oint \frac{\mathrm{d}s}{2\pi \mathrm{i}s} \left[\frac{L_1(s)}{s^{\frac{1}{\rho_1^*}-1}} \right]^{M_1} \cdots \oint \frac{\mathrm{d}s}{2\pi \mathrm{i}s} \left[\frac{L_N(s)}{s^{\frac{1}{\rho_N^*}-1}} \right]^{M_N} \qquad (12-33)$$

式中，t_i 为第 i 种类型的车；t_{i_j} 为第 i 种车的第 j 辆车；第三个等号是将 N 个系统的配分函数都写成复变函数的形式，以方便后续求相应的鞍点方程；M_1 为第一种粒子对应的粒子数目；M_N 为对应第 N 种粒子的粒子数目，则有

$$M_1 + \cdots + M_N = M \tag{12-34}$$

$$L_i(s) = \Big[\prod_{j=1}^{M_i} F_{(\bar{t}i_j, \bar{t}i_j+1)}(s)\Big]^{\frac{1}{M_i}} \tag{12-35}$$

对于有限体系有

$$F_{(l_i, l_{i+1})}(s) = \sum_{x=0}^{L-M} q_{(l_i, l_{i+1})}(x) s^x \tag{12-36}$$

对于无限体系有

$$F_{(l_i, l_{i+1})}(s) = \sum_{x=0}^{\infty} q_{(l_i, l_{i+1})}(x) s^x \tag{12-37}$$

对 $j = 1, 2, 3, 4, \cdots, N$，鞍点方程满足：

$$\frac{1}{\rho_j^*} - 1 = z \frac{L_j^{'}(z)}{L_j(z)} \tag{12-38}$$

式中，z 表示满足鞍点方程的解；ρ_j^* 表示对应第 j 种粒子在子系统视角下的密度 $\rho_j^* = \dfrac{M_j}{L_j}$，为方便计算，实际上，往往会对相应的函数进行近似处理后再进行相应鞍点方程的求解，对应的近似过程可以参考前述内容中的双粒子情形。

对于系统中的第 l_i 个粒子，其车间距概率为

$$P_{(l_i, l_{i+1})}(x) = \frac{z_{\backslash l_i}(L-x-1, M-1) q_{(l_i, l_{i+1})}(x)}{z(L, M)} \tag{12-39}$$

对于有限体系有

$$v_{l_i} = \sum_{x=0}^{L-M} P_{(l_i, l_{i+1})}(x) u_{(l_i, l_{i+1})}(x) \tag{12-40}$$

对于无限体系有

$$v_{l_i} = \sum_{x=0}^{\infty} P_{(l_i, l_{i+1})}(x) u_{(l_i, l_{i+1})}(x) \tag{12-41}$$

全局系统车辆平均速度为

$$v_{\text{global}} = \frac{\sum_{l=1}^{M} v_{l_i}}{M} \tag{12-42}$$

12.8　重要公式推导

需要说明的是,前人的研究工作是基于主方程,通过求和,使内部的每项等于0,从而推导出精细平衡条件。而实际上,由于求和指标做了移位操作,这里的精细平衡条件本质为广义精细平衡,即本章中详细阐述的全局平衡条件和广义精细平衡条件。

1. 全局精细平衡分析

利用单种车情况下的 BRM 文献方法,可得

$$q_{(j,j+1)}(x) = \prod_{y=1}^{x} \frac{1}{u_{(j,j+1)}(y)} \tag{12-43}$$

由于整个系统的物理机制在单粒子和双粒子时是类似的,对于权重函数的推导运用到的精细平衡方程在形式上是完全相同的。单粒子与多粒子的差别仅在于多粒子时,每一个粒子及其前方粒子构成的数对 $(i, i+1)$ 是不完全相同的,为了表征多粒子时不同序列的差别,本节对第 i 个粒子的权重函数 q 加以数对下标以示区分,由此得到式(12-43)。

2. 异质系统中公交车的运动速度的四种解析关系式的推导

基于车间距的示意图(见图 12-2),对于 $u_{zz}(x)$ 而言,由泊松分布可知,车辆 z_1 前方没有乘客的概率为 $e^{-\frac{\lambda_z x}{v}}$,可得

$$u_{zz}(x) = \alpha_z e^{-\frac{\lambda_z x}{v}} + (1 - e^{-\frac{\lambda_z x}{v}})\beta_z = \beta_z + (\alpha_z - \beta_z) e^{-\frac{\lambda_z x}{v}} \tag{12-44}$$

同理可得

$$u_{ss}(x) = \alpha_s e^{-\frac{\lambda_s x}{v}} + (1 - e^{-\frac{\lambda_s x}{v}})\beta_s = \beta_s + (\alpha_s - \beta_s) e^{-\frac{\lambda_s x}{v}} \tag{12-45}$$

对于 $u_{zs}(x)$,引入滞留项 dz,由于 s 车无法全部带走 z 车前方站台的乘客,z 站前方站台上一次被清零是由离 z 车最近的 z 种车 z' 所决定的。z 车之间的平均车间距为 $\frac{L-M}{M_z}$,距离 z' 路过 z 车前方站台到当前时刻经过的时间是 $\frac{L-M}{M_z v}$。由泊松分布可知,z 车前方站台不滞留有 z 车乘客的概率为

$$dz = e^{-\frac{\lambda_z (L-M)}{M_z v}} \tag{12-46}$$

这里认为 dz 和时间、位置均无关(均匀分布,z 和 s 之间的所有无车的站台的 dz 都相等)。此外,距离 s 车离开 z 车到当前位置经过的时间为 $\frac{x}{v}$,由泊松分布可

知,新进入的乘客为 0 的概率为 $e^{-\frac{\lambda_z x}{v}}$,$z$ 车前方站台没有 z 车乘客的概率为

$$e^{-\frac{\lambda_z x}{v}} dz = e^{-\frac{\lambda_z x}{v}} e^{-\lambda_z \frac{(L-M)}{M_z v}} \tag{12-47}$$

因此 z 车乘客的概率为 $1 - e^{-\frac{\lambda_z x}{v}} e^{-\lambda_z \frac{(L-M)}{M_z v}}$,可得

$$
\begin{aligned}
u_{zs}(x) &= \alpha_z e^{-\frac{\lambda_z x}{v}} e^{-\lambda_z \frac{(L-M)}{M_z v}} \\
&\quad + \left[1 - e^{-\frac{\lambda_z x}{v}} e^{-\lambda_z \frac{(L-M)}{M_z v}} \right] \beta_z \\
&= \beta_z + (\alpha_z - \beta_z) e^{-\frac{\lambda_z x}{v}} \exp^{-\lambda_z \frac{(L-M)}{M_z v}}
\end{aligned}
\tag{12-48}
$$

同理可得

$$u_{sz}(x) = \beta_s + (\alpha_s - \beta_s) e^{\frac{\lambda_s x}{v}} e^{-\lambda_s \frac{(L-M)}{M_s v}} \tag{12-49}$$

3. 配分函数及鞍点法的推导

系统配分函数为

$$z(L, M) = \sum q_{(1,2)}(x_1) \cdots q_{(M,1)}(x_M) \delta_{x_1 + \cdots + x_M, L-M} \tag{12-50}$$

因为总系统某种组态出现的权重是对应该组态的两个分系统分别具有的组态权重的乘积,所以只有分系统 s(由 s 种车构成的子系统)、z(由 z 种车构成的子系统)分别具有 $\{x_{s_1}, \cdots, x_{s_{M_s}}\}$、$\{x_{z_1}, \cdots, x_{z_{M_z}}\}$ 的组态时,总系统才会具有 $\{x_{s_1}, \cdots, x_{s_{M_s}}, x_{z_1}, \cdots, x_{z_{M_z}}\}$ 的组态。进而有

$$
\begin{aligned}
Z(L, M) &= \sum_{\substack{i+j=L \\ i \geqslant M_s \\ j \geqslant M_z}} \sum q_{(z_1, z_1+1)}(x_{z_1}) \cdots q_{(z_{M_z}, z_{M_z}+1)}(x_M) \delta_{x_{z_1} + \cdots + x_{z_{M_z}}, j - M_z} q_{(s_1, s_1+1)} \\
&\qquad (x_{s_1}) \cdots q_{(s_{M_s}, s_{M_s}+1)}(x_s) \delta_{x_{s_1} + \cdots + x_{s_{M_s}}, i - M_s} \\
&= \sum_{\substack{i+j=L \\ i \geqslant M_s \\ j \geqslant M_z}} Z_z(j, M_z) Z_s(i, M_s) \\
&= \sum_{\substack{p+q=L \\ p \geqslant M_s \\ q \geqslant M_z}} \oint \frac{ds}{2\pi i s} \left[\frac{L_z(s)}{s^{\frac{q}{M_z}} - 1} \right]^{M_z} \oint \frac{ds}{2\pi i s} \left[\frac{L_s(s)}{s^{\frac{p}{M_s}} - 1} \right]^{M_s}
\end{aligned}
\tag{12-51}
$$

第 13 章　　总结与展望

本书需要解决的关键科学问题可以高度凝练为驱动扩散系统的平均场解析、精确解分析、蒙特卡洛模拟研究。众所周知,驱动扩散系统的解析建模、动力学机理剖析、实验验证是统计物理及复杂性系统科学领域极其重要的关键科学问题。本书以道路交通流、网络交通流、自驱动粒子系统为研究对象,通过解析建模、精确解分析、蒙特卡洛模拟 3 种重要的技术方法,对常见的自驱动粒子集簇动力学现象进行研究。总而言之,本书的研究将为探究自驱动粒子集簇动力学机理、多体粒子相互作用系统的非平衡相变机理及其临界现象的动力学行为剖析提供一定的科学参考和理论基础。此外,本书中各个代表性科研工作的主要结论如下。

(1) 首先,基于 VOCs 排放源的 4 项数据(工业源、移动源、农业源、生活源),通过收集和分析安徽省 16 个城市 1776 家企业的样本数据,得出了 VOCs 排放量与企业产值、汽车保有量、农村人口、城市人口等各个影响因素之间的关系。在数值分析过程中,通过线性拟合、多项式拟合等数值分析方法得到排放源的典型参数与 VOCs 排放总量之间的定性和定量关系,包括企业产值与工业 VOCs 排放量之间的关系、汽车保有量与 VOCs 排放量之间的关系、农村人口与 VOCs 排放量之间的关系、城市人口与 VOCs 排放量之间的关系。此外,通过求解拟合曲线的切线,得到了 VOCs 排放过程中的特征参数的极值。其中,极值被认为是控制 VOCs 排放的特征参数的最优解。基于最优解,对不同来源提出了各种控制策略。具体而言,对于正的最优解,特征参数约接近最优解,控制策略的效果越好;对于负的最优解,特征参数约接近最优解,控制策略的效果越差。最后,总结了各种 VOCs 排放源的特点,进而设计了合理的 VOCs 处理系统的工艺流程图。

(2) 提出了一个由 K 通道 TASEP 组成的驱动扩散系统,且相邻子系统之间的相互作用是不对称的。各 TASEP 通道中的粒子可以换道至相邻通道中。由于周期性边界条件的影响,子系统的粒子密度受控于相邻通道之间的换道率。根据细致平衡方程建立主方程,可以得到权重因子 f_i 的约束条件为 $f_{i+1}\omega_{i+1}^{\mathrm{u}} + f_{i-1}\omega_{i-1}^{\mathrm{d}} - f_i\omega_i^{\mathrm{u}} - f_i\omega_i^{\mathrm{d}} = 0$。最后,通过求解线性方程组得到 f_i。需要说明的是,权重因子的线性方程组可以表示为 $f_i = \dfrac{1}{2K\omega_i^{\mathrm{d}}}\Big(1 + \sum\limits_{j=1}^{K-1}\prod\limits_{m=1}^{j}\dfrac{\omega_{i+m}^{\mathrm{u}}}{\omega_{i+m}^{\mathrm{d}}}\Big) + \dfrac{1}{2K\omega_i^{\mathrm{u}}}\Big(1 + \sum\limits_{j=1}^{K-1}\prod\limits_{m=1}^{j}\dfrac{\omega_{i+K-m}^{\mathrm{u}}}{\omega_{i+K-m}^{\mathrm{d}}}\Big)$ 而当 $\omega_i^{\mathrm{u}} = \omega_i^{\mathrm{d}} = \omega$ 时,权重因子演化为 $1/\omega_i$。这证明本章研究模型可以自发地演化成对称换道率的多通道 TASEPs 系统。此外,利用中值定理等,本章获得了特征参量的解析解,包括全局密度、子系统的密度、子系统流量、全局流量、子系统中粒子数目的期望、子系统中粒子数目的方差、子系统中粒子组态出现的概率等。研究发现,子系统的密度随全局密度单调增加,但由于完全异质相互作用,各个子系统的密度值各不相同。由于 TASEP 通道的周期性边界条件,局部密度对于空间位置而言是同质的。由于 TASEP 通道中的最大流量限制,其通道中的流量随着密度发生非单调变化。另外,通过计算这种驱动扩散系统的更复杂的拓扑结构(K 为 $10、20、30、50$),可以发现无论系统的拓扑结构如何变化,一个变化的组态转换率将干扰子系统的密度变化,并且将直接影响相邻通道的密度变化,其影响远大于其余较远的通道。最后,通过对比本书所研究的完全同质系统、部分异质系统等典型系统可以发现在系统全局密度守恒的前提下,引入和充分考虑完全异质相互作用的多通道 TASEP 系统的最优流量将远高于其余系统,即充分考虑完全异质相互作用将有助于提升全局输运效率。

(3)讨论了具有周期性边界的系统中特征参量的演化,并引入密度依赖的弛豫时间和交通状态因子。根据实际交通情况,设定弛豫时间随密度呈指数下降的情况。对所提出的系统进行了大量的数值模拟,充分地讨论了不同道路的初始密度情况。由于弛豫时间的多样性和驾驶员的敏感性,特征参量的演化变化明显。具体而言,当初始密度较低时,前车对后车的影响很小,即初始密度起决定性作用;当初始密度较高时,弛豫时间相对较短,道路中的流量基本平衡,可以认为弛豫时间和初始密度起决定性作用;当初始密度适中时,弛豫时间是中等的。交通状态因子和初始密度影响流量的演化。此外,由于相变条件不固定,车辆速度和其他物理参数将形成回滞环。最后,进行了线性和非线性稳定性分析以验证系统的鲁棒性,推导出线性稳定条件和非线性稳定性条件,并与数值模拟结果进行比较,验证了所提模型的合理性。

(4)研究了考虑内部相互作用和 Langmuir 动力学的一维 TASEP 模型。通过计算和研究系统中的特征序参量的演化规律。重点剖析了局部密度和局部流量，反映出集簇平均场动力学。进行了集簇平均场分析，并发现其结果与蒙特卡洛模拟结果相吻合，还考虑了完备的相互作用，即吸引效应的相互作用、平衡的相互作用和排斥的相互作用，这些相互作用决定了系统中粒子的分布情况。具体而言，设定值 q 越大，自驱动粒子的簇形成的概率越大；相反，r 反映了群集消失的可能性，即 r 的值越大，自驱动粒子形成的集簇消失的概率增大。实际上，对于统计物理学领域而言，孤立系统的能量越低，系统就越稳定。因此，在 q 取值较大的情况下，吸引效应在所提出的系统的内部动力学中占主导地位，导致出现更多的集簇现象。系统内部相互作用的能量减少会导致系统稳定性的提高。类似地，在 r 取值较大的情况下，排斥效应在所提出的系统的内部动力学中占主导地位，集簇易形成，进而导致系统的内部相互作用的能量增加，系统的稳定性降低。此外，还得出该系统对吸引率 q 的变化更敏感的结论。需要说明的是，参数 E 可以被视为系统中自驱动粒子的化学势。

（5）关注了异质交通流模型的分岔现象，该系统包含多种车辆。为了描述各种车辆之间的不同相互作用，运用了分岔理论来研究系统中平均车间距的演化规律，研究了 3 种情况下该系统的分岔模式，并用分岔模式斑图进行了说明。为了更好地说明系统的抗干扰能力，对异质交通流模型进行了稳定性分析。分析结果表明，车辆数量的增加导致系统稳定性的丧失。随后，进行了系统的吸引子分析，直观地呈现了异质系统从初始状态到平衡状态的过程的相图。

（6）研究了混合交通流模型的稳定性分析和波动力学，对模型进行了线性稳定性分析，发现了线性稳定区、亚稳区和不稳定区域，并且通过推导 KdV 方程，得到了亚稳态孤波解，还利用多尺度摄动法求解行波解，通过模拟仿真结果验证了解析解的有效性，利用 Darboux 变换，最终导出并显示了一阶周期解、二阶周期解及有理解。

（7）提出了强制流与改进的 BPR 函数耦合的方法，分析了正常流和强迫流两种情况下的旅行时间。在此基础上，推导了可降解网络在 4 种情况下的旅行时间平均值和方差，同时计算了出行时间预算；将 MSA 应用于计算中，对具体的可降解网络进行了数值分析，并得到了系统的平衡流分配。此外，通过对有限速和不设限速的情况进行比较发现，速度限制可以减少平均行程时间和时间旅行预算，并且在一定程度上降低了系统运行时间的变化。

（8）提出了一个修正的宏观交通流模型，该模型考虑了交通状态下的密度依赖的弛豫时间。重点分析了特定道路条件因子 $R(x)$ 对交通流演变的影响,给出了交通流扰动的传递和耗散的详细说明。此外,对开边界条件进行了数值模拟,并对 4 种不同的情况(低密度情况、密度较低情况、密度较高情况的和高密度情况)分别进行了讨论,为未来切合实际的交通流模型的提出和修正提供一定的科学参考。

(9) 在 WZY 模型中引入安全速度。此外,该模型以连续模型的形式描绘了交通流,显示了交通流内的扩散现象。通过线性稳定性分析测试后,验证了模型的稳定性(其中,复杂的交通网络被划分为道路)。为简单起见,仅研究了单个路段上的密度和速度的演化,其仿真模拟分析表明,该模型能够揭示走走停停、临时堵塞、紧急交通事故等错综复杂的交通现象。此外,研究了控制参数对交通流演变的影响。需要说明的是,在 WZY 模型中,全局平衡速度被局部平衡速度所取代,强调车辆速度的修改是基于安全速度的引入,即考虑了驾驶员估计的影响。另外,还重点分析了系统中密度波的演变和速度波的演化。

(10) 首先,对有限粒子源及无限粒子源诱发的完全异质粒子源效应作用下的多层排他网络的解析进行了研究,并给出了普适情况下的两种可行的近似解析方法。所研究的模型是由多个子环 $1,2,\cdots,k$ 组成的系统,每个子环内部闭合,存在内部流动速率 P;子环之间存在随机的流动,由 i 环到 j 环流动的速率为 ω_{ij};同时,模型中存在系统外部粒子源,且在以上的研究中假设该粒子源的粒子容量无限,其与子环间发生粒子交换的概率与粒子源内的粒子数无关;粒子从子环 i 到粒子源的流动速率为 ω_{di},从粒子源到子环 i 的流动速率为 ω_{ai}。主要关注系统的特征序参量 ρ_i,即子环 i 内的粒子密度,以及 J_i,即子环 i 内的粒子流量。其次,给出了对该模型的两种研究方法,两种方法均基于传统方法中的子环间权重独立的假设。全局平衡法基于权重因子假设,借助广义平衡方程,给出满足方程的权重因子的表达式,进而给出特征序参量密度和流量的表达式。但是该方法要求对任意的子环 $i、j、k$,有 $\omega_{ij}=\omega_{ik}=\omega_i$。主方程法基于权重因子假设,借助主方程平衡方程,给出满足方程的权重因子的表达式,进而给出特征序参量密度和流量的表达式,且对模型的参数设置没有任何要求。两种方法均给出了详细的推导和验证。再次,给出了该模型下的蒙特卡洛模拟结果,虽然在非平衡流较强的情况下解析结果与模拟结果有一定差距,但仍然是目前的一种解析结果。最后,详细对比了普适模型与传统的可满足精细平衡方程的模型的差异,指出了传统方法的局限性和一般模型解析困难性的本质,强调了非平衡流对模型的重大影响,并对其影响方式进行了分析。

(11) 建立了多种粒子下的异质公交系统模型,推导出了多种粒子构成的公交系统在稳态下的特征序参量的计算公式,如速度 v、粒子前方间隔概率 $P(x)$ 与系统总流量 J 等,并以双粒子情形为例,计算并分析了相应的速密图(v-ρ 图)、流密图(J-ρ 图)和车间距概率与车间距取值间定量关系演化图$[P(x)$-x 图$]$的演化规律。同时,在此基础上,引入了乱序度 O,并且计算改变乱序度 O(或是通过改变车辆数 M、固定车辆总数 M,但改变 $k=M_z/M_s$ 等方式间接改变乱序度 O)后相应的特征序参量随乱序度 O 变化的演化关系,通过研究乱序度 O 对系统特征序参量的影响,揭示了粒子种类异质性和粒子排布顺序的差异引起的对系统特征序参量的内源性影响。与单种粒子情形不同的是,得到了多种粒子无视车辆排布后的各个函数的解析解,由此计算出相应的序参量 v、J、$P(x)$ 的解析数值。同时通过引入停滞系数 d,刻画了多粒子系统由于相邻车辆种类不同引起的粒子的停滞效应,并在多粒子情形下,对有限粒子和无限粒子分别给出了相应的鞍点法的计算公式。除此之外,考虑到实际公交系统中每个站点有最大乘客数的约束,且每个公交车有上下乘客的实际情况,分别完成了对引入上下车约束的类 MFPT 问题及 N 粒子异质公交线路系统模型的讨论,在实际性和普适性两个方向上对本章研究完成进一步的扩充。

综上所述,本书系统性地展示了著者在复杂性系统科学建模及仿真优化、动力学机理探索剖析方面的研究成果,突出合肥工业大学的发展特色及学术研究特色,集中展示一批最新的有代表性的科研成果。进而,有助于推动系统科学等新学科、交叉科学的理论发展,有助于推动非平衡相变的机理研究等理论研究发展,为探究自驱动粒子集簇动力学机理、多体粒子相互作用系统的非平衡相变机理及其临界现象的动力学行为剖析提供一定的科学参考和理论基础。综上所述,本书的特色如下。

1. 人才培养方面的价值

1)受众群体广泛、普适度较高,既适用于科研院所、高等学校、专科院校、职业技术学院等专业技术人员,也适用于在企业工作等的社会人员。

2)既可面向博士研究生、硕士研究生,也可面向本科生等,有助于提升人才培养过程中的能力导向,尤其是提升解决复杂科学问题、复杂工程问题中的复杂模型构建、计算机算法实现、数理方程构建、理论科学思维培养等综合能力。

3)紧密围绕交叉学科、复杂性系统科学中的核心基础理论展开论述,有助于推动剖析新学科、交叉学科、系统科学背景下的新技术及方法,进而有助于推动人才培养的新技术、新素材、新手段的发掘。

2. 科学技术方面的价值

1) 紧密围绕交叉学科、复杂性系统科学中的核心基础理论"驱动扩散系统的非平衡相变机理"展开论述,以驱动扩散系统的平均场解析、精确解、蒙特卡洛模拟研究为切入点,系统地剖析了新学科、交叉学科、系统科学背景下的新技术及方法。本书聚焦于解决基础学科研究领域的关键科学问题,具备较好的科研创新性及学术研究价值。本书着重通过驱动扩散系统的解析建模、动力学机理剖析、实验验证等技术手段,剖析非平衡相变机制、集簇动力学机理、特征序参量定量演化规律等关键科学问题。

2) 围绕著者及所在学科团队十余年的代表性科研成果进行撰写,以复杂网络、驱动蛋白网络、多体粒子相互作用系统为研究对象,通过解析建模、精确解分析、蒙特卡洛模拟等方法,论述常见的自驱动粒子集簇动力学现象的形成机理,系统地展示合肥工业大学在复杂性系统科学建模及仿真优化、动力学机理探索剖析方面的研究成果,突出合肥工业大学的发展特色及学术研究特色,集中展示一批最新的有代表性的科研成果。

本领域未来的研究方向主要集中于构建更为普适的驱动扩散系统并探究其非平衡相变机理。近期,国内外最新研究工作以基于复杂网络的 ASEP 系统为最新研究着眼点,以复杂体系的非平衡相变形成机理及临界现象演化机制为研究核心,核心研究技术手段集中于关联平均场理论分析、大偏差理论精确解分析、矩阵乘积理论精确解分析、张量网络精确解分析、自驱动粒子实测实验数据辅助建模 5 个方面。著者及其所在研究团队也在上述最新研究热点及新型技术手段探索中开展了长期的科研工作。在未来的研究工作中,著者将继续着眼于本书中提到的拟解决的关键科学问题,建立更为复杂拓扑结构的驱动扩散系统,深入剖析系统特征序参量的演化规律,寻求系统的精确解,并积极与实验数据进行对比验证分析,着眼于解决"如何建立更为贴合实际物理背景的驱动扩散系统""如何得到具有普适性的特征参量演化规律"这两块技术问题。相关最新研究成果将于著者的下一部专著中进行详细阐述报道。

主要参考文献

[1] ABUDAYYEH D, NICHOLSON A, NGODUY D. Traffic signal optimisation in disrupted networks, to improve resilience and sustainability [J]. Travel behaviour and society,2021,22:117 - 128.

[2] ADDISON P S, LOW D J. A novel nonlinear car - following model [J]. Chaos:an interdisciplinary journal of nonlinear science,1998,8(4):791 -799.

[3] AKAMATSU T. Cyclic flows,Markov process and stochastic traffic assignment[J]. Transportation research part B: methodological, 1996, 30 (5): 369 -386.

[4] ALISOLTANI N, LECLERCQ L, ZARGAYOUNA M. Can dynamic ride - sharing reduce traffic congestion? [J]. Transportation research part B: methodological,2021,145(2):212 - 246.

[5] AL - SHAMMARI B K J, AL - ABOODY N, AL - RAWESHIDY H. IoT traffic management and integration in the QoS supported network [J]. IEEE internet of things journal,2017,5(1):352 - 370.

[6] AREND M G, SCHÄFER T. Statistical power in two - level models: a tutorial based on Monte Carlo simulation[J]. Psychological methods,2019,24(1): 1 - 19.

[7] BAEK Y, KAFRI Y, LECOMTE V. Dynamical symmetry breaking and phase transitions in driven diffusive systems[J]. Physical review letters,2017,118 (3):030604.

[8] BARI M A, KINDZIERSKI W B. Ambient volatile organic compounds (VOCs)in Calgary, Alberta: sources and screening health risk assessment[J]. Science of the total environment,2018,631(1):627 - 640.

[9] BAR – GERA H. Origin – based algorithm for the traffic assignment problem[J]. Transportation science,2002,36(4):398 – 417.

[10] BENEDEK C M,RILETT L R. Equitable traffic assignment with environmental cost functions[J]. Journal of transportation engineering,1998,124(1):16 – 22.

[11] BENEKOHAL R F, TREITERER J. CARSIM: car – following model for simulation of traffic in normal and stop – and – go conditions [J]. Transportation research record,1988(1194):99 – 111.

[12] BIASIOLI F,GASPERI F,YERETZIAN C,et al. PTR – MS monitoring of VOCs and BVOCs in food science and technology[J]. TrAC trends in analytical chemistry,2011,30(7):968 – 977.

[13] BRAUNS F,HALATEK J,FREY E. Diffusive coupling of two well – mixed compartments elucidates elementary principles of protein – based pattern formation[J]. Physical review research,2021,3(1):013258.

[14] BRACKSTONE M, MCDONALD M. Car – following: a historical review[J]. Transportation research part F: traffic psychology and behaviour, 1999,2(4):181 – 196.

[15] BRILLI F,LORETO F,BACCELLI I. Exploiting plant volatile organic compounds(VOCs)in agriculture to improve sustainable defense strategies and productivity of crops[J]. Frontiers in plant science,2019,10:264.

[16] BROMLEY E H,KUWADA N J,ZUCKERMANN M J,et al. The tumbleweed: towards a synthetic protein motor [J]. HFSP journal, 2009, 3 (3): 204 –212.

[17] BURGHES A H M,BEATTIE C E. Spinal muscular atrophy: why do low levels of survival motor neuron protein make motor neurons sick? [J]. Nature reviews neuroscience,2009,10(8):597 – 609.

[18] CAO Y, SUN D. Link transmission model for air traffic flow management[J]. Journal of guidance control and dynamics, 2011, 34 (5): 1342 –1351.

[19] CACACE S, CAMILLI F, DE MAIO R, et al. A measure theoretic approach to traffic flow optimisation on networks[J]. European journal of applied

mathematics,2019,30(6):1187 – 1209.

[20] CAMPBELL K C,COOPER JR W W,GREENBAUM D P. Modeling distributed human decision making in traffic flow[J]. Air transportation systems engineering,2001,193:227.

[21] CAREY M. A constraint qualification for a dynamic traffic assignment model[J]. Transportation science,1986,20(1):55 – 58.

[22] CHARNES A, COOPER W W. Extremal principles for simulating traffic flow in a network[J]. Proceedings of the national academy of sciences of the United States of America,1958,44(2):201 – 204.

[23] CHEN B S,YANG Y S,LEE B K,et al. Fuzzy adaptive predictive flow control of ATM network traffic[J]. IEEE transactions on fuzzy systems,2003,11 (4):568 – 581.

[24] CIUFFO B,PUNZO V,MONTANINO M. Thirty years of Gipps' car – following model:applications,developments,and new features [J]. Transportation research record,2012(2315):89 – 99.

[25] COX M M. The bacterial RecA protein as a motor protein[J]. Annual reviews of microbiology,2003,57(1):551 – 577.

[26] COOVERT D D,LE T T,MCANDREW P E,et al. The survival motor neuron protein in spinal muscular atrophy[J]. Human molecular genetics,1997,6 (8):1205 – 1214.

[27] COOGAN S, ARCAK M. Stability of traffic flow networks with a polytree topology[J]. Automatica,2016,66:246 – 253.

[28] DABBAS H,FOURATI W,FRIEDRICH B. Using floating car data in route choice modelling – field study[J]. Transportation research procedia,2021, 52:700 – 707.

[29] DAFERMOS S C. An extended traffic assignment model with applications to two – way traffic[J]. Transportation science,1971,5(4):366 –389.

[30] DAGANZO C F,SHEFFI Y. On stochastic models of traffic assignment [J]. Transportation science,1977,11(3):253 – 274.

[31] DALLOS P, FAKLER B. Prestin, a new type of motor protein[J]. Nature reviews molecular cell biology,2002,3(2):104 – 111.

[32] DARBHA S,RAJAGOPAL K R. Intelligent cruise control systems and traffic flow stability[J]. Transportation research part C：emerging technologies, 1999,7(6)：329 - 352.

[33] DERRIDA B,HIRSCHBERG O,SADHU T. Large deviations in the symmetric simple exclusion process with slow boundaries[J]. Journal of statistical physics,2021,182(1)：1 - 13.

[34] DIAL R B. A probabilistic multipath traffic assignment model which obviates path enumeration[J]. Transportation research,1971,5(2)：83 - 111.

[35] KHANH D D,SALEEM Z H,SONG Y S. Theoretical analysis of the distribution of isolated particles in totally asymmetric exclusion processes： application to mRNA translation rate estimation[J]. Physical review E,2018,97 (1)：012106.

[36] DUNNE S,GHOSH B. Regime - based short - term multivariate traffic condition forecasting algorithm[J]. Journal of transportation engineering,2012, 138(4)：455 - 466.

[37] EDIE L C. Car - following and steady - state theory for noncongested traffic[J]. Operations research,1961,9(1)：66 - 76.

[38] EZAKI T, NISHINARI K. A balance network for the asymmetric simple exclusion process [J].Journal of statistical mechanics：theory and experiment,2012(11)：P11002.

[39] EZAKI T, NISHINARI K. Exact stationary distribution of an asymmetric simple exclusion process with Langmuir kinetics and memory reservoirs[J].Journal of physics A：mathematical and theoretical,2012,45 (18)：185002.

[40] EZAKI T,NISHINARI K. Exact solution of a heterogeneous multilane asymmetric simple exclusion process[J]. Physical review E,2011,84(6)：061141.

[41] FENG C M,WEN C C. A fuzzy bi - level and multi - objective model to control traffic flow into the disaster area post earthquake[J].Journal of the Eastern Asia society for transportation studies,2005,6：4253 - 4268.

[42] FISK C. Some developments in equilibrium traffic assignment [J]. Transportation research part B：methodological,1980,14(3)：243 - 255.

［43］FLORIAN M，MAHUT M，TREMBLAY N. Application of a simulation - based dynamic traffic assignment model[J]. European journal of operational research,2008,189(3):1381 - 1392.

［44］FOULADVAND M E，SHAEBANI M R，SADJADI Z. Intelligent controlling simulation of traffic flow in a small city network[J]. Journal of the physical society of Japan,2004,73(11):3209 - 3214.

［45］GADDAM H K,MEENA A K,RAO K R. KdV - Berger solution and local cluster effect of two - sided lateral gap continuum traffic flow model[J]. International journal of modern physics B,2019,33(15):1950153.

［46］GAZIS D C,HERMAN R,ROTHERY R W. Nonlinear follow - the - leader models of traffic flow[J]. Operations research,1961,9(4):545 - 567.

［47］GE H X,DAI S Q,DONG L Y,et al. Stabilization effect of traffic flow in an extended car - following model based on an intelligent transportation system application [J]. Physical review E,2004,70(6):066134.

［48］GE H X, ZHENG P J, WANG W, et al. The car following model considering traffic jerk [J]. Physica A:statistical mechanics and its applications,2015,433:274 - 278.

［49］GIPPS P G. A behavioural car - following model for computer simulation[J]. Transportation research part B:methodological,1981, 15 (2): 105 -111.

［50］DE GOOIJER J G,KLEIN A. Forecasting the antwerp maritime steel traffic flow:a case study[J]. Journal of forecasting,1989,8(4):381 - 398.

［51］GREENBERG H. An analysis of traffic flow[J]. Operations research, 1959,7(1):79 - 85.

［52］GUPTA A K,DHIMAN I. Phase diagram of a continuum traffic flow model with a static bottleneck[J]. Nonlinear dynamics,2015,79(1):663 - 671.

［53］HANAURA H,NAGATANI T,TANAKA K. Jam formation in traffic flow on a highway with some slowdown sections [J]. Physica A:statistical mechanics and its applications,2007,374(1):419 - 430.

［54］HELBING D. Derivation and empirical validation of a refined traffic flow model[J]. Physica A:statistical mechanics and its applications,1996,233(1):

253 – 282.

[55] HERMAN R,MONTROLL E W,POTTS R B,et al. Traffic dynamics: analysis of stability in car following[J]. Operations research,1959,7(1):86 –106.

[56] HELBING D,JOHANSSON A F. On the controversy around Daganzo's requiem for and Aw – Rascle's resurrection of second – order traffic flow models [J]. The European physical journal B,2009,69(4):549 – 562.

[57] HISELIUS L W. Estimating the relationship between accident frequency and homogeneous and inhomogeneous traffic flows [J] . Accident analysis and prevention,2004,36(6):985 – 992.

[58] HOLOPAINEN J K,GERSHENZON J. Multiple stress factors and the emission of plant VOCs[J]. Trends in plant science,2010,15(3):176 – 184.

[59] HUANG D W,HUANG W N. The influence of tollbooths on highway traffic[J]. Physica A:statistical mechanics and its applications,2002,312(3): 597 –608.

[60] IROBI J,IMPE K V,SEEMAN P,et al. Hot – spot residue in small heat – shock protein 22 causes distal motor neuropathy[J]. Nature genetics,2004,36 (6):597 – 601.

[61] JANSON B N. Dynamic traffic assignment for urban road networks [J]. Transportation research part B:methodological,1991,25(2):143 – 161.

[62] JINDAL A,VERMA A K,GUPTA A K. Cooperative dynamics in bidi-rectional transport on flexible lattice[J]. Journal of statistical physics,2021,182 (1):1 – 19.

[63] JIN W L,ZHANG H M. The formation and structure of vehicle clusters in the Payne – Whitham traffic flow model[J]. Transportation research part B: methodological,2003,37(3):207 – 223.

[64] JIN T,KRAJENBRINK A,BERNARD D. From stochastic spin chains to quantum Kardar – Parisi – Zhang dynamics[J]. Physical review letters,2020, 125(4):040603.

[65] KAMAL M S,RAZZAK S A,HOSSAIN M M. Catalytic oxidation of volatile organic compounds (VOCs) – a review [J] . Atmospheric environment, 2016,140:117 – 134.

［66］KAMARIANAKIS Y，KANAS A，PRASTACOS P. Modeling traffic volatility dynamics in an urban network[J]. Transportation research record,2005, 1923(1):18-27.

［67］KANG Y R,SUN D H. Lattice hydrodynamic traffic flow model with explicit drivers' physical delay[J]. Nonlinear dynamics,2013,71(3):531-537.

［68］KESTING A, TREIBER M, HELBING D. General lane - changing model MOBIL for car - following models[J]. Transportation research record, 2007,1999(1):86-94.

［69］KESTING A,TREIBER M,HELBING D. Enhanced intelligent driver model to access the impact of driving strategies on traffic capacity [J]. Philosophical transactions of the royal society A,2010,368(1928):4585-4605.

［70］KERNER B S, KLENOV S L, HILLER A. Empirical test of a microscopic three - phase traffic theory[J]. Nonlinear dynamics, 2007, 49(4): 525-553.

［71］KERNER B S，HEMMERLE P，KOLLER M，et al. Empirical synchronized flow in oversaturated city traffic[J]. Physical review E,2014,90 (3):032810.

［72］KERNER B S. Physics of traffic gridlock in a city[J]. Physical review E, 2011,84(4):045102.

［73］KHODAYARI A,GHAFFARI A,KAZEMI R,et al. A modified car - following model based on a neural network model of the human driver effects [J]. IEEE transactions on systems man and cybernetics - part A,2012,42(6): 1440-1449.

［74］KHAN S,NAZIR S,GARCÍA - MAGARIÑO L,et al. Deep learning - based urban big data fusion in smart cities:towards traffic monitoring and flow - preserving fusion[J]. Computers and electrical engineering,2021,89:106906.

［75］KIM S C,SHIM W G. Catalytic combustion of VOCs over a series of manganese oxide catalysts[J]. Applied catalysis B,2010,98(3):180-185.

［76］KIM K,KAHNG B,KIM D. Jamming transition in traffic flow under the priority queuing protocol[J]. Europhysics letters,2009,86(5):58002.

［77］KLUNDER G，LI M W，MINDERHOUD M. Traffic flow impacts of

adaptive cruise control deactivation and (re) activation with cooperative driver behavior[J]. Transportation research record,2009,2129(1):145 – 151.

[78] KUWADA N J,ZUCKERMANN M J,BROMLEY E H C,et al. Tuning the performance of an artificial protein motor[J]. Physical review E, 2011, 84 (3):031922.

[79] LABBÉ C, LACOIN H. Mixing time and cutoff for the weakly asymmetric simple exclusion process[J]. The annals of applied probability,2020, 30(4):1847 – 1883.

[80] LARSSON T, PATRIKSSON M. Simplicial decomposition with disaggregated representation for the traffic assignment problem [J]. Transportation science,1992,26(1):4 – 17.

[81] LARSSON T, PATRIKSSON M. An augmented Lagrangean dual algorithm for link capacity side constrained traffic assignment problems[J]. Transportation research part B,1995,29(6):433 – 455.

[82] LAURENT – BROUTY N, COSTESEQUE G, GOATIN P. A macroscopic traffic flow model accounting for bounded acceleration[J]. SIAM journal on applied mathematics,2021,81(1):173 – 189.

[83] COLMAN LERNER J E, SANCHEZ E Y, SAMBETH J E, et al. Characterization and health risk assessment of VOCs in occupational environments in Buenos Aires,Argentina[J]. Atmospheric environment,2012,55: 440 – 447.

[84] LENZ H,WAGNER C K,SOLLACHER R. Multi – anticipative car – following model[J]. The European physical journal B,1999,7(2):331 – 335.

[85] LEV S,HALEVY D B,PERETTI D,et al. The VAP protein family: from cellular functions to motor neuron disease[J]. Trends in cell biology,2008, 18(6):282 – 290.

[86] LI T, LIU H L. Stability of a traffic flow model with nonconvex relaxation[J]. Communications in mathematical sciences,2005,3(2):101 – 118.

[87] LIEBIG T,PIATKOWSKI N,BOCKERMANN C,et al. Dynamic route planning with real – time traffic predictions[J]. Information systems,2017,64: 258 – 265.

[88] LI Y B,LI Z H,LI L. Missing traffic data:comparison of imputation methods[J]. IET intelligent transport systems,2014,8(1):51 - 57.

[89] LONG J C,GAO Z Y,REN H L, et al. Urban traffic congestion propagation and bottleneck identification[J]. Science in China series F,2008,51(7):948.

[90] LUSPAY T,KULCSÁR B,VARGA I, et al. Parameter - dependent modeling of freeway traffic flow[J]. Transportation research part C,2010,18(4):471 - 488.

[91] MAHMASSANI H S. Dynamic network traffic assignment and simulation methodology for advanced system management applications [J]. Networks and spatial economics,2001,1(3):267 - 292.

[92] MALLMIN E,BLYTHE R A,EVANS M R. Inter - particle ratchet effect determines global current of heterogeneous particles diffusing in confinement[J]. Journal of statistical mechanics,2021(1):013209.

[93] MENG Q,QU X D,YONG K T,et al. QRA model - based risk impact analysis of traffic flow in urban road tunnels[J]. Risk analysis,2011,31(12):1872 - 1882.

[94] MENON P K,SWERIDUK G D,BILIMORIA K D. New approach for modeling,analysis,and control of air traffic flow[J]. Journal of guidance control and dynamics,2004,27(5):737 - 744.

[95] MENG X P,YAN L Y. Stability analysis in a curved road traffic flow model based on control theory [J]. Asian journal of control, 2017, 19 (5):1844 - 1853.

[96] MERCHANT D K,NEMHAUSER G L. A model and an algorithm for the dynamic traffic assignment problems[J]. Transportation science,1978,12(3):183 - 199.

[97] MERCHANT D K,NEMHAUSER G L. Optimality conditions for a dynamic traffic assignment model [J]. Transportation science, 1978, 12 (3):200 -207.

[98] MIRON A,REUVENI S. Diffusion with local resetting and exclusion [J]. Physical review research,2021,3(1):L012023.

[99] MONTANINO M,PUNZO V. On string stability of a mixed and heterogeneous traffic flow: a unifying modelling framework [J]. Transportation research part B,2021,144:133 - 154.

[100] MYONG S,RASNIK I,JOO C,et al. Repetitive shuttling of a motor protein on DNA[J]. Nature,2005,437(7063):1321 - 1325.

[101] MONTEIL J,NANTES A,BILLOT R,et al. Microscopic cooperative traffic flow: calibration and simulation based on a next generation simulation dataset[J]. IET intelligent transport systems,2014,8(6):519 - 525.

[102] MO Y L,HE H D,XUE Y,et al. Effect of multi - velocity - dirence in traffic flow[J]. Chinese physics B,2008,17(12):4446.

[103] MURALIDHARAN A,HOROWITZ R. Imputation of ramp flow data for freeway traffic simulation[J]. Transportation research record,2009,2099(1): 58 - 64.

[104] NARASIMHAN S L,BAUMGAERTNER A. Exclusion process on an open lattice with fluctuating boundaries—II[J]. Physica A,2021,565:125580.

[105] NAGATANI T. Stabilization and enhancement of traffic flow by the next - nearest - neighbor interaction[J]. Physical review E,1999,60(6):6395.

[106] NAGATANI T. Modified KdV equation for jamming transition in the continuum models of traffic[J]. Physica A,1998,261(3):599 - 607.

[107] NAGATANI T. Gas kinetic approach to two - dimensional traffic flow [J]. Journal of the physical society of Japan,1996,65(10):3150 - 3152.

[108] NETO J P L,LYRA M L,DA SILVA C R. Phase coexistence induced by a defensive reaction in a cellular automaton traffic flow model[J]. Physica A, 2011,390(20):3558 - 3565.

[109] NÖKEL K,SCHMIDT M. Parallel DYNEMO:Meso - scopic traffic flow simulation on large networks[J]. Networks and spatial economics,2002, 2(4):387 - 403.

[110] NGUYEN S, PALLOTTINO S. Equilibrium traffic assignment for large scale transit networks[J]. European journal of operational research,1988,37 (2):176 - 186.

[111] NIE Y M. A class of bush - based algorithms for the traffic assignment

problem[J]. Transportation research part B,2010,44(1):73 – 89.

[112] PARICIO A, LOPEZ – CARMONA M A. Application of traffic weighted multi – map optimization strategies to traffic assignment[J]. IEEE access,2021,9:28999 – 29019.

[113] PAUER G,TÖRÖK Á. Binary integer modeling of the traffic flow optimization problem, in the case of an autonomous transportation system[J]. Operations research letters,2021,49(1):136 – 143.

[114] PEETA S,ZILIASKOPOULOS A K. Foundations of dynamic traffic assignment: the past, the present and the future[J]. Networks and spatial economics,2001,1(3):233 – 265.

[115] PIUMETTI M, FINO D, RUSSO N. Mesoporous manganese oxides prepared by solution combustion synthesis as catalysts for the total oxidation of VOCs[J]. Applied catalysis B,2015,163:277 – 287.

[116] PROSEN T,BUČA B. Exact matrix product decay modes of a boundary driven cellular automaton[J]. Journal of physics A,2017,50(39):395002.

[117] RAY U, CHAN G K L, LIMMER D T. Exact fluctuations of nonequilibrium steady states from approximate auxiliary dynamics [J]. Physical review letters,2018,120(21):210602.

[118] RANNEY T A. Psychological factors that influence car – following and car – following model development[J]. Transportation research part F,1999,2 (4):213 – 219.

[119] REDHU P, GUPTA A K. Jamming transitions and the effect of interruption probability in a lattice traffic flow model with passing[J]. Physica A, 2015,421:249 – 260.

[120] RILETT L R, BENEDEK C M. Traffic assignment under environmental and equity objectives[J]. Transportation research record, 1994, 1443:92 – 99.

[121] RICKERT M, NAGEL K. Dynamic traffic assignment on parallel computers in TRANSIMS[J]. Future generation computer systems,2001,17(5): 637 – 648.

[122] RODRIGUEZ – REY D, GUEVARA M, LINARES M P, et al. A

coupled macroscopic traffic and pollutant emission modelling system for Barcelona[J]. Transportation research part D,2021,92:102725.

[123] ROY D. The phase diagram for a class of multispecies permissive asymmetric exclusion processes[J]. Journal of statistical mechanics,2021(1):013201.

[124] SADEKAR O, BASU U. Zero – current nonequilibrium state in symmetric exclusion process with dichotomous stochastic resetting[J]. Journal of statistical mechanics,2020(7):073209.

[125] SELLITTO M. Casimir – like forces in cooperative exclusion processes [J]. Journal of physics A,2019,53(1):01LT01.

[126] SHETH P R,SHIPPS G W,SEGHEZZI W,et al. Novel benzimidazole inhibitors bind to a unique site in the kinesin spindle protein motor domain[J]. Biochemistry,2010,49(38):8350 – 8358.

[127] SHEKHAR S,WILLIAMS B M. Adaptive seasonal time series models for forecasting short – term traffic flow[J]. Transportation research record,2007, 2024(1):116 – 125.

[128] SMITH M J. The stability of a dynamic model of traffic assignment— an application of a method of Lyapunov[J]. Transportation science,1984,18(3): 245 – 252.

[129] STREHL V. Recurrences and Legendre tranform [J]. Séminaire Lotharingien de Combinatoire,1992,29:22.

[130] SZETO W Y,LO H K. Dynamic traffic assignment:properties and extensions[J]. Transportmetrica,2006,2(1):31 – 52.

[131] TADAKI S,KIKUCHI M,FUKUI M,et al. Phase transition in traffic jam experiment on a circuit[J]. New journal of physics,2013,15(10):103034.

[132] TADAKI S. Two – dimensional cellular automaton model of traffic flow with open boundaries[J]. Physical review E,1996,54(3):2409.

[133] TANG J J,WANG Y H,WANG H,et al. Dynamic analysis of traffic time series at different temporal scales:a complex networks approach[J]. Physica A,2014,405:303 – 315.

[134] TAN H C,WU Y K,SHEN B,et al. Short – term traffic prediction based on dynamic tensor completion [J]. IEEE transactions on intelligent

transportation systems,2016,17(8):2123 - 2133.

[135] TANIMOTO J,FUJIKI T,WANG Z,et al. Dangerous drivers foster social dilemma structures hidden behind a traffic flow with lane changes[J]. Journal of statistical mechanics,2014(11):P11027.

[136] TAMPÈRE C M J, VAN AREM B, HOOGENDOORN S P. Gas - kinetic traffic flow modeling including continuous driver behavior models[J]. Transportation research record,2003,1852(1):231 - 238.

[137] TORDEUX A,LASSARRE S,ROUSSIGNOL M. An adaptive time gap car - following model[J]. Transportation research part B, 2010, 44 (8): 1115 -1131.

[138] TREIBER M. , KESTING A. An open - source microscopic traffic simulator[J]. IEEE intelligent transportation systems magazine, 2010, 2 (3): 6 -13.

[139] TROFIMOVA A A,POVOLOTSKY A M. Current statistics in the qboson zero range process[J]. Journal of physics A,2020,53(36):365203.

[140] VALLEE R B,WILLIAMS J C,VARMA D,et al. Dynein:An ancient motor protein involved in multiple modes of transport [J] . Journal of neurobiology,2004,58(2):189 - 200.

[141] WANG Y Q,JIA B,JIANG R,et al. Dynamics in multi - lane TASEPs coupled with asymmetric lane - changing rates[J]. Nonlinear dynamics, 2017, 88(3):2051 - 2061.

[142] WANG W X,WANG B H,ZHENG W C,et al. Advanced information feedback in intelligent traffic systems[J]. Physical review E,2005,72(6):066702.

[143] WIERBOS M J,KNOOP V L,HÄNSELER F S,et al. A macroscopic flow model for mixed bicycle - car traffic[J]. Transportmetrica A,2021,17(3): 340 - 355.

[144] ZHANG J,XU K Y,LI G Y,et al. Dynamics of traffic flow affected by the future motion of multiple preceding vehicles under vehicle - connected environment:modeling and stabilization[J]. Physica A,2021,565:125538.

图书在版编目(CIP)数据

驱动扩散系统平均场解析、精确解分析及其蒙特卡洛模拟研究/王玉青著.
—合肥:合肥工业大学出版社,2022.8
ISBN 978-7-5650-5362-7

Ⅰ.①驱… Ⅱ.①王… Ⅲ.①系统科学 Ⅳ.①N94

中国版本图书馆 CIP 数据核字(2021)第 132520 号

驱动扩散系统平均场解析、精确解分析及其蒙特卡洛模拟研究
QUDONG KUOSAN XITONG PINGJUNCHANG JIEXI
JINGQUEJIE FENXI JIQI MENGTEKALUO MONI YANJIU

王玉青 著		责任编辑 赵 娜	
出 版	合肥工业大学出版社	版 次	2022 年 8 月第 1 版
地 址	合肥市屯溪路 193 号	印 次	2022 年 8 月第 1 次印刷
邮 编	230009	开 本	710 毫米×1010 毫米 1/16
电 话	理工图书出版中心:0551-62903004	印 张	13
	营销与储运管理中心:0551-62903198	字 数	231 千字
网 址	www.hfutpress.com.cn	印 刷	安徽昶颉包装印务有限责任公司
E-mail	hfutpress@163.com	发 行	全国新华书店

ISBN 978-7-5650-5362-7 定价:58.00 元

安徽省建筑工程预制桩应用指导

建华建材科技（安徽）有限公司 主编

合肥工业大学出版社

图书在版编目(CIP)数据

安徽省建筑工程预制桩应用指导/建华建材科技(安徽)有限公司主编.—合肥:合肥工业大学出版社,2022.3
ISBN 978-7-5650-5371-9

Ⅰ.①安…　Ⅱ.①建…　Ⅲ.①预应力混凝土—混凝土管桩—研究
Ⅳ.①TU473.1

中国版本图书馆 CIP 数据核字(2021)第 138048 号

安徽省建筑工程预制桩应用指导

建华建材科技(安徽)有限公司　主编　　　　　　　　责任编辑　王钱超

出　版	合肥工业大学出版社	版　次	2022 年 3 月第 1 版
地　址	合肥市屯溪路 193 号	印　次	2022 年 3 月第 1 次印刷
邮　编	230009	开　本	710 毫米×1010 毫米　1/16
电　话	人文社科出版中心:0551-62903205	印　张	13
	市 场 营 销 部:0551-62903198	字　数	226 千字
网　址	www.hfutpress.com.cn	印　刷	安徽联众印刷有限公司
E-mail	hfutpress@163.com	发　行	全国新华书店

ISBN 978-7-5650-5371-9　　　　　　　　　　　定价: 49.00 元

如果有影响阅读的印装质量问题,请与出版社市场营销部联系调换。

编 委 会

主编单位 建华建材科技（安徽）有限公司
技术指导 安徽省土木建筑学会结构专业委员会
参编单位 （以下排名不分先后）

安徽省建筑设计研究总院股份有限公司
安徽省城建设计研究总院股份有限公司
安徽省城乡规划设计研究院
安徽省建筑科学研究设计院
安徽省地平线建筑设计有限公司
安徽汇华工程科技股份有限公司
安徽寰宇建筑设计院
合肥市建筑质量安全监督站
安徽建筑大学工程有限公司
安徽山水城市设计有限公司建筑设计研究院
安徽省城建基础工程有限公司
安徽水文工程勘察研究院有限公司
安徽星辰规划建筑设计有限公司
安徽永固桩基工程有限公司
安徽中汇规划勘测设计研究院股份有限公司
安庆市第一建筑设计院
蚌埠建筑设计研究院集团有限公司
蚌埠市勘测设计研究院
亳州市岩土勘测设计院
东华工程科技股份有限公司
成都基准方中建筑设计有限公司合肥分公司
阜阳市建筑勘察设计院
安徽省阜阳市勘测院有限公司
阜阳市建筑设计研究院

合肥工业大学设计院（集团）有限公司
合肥工大岩土工程有限公司
华东勘察基础工程总公司第七分公司
黄山市建筑设计研究院
淮北市建筑勘察设计研究院有限公司
华东建筑设计研究院有限公司安徽分公司
六安市建筑勘察设计院
铜陵市建筑工程施工图设计文件审查中心
芜湖市建筑工程施工图设计文件审查中心
宣城市建筑勘察设计研究院
中建工程设计有限公司
中铁合肥建筑市政工程设计研究院有限公司
中铁时代建筑设计院有限公司

主　　编　　毛由田　朱兆晴　姚静波　胡泓一
　　　　　　李　强　郭　强　李志高
编　　委　　（以下排名不分先后）
　　　　　　曹爱群　车　军　陈才军　陈升学
　　　　　　程　升　程进祥　丁常顺　范　青
　　　　　　高程东　郭建雷　黄永明　洪善政
　　　　　　胡泓一　豁国锋　姜英东　柯春明
　　　　　　刘贵强　李　强　李新斌　李志高
　　　　　　李东巍　毛由田　钱　锐　秦　梅
　　　　　　邱　俊　邵忠心　施正发　汤　骞
　　　　　　王　珺　王　军　汪日进　姚静波
　　　　　　张来龙　张晓阳　赵贵生　赵　鹏
　　　　　　郑言发　周伟明　周志强　朱　华
　　　　　　朱兆晴
审查人员　　孙　洁　郭　杨　丁晓红　李国方
　　　　　　戴昌道　章长义　李国胜　张志飞

目 录

1 绪　论

1.1　我国混凝土预制桩发展历史

混凝土预制桩具有质量可控、工厂化生产、造价低、节约工期、施工方便等优点,因此在工程建设中得到广泛应用,在我国已有百年的应用发展历史,一般可分为 3 个阶段:

第一阶段是 1987 年以前,主要为浇筑式钢筋混凝土预制桩,采用普通钢筋、混凝土强度等级为 C20～C30、木模或钢模浇筑预制、自然养护、锤击法施工。其特点是重量大,造价高,强度低,工程性价比比较低,对地质条件要求高,适用范围有限,很多工程中成桩困难,逐渐被现浇灌注桩取代。

第二阶段是以 1987 年交通部第三航务工程局从日本全套引进先张法预应力高强度混凝土管桩(PHC 桩)生产线为标志。钢筋采用预应力钢棒、混凝土强度等级为 C60～C80、先张法离心工艺生产,具有造价比同直径灌注桩低、工厂标准化生产、质量可控、桩身混凝土强度高等特点。

第三阶段是以 1992 年国家标准《先张法预应力混凝土管桩》(GB 13476)的发布为标志,规范了管桩的生产工艺、质量控制,并统一了产品出厂验收标准,为管桩工厂化、规模化、标准化生产提供了技术依据。

迄今为止,预应力管桩在我国的发展历史可以分成 4 个时期:

(1)研制开发期(20 世纪 80 年代后期):主要是引进、消化、吸收国外管桩生产制造的先进技术,并在一些水工构筑物如港口码头中初步应用。

(2)推广应用期(20 世纪 90 年代前期):国家标准《先张法预应力混凝土管桩》(GB 13476)的发布,规范了管桩的生产工艺、质量控制,并统一了生产验收标准;10G 409《预应力混凝土管桩》国家标准设计图集的颁布实施,为管桩在工程中的大规模应用提供了技术保障。

（3）调整发展期（20世纪90年代后期）：总结管桩在工民建领域应用中存在的技术问题，各省、市、自治区也开始编制地方标准，如广东省率先编制了《预应力混凝土管桩基础技术规程》（DBJ/T 115—22—98），随后，江苏、上海、天津、辽宁、安徽等省也相继编制了管桩省级标准。管桩作为一种新桩型开始广泛应用于工业与民用建筑领域。

（4）快速发展期（20世纪90年代后期至今）：随着我国基本建设的快速发展，预应力混凝土管桩的生产制造技术和工程应用取得了较大的发展。由于管桩具有标准化程度高、设计方便、工厂化生产、质量可控、承载力高、节能环保等优点，在我国工业与民用建筑、公路市政、铁路桥梁、软基处理、基坑支护等工程领域中得到广泛的应用。据2018年统计资料，预制桩使用量超过3.5亿延米，占全国总用桩量的25%以上，尤其在珠江三角洲、长江三角洲地区，预制桩应用占比高达50%。

我省混凝土预制桩的应用情况与全国基本一致。

1990年以前，主要是浇筑式钢筋混凝土实心方桩，各地市都有机械施工公司，采用锤击法施工。

1990年以后，灌注桩开始成为主导桩型，主要有：沉管灌注桩、夯扩灌注桩、钻孔灌注桩、人工挖孔桩等。

1999年，安徽第一家管桩厂在芜湖建立，预应力管桩逐渐被广大设计人员接受，开始应用于工程项目中。

2009年，建华管桩进驻芜湖，7条自动化生产线为管桩大规模应用提供了产品保障。

1.2 我国预应力混凝土桩的现状

目前，我国预制桩行业的发展在产品规格和产量上均走在世界前列，生产技术达到了国外同类产品的水平，主要表现如下：

（1）预制桩生产基地布局基本做到全覆盖。预制桩生产是从珠江三角洲向长江三角洲、由南向北、由东向西、沿海沿江向内陆地区发展。截止到2017年，全国管桩生产厂达到500多家，全国已有25个省、市、自治区能生产管桩。

（2）预制桩的生产技术已较成熟，自动化程度较高。目前我国预制桩的生产主要采用先张法预应力工艺、高速离心和高温蒸压蒸养的混凝土养护工艺,预应力主筋采用高强度低松弛螺纹钢筋(PC钢棒),混凝土强度等级达到C80以上。这几年免蒸压免蒸养技术的成熟和推广应用,使得预制桩生产满足了低碳环保的要求。

(3)国产化装备、原材料完全满足生产需要。为预制桩生产配套服务的生产装备和原材料,近年来在国产化和产品质量技术水平上有了长足进步,完全能够满足管桩生产的要求。管桩所用的高强度低松弛螺纹钢筋(PC钢棒)原先主要依靠进口,近年来经过引进、消化、吸收相关生产经验,厂家提高了加工工艺水平,目前国内已建有80多条PC钢棒生产线,产品质量达到了国外同类产品的水平。同时,其他配套材料如端板等随着管桩的发展亦逐步形成了一个新的产业,目前每年需不同规格的端板超过5000万块,全国专业的端板厂已有几十家,基本能够满足预制桩生产的需要。

(4)预制桩产品结构合理、规格齐全,新产品满足市场需求。根据国家标准《先张法预应力混凝土管桩》(GB 13476),按外径可生产300～1400mm 12种规格;按管桩的抗弯性能和混凝土有效预压应力可分为A型、AB型、B型、C型4种;按长度可生产7～30m不等;按混凝土强度等级可分为C60的PC桩和C80的PHC桩。

为了满足不同工程性质和不同地质条件下的工程需要,建华建材近几年研发的新产品主要有:

① 预应力超高强混凝土管桩(UHC桩)。为了解决预制桩穿过较厚密实的砂层、超固结黏土层等问题,提高桩身强度和承载能力,研发出了预应力超高强混凝土管桩,编制企业标准《先张法预应力超高强混凝土管桩》,将现有的预应力管桩混凝土强度由C80提升至C105和C125,不仅解决了管桩穿透密实砂层、超固结黏土层等问题,还可使管桩竖向抗压承载力得到充分发挥,在桩基础工程中具有更加明显的优势。

② 预应力高强混凝土耐腐蚀管桩。根据地基土和地下水中不同的腐蚀介质和中、强腐蚀环境等级,成功研发了预应力高强度防腐蚀管桩并制定了企业标准《预应力高强混凝土耐腐蚀管桩》及企业标准图集,经检测,相关的管桩防腐指标已达到使用年限100年的要求,其性能详见行业标准《预应力混凝土管桩技术规程》(JGJ/T 406)。在强腐蚀和冻胀环境中,预制管桩也有很多成功应用案例,如广东湛江东海岛上某新钢铁厂、港珠澳大桥等项目使用耐强氯盐腐蚀管桩预计多达1000万延米。

③ 混合配筋预应力混凝土管桩(PRC桩)。为了提高管桩的延性,使其能够在深基坑支护、高桩承台基础、高烈度地震地区应用,联合天津大学、郑州大学等高校,在PHC桩中加入一定数量的非预应力钢筋,形成一种新型

的混合配筋预应力混凝土管桩(PRC桩),并进行了大量的试验和研究,取得了许多研究成果,先后在深基坑支护、码头和四川、天津、山西等地震烈度8度及以上地区工程项目中广泛应用。河南省、四川省先后出台了DBJ T19—34—2009《混合配筋预应力混凝土管桩》图集(图集号 09YG101)及 DBJ T20—60《混合配筋预应力混凝土管桩》图集(图集号川 13J167—TJ)。

④ 预制高强钢管混凝土管桩(SC桩)。为了提高管桩桩身的力学性质,满足工程中承受竖向荷载和水平荷载的需要,2015 年成功研发了在薄壁钢管内浇筑混凝土后经离心工艺成型混凝土强度达到C80 及以上等级的钢管混凝土管桩,该桩型在超高层建筑、深基坑支护、码头和大型桥梁等工程得到大量应用。

(5)施工工法不断改进。传统的预制桩施工方法主要是锤击法和静压法。锤击法施工时噪声污染严重,大部分城区已禁止使用;静压法施工适用的地质条件有限,对场地要求高。为了提高预制桩的适用性,目前全国一些科研院所、管桩生产企业、施工企业相继推出预制桩施工新工法,具体如下:

① 中掘工法,又分为中掘扩底工法和内钻法,主要解决砂卵石层沉桩困难和打(压)入管桩的挤土效应。

② 植桩工法,主要有旋挖植桩工法和静钻根植工法。旋挖植桩工法主要解决山区地质条件下,管桩穿越砾卵石层及入岩困难和岩溶等问题;静钻根植工法主要解决软弱土层中管桩承载力提高和挤土效应等问题。

③ 复合桩工法,分为水泥土复合桩工法和劲性复合桩工法,主要解决密实砂层中沉桩困难和提高单桩承载力等问题。

新工法的应用和推广、施工技术及装备改造和提升,都提高了预制桩对不同地质条件的适应性,扩大了预制桩的应用领域、地区和范围。

(6)配套的规范标准日趋完善。目前 PHC、PC 产品的国家标准、行业标准、地方标准和企业标准的体系已比较完整,管桩国家标准《先张法预应力混凝土管桩》(GB 13476)从 1992 年至 2009 年已经修订过 3 次,同时涉及新产品生产所需要的配件标准,如端板、磨细砂及高强混凝土抗压强度试验方法等国家及行业标准的制定。

为了便于设计部门选用,统一有关管桩结构设计原则,促进管桩在全国范围内的推广,目前国家标准设计图集《预应力混凝土管桩》(10G409)和建华建材集团、中国建筑科学研究院联合主编的行业标准《预应力混凝土管桩技术标准》(JGJ/T 406)已于 2018 年正式颁布实施。

为了规范预制桩的施工技术,制定了预制桩的施工技术规程。在预制桩的发展初期主要采用锤击法施工,广东省建设委员会于 1998 年组织制定了省级标准《锤击式预应力混凝土管桩基础技术规程》。为了减少锤击噪音的影响,适应城区施工,预制桩施工方法已逐步采用静压法施工,建设部组织了行业标准《静压桩施工技术规程》(JGJ/T 394)的制定,随后江苏、广西、安徽、山东、上海、浙江等省市分别制定了相应的省级标准。为了解决深厚砂层管桩难以穿越等问题,邓亚光先生和建华建材分别主编了行业标准《水泥土复合管桩基础技术规程》(JGJ/T 330)、《劲性复合桩技术规程》(JGJ/T 327)和企业标准《旋挖植桩技术标准》(Q/JHJC)。

(7)预制桩的应用领域不断扩大。预制桩具有良好的性能,经过近 30 年的推广,不仅广泛应用于工业与民用建筑基础,还应用于大型设备基础、深基坑支护、城市市政道路、铁(公)路路基、桥梁基础、港口码头、机场、城市轨道交通、电力工程等领域。例如,在上海建造的我国第一条磁悬浮城市列车线的基桩全部采用预制桩,其他项目如上海外滩工程、国际航运大厦(51层)、沪宁、济青、合安、合巢等高速公路拓宽工程、宁波北仑港码头、南京扬子乙烯码头、蒙华铁路、连镇铁路、澳门国际机场等,也取得了良好的效益。

1.3 预制桩的特点

(1)施工工期短:一般情况下,一根 25～30m 桩长的预制桩施工时间约为 30 分钟至 1 小时,预制桩施工结束后,5～7 天就可以进行桩身质量及桩基承载力检测。

(2)质量易控制:标准化、工厂化预制,质量可控。

(3)桩身强度高:一般为高强混凝土 C80,若采用超高强混凝土可达C105、C125。

(4)性价比高:与钻孔灌注桩相比,造价相对较低,一般同直径或同承载力的预制桩为钻孔灌注桩造价的 40%～60%。

(5)文明施工:无泥浆污染,低碳环保。

但是,预制桩也有其局限性,主要表现为:

(1)当遇到较厚的密实砂层、砾石层、卵石层及强风化基岩时,沉桩较为困难,难以穿透硬土夹层,需采用引孔、中掘工法、植桩工法等方法进行沉桩。

(2)当采用中风化、微风化或新鲜基岩作为持力层时,不能采用静压法和锤击法施工,需采用旋挖植桩工法施工,以避免桩端进入持力层深度不足、桩端破碎和桩端沿基岩倾斜面滑移折断等问题。

（3）采用打入法、静压法施工的预制桩属于挤土桩，在深厚饱和软土、超固结黏土等一些特殊土地区或邻近建筑物、管线的地区，管桩施工产生的挤土效应可能会影响相邻建筑物基础的安全和正常使用，需要采用劲性复合桩工法、中掘工法或植桩工法进行施工。

（4）当桩顶位于淤泥质土等软弱土层中时，应采取有效措施避免桩基施工和基坑开挖时出现预制桩倾斜和断桩等问题。

2 预制桩常用规范

1.《建筑地基基础设计规范》(GB 50007)

2.《岩土工程勘察规范》(GB 50021)

3.《建筑地基基础工程施工质量验收规范》(GB 50202)

4.《先张法预应力混凝土管桩》(GB/T 13476)

5.《复合地基技术规范》(GB/T 50783)

6.《工业建筑防腐蚀设计标准》(GB/T 50046)

7.《预应力混凝土管桩》(国家标准图集 10G409)

8.《预制混凝土方桩》(国家标准图集 20G361)

9.《高层建筑岩土工程勘察规程》(JGJ 72)

10.《建筑桩基技术规范》(JGJ 94)

11.《建筑基桩检测技术规范》(JGJ 106)

12.《预应力混凝土管桩技术标准》(JGJ/T 406)

13.《静压桩施工技术规程》(JGJ/T 394)

14.《劲性复合桩技术规程》(JGJ/T 327)

15.《建筑基坑支护技术规程》(JGJ 120)

16.《建筑地基处理技术规范》(JGJ 79)

17.《预应力混凝土空心方桩》(JGJ/T 197)

18.《预制高强混凝土薄壁钢管桩》(JG/T 272)

19.《先张法预应力混凝土管桩基础技术规程》(DB34 5005)

20.《预制混凝土劲性体复合地基技术规程》(DB34T)

21.《预应力混凝土空心方桩》(皖 2016G403)

22.《先张法预应力混凝土抗拔管桩(抱箍式连接)》(皖 2020GZ404)

23.《劲性体》(Q/JHJC 00 1001)

24.《先张法预应力超高强混凝土管桩》(Q/321183 JH 005)

25.《先张法预应力混凝土实心方桩》(Q/JHJC 00 1025)

26.《旋挖植桩技术标准》(Q/JHJC 00 3001)

3 预制桩的类型

预制桩的类型包括预应力高强混凝土管桩（PHC）、预应力超高强混凝土管桩（UHC）、预应力混凝土抗拔管桩［PHC（T）］、用于地基处理的劲性体（PST）、混合配筋管桩（PRC）、预应力高强混凝土空心方桩（PHS）、预应力混凝土实心方桩（YZH）、钢管混凝土管桩（SC）、预应力混凝土板桩（PBZ）、耐腐蚀管桩等，其分类如图 3-1 所示。

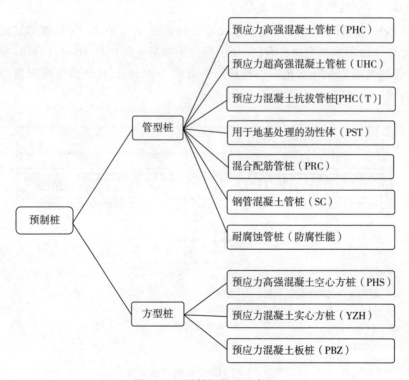

图 3-1　预制桩类型示意图

3.1 预应力高强混凝土管桩(PHC)

3.1.1 定义

采用离心工艺成型的圆环形截面的预应力混凝土桩,简称为管桩。桩身混凝土强度等级为 C80 的管桩为高强混凝土管桩(简称为 PHC 管桩)。

3.1.2 分类与规格

(1)预应力高强混凝土管桩 PHC 按混凝土有效预压应力值可分为 A 型、AB 型、B 型和 C 型,其混凝土有效预压应力值分别为 4.0N/mm^2、6.0N/mm^2、8.0N/mm^2、10.0N/mm^2。

(2)预应力高强混凝土管桩 PHC 按外径可分为 300mm、400mm、500mm、600mm、700mm、800mm、1000mm、1200mm 等规格。

3.1.3 结构形式与基本尺寸

PHC 管桩的结构形式和基本尺寸分别见图 3-2 和表 3-1,桩端加密区长度和非加密区长度应符合《先张法预应力混凝土管桩》(GB/T 13476)的规定,管桩两端 2000mm 范围内螺旋筋的螺距为 45mm,其余部分螺旋筋的螺距为 80mm,螺距的允许偏差为±5mm。

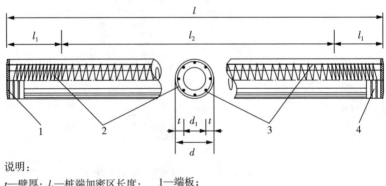

说明:

t—壁厚;l_1—桩端加密区长度;　　1—端板;

l—桩长;l_2—非加密区长度;　　2—螺旋筋;

d—外径;　　　　　　　　　　　3—预应力钢棒;

d_1—管桩内径;　　　　　　　　　4—桩套箍

图 3-2　PHC 管桩的结构形式

表 3-1　PHC 管桩的基本尺寸

外径 d/mm	壁厚 t/mm	内径 d_1/mm
300	70	160
400	95	210
500	100/125	300/250
600	110/130	380/340
700	110/130	480/440
800	110/130	580/540
1000	130	740
1200	150	900
注:根据工程设计需要也可生产其他规格、型号及壁厚的 PHC 管桩		

3.1.4　桩身配筋及力学性能

PHC 管桩的桩身配筋及力学性能见表 3-2 所列。

3.1.5　产品特点

(1)适用于工业与民用建筑的低承台桩基础,铁路、公路的桥梁基础,或港口、码头、水利、市政等大型设备的深基础。

(2)采用工厂化生产,可保证在生产过程中实行有效的质量控制,确保桩身混凝土强度等级≥C80,混凝土强度高,成桩质量可靠。

(3)具有较好的抗弯性能,运输吊装方便。

(4)由于桩身混凝土强度高,密实耐打,有较强的穿透能力,对持力层起伏较大或分布有较硬薄夹层的地质条件具有较好的适应性。

(5)可采用焊接或机械连接。

(6)文明施工,现场整洁,不污染环境,符合环保要求,施工机械化程度高,检测方便。

(7)施工周期短,效率高,施工现场简单,便于管理,可节约施工成本,单位承载力造价低,综合经济效益好。

表 3 - 2　PHC 管桩桩身配筋及力学性能 (C80)

外径 D/mm	壁厚 t/mm	型号	预应力钢筋配筋	螺旋筋规格	配筋率	预应力钢筋分布圆直径 Dp/mm	混凝土有效预压应力计算值 σ_{ce}/MPa	桩身受弯承载力设计值[M]/(kN·m)	桩身受剪承载力设计值[V]/kN	桩身轴心受拉承载力设计值[N]/kN	桩身轴心受压承载力设计值(未考虑压屈影响)[R]/kN	按标准组合计算的抗裂拉力 $N_k \leq$/kN	按标准组合计算的抗裂弯矩 $M_k \leq$/(kN·m)	理论质量/(kg/m)
300	70	A	6Φ7.1	Φb4	0.47	230	4.15	26	80	204	1271	25	214	132
		AB	6Φ9.0		0.76		6.37	40	94	326		31	333	
		B	8Φ9.0		1.01		8.19	51	104	435		36	432	
		C	8Φ10.7		1.42		10.87	65	118	612		43	583	
400	95	A	7Φ9.0	Φb4	0.49	308	4.30	64	146	381	2288	60	399	237
		AB	7Φ10.7		0.69		5.87	88	164	536		70	550	
		B	10Φ10.7		0.99		8.03	119	187	765		84	762	
		C	13Φ10.7		1.29		10.01	145	205	995		97	961	
500	100	A	11Φ9.0	Φb5	0.56	406	4.84	132	206	598	3158	118	623	327
		AB	11Φ10.7		0.79		6.59	178	233	842		138	855	
		B	11Φ12.6		1.09		8.75	233	262	1169		164	1151	
		C	13Φ12.6		1.29		10.06	264	278	1381		180	1333	

（续表）

外径 D/mm	壁厚 t/mm	型号	预应力钢筋配筋	螺旋筋规格	配筋率	预应力钢筋分布圆直径 D_p/mm	混凝土有效预压应力计算值 σ_{ce}/MPa	桩身受弯承载力设计值 $[M]$/(kN·m)	桩身受剪承载力设计值 $[V]$/kN	桩身轴心受拉承载力设计值 $[N]$/kN	桩身轴心受压承载力设计值（未考虑压屈影响）$[R]$/kN	按标准组合计算的抗裂拉力 $N_k\leqslant$ /kN	按标准组合计算的抗裂弯矩 $M_k\leqslant$ /(kN·m)	理论质量/(kg/m)
500	125	A	12Φ9.0	Φ^b5	0.52	406	4.53	136	243	653	3701	123	683	383
		AB	12Φ10.7		0.73		6.18	186	273	918		144	939	
		B	12Φ12.6		1.02		8.24	245	308	1275		170	1266	
		C	15Φ12.6		1.27		9.93	290	333	1594		193	1542	
600	110	A	14Φ9.0	Φ^b5	0.53	506	4.60	206	270	762	4255	191	796	440
		AB	14Φ10.7		0.74		6.26	281	305	1071		224	1094	
		B	14Φ12.6		1.03		8.34	369	343	1488		265	1474	
		C	17Φ12.6		1.25		9.81	428	368	1806		295	1750	
600	130	A	16Φ9.0	Φ^b5	0.53	506	4.63	227	312	870	4824	205	909	499
		AB	16Φ10.7		0.75		6.31	309	352	1224		240	1249	
		B	16Φ12.6		1.04		8.40	407	396	1700		285	1683	
		C	20Φ12.6		1.30		10.12	482	429	2125		323	2050	

（续表）

外径 D/mm	壁厚 t/mm	型号	预应力钢筋配筋	螺旋筋规格	配筋率	预应力钢筋分布圆直径 Dp/mm	混凝土有效预压应力计算值 σce/MPa	桩身受弯承载力设计值[M]/(kN·m)	桩身受剪承载力设计值[V]/kN	桩身轴心受拉承载力设计值[N]/kN	桩身轴心受压承载力设计值(未考虑压屈影响)[R]/kN	按标准组合计算的抗裂拉力 Nk≤/kN	按标准组合计算的抗裂弯矩 Mk≤/(kN·m)	理论质量/(kg/m)
700	110	A	12Φ10.7	Φb6	0.53	590	4.60	299	322	918	5124	282	959	530
		AB	24Φ9.0		0.75		6.33	410	365	1306		331	1332	
		B	24Φ10.7		1.06		8.52	543	413	1836		395	1815	
		C	24Φ12.6		1.47		11.16	689	464	2550		475	2418	
	130	A	13Φ10.7	Φb6	0.50	590	4.38	315	366	995	5850	299	1042	605
		AB	26Φ9.0		0.71		6.04	434	413	1414		350	1449	
		B	26Φ10.7		1.01		8.14	578	467	1989		417	1977	
		C	26Φ12.6		1.40		10.70	738	525	2763		501	2640	
800	110	A	15Φ10.7	Φb6	0.57	690	4.89	434	384	1148	5992	402	1194	620
		AB	15Φ12.6		0.79		6.58	582	431	1594		469	1620	
		B	30Φ10.7		1.13		9.01	782	491	2295		568	2252	
		C	30Φ12.6		1.57		11.76	983	551	3188		685	2993	

（续表）

外径 D/mm	壁厚 t/mm	型号	预应力钢筋配筋	螺旋筋规格	配筋率	预应力钢筋分布圆直径 Dp/mm	混凝土有效预压应力计算值 σce/MPa	桩身受弯承载力设计值[M]/(kN·m)	桩身受剪承载力设计值[V]/kN	桩身轴心受拉承载力设计值[N]/kN	桩身轴心受压承载力设计值（未考虑压屈影响）[R]/kN	按标准组合计算的抗裂弯矩 Nk≤/kN	按标准组合计算的抗裂拉力 Mk≤/(kN·m)	理论质量/(kg/m)
800	130	A	16Φ10.7	Φᵇ6	0.53	690	4.57	454	433	1224	6876	427	1279	711
		AB	16Φ12.6		0.73		6.16	610	485	1700		496	1739	
		B	32Φ10.7		1.05		8.47	827	553	2448		599	2422	
		C	32Φ12.6		1.46		11.10	1051	622	3400		721	3228	
1000	130	A	32Φ9.0	Φᵇ6	0.58	880	4.97	831	574	1741	8929	766	1809	924
		AB	32Φ10.7		0.81		6.75	1123	648	2448		901	2483	
		B	32Φ12.6		1.13		8.97	1465	729	3400		1071	3338	
		C	32Φ14.0	Φᵇ8	1.39		10.65	1705	785	4189		1205	4006	
1200	150	A	30Φ10.7	Φᵇ6	0.55	1060	4.73	1327	783	2295	12434	1262	2393	1286
		AB	30Φ12.7		0.76		6.36	1781	880	3188		1469	3251	
		B	45Φ12.6		1.14		9.04	2481	1017	4781		1817	4689	
		C	45Φ14.0	Φᵇ8	1.40		10.73	2883	1096	5891		2045	5626	

3.1.6 适用范围

(1)PHC管桩适用于抗震设防烈度小于或等于8度地区的工业与民用建筑、铁路、公路与桥梁、港口、码头、水利、市政及大型设备等工程的桩基础。

(2)PHC管桩主要适用于承压桩,当用于抗拔桩或用于承受水平荷载桩时,应根据工程实际情况加强桩与桩之间的连接构造和桩与承台之间的连接构造。

(3)PHC管桩按混凝土结构环境类别二b类进行耐久性设计,当基础的环境地质条件对管桩有中度及以上侵蚀时,应根据使用条件按《预应力混凝土管桩技术标准》(JGJ/T 406)和《工业建筑防腐蚀设计标准》(GB/T 50046)等有关规范采取有效的防腐蚀措施。

3.2 预应力超高强混凝土管桩(UHC)

3.2.1 定义

混凝土强度等级为C105及以上的预应力混凝土管桩,简称为超高强管桩(代号为UHC)。

3.2.2 分类与规格

(1)超高强管桩按外径分为300mm、400mm、500mm、600mm、700mm、800mm、1000mm、1200mm、1400mm等规格。

(2)超高强管桩按桩身混凝土强度等级分为C105级和C125级。

(3)超高强管桩按混凝土有效预压应力值分为Ⅰ型、Ⅱ型、Ⅲ型、Ⅳ型,其混凝土有效预压应力代表值分别为$4.0N/mm^2$、$6.0N/mm^2$、$8.0N/mm^2$、$10.0N/mm^2$。

3.2.3 结构形式与基本尺寸

超高强管桩的结构形式和基本尺寸分别见图3-3和表3-3,桩端加密区长度和非加密区长度应符合《先张法预应力混凝土管桩》(GB/T 13476)的规定,管桩两端2000mm范围内螺旋筋的螺距为45mm,其余部分螺旋筋的螺距为80mm,螺距的允许偏差为±5mm。

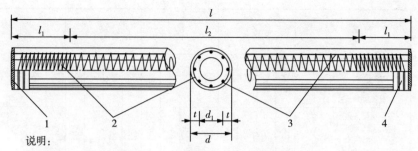

说明:
t—壁厚;l—桩长;d—外径;d_1—管桩内径;l_1—桩端加密区长度;l_2—非加密区长度;
1—端板;2—螺旋筋;3—预应力钢棒;4—桩套箍

图 3-3 超高强管桩的结构形式

表 3-3 超高强管桩的基本几何尺寸

外径 d/mm	壁厚 t/mm	内径 d_1/mm
300	70	160
400	95	210
500	100/110/125	300/280/250
600	110/130	380/340
700	110/130	480/440
800	110/130	580/510
1000	130	740
1200	150	900
1400	150	1100
注:根据工程设计需要也可生产其他规格、型号及壁厚的超高强管桩		

3.2.4 桩身配筋基本力学性能

UHC 管桩的桩身配筋及力学性能可按表 3-4、表 3-5 取值。

3.2.5 产品特点

UHC 管桩除兼具管桩的特点外,还具有以下特点:

(1)桩身竖向承载力比 PHC 管桩提高 25% 以上。

(2)耐打性能强,穿透能力强。对于薄层的砂土、稍密或中密砾石层,能够锤击穿过,不易出现烂桩。

(3)对于承载力由桩身强度来控制的桩基础,与劲性复合桩法、引孔植桩法、中掘法等施工工艺结合,可大幅度提升桩基础的竖向承载力,从而降低工程综合造价。

表3-4 UHC管桩桩身配筋及力学性能(C105)

规格(代号—外径—壁厚)	型号	单节允许长度 L/m	主筋数量与直径/mm	螺旋筋直径/mm	混凝土有效预应力计算值 σce/MPa	预应力钢棒分布圆直径 Dp/mm	桩身受弯承载力设计值[M]/(kN·m)	桩身受剪承载力设计值[V]/kN	桩身轴心受拉承载力设计值[N]/kN	桩身轴心受压承载力设计值(未考虑压屈影响)[R]/kN	按标准组合计算的抗裂弯矩 Mk≤/(kN·m)	按标准组合计算的抗裂拉力 Nk≤/kN	理论重量/(kg/m)
UHC300 (70)	I	9	6Φ7.1	4	4.17	230	26	90	204	1489	28	214	132
	II	10	6Φ9.0	4	6.41	230	40	105	326	1489	33	334	
	III	11	8Φ9.0	4	8.26	230	51	116	435	1489	38	434	
	IV	12	8Φ10.7	4	10.99	230	67	131	612	1489	46	587	
UHC400 (95)	I	12	7Φ9.0	4	4.31	308	64	164	380	2680	67	400	237
	II	13	7Φ10.7	4	5.90	308	88	184	535	2680	77	552	
	III	14	10Φ10.7	4	8.09	308	120	209	765	2680	91	766	
	IV	15	13Φ10.7	4	10.10	308	149	229	994	2680	104	967	
UHC500 (100)	I	14	11Φ9.0	5	4.86	406	132	232	598	3700	130	625	327
	II	15	11Φ10.7	5	6.63	406	180	261	841	3700	151	859	
	III	16	11Φ12.6	5	8.83	406	238	293	1168	3700	177	1158	
	IV	17	13Φ12.6	5	10.15	406	272	310	1381	3700	193	1343	
UHC500 (110)	I	14	11Φ9.0	5	4.56	406	130	276	598	3968	132	627	383
	II	15	11Φ10.7	5	6.23	406	178	308	841	3968	152	863	
	III	16	11Φ12.6	5	8.33	406	238	344	1168	3968	178	1167	
	IV	17	13Φ12.6	5	9.60	406	274	364	1381	3968	194	1354	

（续表）

规格（代号—外径—壁厚）/mm	型号	单节允许长度 L/m	主筋数量与直径/mm	螺旋筋直径/mm	混凝土有效预压应力计算值 σ_{ce}/MPa	预应力钢棒分布圆直径 D_p/mm	桩身受弯承载力设计值[M]/(kN·m)	桩身受剪承载力设计值[V]/kN	桩身轴心受拉承载力设计值[N]/kN	桩身轴心受压承载力设计值（未考虑压屈影响）[R]/kN	按标准组合计算的抗裂弯矩 $M_k \leq$/(kN·m)	按标准组合计算的抗裂拉力 $N_k \leq$/kN	理论重量/(kg/m)
UHC500 (125)	I	13	12Φ9.0	5	4.55	406	136	273	652	4336	137	684	383
	II	14	12Φ10.7	5	6.22	406	187	307	918	4336	158	942	
	III	15	12Φ12.6	5	8.30	406	249	344	1275	4336	185	1272	
	IV	16	15Φ12.6	5	10.03	406	299	372	1593	4336	208	1552	
UHC600 (110)	I	15	14Φ9.0	5	4.61	506	207	305	761	4985	213	798	440
	II	16	14Φ10.7	5	6.30	506	283	342	1071	4985	246	1098	
	III	18	14Φ12.6	5	8.41	506	376	384	1487	4985	288	1483	
	IV	19	17Φ12.6	5	9.91	506	440	411	1806	4985	318	1762	
UHC600 (130)	I	15	16Φ9.0	5	4.65	506	227	352	870	5652	229	911	499
	II	16	16Φ10.7	5	6.34	506	311	395	1224	5652	264	1254	
	III	17	16Φ12.6	5	8.46	506	414	443	1700	5652	310	1693	
	IV	19	20Φ12.6	5	10.22	506	497	479	2125	5652	348	2064	

（续表）

规格（代号—外径—壁厚）	型号	单节允许长度 L/m	主筋数量与直径/mm	螺旋筋直径/mm	混凝土有效预应力计算值 σce/MPa	预应力钢棒分布圆直径 Dp/mm	桩身受弯承载力设计值[M]/(kN·m)	桩身受剪承载力设计值[V]/kN	桩身轴心受拉承载力设计值[N]/kN	桩身轴心受压承载力设计值（未考虑压屈影响）[R]/kN	按标准组合计算的抗裂弯矩 Mk≤/(kN·m)	按标准组合计算的抗裂拉力 Nk≤/kN	理论重量/(kg/m)
UHC700(110)	I	17	12Φ10.7	6	4.62	590	299	363	918	6003	314	961	530
	II	18	24Φ9.0	6	6.37	590	413	410	1305	6003	364	1337	
	III	20	24Φ10.7	6	8.59	590	554	461	1836	6003	429	1825	
	IV	22	24Φ12.6	6	11.28	590	717	518	2550	6003	510	2438	
UHC700(130)	I	16	13Φ10.7	6	4.40	590	315	412	994	6854	334	1044	605
	II	18	26Φ9.0	6	6.07	590	436	464	1414	6854	386	1454	
	III	19	26Φ10.7	6	8.21	590	588	523	1989	6854	453	1988	
	IV	21	26Φ12.6	6	10.81	590	766	587	2762	6854	539	2660	
UHC800(110)	I	19	15Φ10.7	6	4.91	690	436	432	1147	7021	447	1198	620
	II	20	15Φ12.6	6	6.62	690	587	483	1593	7021	515	1627	
	III	22	30Φ10.7	6	9.09	690	800	549	2295	7021	616	2266	
	IV	24	30Φ12.6	6	11.90	690	1030	616	3187	7021	735	3019	

（续表）

规格（代号—外径—壁厚）	型号	单节允许长度 L/m	主筋数量与直径/mm	螺旋筋直径/mm	混凝土有效预应力计算值 σce/MPa	预应力棒分布圆直径 Dp/mm	桩身受弯承载力计算值[M]/(kN·m)	桩身受剪承载力计算值[V]/kN	桩身轴心受拉承载力设计值[N]/kN	桩身轴心受压承载力设计值（未考虑压屈影响）[R]/kN	按标准组合计算的抗裂弯矩 Mk≤/(kN·m)	按标准组合计算的抗裂拉力 Nk≤/kN	理论重量/(kg/m)
UHC800 (130)	I	18	16Φ10.7	6	4.59	690	455	488	1224	8057	476	1283	711
	II	19	16Φ12.6	6	6.20	690	615	545	1700	8057	546	1745	
	III	21	32Φ10.7	6	8.54	690	844	619	2448	8057	651	2436	
	IV	23	32Φ12.6	6	11.22	690	1095	695	3400	8057	775	3253	
UHC1000 (130)	I	21	32Φ9.0	6	4.99	880	834	647	1740	10462	852	1815	924
	II	23	32Φ10.7	6	6.80	880	1135	727	2448	10462	988	2494	
	III	25	32Φ12.6	6	9.04	880	1500	815	3400	10462	1162	3359	
	IV	26	32Φ14.0	8	10.76	880	1768	877	4188	10462	1298	4037	
UHC1200 (150)	I	23	30Φ10.7	6	4.75	1060	1332	820	2295	15690	1407	2401	1286
	II	25	32Φ12.6	6	6.40	1060	1798	919	3188	15690	1617	3265	
	III	27	45Φ12.6	6	9.12	1060	2541	1063	4781	15690	1970	4719	
	IV	29	45Φ14.0	8	10.84	1060	2993	1145	5891	15690	2202	5670	
UHC1400 (150)	I	25	25Φ12.6	7	4.63	1260	1839	963	2656	18679	2001	2783	1532
	II	27	50Φ10.7	7	6.45	1260	2566	1093	3825	18679	2333	3916	
	III	30	50Φ12.6	8	8.60	1260	3403	1229	5313	18679	2734	5282	
	IV	31	50Φ14.0	8	10.25	1260	4022	1325	6545	18679	3050	6356	

表3-5　UHC管桩桩身配筋及力学性能(C125)

规格(代号—外径×壁厚)	型号	单节允许长度 L/m	主筋数量与直径/mm	螺旋筋直径/mm	混凝土有效预压应力计算值 σce/MPa	预应力钢棒分布圆周直径 Dp/mm	桩身受弯承载力设计值[M]/(kN·m)	桩身受剪承载力设计值[V]/kN	桩身轴心受拉承载力设计值[N]/kN	桩身轴心受压承载力设计值(未考虑压屈影响)[R]/kN	按标准组合计算的抗裂弯矩 Mk≤/(kN·m)	按标准组合计算的抗裂拉力 Nk≤/kN	理论重量/(kg/m)
UHC300 (70)	I	9	6Φ7.1	4	4.17	230	26	101	204	1699	31	215	132
	II	10	6Φ9.0	4	6.42	230	40	117	326	1699	37	334	
	III	11	8Φ9.0	4	8.27	230	52	129	435	1699	42	435	
	IV	12	8Φ10.7	4	11.02	230	68	145	612	1699	49	588	
UHC400 (95)	I	12	7Φ9.0	4	4.32	308	64	184	380	3058	75	400	237
	II	13	7Φ10.7	4	5.91	308	89	206	535	3058	85	552	
	III	14	10Φ10.7	4	8.11	308	122	232	765	3058	99	766	
	IV	15	13Φ10.7	4	10.13	308	152	254	994	3058	113	968	
UHC500 (100)	I	14	11Φ9.0	5	4.87	406	132	260	598	4222	145	625	327
	II	15	11Φ10.7	5	6.64	406	181	291	841	4222	166	860	
	III	16	11Φ12.6	5	8.85	406	241	325	1168	4222	192	1159	
	IV	17	13Φ12.6	5	10.18	406	277	344	1381	4222	209	1344	
UHC500 (110)	I	14	11Φ9.0	5	4.56	406	130	276	598	4529	147	627	350
	II	15	11Φ10.7	5	6.23	406	178	308	841	4529	167	846	
	III	16	11Φ12.6	5	8.33	406	238	344	1168	4529	193	1167	
	IV	17	13Φ12.6	5	9.60	406	274	364	1381	4529	209	1355	

规格（代号—外径×壁厚）	型号	单节允许长度 L/m	主筋数量与直径/mm	螺旋筋直径/mm	混凝土有效预应力计算值 σce/MPa	预应力钢棒分布圆直径 Dp/mm	桩身受弯承载力设计值[M]/(kN·m)	桩身受剪承载力设计值[V]/kN	桩身轴心受拉承载力设计值[N]/kN	桩身轴心受压承载力设计值（未考虑压屈影响）[R]/kN	按标准组合计算的抗裂弯矩 Mk≤/(kN·m)	按标准组合计算的抗裂拉力 Nk≤/kN	理论重量/(kg/m)
UHC500 (125)	I	13	12Φ9.0	5	4.56	406	137	307	652	4948	153	684	383
	II	14	12Φ10.7	5	6.22	406	188	342	918	4948	174	943	
	III	15	12Φ12.6	5	8.32	406	252	382	1275	4948	201	1274	
	IV	16	15Φ12.6	5	10.05	406	303	413	1593	4948	224	1554	
UHC600 (110)	I	15	14Φ9.0	5	4.62	506	207	342	761	5690	237	798	440
	II	16	14Φ10.7	5	6.31	506	285	381	1071	5690	270	1099	
	III	18	14Φ12.6	5	8.42	506	380	426	1487	5690	313	1484	
	IV	19	17Φ12.6	5	9.93	506	447	455	1806	5690	343	1764	
UHC600 (130)	I	15	16Φ9.0	5	4.65	506	228	395	870	6450	255	912	499
	II	16	16Φ10.7	5	6.35	506	313	441	1224	6450	290	1255	
	III	17	16Φ12.6	5	8.48	506	419	492	1700	6450	336	1695	
	IV	19	20Φ12.6	5	10.24	506	505	531	2125	6450	375	2066	

（续表）

规格（代号—外径×壁厚）	型号	单节允许长度 L/m	主筋数量与直径 /mm	螺旋筋直径/mm	混凝土有效预应压值计算 σ_{ce}/MPa	预应力钢棒分布圆周直径 D_p/mm	桩身受弯承载力设计值[M]/(kN·m)	桩身受剪承载力设计值[V]/kN	桩身轴心受拉承载力设计值[N]/kN	桩身轴心受压承载力设计值（未考虑压屈影响）[R]/kN	按标准组合计算的抗裂弯矩 $M_k\leqslant$/(kN·m)	按标准组合计算的抗裂拉力 $N_k\leqslant$/kN	理论重量/(kg/m)
UHC700 (110)	I	17	12Φ10.7	6	4.62	590	301	408	918	6851	350	962	530
	II	18	24Φ9.0	6	6.38	590	416	457	1305	6851	400	1338	
	III	20	24Φ10.7	6	8.60	590	561	512	1836	6851	466	1827	
	IV	22	24Φ12.6	6	11.32	590	731	573	2550	6851	548	2441	
UHC700 (130)	I	16	13Φ10.7	6	4.40	590	316	463	994	7822	373	1045	605
	II	18	26Φ9.0	6	6.08	590	439	518	1414	7822	425	1455	
	III	19	26Φ10.7	6	8.22	590	595	581	1989	7822	493	1990	
	IV	21	26Φ12.6	6	10.84	590	779	650	2762	7822	579	2663	
UHC800 (110)	I	19	15Φ10.7	6	4.92	690	438	484	1147	8013	497	1198	620
	II	20	15Φ12.6	6	6.63	690	592	539	1593	8013	565	1629	
	III	22	30Φ10.7	6	9.11	690	811	610	2295	8013	667	2268	
	IV	24	30Φ12.6	6	11.94	690	1052	681	3187	8013	787	3023	

（续表）

规格（代号—外径—壁厚）	型号	单节允许长度 L/m	主筋数量与直径/mm	螺旋筋直径/mm	混凝土有效预压应力计算值 σ_ce/MPa	预应力钢棒分布圆直径 D_p/mm	桩身受弯承载力设计值[M]/(kN·m)	桩身受剪承载力设计值[V]/kN	桩身轴心受拉承载力设计值[N]/kN	桩身轴心受压承载力设计值（未考虑压屈影响）[R]/kN	按标准组合计算的抗裂弯矩 M_k≤/(kN·m)	按标准组合计算的抗裂拉力 N_k≤/kN	理论重量/(kg/m)
UHC800 (130)	I	18	16Φ10.7	6	4.60	690	457	547	1224	9195	531	1283	711
	II	19	16Φ12.6	6	6.21	690	619	608	1700	9195	601	1747	
	III	21	32Φ10.7	6	8.56	690	854	688	2448	9195	707	2438	
	IV	23	32Φ12.6	6	11.26	690	1115	769	3400	9195	832	3258	
UHC1000 (130)	I	21	32Φ9.0	6	5.00	880	838	724	1740	11940	947	1816	924
	II	23	32Φ10.7	6	6.81	880	1144	810	2448	11940	1084	2496	
	III	25	32Φ12.6	6	9.06	880	1520	905	3400	11940	1258	3363	
	IV	26	32Φ14.0	8	10.79	880	1799	972	4188	11940	1396	4042	
UHC1200 (150)	I	23	30Φ10.7	6	4.75	1060	1338	824	2295	17907	1567	2402	1286
	II	25	32Φ12.6	6	6.41	1060	1811	924	3188	17907	1778	3267	
	III	27	45Φ12.6	6	9.14	1060	2575	1069	4781	17907	2134	4724	
	IV	29	45Φ14.0	8	10.87	1060	3047	1151	5891	17907	2367	5677	
UHC1400 (150)	I	25	25Φ12.6	7	4.63	1260	1846	968	2656	21318	2231	2785	1532
	II	27	50Φ10.7	7	6.46	1260	2584	1099	3825	21318	2565	3918	
	III	30	50Φ12.6	8	8.62	1260	3444	1237	5313	21318	2969	5287	
	IV	31	50Φ14.0	8	10.27	1260	4088	1332	6545	21318	3287	6363	

3.2.6 适用范围

(1)超高强管桩(UHC)适用于抗震设防烈度小于或等于8度地区的工业与民用建筑、铁路、公路与桥梁、港口、码头、水利、市政及大型设备等工程桩基础。

(2)超高强管桩(UHC)主要作为端承桩或以端承为主的摩擦端承桩,当用于承受水平荷载或用于抗拔桩时,应根据工程实际情况调整桩与桩、桩与承台之间的连接构造。

(3)可用于需穿透部分较厚密实的砂层、黏土层的工程桩基础。

(4)超高强管桩(UHC)按混凝土结构环境类别二b类进行耐久性设计,当基础的环境地质条件对管桩有中度及以上侵蚀时,应根据使用条件按《预应力混凝土管桩技术标准》(JGJ/T 406)和《工业建筑防腐蚀设计标准》(GB/T 50046)等有关规范采取有效的防腐蚀措施。

3.3 预应力混凝土抗拔管桩[PHC(T)]

3.3.1 定义

采用抱箍式连接的先张法预应力混凝土管桩,主要用于抗拔工程,简称抗拔管桩[代号为PHC(T)]。抱箍式连接是指由3片弧形机械连接卡组成的圆形抱箍,通过机械连接或焊接加机械连接的组合连接方式实现抗拔管桩的连接。图3-4为桩身连接实物图。图3-5为机械连接实物图。

图3-4 桩身连接实物图　　图3-5 机械连接实物图

3.3.2 分类与规格

(1)抗拔管桩按外径分为400mm、500mm、600mm、800mm等规格。

（2）抗拔管桩按混凝土有效预压应力值分为 AB 型、B 型、C 型，其混凝土有效预压应力代表值分别为 $6.0N/mm^2$、$8.0N/mm^2$、$10.0N/mm^2$。

（3）抗拔管桩抱箍式连接卡按外径分为 400mm、500mm、600mm、800mm 规格。

3.3.3 结构形式与基本尺寸

抗拔管桩的结构形式和基本尺寸应符合图 3-6 和表 3-6 的规定。

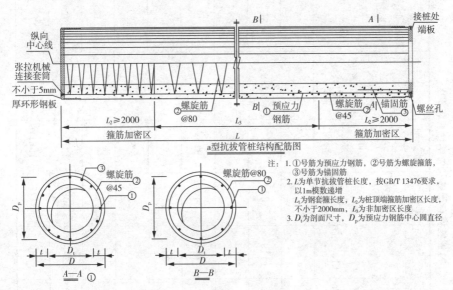

图 3-6 抗拔管桩的结构形式

表 3-6 抗拔管桩的基本尺寸

抗拔外径 d/mm	内径 d_1/mm	壁厚 t/mm	桩长 l/m	桩端加密区 长度 l_1/mm	桩端非加密区 长度 l_2/mm
400	210	95	≤13	≥2000	$l-2\times l≤1$
500	300/250	100/125	≤15		
600	380/340	110/130	≤15		
800	580/540	110/130	≤30		

注：根据工程设计需要也可生产其他规格、型号及壁厚的抗拔管桩

3.3.4 桩身配筋及力学性能

抗拔管桩 PHC(T) 的桩身配筋及力学性能可按表 3-7 取值。

表 3-7　PHC(T)管桩桩身配筋及力学性能(C80)

外径 D/mm	壁厚 t/mm	型号	预应力钢筋配筋	螺旋筋规格	配筋率	混凝土有效预压应力计算值 σ_{ce}/MPa	桩身受弯承载力设计值[M]/(kN·m)	桩身受剪承载力设计值[V]/kN	桩身轴心受拉承载力设计值[N]/kN	桩身轴心受压承载力设计值(未考虑压屈影响)[R]/kN	按标准组合计算的抗裂弯矩 $M_k\leqslant$/(kN·m)	按标准组合计算的抗裂拉力 $N_k\leqslant$/kN	理论质量/(kg/m)
400	95	AB	8Φ^D10.7	Φ^b5	0.79	6.62	99	172	612	2288	75	623	237
		B	10Φ^D10.7		0.99	8.03	119	187	765		84	762	
		C	11Φ^D10.7		1.09	8.70	145	193	842		88	828	
500	100	AB	12Φ^D10.7	Φ^b5	0.86	7.12	193	240	918	3158	144	927	327
		B	12Φ^D12.6		1.19	9.42	249	270	1275		172	1243	
		C	13Φ^D10.7		1.29	10.06	264	278	1381		180	1333	
	125	AB	12Φ^D10.7	Φ^b6	0.73	6.18	186	273	918	3701	144	939	383
		B	12Φ^D12.6		1.02	8.24	245	308	1275		170	1266	
		C	13Φ^D12.6		1.10	8.82	290	317	1381		178	1359	

（续表）

外径 D/mm	壁厚 t/mm	型号	预应力钢筋配筋	螺旋筋规格	配筋率	混凝土有效预压应力计算值 σ_{ce}/MPa	桩身受弯承载力设计值 $[M]$/(kN·m)	桩身受剪承载力设计值 $[V]$/kN	桩身轴心受拉承载力设计值 $[N]$/kN	桩身轴心受压承载力设计值（未考虑屈曲影响）$[R]$/kN	按标准组合计算的抗裂弯矩 $M_k\leq$/(kN·m)	按标准组合计算的抗裂拉力 $N_k\leq$/kN	理论质量/(kg/m)
600	110	AB	$18\Phi^D10.7$	Φ^b6	0.96	7.82	349	334	1379	4255	254	1377	440
	110	B	$18\Phi^D12.6$	Φ^b6	1.33	10.29	444	375	1913		305	1839	
	110	C	$19\Phi^D12.6$		1.40	10.75	475	382	2019		314	1927	
	130	AB	$18\Phi^D10.7$	Φ^b6	0.84	7.01	345	368	1379	4824	255	1393	499
	130	B	$18\Phi^D12.6$		1.17	9.28	448	413	1913		304	1869	
	130	C	$19\Phi^D12.6$		1.23	9.70	482	421	2019		313	1958	
800	110	AB	$30\Phi^D10.7$	Φ^b7	1.13	9.01	782	491	2295	5992	568	2252	620
	110	B	$30\Phi^D12.6$		1.57	11.76	983	551	3188		685	2993	
	110	C	$31\Phi^D12.6$		1.62	12.08	1030	558	3294		697	3076	
	130	AB	$32\Phi^D10.7$	Φ^b7	1.05	8.47	827	553	2448	6876	599	2422	711
	130	B	$32\Phi^D12.6$		1.46	11.10	1051	622	3400		721	3228	
	130	C	$33\Phi^D12.6$		1.50	11.39	1085	629	3506		733	3313	

3.3.5 产品特点

(1)除具备 PHC 管桩的各项性能指标外,在桩身力学性能、环保、经济效益等方面也优于传统的灌注桩。

(2)桩与桩的连接应采用机械连接,降低桩身连接时的人为因素影响,加快工程进度,减少施工人员工作量,提高施工效率。

3.3.6 适用范围

(1)适用于抗震设防烈度小于或等于 8 度地区的工业与民用建筑、铁路、公路与桥梁、港口、码头、水利、市政及大型设备等工程桩基础,主要考虑承受竖向抗拉荷载。

(2)因地下水位升高、建筑物承受水浮力而使桩顶产生竖向拉力的各领域建筑基础。

(3)桩静荷载试验中所用的锚桩等也可采用抗拔管桩。

(4)高耸结构基础出现拉应力区的桩基础。

(5)其他工程设计抗拉力需要。

3.4 劲性体(PST)

3.4.1 定义

刚性桩复合地基中作为竖向增强体,混凝土强度等级为 C60、C70 的地基处理用管桩,简称为劲性体(代号为 PST - CF)。混凝土强度等级为 C80 的地基处理用管桩,简称为高强混凝土劲性体(代号为 PST - HCF)。

3.4.2 分类与规格

(1)劲性体按混凝土强度等级分为劲性体(C60、C70)和高强混凝土劲性体(C80)。

(2)劲性体的常用规格按外径分为 300mm、350mm、400mm、450mm、500mm、550mm、600mm 等规格。

3.4.3 结构形式与基本尺寸

劲性体的结构形式如图 3 - 7 所示。劲性体的基本尺寸应符合见表 3 - 8 所列。

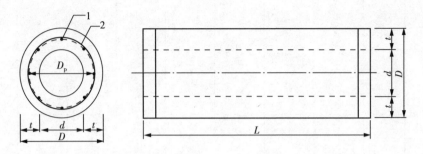

说明：D—直径；d—内径；L—长度；t—壁厚；D_p—预应力钢筋中心所在圆的直径；
1—预应力主筋；2—箍筋

图 3-7　劲性体的结构形式

表 3-8　劲性体的基本尺寸

外径 D/mm	型号	壁厚 t/mm	内径 d/mm	D_p/mm	最大长度 L/m	理论重量 /(kg/m)
300	A	60	180	250	11	118
	AB				12	
350	A	60	230	300	12	142
	AB				14	
400	A	60	280	340	14	167
	AB				15	
450	A	60	330	390	15	191
	AB				16	
500	A	65	370	440	16	231
	AB				18	
550	A	65	420	480	17	258
	AB				18	
600	A	65	470	530	22	284
	AB				23	

注：根据工程需要，也可生产其他规格、壁厚及长度的劲性体，其力学性能应重新计算

3.4.4　配筋及力学性能

劲性体的配筋及力学性能可按表 3-9 取值。

表 3 - 9　劲性体配筋及力学性能（C80）

外径 D/mm	型号	壁厚 t/mm	配筋数量及直径	混凝土有效预应力值 σ_{ce}/MPa	开裂弯矩 M_{cr}/(kN·m)	极限弯矩 M_u/(kN·m)	竖向抗压承载力设计值 R_p/kN
300	A	60	6Φ7.1	4.61	25	36	1064
	AB		6Φ9.0	7.03	31	55	
350	A	60	8Φ7.1	5.04	38	58	1281
	AB		8Φ9.0	7.66	48	87	
400	A	60	7Φ9.0	5.92	58	93	1611
	AB		7Φ10.7	7.99	69	124	
450	A	60	8Φ9.0	5.90	77	122	1847
	AB		8Φ10.7	7.96	92	162	
500	A	65	11Φ9.0	6.62	111	184	2232
	AB		11Φ10.7	8.89	133	242	
550	A	65	12Φ9.0	6.49	138	224	2489
	AB		12Φ10.7	8.73	165	295	
600	A	65	14Φ9.0	6.82	174	285	2745
	AB		14Φ10.7	9.15	209	375	

注：混凝土强度等级 C80，沉桩工艺系数 Ψ_c 取 0.7（打入式或抱压式施工）

3.4.5　产品特点

与搅拌桩、CFG 桩相比,劲性体具有以下特点:

(1)劲性体设有预应力钢筋,有一定的抗水平能力。

(2)采用工厂全自动化预制,规格齐全,质量可控。

(3)桩身混凝土强度等级高,不低于 C60。

(4)运输吊桩方便,可大幅度节省施工周期,施工环保。

(5)综合造价低,经济效益优。

3.4.6　适用范围

适用于建筑地基、道路工程路基及机场道面路基等地基处理工程。

3.5　混合配筋预应力混凝土管桩(PRC)

3.5.1　定义

主筋配筋形式为预应力钢棒和普通钢筋组合布置的预应力混凝土管桩,简称为混合配筋管桩(代号为 PRC)。

3.5.2　分类与规格

(1)混合配筋管桩按外径可分为 400mm、450mm、500mm、550mm、600mm、700mm、800mm、1000mm、1200mm、1400mm 等规格。

(2)混合配筋管桩按混凝土有效预压应力值分为 AB 型、B 型、C 型、D 型,其混凝土有效预压应力代表值分别不低于 4.0N/mm^2、6.0N/mm^2、8.0N/mm^2、10.0N/mm^2。

3.5.3　结构形式与基本尺寸

混合配筋管桩的结构形式如图 3-8 所示。混合配筋管桩的基本尺寸如表 3-10 所列。

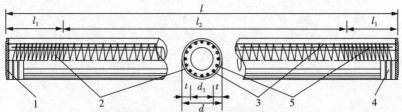

t—壁厚;l—桩长;d—外径;d_1—管桩内径;l_1—桩端加密区长度;
l_2—非加密区长度;1—端板;2—螺旋筋;3—预应力钢棒;4—桩套箍;5—非预应力钢筋

图 3-8　混合配筋管桩的结构形式

表 3 - 10　混合配筋管桩的基本尺寸

外径 d/mm	壁厚 t/mm	内径 d_1/mm
400	95	210
450	95	260
500	100/125	300/250
550	110/125	330/300
600	110/130	380/340
700	110/130	480/440
800	110/130	580/540
1000	130	740
1200	150	900

3.5.4　混合配筋管桩桩身配筋及力学性能

混合配筋管桩具体形式如图 3 - 9 所示。

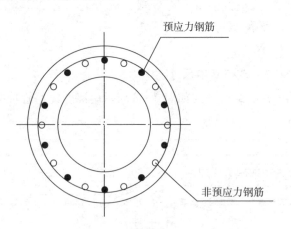

图 3 - 9　混合配筋管桩具体形式

混合配筋管桩桩身配筋及力学性能可按表 3 - 11 取值。

表 3-11 混合配筋管桩桩身配筋及力学性能

管桩编号	外径 D/mm	壁厚 t/mm	单节桩长 /m	混凝土强度等级	主筋所在圆直径 D_p值/mm	型号	主筋数量与直径/mm	螺旋筋直径 /mm	非预应力筋
PRC-I 400 AB 95	400	95	13	C80	308	AB	7Φ10.7	4	7Φ10
PRC-I 400 B 95	400	95	14	C80	308	B	10Φ10.7	4	10Φ10
PRC-I 400 D 95	400	95	15	C80	308	D	10Φ12.6	4	10Φ10
PRC-I 450 AB 95	450	95	14	C80	358	AB	8Φ10.7	4	8Φ10
PRC-I 450 B 95	450	95	15	C80	358	B	12Φ10.7	4	12Φ10
PRC-I 450 D 95	450	95	17	C80	358	D	12Φ12.6	4	12Φ10
PRC-I 500 AB 100	500	100	15	C80	406	AB	11Φ10.7	5	11Φ12
PRC-I 500 B 100	500	100	16	C80	406	B	14Φ10.7	5	14Φ12
PRC-I 500 C 100	500	100	17	C80	406	C	11Φ12.6	5	11Φ12
PRC-I 500 D 100	500	100	18	C80	406	D	14Φ12.6	5	14Φ12
PRC-I 500 AB 125	500	125	14	C80	406	AB	12Φ10.7	5	12Φ12
PRC-I 500 B 125	500	125	15	C80	406	B	14Φ10.7	5	14Φ12
PRC-I 500 C 125	500	125	16	C80	406	C	12Φ12.6	5	12Φ12
PRC-I 500 D 125	500	125	16	C80	406	D	14Φ12.6	5	14Φ12
PRC-I 550 AB 110	550	110	16	C80	456	AB	12Φ10.7	5	12Φ12
PRC-I 550 B 110	550	110	17	C80	456	B	12Φ12.6	5	12Φ12

（续表）

管桩编号	外径 D/mm	壁厚 t/mm	单节桩长 /m	混凝土强度等级	主筋所在圆直径 D_p 值/mm	型号	主筋数量与直径/mm	螺旋筋直径 /mm	非预应力筋
PRC—Ⅰ 550 C 110	550	110	18	C80	456	C	15Φ12.6	5	15Φ12
PRC—Ⅰ 550 D 110	550	110	18	C80	456	D	16Φ12.6	5	16Φ12
PRC—Ⅰ 550 AB 125	550	125	15	C80	456	AB	14Φ10.7	5	14Φ12
PRC—Ⅰ 550 B 125	550	125	17	C80	456	B	14Φ12.6	5	14Φ12
PRC—Ⅰ 550 C 125	550	125	18	C80	456	C	17Φ12.6	5	17Φ12
PRC—Ⅰ 550 D 125	550	125	18	C80	456	D	18Φ12.6	5	18Φ12
PRC—Ⅰ 600 AB 100	600	100	17	C80	506	AB	14Φ10.7	5	14Φ12
PRC—Ⅰ 600 B 100	600	100	17	C80	506	B	16Φ10.7	5	16Φ12
PRC—Ⅰ 600 C 100	600	100	18	C80	506	C	14Φ12.6	5	14Φ12
PRC—Ⅰ 600 D 100	600	100	19	C80	506	D	16Φ12.6	5	16Φ12
PRC—Ⅰ 600 AB 130	600	130	16	C80	506	AB	16Φ10.7	5	16Φ12
PRC—Ⅰ 600 B 130	600	130	17	C80	506	B	18Φ10.7	5	18Φ12
PRC—Ⅰ 600 C 130	600	130	18	C80	506	C	16Φ12.6	5	16Φ12
PRC—Ⅰ 600 D 130	600	130	18	C80	506	D	18Φ12.6	5	18Φ12
PRC—Ⅰ 700 AB 110	700	110	19	C80	590	AB	18Φ10.7	6	18Φ12
PRC—Ⅰ 700 B 110	700	110	20	C80	590	B	22Φ10.7	6	22Φ12

（续表）

管桩编号	外径 D/mm	壁厚 t/mm	单节桩长 /m	混凝土强度等级	主筋所在圆直径 D_p值/mm	型号	主筋数量与直径/mm	螺旋筋直径 /mm	非预应力筋
PRC—I 700 C 110	700	110	21	C80	590	C	20Φ12.6	6	20Φ12
PRC—I 700 D 110	700	110	22	C80	590	D	22Φ12.6	6	22Φ12
PRC—I 700 AB 130	700	130	18	C80	590	AB	18Φ10.7	6	18Φ12
PRC—I 700 B 130	700	130	19	C80	590	B	22Φ10.7	6	22Φ12
PRC—I 700 C 130	700	130	20	C80	590	C	20Φ12.6	6	20Φ12
PRC—I 700 D 130	700	130	20	C80	590	D	22Φ12.6	6	22Φ12
PRC—I 800 B 110	800	110	21	C80	690	B	24Φ10.7	6	24Φ12
PRC—I 800 C 110	800	110	23	C80	690	C	24Φ12.6	6	24Φ12
PRC—I 800 B 130	800	130	20	C80	690	B	24Φ10.7	6	24Φ12
PRC—I 800 C 130	800	130	22	C80	690	C	24Φ12.6	6	24Φ12
PRC—I 1000 C 130	1000	130	22	C80	880	B	26Φ10.7	6	26Φ12
PRC—I 1000 C 130	1000	130	24	C80	880	C	26Φ12.6	6	26Φ12
PRC—I 1200 C 150	1200	150	23	C80	1060	A	30Φ10.7	6	30Φ12
PRC—I 1200 C 150	1200	150	25	C80	1060	AB	30Φ12.6	6	30Φ12

表 3-12 混合配筋管桩桩身力学性能

管桩编号	混凝土有效预压应力 /MPa	开裂弯矩标准值 /(kN·m)	极限弯矩标准值 /(kN·m)	抗弯承载力设计值 /(kN·m)	抗剪承载力设计值 /(kN·m)	抗裂剪力 /kN	桩身竖向承载力设计值 /kN	理论重量 /(kg/m)
PRC-I 400 AB 95	5.90	72	151	116	172	151	2288	237
PRC-I 400 B 95	8.09	86	204	156	189	160	2288	237
PRC-I 400 D 95	10.63	103	248	188	208	170	2288	237
PRC-I 450 AB 95	5.80	98	201	155	195	175	2663	275
PRC-I 450 B 95	8.30	120	283	217	218	187	2663	275
PRC-I 450 D 95	10.90	144	343	260	239	199	2633	275
PRC-I 500 AB 100	6.64	142	330	258	262	212	3158	327
PRC-I 500 B 100	8.22	161	402	313	279	221	3158	327
PRC-I 500 C 100	8.83	168	403	309	285	225	3158	327
PRC-I 500 D 100	10.79	192	481	368	303	236	3158	327
PRC-I 500 AB 125	6.23	148	348	271	296	246	3701	383
PRC-I 500 B 125	7.15	160	397	309	308	252	3701	383
PRC-I 500 C 125	8.30	175	427	328	323	260	3701	383
PRC-I 500 D 125	9.46	190	482	369	337	268	3701	383
PRC-I 550 AB 110	6.05	180	405	316	301	253	3821	395
PRC-I 550 B 110	8.08	212	497	382	328	267	3821	395

（续表）

管桩编号	混凝土有效预压应力 /MPa	开裂弯矩标准值 /(kN·m)	极限弯矩标准值 /(kN·m)	抗弯承载力设计值 /(kN·m)	抗剪承载力设计值 /(kN·m)	抗裂剪力 /kN	桩身竖向承载力设计值/kN	理论重量 /(kg/m)
PRC—I 550 C 110	9.76	239	591	453	348	278	3821	395
PRC—I 550 D 110	10.30	248	619	474	354	282	3821	395
PRC—I 550 AB 125	6.40	194	457	356	332	280	4194	434
PRC—I 550 B 125	8.51	230	560	429	362	296	4194	434
PRC—I 550 C 125	10.02	256	649	497	382	207	4194	434
PRC—I 550 D 125	10.51	264	677	518	388	211	4194	434
PRC—I 600 AB 110	6.31	230	522	407	336	284	4255	440
PRC—I 600 B 110	7.11	246	585	455	348	290	4255	440
PRC—I 600 C 110	8.41	272	639	491	366	300	4255	440
PRC—I 600 D 110	9.42	292	708	543	379	307	4255	440
PRC—I 600 AB 130	6.36	247	579	451	375	322	4824	499
PRC—I 600 B 130	7.06	262	640	498	387	328	4824	499
PRC—I 600 C 130	8.47	293	709	544	410	340	4824	499
PRC—I 600 D 130	9.36	312	777	596	423	348	4824	499
PRC—I 700 AB 110	6.7	350	793	618	448	345	5124	530
PRC—I 700 B 110	7.99	388	934	726	470	357	5124	530

（续表）

管桩编号	混凝土有效预压应力/MPa	开裂弯矩标准值/(kN·m)	极限弯矩标准值/(kN·m)	抗弯承载力设计值/(kN·m)	抗剪承载力设计值/(kN·m)	抗裂剪力/kN	桩身竖向承载力设计值/kN	理论重量/(kg/m)
PRC—I 700 C 110	9.72	439	1044	801	497	373	5124	530
PRC—I 700 D 110	10.51	463	1118	857	509	380	5124	530
PRC—I 700 AB 130	5.94	356	789	616	480	386	5850	605
PRC—I 700 B 130	7.11	393	936	728	504	398	5850	605
PRC—I 700 C 130	8.69	443	1054	809	534	415	5850	605
PRC—I 700 D 130	9.42	467	1134	870	547	423	5850	605
PRC—I 800 B 110	7.52	519	1208	940	535	412	5992	620
PRC—I 800 C 110	9.93	618	1455	1116	579	438	5992	620
PRC—I 800 B 130	6.66	531	1212	945	573	463	6876	711
PRC—I 800 C 130	8.84	629	1478	1134	622	490	6876	711
PRC—I 1000 B 130	5.56	839	1740	1360	700	585	8929	924
PRC—I 1000 C 130	7.56	984	2145	1651	758	615	8929	924
PRC—I 1200 A 150	4.76	1303	2470	1936	893	795	12434	1286
PRC—I 1200 AB 150	6.40	1511	3078	2374	968	831	12434	1286

3.5.5 产品特点

(1)混合配筋管桩在具备 PHC 管桩优点的基础上,其抗弯性能明显优于同截面的灌注桩。

(2)相比普通管桩,混合配筋管桩的抗弯性能得到了明显改善。断裂破坏时,混合配筋管桩的跨中挠度明显大于普通管桩,延性得到显著改善,平均延性系数超过了 3.2。

(3)非预应力螺纹钢筋的配置明显减小了桩身裂缝的长度和平均宽度,也能明显提高剪力作用下的桩身刚度,且较大幅度减小了管桩的变形。

(4)非预应力钢筋的配置改变了剪力作用下的桩身应力和裂缝分布规律及断裂性状。混合配筋管桩呈斜剪破坏性状,而普通型 PHC 管桩的断裂处位于跨中附近,呈弯断破坏性状。

(5)工厂化生产,质量可控,经济效益好,综合性价比高。

3.5.6 适用范围

(1)适用于工业与民用建筑、铁路、公路与桥梁、港口、码头、水利、市政、构筑物及大型设备等工程桩基础,水平承载性能好。

(2)基坑支护工程。

(3)江河护堤、湖泊护坡等水利治理桩基工程。

(4)高速公路、高速铁路护坡和墩下桩基工程。

(5)与 PHC 管桩组合使用,承担较大水平荷载和高抗震设防烈度区的桩基工程。

3.6 预应力混凝土板桩(PBZ)

3.6.1 定义

桩身截面呈矩形并采用预应力张拉及浇筑或离心工艺成型、混凝土强度不低于 C60 的混凝土桩,简称为预应力板桩(代号为 PBZ)。

3.6.2 分类与规格

(1)预应力混凝土板桩按截面形式可分为预应力混凝土实心板桩、预应力混凝土空心板桩、预应力混凝土空心翼边板桩。

（2）板桩按其抗弯性能分为Ⅰ型、Ⅱ型、Ⅲ型。

（3）板桩按照截面高度分为200mm、250mm、300mm等规格。

3.6.3　结构形式与基本尺寸

预应力板桩的结构形式如图3-10所示。预应力板桩截面参数见表3-13所列。

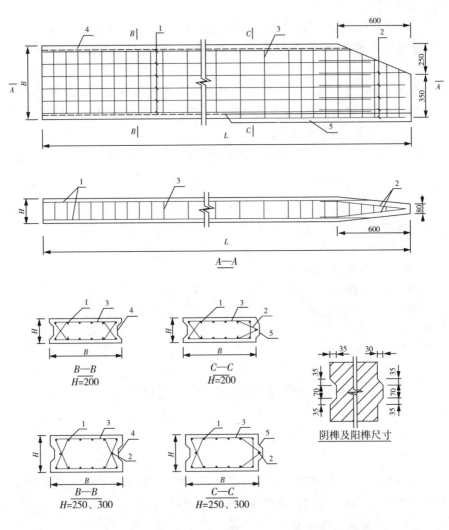

（a）实心板桩结构及配筋图

1—预应力钢筋；2—非预应力构造筋；3—箍筋；4—阴榫；5—阳榫

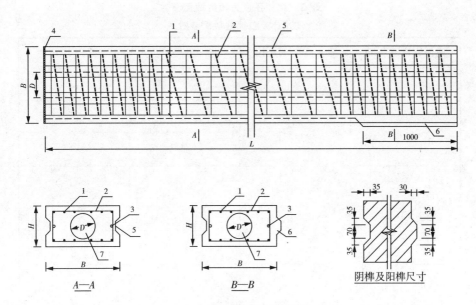

（b）空心板桩结构及配筋图

1—预应力钢筋；2—箍筋；3—非预应力钢筋；4—端板；5—阴榫；6—阳榫；7—中心孔

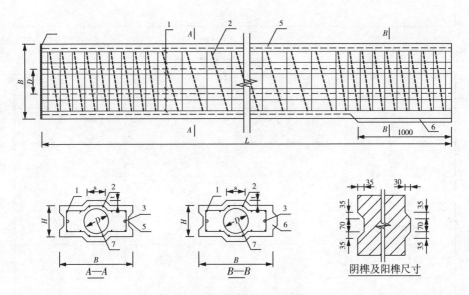

（c）翼边板桩结构及配筋图

1—预应力钢筋；2—箍筋；3—非预应力钢筋；4—端板；5—阴榫；6—阳榫；7—中心孔

图 3-10 预应力板桩的结构形式

表 3-13 预应力板桩截面参数

表(a)实心板桩截面参数

截面宽度 B/mm	截面高度 H/mm	型号	桩长 L/m
600	200	I	≤15
		II	≤15
		III	≤15
600	250	I	≤15
		II	≤15
		III	≤15
600	300	I	≤15
		II	≤15
		III	≤15

表(b)空心板桩截面参数

宽度 B/mm	高度 H/mm	内径 D/mm	单节桩长 L/m
600	320	200	≤13
700	350	230	≤13
800	380	250	≤13
900	400	260	≤14
1000	430	290	≤14
1200	470	320	≤14
1300	500	340	≤14

表(c)翼边板桩截面参数

宽度 B/mm	高度 H/mm	内径 D/mm	单节桩长 L/m
600	250	200	≤12
700	300	250	≤13
800	320	270	≤13
900	340	300	≤13
1000	360	320	≤13
1200	420	380	≤13
1300	450	410	≤14

3.6.4 预应力板桩的桩身配筋及力学性能

实心板桩桩身配筋及力学性能见表 3-14 所列。空心板桩桩身配筋及力学性能见表 3-15 所列。翼边板桩桩身配筋及力学性能见表 3-16 所列。

3.6.5 适用范围

适用于水利、市政、港口、铁路、公路、工业与民用建筑的基坑边坡支护工程。

3.6.6 产品特点

与普通钢筋混凝土板桩相比,预应力板桩具有以下优点:
(1)混凝土强度等级高,不小于 C60。
(2)抗裂弯矩提高 30% 以上,极限抗弯承载力提高 60% 以上。
(3)抗剪承载力提高 20%~60%。
(4)主筋用钢量节约 40% 以上,降低工程造价。
(5)采用高性能混凝土,具有良好的防腐、抗冻、抗渗等耐久性能。

表 3 - 14　实心板桩桩身配筋及力学性能

宽度 B /mm	高度 H /mm	混凝土强度等级	型号	预应力钢筋配筋	单节桩长 L/m	箍筋规格	抗裂弯矩 M_{cr}/(kN·m)	抗弯承载力设计值 M/(kN·m)	抗剪承载力设计值 V/kN	理论重量 /(kg/m)
600	200	C60	I	12Φ9.0	≤8	Φ^b5	39	59	84	300
			II	12Φ10.7	≤9		47	77	95	
			III	12Φ12.6	≤10		59	98	106	
600	250		I	12Φ9.0	≤9	Φ^b5	54	78	116	375
			II	12Φ10.7	≤9		65	104	127	
			III	12Φ12.6	≤10		80	136	142	
600	300		I	12Φ9.0	≤9	Φ^b6	72	97	161	450
			II	12Φ10.7	≤10		85	131	173	
			III	12Φ12.6	≤11		103	173	188	

表 3-15 空心板桩桩身配筋及力学性能

宽度 B/mm	高度 H/mm	内径 D/mm	单节桩长 L/m	混凝土强度等级	型号	预应力钢筋配筋	非预应力钢筋配筋	箍筋规格	有效预压应力 σce/MPa	抗裂弯矩 Mcr/(kN·m)	抗弯承载力设计值 M/(kN·m)	极限弯矩标准值 Mu/(kN·m)	抗剪承载力设计值 V/kN	抗弯刚度 EI/(MN·m²)	理论重量/(kg/m)
600	320	200	≤13	C80	I	12Φ10.7	2Φ12	Φb6	5.96	107	144	194	243	50	398
					II	12Φ12.6	2Φ12		7.96	129	191	258	258		
700	350	230	≤13		I	12Φ10.7	4Φ12	Φb6	4.77	131	162	219	299	76	510
					II	12Φ12.6	4Φ12		6.42	156	218	294	314		
800	380	250	≤13		I	16Φ10.7	4Φ12	Φb6	5.01	183	235	317	381	112	644
					II	16Φ12.6	4Φ12		6.73	218	315	425	401		
900	400	260	≤14		I	20Φ10.7	4Φ12	Φb8	5.16	233	308	416	490	148	779
					II	20Φ12.6	4Φ12		6.93	279	412	557	515		
1000	430	290	≤14		I	20Φ10.7	4Φ12	Φb8	4.40	273	338	456	568	203	927
					II	20Φ12.6	4Φ12		5.94	324	455	614	594		
1200	470	320	≤14		I	24Φ10.7	4Φ12	Φb8	3.98	375	449	606	747	318	1238
					II	24Φ12.6	4Φ12		5.29	441	606	818	779		
1300	500	340	≤14		I	28Φ10.7	6Φ12	Φb8	4.01	462	559	754	866	416	1435
					II	28Φ12.6	6Φ12		5.42	544	754	1018	903		

表 3 - 16　翼边板桩桩身配筋及力学性能

宽度 B/mm	高度 H/mm	内径 D/mm	单节桩长 L/m	混凝土强度等级	型号	预应力钢筋配筋	非预应力钢筋配筋	箍筋规格	有效预压应力 σ_{ce}/MPa	抗裂弯矩 M_{cr}/(kN·m)	抗弯承载力设计值 M/(kN·m)	极限弯矩标准值 M_u/(kN·m)	抗剪承载力设计值 V/kN	抗弯刚度 EI/(MN·m²)	理论重量/(kg/m)
600	250	200	≤12	C80	I	12Φ10.7	—	Φ^b6	7.07	75	134	181	200	33	329
					II	12Φ12.6	—		9.37	91	179	242	213		
700	300	250	≤13		I	12Φ10.7	2Φ12	Φ^b6	5.25	105	164	221	257	62	449
					II	12Φ12.6	2Φ12		7.17	126	221	298	272		
800	320	270	≤13		I	16Φ10.7	2Φ12	Φ^b6	5.71	144	206	279	322	86	558
					II	16Φ12.6	2Φ12		7.63	173	281	379	342		
900	340	300	≤13		I	20Φ10.7	4Φ12	Φ^b8	5.81	191	292	395	419	125	684
					II	20Φ12.6	4Φ12		7.76	231	396	535	443		
1000	360	320	≤13		I	20Φ10.7	4Φ12	Φ^b8	4.97	219	311	420	481	163	812
					II	20Φ12.6	4Φ12		6.68	261	422	570	506		
1200	420	380	≤13		I	24Φ10.7	4Φ12	Φ^b8	4.30	327	455	614	656	308	1140
					II	24Φ12.6	4Φ12		5.81	387	618	835	688		
1300	450	410	≤14		I	28Φ10.7	4Φ12	Φ^b8	4.34	407	531	717	759	402	1318
					II	28Φ12.6	4Φ12		5.86	482	724	977	796		

3.7 预应力混凝土空心方桩(PHS)

3.7.1 定义

采用离心和预应力工艺成型的外方内圆截面的预应力高强混凝土桩，简称为空心方桩(代号为 PHS)。

3.7.2 分类与规格

(1)预应力混凝土空心方桩 PHS 按混凝土有效预压应力值可分为 A 型、AB 型和 B 型，混凝土有效预压应力值分别为 $3.8 \sim 4.2 \text{N/mm}^2$、$5.7 \sim 6.3 \text{N/mm}^2$、$7.6 \sim 8.4 \text{N/mm}^2$。

(2)预应力混凝土空心方桩按边长可分为 300mm、350mm、400mm、450mm、500mm、550mm、600mm、800mm、1000mm 等规格。

3.7.3 结构形式与基本尺寸

空心方桩的结构形式及配筋如图 3-11 所示。空心方桩的基本尺寸见表 3-17 所列。

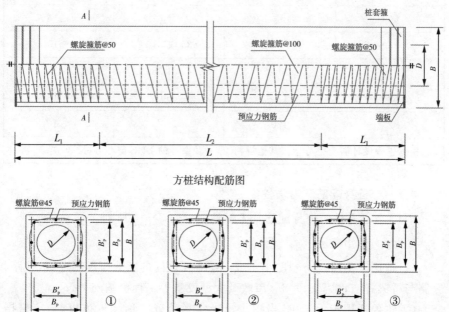

图 3-11 空心方桩结构形式及配筋

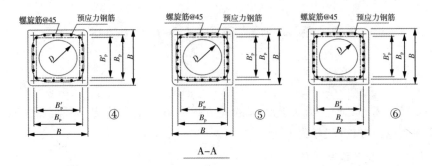

图 3-11　空心方桩结构形式及配筋(续)

表 3-17　空心方桩基本尺寸

边长 B/mm	最小壁厚 t/mm	内径 D/mm	长度 L/m
300	85	130	≤13
350	90	170	≤13
400	90	220	≤15
450	95	260	≤15
500	95	310	≤15
550	100 | 120	350 | 310	≤15
600	100 | 120	400 | 360	≤15
800	120	560	≤15
1000	120	760	≤15

注:根据工程设计需要也可生产其他规格、型号及壁厚的 PHS 空心方桩

3.7.4　桩身配筋及力学性能

PHS 空心方桩的桩身配筋及力学性能见表 3-18 所列。

3.7.5　适用范围

(1)适用于抗震设防烈度小于或等于 8 度地区的工业与民用建筑、铁路、公路与桥梁、港口、码头、水利、市政及大型设备等工程桩基础。

(2)主要适用于承压桩,当用于承受水平荷载或用于抗拔桩时,应根据工程实际情况调整桩与桩、桩与承台的连接构造。

表 3-18　PHS 空心方桩桩身配筋及力学性能

边长 B /mm	内径 D /mm	单节长度 L /m	混凝土强度等级	型号	预应力钢筋配筋	螺旋筋规格	配筋率 /%	混凝土有效预压应力 σ_{ce} /MPa	开裂弯矩 M_{cr} /(kN·m)	正截面受弯承载力设计值 /(kN·m)	桩身轴心受压承载力设计值 R_p /kN	桩身轴心受拉承载力设计值 T_p /kN	理论重量 /(kg/m)
300	130	≤13	C80	A	8Φ^D7.8	Φ^b4	0.50	4.36	36	44		384	195
				AB	8Φ^D9.0		0.66	5.67	42	58	1790	511	
				B	8Φ^D10.7		0.94	7.72	51	81		722	
350	170	≤13	C80	A	8Φ^D9.0	Φ^b4	0.51	4.45	57	70		511	253
				AB	8Φ^D10.7		0.72	6.11	68	98	2328	722	
				B	8Φ^D12.6		1.00	8.16	82	133		1002	
400	220	≤15	C80	A	8Φ^D9.9	Φ^b4	0.50	4.41	83	99		618	309
				AB	8Φ^D10.7		0.59	5.09	89	115	2846	722	
				B	8Φ^D12.6		0.82	6.84	106	157		1002	
450	260	≤15	C80	A	12Φ^D9.0	Φ^b4	0.51	4.46	116	141		767	379
				AB	12Φ^D10.7		0.72	6.12	139	197	3486	1084	
				B	12Φ^D12.6		1.01	8.17	166	269		1503	
500	310	≤15	C80	A	12Φ^D9.9	Φ^b5	0.53	4.61	157	191		928	443
				AB	12Φ^D10.7		0.62	5.32	170	222	4072	1084	
				B	12Φ^D12.6		0.86	7.13	203	304		1503	

（续表）

边长 B /mm	内径 D /mm	单节长度 L /m	混凝土强度等级	型号	预应力钢筋配筋	螺旋筋规格	配筋率 /%	混凝土有效预压应力 σ_{ce} /MPa	开裂弯矩 M_{cr} /(kN·m)	正截面受弯承载力设计值 /(kN·m)	桩身轴心受压承载力设计值 R_p /kN	桩身轴心受拉承载力设计值 T_p /kN	理论重量 /(kg/m)
550	310	≤15	C80	A	16Φ^D9.9	Φ^b5	0.54	4.72	221	282		1237	
				AB	16Φ^D10.7		0.63	5.44	239	328	5297	1445	576
				B	16Φ^D12.6		0.88	7.29	285	449		2005	
550	350	≤15	C80	A	16Φ^D9.0	Φ^b5	0.50	4.32	200	234		1022	
				AB	16Φ^D10.7		0.70	5.93	238	328	4813	1445	523
				B	16Φ^D12.6		0.97	7.93	285	449		2005	
600	360	≤15	C80	A	20Φ^D9.0	Φ^b5	0.50	4.31	267	322		1278	
				AB	20Φ^D10.7		0.70	5.93	318	450	6025	1807	655
				B	20Φ^D12.6		0.97	7.92	380	616		2506	
600	400	≤15	C80	A	20Φ^D9.0	Φ^b5	0.54	4.72	264	322		1278	
				AB	20Φ^D10.7		0.77	6.46	317	450	5468	1807	593
				B	20Φ^D12.6		1.07	8.61	380	616		2506	
800	560	≤15	C80	A	32Φ^D9.0	Φ^b6	0.52	4.51	593	699		2045	
				AB	32Φ^D10.7		0.73	6.19	707	979	9186	2891	1000
				B	32Φ^D12.6		1.01	8.25	848	1343		4010	
1000	760	≤15	C80	A	44Φ^D9.0	Φ^b6	0.51	4.47	1071	1213		2813	
				AB	44Φ^D10.7		0.72	6.14	1277	1703	12749	3976	1386
				B	44Φ^D12.6		1.00	8.19	1531	2339		5513	

(3)按混凝土结构环境类别二 b 类进行耐久性设计,当基础的环境地质条件对管桩有中度及以上侵蚀时,应根据使用条件按《预应力混凝土管桩技术标准》(JGG/T 406)和《工业建筑防腐蚀设计标准》(GB/T 50046)等有关规范采取有效的防腐蚀措施。

(4)适应于不同的地质条件。桩身混凝土强度高,密实耐打,有较强的穿透能力,对持力层起伏变化较大或分布有较硬薄夹层的地质条件有较强的适应性。

3.7.6　产品特点

(1)混凝土强度高,成桩质量可靠。

(2)桩身承载力高,抗弯性能好,运输吊装方便。

(3)文明施工,现场整洁,不污染环境,符合环保要求。

(4)工期短,效率高,施工方便,单位承载力造价低。

3.8　预应力混凝土实心方桩(YZH)

3.8.1　定义

采用预应力工艺成型的方形截面、桩身混凝土强度等级为 C60 及以上的预应力混凝土实心桩,简称为预应力实心方桩(代号为 YZH)。

3.8.2　分类与规格

(1)预应力实心方桩按边长分为 250mm、300mm、350mm、400mm、450mm、500mm、550mm、600mm 等规格。

(2)预应力实心方桩根据有效预压应力的大小分为 A 型和 B 型,其桩身混凝土有效预压应力值分别不小于 4 N/mm²、6N/mm²。

3.8.3　结构形式与基本尺寸

预应力实心桩的结构形式如图 3-12 所示。预应力实心方桩的基本尺寸见表 3-19 所列。

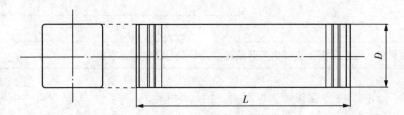

图 3-12　预应力实心方桩的结构形式

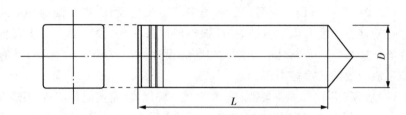

图 3-12　预应力实心方桩的结构形式(续)

表 3-19　预应力实心方桩的基本几何尺寸

边长 D/mm	型号	长度 L/m
250	A	≤12
	B	≤14
300	A	≤12
	B	≤14
350	A	≤12
	B	≤15
400	A	≤14
	B	≤15
450	A	≤14
	B	≤15
500	A	≤15
	B	≤15
550	A	≤15
	B	≤15
600	A	≤15
	B	≤15
注:根据工程设计需要也可生产其他规格、型号的 YFZ 实心方桩		

3.8.4　桩身配筋及力学性能

预应力实心方桩的桩身配筋及力学性能见表 3-20 所列。

表 3-20 先张法预应力混凝土实心方桩的力学性能

规格	型号	预应力主筋	附筋	螺旋箍筋	配筋率	混凝土有效预压应力 σ_{ce}/MPa	桩身抗裂弯矩 M_{cr} /(kN·m)	抗弯承载力设计值 M /(kN·m)	桩身结构抗拉承载力设计值 N_t/kN	桩身结构竖向承载力设计值 N/kN
250	A	$4\Phi^D10.7$	$4\Phi16$	Φ^b3	0.58	4.41	23.8	36.1	306	1117
	B	$4\Phi^D12.6$	$4\Phi16$	Φ^b3	0.80	6.01	28.5	47.5	424	
300	A	$8\Phi^D9.0$	$4\Phi18$	Φ^b4	0.57	4.34	40.5	57.7	433	1609
	B	$8\Phi^D10.7$	$4\Phi18$	Φ^b4	0.81	6.02	48.9	76.9	611	
350	A	$8\Phi^D10.7$	$4\Phi18$	Φ^b4	0.59	4.49	65.8	95.7	611	2190
	B	$8\Phi^D12.6$	$4\Phi18$	Φ^b4	0.82	6.15	78.9	125.4	848	
400	A	$12\Phi^D10.7$	$4\Phi20$	Φ^b4	0.68	5.15	105.9	159.9	917	2860
	B	$12\Phi^D12.6$	$4\Phi20$	Φ^b4	0.94	6.96	127.6	207.6	1272	
450	A	$12\Phi^D10.7$	$4\Phi20$	Φ^b5	0.54	4.14	131.6	187.3	917	3620
	B	$12\Phi^D12.6$	$4\Phi20$	Φ^b5	0.74	5.62	156.6	246.7	1272	

（续表）

规格	型号	预应力主筋	附筋	螺旋箍筋	配筋率	混凝土有效预压应力 σ_{ce}/MPa	桩身抗裂弯矩 M_{cr} /(kN·m)	抗弯承载力设计值 M /(kN·m)	桩身结构抗拉承载力设计值 N_t/kN	桩身结构竖向承载力设计值 N/kN
500	A	16Φ^D10.7	4Φ22	Φ^b5	0.58	4.46	185.4	274.8	1223	4469
	B	16Φ^D12.6	4Φ22	Φ^b5	0.80	6.03	221.8	360.5	1696	
550	A	20Φ^D10.7	4Φ22	Φ^b6	0.60	4.60	248.1	376.8	1529	5407
	B	20Φ^D12.6	4Φ22	Φ^b6	0.83	6.21	298.0	493.6	2120	
600	A	24Φ^D10.7	4Φ25	Φ^b6	0.60	4.63	320.6	493.4	1834	6435
	B	24Φ^D12.6	4Φ25	Φ^b6	0.84	6.26	385.9	646.1	2544	

注1：根据工程设计需要也可生产其他规格、型号、强度及桩长的实心方桩，但其力学指标应另行计算。

注2：计算公式依据《混凝土结构设计规范》(GB 50010—2010)和《建筑地基基础设计规范》(GB 50007—2011)。

注3：混凝土强度等级取C60，成桩工艺系数取0.65。

3.8.5 适用范围

(1)适用于抗震设防烈度小于或等于8度地区的一般工业与民用建筑低承台桩基础工程。

(2)超高层建筑桩基础。

(3)普通实心方桩广泛使用的区域。

(4)以摩擦桩为主的软土区域。

(5)对桩基有防腐要求的区域。

3.8.6 产品特点

与普通实心方桩相比,具有以下优点:

(1)竖向抗压、抗拉承载力提高30%～40%。

(2)水平承载力提高20%～30%。

(3)节省钢筋用量,降低工程造价。

3.9 预制高强钢管混凝土管桩(SC)

3.9.1 定义

采用牌号为Q235B或Q345B的钢板(钢带)卷曲焊接制成的钢管内浇混凝土,经离心成型,混凝土抗压强度等级不低于C80,具有承受较大竖向荷载和水平荷载的新型基桩,简称为SC桩(代号为SC)。

3.9.2 分类与规格

(1)按产品采用的钢管材质牌号,SC桩分为两种型号:采用Q235B钢板的为Ⅰ型,采用Q345B钢板的为Ⅱ型。

(2)根据桩截面外径,SC桩分为400mm、500mm、600mm、800mm、1000mm、1200mm等规格。

3.9.3 结构形式与基本尺寸

SC桩的结构形式如图3-13所示。SC的桩基本尺寸见表3-21所列。

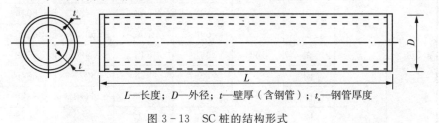

L—长度;D—外径;t—壁厚(含钢管);t_s—钢管厚度

图3-13 SC桩的结构形式

表 3-21　SC桩的基本尺寸

公称直径 D_0 /mm	外径 D/mm	桩壁厚度 t/mm	钢管厚度 t_s/mm	单节桩长 L/m
400	396	90	6、7、8、9、10	≤15
500	496	100	6、7、8、9、10、12、14	≤15
600	596	110	6、7、8、9、10、12、14、16	≤15
800	796	110	6、7、8、9、10、12、14、16、18	≤40
1000	996	130	8、9、10、12、14、16、18、20	≤40
1200	1196	150	8、9、10、12、14、16、18、20	≤40

注：
　　1. 预制高强混凝土薄壁钢管桩的长度应包括桩身和接头，不包括附加配件；桩壁厚度包括钢管厚度及混凝土层。
　　2. 预制高强混凝土薄壁钢管桩的桩身轴向承载力设计值参见"SC桩桩身力学性能表"。

3.9.4　桩身力学性能

SC桩桩身力学性能见表 3-22 所列。

表 3-22　SC桩桩身力学性能

公称直径 D_0/mm	混凝土强度等级	钢管厚度 t_s/mm	桩壁厚度 t/mm	桩身极限弯矩 M /(kN·m)		桩身轴向承载力设计值 N/kN	
				Ⅰ型	Ⅱ型	Ⅰ型	Ⅱ型
400	C80	6	90	291	373	3796	4182
		7		333	426	3954	4403
		8		374	478	4112	4624
		9		413	529	4269	4843
		10		452	579	4425	5062
500		6	100	465	596	5282	5767
		7		532	682	5482	6046
		8		598	766	5681	6325
		9		662	848	5880	6602
		10		725	928	6077	6879
		12		847	1085	6470	7428
		14		966	1237	6859	7972

(续表)

公称直径 D_0/mm	混凝土强度等级	钢管厚度 t_s/mm	桩壁厚度 t/mm	桩身极限弯矩 M/(kN·m)		桩身轴向承载力设计值 N/kN	
				Ⅰ型	Ⅱ型	Ⅰ型	Ⅱ型
600		6	110	680	874	6953	7537
		7		780	1000	7194	7874
		8		877	1124	7435	8211
		9		972	1245	7675	8546
		10		1065	1363	7914	8880
		12		1246	1595	8389	9545
		14		1421	1820	8861	10205
		16		1592	2040	9330	10861
800	C80	6	110	1223	1571	9708	10490
		7		1403	1800	10032	10943
		8		1579	2024	10356	11395
		9		1751	2243	10678	11846
		10		1920	2458	11000	12296
		12		2248	2877	11641	13193
		14		2566	3286	12279	14085
		16		2877	3685	12913	14972
		18		3180	4078	13545	15854
1000		8	130	2524	3238	14828	16132
		9		2802	3592	15233	16698
		10		3074	3939	15638	17264
		12		3605	4616	16445	18392
		14		4121	5275	17248	19516
		16		4623	5918	18048	20635
		18		5114	6550	18845	21749
		20		5596	7171	19639	22858
1200		8	150	3697	4751	20039	21607
		9		4109	5274	20528	22289
		10		4512	5787	21015	22971
		12		5299	6788	21987	24331
		14		6063	7762	22957	25686
		16		6808	8714	23922	27036
		18		7536	9647	24885	28382
		20		8250	10564	25844	29723

3.9.5 适用范围

(1)既适用于承受竖向荷载的工程,也适用于承受较大水平荷载的工程。

(2)适用于工业与民用建筑、港口、市政、桥梁、铁路、公路、水利、电力等工程的一般桩基础、高桩承台基础、基坑围护及护坡桩。

(3)适用于高抗震设防烈度(8度及8度以上)地区的桩基工程。

3.9.6 产品特点

(1)桩身力学性能(抗弯、抗拉、抗剪、抗压等)优,整体刚度大,延性好,具有良好的抗震性能。

(2)沉桩速度快、穿透力强、抗锤击能力强。

3.10 预应力高强混凝土耐腐蚀管桩(防腐性能)

3.10.1 定义

由水泥、专用掺合料与粗、细骨料及外加剂等按一定的比例配制的混凝土,采用离心工艺成型,经养护后的桩身混凝土具有耐腐蚀性能且强度等级不低于C80的先张法预应力混凝土管桩,简称为耐腐蚀管桩。

3.10.2 分类与规格

(1)用于氯盐中等腐蚀环境的耐腐蚀管桩(RCM - PHC),用于氯盐强腐蚀环境的耐腐蚀管桩(RCS - PHC)。

(2)用于硫酸盐中等腐蚀环境的耐腐蚀管桩(RSM - PHC),用于硫酸盐强腐蚀环境的耐腐蚀管桩(RSS - PHC)。

(3)用于寒冷地区冻融破坏环境的耐腐蚀管桩(RFM - PHC),用于严寒地区冻融破坏环境的耐腐蚀管桩(RFS - PHC)。

(4)用于氯盐强腐蚀、硫酸盐强腐蚀、严寒冻融破坏的复合环境的耐腐蚀管桩(RAD - PHC),用于非常严重的氯盐、硫酸盐及严寒冻融破坏的复合环境的耐腐蚀管桩(RAE - PHC)。

(5)耐腐蚀管桩按外径分为400mm、450mm、500mm、550mm、600mm、700mm、800mm、1000mm、1200mm、1400mm等规格。

(6)耐腐蚀管桩按混凝土有效预压应力值可分为A型、AB型、B型和C型管桩,其混凝土有效预压应力值分别为 $4.0N/mm^2$、$6.0N/mm^2$、$8.0N/mm^2$、$10.0N/mm^2$。

3.10.3 结构形式与基本尺寸

耐腐蚀管桩的结构形式如图 3-14 所示。耐腐蚀管桩的基本尺寸见表 3-23 所列。

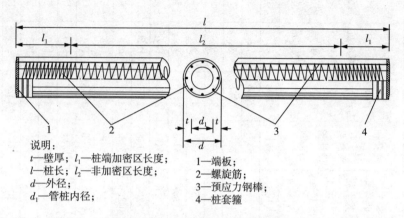

说明:
t—壁厚;l₁—桩端加密区长度; 1—端板;
l—桩长;l₂—非加密区长度; 2—螺旋筋;
d—外径; 3—预应力钢棒;
d₁—管桩内径; 4—桩套箍

图 3-14 耐腐蚀管桩的结构形式

表 3-23 耐腐蚀管桩的基本尺寸

外径 d/mm	壁厚 t/mm	内径 d_1/mm
400	95	210
450	95	260
500	100/125	300/250
550	110	330
600	110/130	380/340
700	110/130	480/440
800	110/130	580/540
1000	130	740
1200	150	900
1400	150	1100
注:根据工程设计需要也可生产其他规格、型号及壁厚的耐腐蚀管桩		

3.10.4 桩身配筋及力学性能

耐腐蚀管桩的桩身配筋及相关力学性能见表 3-24 所列。

表 3-24 耐腐蚀管桩桩身配筋及相关力学性能参数

规格（外径—壁厚）	型号	单节长度 L/m	预应力钢筋配筋	螺旋筋直径 D/mm	混凝土有效预压应力 σce/MPa	预应力钢棒分布圆周直径 Dp/mm	桩身受弯承载力设计值 M/(kN·m)	桩身受弯承载力极限值 Mu/(kN·m)	桩身受剪承载力设计值 V/kN	桩身轴心受拉承载力设计值 N/kN	桩身轴心受压承载力设计值（未考虑压屈影响）R/kN	按标准组合计算的裂矩 Mk/(kN·m)	按标准组合计算的抗裂力 Nk/(kN·m)	理论参考重量/(kg/m)
400(95)	A	12	7Φ9.0	4	4.30	308	64	86	146	381	2288	60	399	237
	AB	13	7Φ10.7	4	5.87	308	87	117	164	536	2288	70	550	
	B	14	10Φ10.7	4	8.03	308	117	159	187	765	2288	84	762	
	C	15	13Φ10.7	4	10.01	308	143	194	205	995	2288	97	961	
450(95)	A	13	8Φ9.0	4	4.23	358	85	115	166	435	2663	82	457	275
	AB	14	8Φ10.7	4	5.77	358	116	157	187	612	2663	95	629	
	B	15	12Φ0.7	4	8.24	358	163	220	216	918	2663	117	911	
	C	16	15Φ10.7	4	9.94	358	193	261	234	1148	2663	132	1110	
500(100)	A	14	11Φ9.0	5	4.84	406	131	176	206	598	3158	118	623	327
	AB	15	11Φ10.7	5	6.59	406	176	238	233	842	3158	138	855	
	B	16	11Φ2.6	5	8.75	406	230	311	262	1169	3158	164	1151	
	C	17	13Φ12.6	5	10.06	406	261	353	278	1381	3158	180	1333	
550(110)	A	14	12Φ9.0	5	4.40	456	158	214	241	653	3821	150	684	395
	AB	15	12Φ10.7	5	6.01	456	215	291	271	918	3821	175	941	
	B	17	12Φ12.6	5	8.01	456	284	383	305	1275	3821	206	1270	
	C	18	15Φ12.6	5	9.67	456	337	455	330	1594	3821	233	1548	

（续表）

规格（外径－壁厚）	型号	单节长度 L/m	预应力钢筋配筋	螺旋筋直径 D/mm	混凝土有效预压应力 σce/MPa	预应力钢棒分布圆周直径 Dp/mm	桩身受弯承载力设计值 M/(kN·m)	桩身受弯承载力极限值 Mu/(kN·m)	桩身受剪承载力设计值 V/kN	桩身轴心受拉承载力设计值 N/kN	桩身轴心受压承载力设计值（未考虑压屈影响）R/kN	按标准组合计算的抗裂弯矩 Mk/(kN·m)	按标准组合计算的抗裂拉力 Nk/(kN·m)	理论参考重量/(kg/m)
500(125)	A	13	12Φ9.0	5	4.53	406	135	183	243	653	3701	123	683	383
	AB	14	12Φ10.7	5	6.18	406	184	248	273	918	3701	144	939	
	B	15	12Φ12.6	5	8.24	406	242	327	308	1275	3701	170	1266	
	C	16	15Φ12.6	5	9.93	406	288	388	333	1594	3701	193	1542	
550(125)	A	14	14Φ9.0	5	4.66	456	178	241	274	762	4194	161	795	434
	AB	15	14Φ10.7	5	6.34	456	242	326	309	1071	4194	189	1093	
	B	17	14Φ12.6	5	8.44	456	318	429	347	1488	4194	224	1472	
	C	18	17Φ12.6	5	9.93	456	369	498	372	1806	4194	249	1747	
600(110)	A	15	14Φ9.0	5	4.60	506	205	277	270	762	4255	191	796	440
	AB	16	14Φ10.7	5	6.26	506	278	375	305	1071	4255	224	1094	
	B	18	14Φ12.6	5	8.34	506	365	493	343	1488	4255	265	1474	
	C	19	17Φ12.6	5	9.81	506	423	571	368	1806	4255	295	1750	
600(130)	A	15	16Φ9.0	5	4.63	506	225	304	312	870	4824	205	909	499
	AB	16	16Φ10.7	5	6.31	506	306	413	352	1224	4824	240	1249	
	B	17	16Φ12.6	5	8.40	506	402	543	396	1700	4824	285	1683	
	C	19	20Φ12.6	5	10.12	506	477	644	429	2125	4824	323	2050	

（续表）

规格（外径—壁厚）	型号	单节长度 L/m	预应力钢筋配筋	螺旋筋直径 D/mm	混凝土有效预压应力 σ_{ce}/MPa	预应力钢棒分布圆周直径 D_p/mm	桩身受弯承载力设计值 M/(kN·m)	桩身受弯承载力极限值 M_u/(kN·m)	桩身受剪承载力设计值 V/kN	桩身轴心受拉承载力设计值 N/kN	桩身轴心受压承载力设计值（未考虑影响）R/kN	按标准组合计算的抗裂弯矩 M_k/(kN·m)	按标准组合计算的抗裂拉力 N_k/(kN·m)	理论参考重量/(kg/m)
700(110)	A	17	12Φ10.7	6	4.60	590	296	400	322	918	5124	282	959	530
	AB	18	24Φ9.0	6	6.33	590	405	547	365	1306	5124	331	1332	
	B	20	24Φ10.7	6	8.52	590	536	724	413	1836	5124	395	1815	
	C	22	24Φ12.6	6	11.16	590	682	921	464	2550	5124	475	2418	
700(130)	A	16	13Φ10.7	6	4.38	590	313	422	366	995	5850	299	1042	605
	AB	18	26Φ9.0	6	6.04	590	429	579	413	1414	5850	350	1449	
	B	19	26Φ10.7	6	8.14	590	571	771	467	1989	5850	417	1977	
	C	21	26Φ12.6	6	10.70	590	731	987	525	2763	5850	501	2640	
800(110)	A	19	15Φ10.7	6	4.89	690	431	581	384	1148	5992	402	1194	620
	AB	20	15Φ12.6	6	6.58	690	575	776	431	1594	5992	469	1620	
	B	22	30Φ10.7	6	9.01	690	772	1043	491	2295	5992	568	2252	
	C	24	30Φ12.6	6	11.76	690	976	1317	551	3188	5992	685	2993	
800(130)	A	18	15Φ10.7	6	4.57	690	450	608	433	1224	6876	427	1279	711
	AB	19	16Φ12.6	6	6.16	690	604	816	485	1700	6876	496	1739	
	B	21	32Φ10.7	6	8.47	690	818	1104	553	2448	6876	599	2422	
	C	23	32Φ12.6	6	11.10	690	1042	1407	622	3400	6876	721	3228	

（续表）

规格（外径—壁厚）	型号	单节长度 L/m	预应力钢筋配筋	螺旋筋直径 D/mm	混凝土有效预压应力 σ_{ce}/MPa	预应力钢棒分布圆周直径 D_p/mm	桩身受弯承载力设计值 M/(kN·m)	桩身受弯承载力极限值 M_u/(kN·m)	桩身受剪承载力设计值 V/kN	桩身轴心受拉承载力设计值 N/kN	桩身轴心受压承载力设计值（未考虑影响）R/kN	按标准组合计算的裂弯矩 M_k/(kN·m)	按标准组合计算的抗裂拉力 N_k/(kN·m)	理论参考重量/(kg/m)
1000(130)	A	21	32Φ9.0	6	4.97	880	823	1112	574	1741	8929	766	1809	924
	AB	23	32Φ10.7	6	6.75	880	1110	1499	648	2448	8929	901	2483	
	B	25	32Φ12.6	6	8.97	880	1448	1954	729	3400	8929	1071	3338	
	C	26	32Φ14.0	8	10.65	880	1687	2278	785	4189	8929	1205	4006	
1200(150)	A	23	30Φ10.7	6	4.73	1060	1316	1777	783	2295	12434	1262	2393	1286
	AB	25	30Φ12.6	6	6.36	1060	1762	2379	880	3188	12434	1469	3251	
	B	27	45Φ12.6	6	9.04	1060	2451	3308	1017	4781	12434	1817	4689	
	C	29	45Φ14.0	8	10.73	1060	2854	3853	1096	5891	12434	2045	5626	
1300(150)	A	24	24Φ12.6	7	4.79	1160	1600	2160	860	2550	13619	1535	2657	1409
	AB	26	48Φ10.7	7	6.66	1160	2207	2979	979	3672	13619	1821	3729	
	B	29	48Φ12.6	8	8.84	1160	2880	3888	1101	5100	13619	2165	5017	
	C	30	48Φ14.0	8	10.50	1160	3360	4536	1186	6283	13619	2434	6023	
1400(150)	A	25	25Φ12.6	7	4.61	1260	1818	2454	920	2656	14803	1793	2775	1532
	AB	27	50Φ10.7	7	6.41	1260	2514	3394	1046	3825	14803	2121	3898	
	B	30	50Φ12.6	8	8.53	1260	3292	4444	1177	5313	14803	2516	5251	
	C	31	50Φ14.0	8	10.15	1260	3850	5198	1268	6545	14803	2826	6310	

3.10.5 适用范围

适用于中、强腐蚀环境的工业与民用建筑、海港、市政、桥梁、铁路、公路、水利等工程。

3.10.6 技术特点

耐腐蚀管桩除各项力学性能指标均达到管桩现行国家产品标准《先张法预应力混凝土管桩》(GB/T 13476)的要求外,其抗硫酸盐、抗氯离子、抗冻、抗渗等性能达到相关国家标准中、强腐蚀环境下 100 年的要求。其主要防腐指标见表 3 - 25 所列。

表 3 - 25　耐腐蚀管桩桩身防腐指标

耐久性项目 标准、实测值		国家标准 GB/T 50476—2008			防腐蚀指标
		标准值	使用范围	使用年限	
抗冻性能	循环次数	F400	严寒地区及除冰盐等其他氧化物环境	100 年	＞F400
	动弹性模量(%)	≥80			＞80
	质量损失率(%)	≤5.0			＜1.0
抗硫酸盐性能		KS120	严寒氯盐腐蚀环境	\	＞KS120
抗渗性能			国家标准最高 P12		＞P15
混凝土电通量(C)		≤1000	严寒氯盐腐蚀环境	100 年	＞500
氯离子扩散系(RCM) $(10^{-12}\,\mathrm{m^2/s})$		≤4.0	严寒氯盐腐蚀环境	100 年	＞1.0

4 设计方法

4.1 预制桩选型

预制桩种类繁多,适用于不同的工程和地质条件,在设计时应根据上部建筑物的特征、荷载情况、场地的地质条件、施工设备以及地区经验来合理地选择预制桩类型。

4.1.1 根据上部建(构)筑物特征进行选型

(1)上部为多层或小高层建筑物时,其基础类型可优先考虑采用刚性桩复合地基;当刚性桩复合地基不能满足结构需要时,可考虑采用预制桩基础。

(2)当地基土为软土、人工填土等不良地质条件,不能满足道路、堆场、室内地坪强度和变形需要时,可采用刚性桩复合地基进行地基处理;如上部荷载为柔性荷载,刚性桩需增加桩帽。

(3)对于超高层建筑物或单柱荷载较大的构筑物,若采用端承桩、摩擦型端承桩或嵌岩桩,宜选用大直径 UHC 管桩、SC 桩。

(4)对于承受较大水平荷载,位于液化土层范围内的管桩,宜选用大直径 PRC 桩、PHS 或 YZH 桩等。如选用 PHC 桩,设计人员应根据相关规范规定,适当调整 PHC 管桩的箍筋直径、螺距及箍筋加密区长度。

(5)用于抗震设防烈度 8 度及以上地区的管桩,宜选用 PRC 管桩、YZH 方桩和 SC 桩。

(6)受拉(抗拔)桩或主要承受水平荷载的管桩基础,宜选用 PRC 管桩、SC 桩或 PHC AB 型、B 型、C 型管桩。

4.1.2　根据岩土类型进行选型

1.一般地区

一般地区是指正常沉积的冲洪积平原地区,其岩土特征是上覆土层较厚,没有特殊岩土(如老黏土、液化砂土、黄土、污染土、碎石类土及厚度大于5.0m的软土等)和不良地质现象,基岩埋藏较深,砂层较薄或与黏性土形成互层。

在一般地区,预制桩宜采用锤击法或静压法沉桩,在个别含有密集钙质结核或密实砂层透镜体地段,可采用加混凝土桩尖或钢桩尖以及引孔法沉桩。如单桩承载力较高,可采用大直径管桩或 UHC 管桩,也可采用劲性复合桩提高单桩承载力。

2.软土地区

安徽省内的软土分布广泛,主要分布在长江漫滩和一级阶地以及湖河漫滩等地区。宏观区域上,软土地区集中于芜湖、马鞍山、安庆、池州、巢湖等地;微观区域上,各地区都有分布,主要是古河道、湖塘淤积而成。地层主要由淤泥、淤泥质土、黏性土、粉细砂组成,上部淤泥及淤泥质土厚度一般为8～20m,部分区域淤泥及淤泥质土厚度达 40m。

软土具有高压缩性、低强度、低透水性、高灵敏度等工程特性,在软土区域预制桩选型和设计时应注意以下工程问题:

1)桩身稳定性问题:当场地属于软土区域时,预制桩设计除考虑承载力、沉降外,应着重考虑预制桩的稳定性。

(1)在软土中需要送桩时,锤击桩送桩深度不宜大于 6m,静压桩送桩深度不宜大于 8m。

(2)桩基设计时,桩长要穿越软土层,且进入非软土层的长度应适当加大。

(3)当地基土为饱和软土,采用锤击或静压法施工时,桩距不宜小于 4d。随着基桩施工,软土内孔隙水压力逐渐增大,对已经施工的基桩会产生挤压作用,使其上浮、倾斜甚至被挤裂、挤断。一般采用预先打塑料排水板或排水钻孔等措施,也可采用引孔植桩工法和劲性复合桩工法。

2)桩侧负摩阻力:在软土区域进行桩基设计时,应考虑软土随着时间增加自身固结沉降过程中形成的桩侧负摩阻力对基桩产生的不利影响。

因此,建议在软土地区一般选用 AB 型或 B 型 PHC 管桩,也可选用预应力实心方桩提高桩身抗剪能力,或选用混合配筋预应力管桩提高抗变形能力。

3. 老黏土地区

安徽省内老黏土主要分布在合肥、阜阳、蚌埠、淮南、淮北等地区,由 Q_3 冲洪积层组成二级阶地,厚度一般为 $10\sim30m$。以黄褐、棕黄、灰黄色黏土为主,结构致密,呈硬塑～坚硬状态;富含铁锰结核,底部有钙质结核,裂隙发育;主要矿物成分为高岭石、伊利石;具有弱～中等膨胀潜势。

在老黏土中采用预制桩承载力高,沉降较小,但在进行预制桩选型设计时应注意以下问题:

1) 挤土效应问题:由于老黏土属于非饱和超固结黏土,土体侧向压缩性较小,土体内孔隙水压力消散较慢,当采用锤击法和静压法施工时,会产生较强烈的挤土效应,造成地面隆起,致使已经施工的基桩上浮,甚至被挤裂、挤断。解决办法一般为在场地内按一定间距钻孔,进行应力释放;或者采用引孔植桩工法进行预制桩施工。对于产生的预制桩上浮问题,一般在 $3\sim5$ 天后,孔隙水压力逐渐消散,进行复压。

2) 沉桩问题:由于老黏土强度高、压缩性低,一般用锤击法和静压法施工很难沉桩,建议采用引孔植桩工法较为适宜。

4. 密实砂层地区

在安徽淮河平原的宿州、阜阳、亳州、池州和安庆等地区,其地层主要由上部 $7\sim15m$ 的黏性土和中部粉细砂、粉土互层以及下部中粗砂构成。中部的粉细砂一般为中密～密实状态,天然地基承载力特征值一般为 $f_{ak}=220\sim300kPa$,标贯击数大于 25 击,预制桩沉桩较为困难,一般很难穿透进入下部持力层。

允许采用锤击法施工的地区,建议选用超高强预制管桩(C105/C125)+钢桩尖(或混凝土桩尖),提高桩身耐打性和穿透砂层能力;也可采用引孔法或劲性复合桩工法。不能够进行锤击法施工的地区,建议使用劲性复合桩工法,减小挤土效应,提高单桩承载力。

5. 山前地区

山前地貌由山前及岗地洪积层组成,主要分布在六安、安庆、铜陵、淮南、宣城、马鞍山、黄山等广大地区,其地层一般上部为填土、黏性土,中部为砂卵石(个别地区缺少),下部由砂质泥岩(部分地区为灰岩)构成,基岩埋深较浅,一般不超过 30m,风化层较厚。其中,上部黏土为超固结硬塑状态,具有膨胀性,天然地基承载力特征值一般为 $f_{ak}=180\sim320kPa$。中部砂卵石层厚度、粒径、密实度都变化较大。预制桩沉桩困难,难以进入基岩风化层,且挤土效应明显,经常造成断桩和管桩上浮,严重影响预制桩的使用。

当中部砂卵石层较薄时,可采用锤击或静压施工,建议选用超高强混凝土管桩(UHC)＋钢桩尖,提高桩身耐打性和进入风化岩层深度;也可以采用引孔植桩工法或旋挖植桩工法植入超高强混凝土管桩,提高桩身强度发挥系数和单桩竖向承载力,提升工程项目的基础性价比。

6. 复杂岩溶区域

安徽省岩溶发育不强烈,主要分布于沿江地带的池州、铜陵、马鞍山等地及宣城、黄山的部分地区,竖向上岩溶大部分发育在第四系冲积层与基岩接触面,主要表现形式为岩溶裂隙、溶洞、土洞等。

岩溶地基基础设计应该根据岩溶裂隙、溶洞、土洞等发育条件和发育程度,对基础选型进行论证;当岩溶上部覆盖土层较厚时,宜利用上覆土层,采用刚性桩复合地基;当刚性桩复合地基不能满足要求时,可采用预制桩基础。

如采用桩基础,宜进行一桩一孔的超前施工勘察,当桩端以下 3d 及 5m 深度范围内为完整或较完整岩层时,可利用溶洞顶板作为基桩持力层,并应对顶板进行强度计算和稳定性验算,当溶洞顶板不能作为基桩持力层时,桩端应进入强度和稳定性符合要求的岩层或对溶洞进行处理。

根据大量岩溶地区的工程经验,建议采用潜孔锤旋挖植桩工法与大直径 UHC 相结合方式,提高桩身稳定性和单桩承载力。

7. 中强腐蚀地区

当地下水或地基土对混凝土、钢筋和钢零部件有弱腐蚀时,宜选用直径≥400mm 的 AB 型、B 型或 C 型 PHC 管桩,当管桩接头不能位于无氧层时,应按照相关标准、规范的规定采取有效的防腐措施;当地下水或地基土对混凝土、钢筋和钢零部件有中～强腐蚀时,宜选用直径≥400mm 的防腐管桩,管桩接头应按照相关标准、规范的规定采取有效的防腐措施。

4.1.3 根据施工经验和施工设备进行选型

应根据当地的施工经验和施工设备进行选型。刚性桩复合地基预制桩与施工方法选型见表 4-1 所列。桩基础施工方法选型见表 4-2 所列。

表 4-1 刚性桩复合地基预制桩与施工方法选型表

岩土类型	复合地基预制桩类型			施工工法				
	PST	PHC	PHS	锤击	静压	引孔	植桩	复合桩
一般地区	√			√	√			
软土地区	√			√	√			√
老黏土地区	√	√	√	√		√	√	√

（续表）

岩土类型	复合地基预制桩类型			施工工法				
	PST	PHC	PHS	锤击	静压	引孔	植桩	复合桩
密实砂层	✓	✓	✓	✓			✓	✓
山前地区	✓	✓	✓			✓	✓	✓
岩溶地区	✓	✓	✓		✓	✓	✓	✓

表 4-2 桩基础施工方法选型表

岩土类型	预制桩类型					施工工法					
	PHC	UHC	PRC	PHS	YFZ	锤击	静压	引孔	中掘	植桩	复合桩
一般地区	✓	✓	✓	✓	✓	✓	✓				
软土地区	✓	✓	✓	✓	✓	✓	✓				✓
老黏土地区	✓	✓	✓	✓	✓	✓	✓	✓		✓	✓
密实砂层	✓	✓	✓	✓	✓	✓			✓	✓	✓
山前地区	✓	✓	✓	✓	✓	✓		✓	✓	✓	✓
岩溶地区	✓	✓	✓	✓	✓	✓		✓		✓	

注:
1. 引孔法:采用长螺旋设备或其他引孔设备成孔,孔径为预制桩直径的 1/2～2/3,再采用锤击或静压设备成桩。
2. 植桩法:采用长螺旋、旋挖设备或其他引孔设备成孔,孔径比预制桩直径大 100～300mm,再采用锤击或静压设备成桩

4.2　桩基构造

4.2.1　预制桩连接构造

1. 预制桩连接要求

(1)预制桩接桩时应避免在桩尖接近密实砂土、碎石、卵石等硬土层进行,否则会造成沉桩困难。

(2)在抗震设防烈度为 7 度和 8 度时,桩的接头应设置在非液化土层中。

(3)接桩应在穿过硬土层后进行,接桩时上下节桩的中心偏差不得大于 5mm,节点弯曲矢高不得大于桩长的 1‰,且不得大于 20mm。

（4）预制桩上下节拼接可采用端板焊接连接或机械接头连接，接头应保证管桩内纵向钢筋与端板等效传力，接头连接强度不应小于管桩桩身强度。任一基桩的接头数量不宜超过 3 个。

（5）用作抗拔桩的管桩宜采用专门的机械连接接头或经专项设计的焊接接头。当在强腐蚀环境采用机械接头时，宜同时采用焊接连接。

（6）采用焊接、抱箍式及插销式连接时应满足本节相关规定。

2. 焊接

当预制桩以竖向受力为主时，可采用焊接连接。焊接除应符合现行国家标准《钢结构工程施工质量验收规范》（GB 50205）和行业标准《建筑钢结构焊接技术规程》（JGJ 81）中二级焊缝的规定外，尚应符合下列要求。

（1）入土部分桩段的桩头宜高出地面 1.0m。

（2）上、下节桩接头端板坡口应洁净、干燥，且焊接处应刷至露出金属光泽。

（3）接桩时，上、下节桩段应保持顺直且在同一中轴线上，错位不超过 2mm。

（4）手工焊接时宜先在坡口圆周上对称点焊 4 点～6 点，待上、下节桩固定后拆除导向箍再分层焊接，焊接宜对称进行。

（5）焊接层数不得少于 2 层，内层焊渣必须清理干净后方能施焊外层，焊缝应饱满连续。

（6）手工电弧焊接时，第一层宜用 Φ3.2mm 电焊条施焊，保证根部焊透。第二层可用粗焊条，宜采用 E43 型系列焊条；采用二氧化碳气体保护焊时，焊丝宜采用 ER50－6 型。

（7）桩接头焊好后应进行外观检查，检查合格后必须经自然冷却，方可继续沉桩。自然冷却时间不应少于表 4－3 所列时间，严禁浇水冷却，或不冷却就开始沉桩。

表 4－3　自然冷却时间表（min）

锤击桩	静压桩	采用二氧化碳气体保护焊
8	6	3

（8）雨天焊接时，应采取防雨措施。

3. 插销式连接

当预制桩主要承受竖向荷载且在一般岩土地区时，可采用插销式连接。插销式连接桩插销连接件结构如图 4－1 所示。

4. 抱箍式连接

当预制桩是为满足抗拔承载要求或承受较大水平力时，其连接方式可采用抱箍式机械连接。

（1）桩头宜高出地面 0.8～1.0m。

（2）接桩时应清理上、下两节桩的端板和螺栓孔内残留物，并在下节桩的定位螺栓孔内注入不少于 0.5 倍孔深的沥青涂料。用扳手将定位销逐个旋入管桩端板的螺栓孔内，定位销数量不得小于2 个。

（3）将上节管桩吊起，使连接孔与定位销对准，随即将定位销插入连接孔内。

（4）逐一将机械连接卡卡入上、下节管桩突出桩身的端板上，并适度调整连接卡，使连接卡和端板的螺栓孔对准。用手持电动钻将固定螺栓旋入端板上的螺孔内固定连接卡，接桩完成。

抱箍式机械连接结构如图 4－2 所示。桩身连接实物如图 4－3 所示。

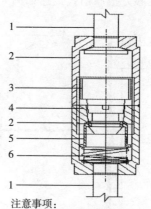

注意事项：
（1）卡套需进行调质处理，卡套上的卡片数量可根据工程要求设计，为6~8段；
（2）插销连接件的各部件均应进行淬火处理并应满足设计要求；
（3）插销连接件的上、下两端均采用M27套筒
说明：1—预应力钢棒；2—套筒；3—插杆；4—中间螺母；5—卡套；6—弹簧

图 4－1　插销式连接桩插销连接件结构图

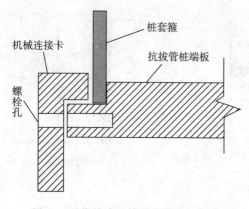

图 4－2　抱箍式机械连接结构示意图

图 4－3　桩身连接实物图

5. 方桩的连接

方桩连接方式可采用焊接、机械连接以及插销式连接等方式。

实心方桩插销式接连如图 4-4 所示。

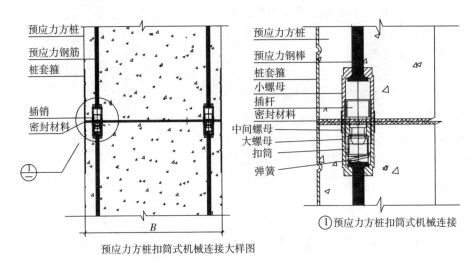

①预应力方桩扣筒式机械连接

预应力方桩扣筒式机械连接大样图

图 4-4　实心方桩插销式连接示意图

6. 耐腐蚀桩连接要求

中等腐蚀环境和强腐蚀环境下的耐腐蚀管桩连接可采用图 4-5 的构造,并符合下列规定:

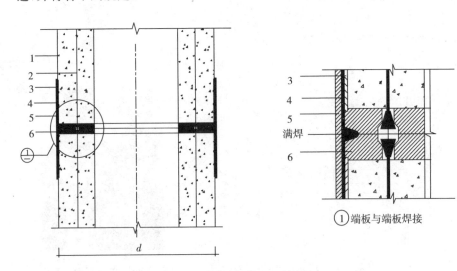

①端板与端板焊接

说明:1—耐腐蚀管桩;2—预应力钢棒;3—桩套箍;
4—环氧树脂;5—外包钢管;6—端板

图 4-5　耐腐蚀管桩连接处构造示意图

（1）宜采用静压法沉桩或植入法沉桩，下节桩的底部采用不小于 1m 的填芯混凝土进行封底或采用钢板进行封底或采用闭口桩尖。

（2）焊接前，选用熔敷金属化学成分与母材接近的焊丝或焊条，并采用二氧化碳保护焊。

（3）焊接时，分层焊接至满焊且焊缝不宜凸起及高于端板的外侧面，每层焊接前需要彻底清除前一道焊缝的焊渣，保证焊缝饱满、连续且根部应焊透。

（4）焊缝冷却后，方可在桩套箍范围内涂上环氧树脂，树脂厚度不得小于 1mm。同时外包钢管进行防护，外包钢管由两个半圆钢管组成，其厚度不宜小于 2mm。

（5）外包钢管安装完成后，方可继续沉桩。

4.2.2 桩尖构造

1. 桩尖类型及特征

常见桩尖类型、特征如图 4-6 所示。

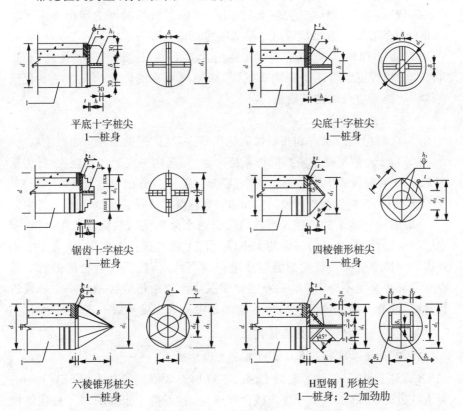

平底十字桩尖
1—桩身

尖底十字桩尖
1—桩身

锯齿十字桩尖
1—桩身

四棱锥形桩尖
1—桩身

六棱锥形桩尖
1—桩身

H型钢I形桩尖
1—桩身；2—加劲肋

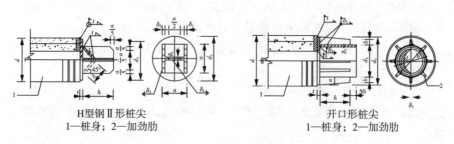

H型钢Ⅱ形桩尖
1—桩身；2—加劲肋

开口形桩尖
1—桩身；2—加劲肋

图 4-6　各种桩尖形式图

2. 桩尖与桩身接连

(1)桩尖宜采用钢板制作,钢板应采用 Q235B 钢材,其质量应符合现行国家标准《碳素结构钢》(GB/T 700)的有关规定,钢板厚度不宜小于 16mm,且应满足沉桩过程对桩尖的刚度和强度要求。桩尖制作和焊接应符合现行国家标准《钢结构焊接规范》(GB 50661)的有关规定。

(2)钢桩尖宜在工厂内焊接;当在工地焊接时,宜先焊好桩尖的上半圈,再轴向转动 180°后施焊桩尖剩下的半圈,桩尖与桩端板面的错位不应大于 2mm。严禁在管桩悬吊就位时于桩底端进行施焊。

(3)接桩和桩尖焊接应符合《钢结构工程施工质量验收规范》(GB 50205)二级焊缝的要求。雨天焊接时,应采取可靠的防雨措施。二氧化碳气体保护焊尚应采取防风措施。

3. 桩尖选用条件

(1)应根据地质条件和布桩情况选用桩尖,宜优先选用开口型桩尖。

(2)对于地层坚硬且倾斜的桩基持力层,可选用尖底十字形桩尖(持力层面大于 30°)、锯齿式十字形桩尖(持力层面大于 45°,防止水平偏移效果较好)及 H 形钢桩尖(特别倾斜的地层);如需要穿越厚层沙砾层,可采用锥形桩尖。

(3)腐蚀环境下的管桩或当桩端位于遇水易软化的风化岩层时,可根据穿过的土层性质、打(压)桩力的大小以及挤土程度选择平底形、平底十字形或锥形闭口型桩尖。桩尖焊缝应连续饱满不渗水,且在首节桩沉桩后立即在桩端灌注高度不小于 2m 的补偿收缩混凝土或中粗砂拌制的水泥砂浆进行封底,混凝土强度等级不宜低于 C20,水泥砂浆强度等级不宜低于 M15。

4.2.3　预制桩与承台连接构造

1. 管桩顶部与承台连接处的混凝土填芯规定

(1)对于承压桩,填芯混凝土深度不应小于 3 倍桩径且不应小于 1.5m;对于抗拔桩,填芯混凝土深度应按计算确定,且不得小于 3m;对于桩顶承担较大水平力的桩,填芯混凝土深度应按计算确定,且不得小于 6 倍桩径并不得小于 3m。

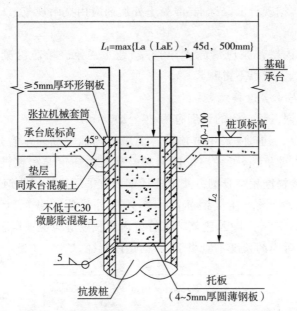

图 4-7 含张拉套筒不截桩桩顶与承台连接详图

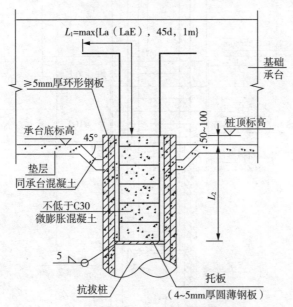

图 4-8 不含张拉套筒不截桩桩顶与承台连接详图

（2）填芯混凝土强度等级应比承台或承台梁提高一个等级，且不应低于C30。应采用无收缩混凝土或微膨胀混凝土。混凝土限制膨胀率和限制干缩率的规定应按现行国家标准《混凝土外加剂应用技术规范》(GB 50119)的有关规定执行。

（3）管腔内壁浮浆应清除干净，并刷纯水泥浆。填芯混凝土应灌注饱满，振捣密实，下封层不得漏浆。

2. 管桩与承台连接规定

（1）桩顶嵌入承台内的长度宜为50～100mm。

（2）对于承压桩，应采用桩顶填芯混凝土内插钢筋与承台连接的方式。对于没有截桩的桩顶，可采用桩顶填芯混凝土内插钢筋和在桩顶端板上焊接钢板后焊接锚筋相结合的方式。连接钢筋宜采用热轧带肋钢筋。

（3）对于承压桩，连接钢筋配筋率按桩外径实心截面计算不应小于0.6％，数量不宜少于4根，钢筋插入管桩内的长度应与桩顶填芯混凝土深度相同，锚入承台内的长度不应小于35倍钢筋直径。

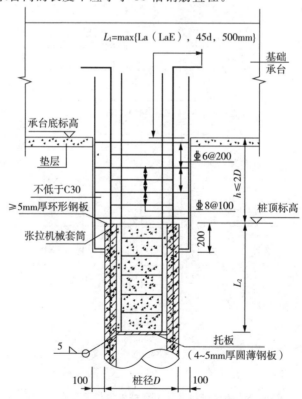

图 4-9　含张拉套筒接桩桩顶与承台连接详图

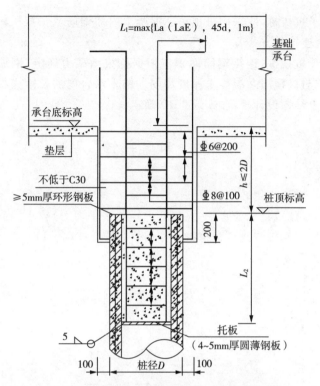

图 4-10 不含张拉套筒接桩桩顶与承台连接详图

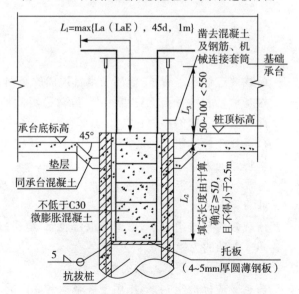

图 4-11 含张拉套筒截桩桩顶与承台连接详图

（4）对于抗拔桩,应采用桩顶填芯混凝土内插钢筋或张拉机械套筒内植钢筋与承台连接的方式。

（5）对于抗拔桩,连接钢筋面积应根据抗拔承载力确定,钢筋插入管桩内的长度应与桩顶填芯混凝土深度相同。锚入承台内的长度应按现行国家标准《混凝土结构设计规范》GB 50010 确定。

4.3 桩基计算

4.3.1 桩顶作用效应计算

对于一般建筑物和受水平力(包括力矩与水平剪力)较小的高层建筑群桩基础,群桩中基桩或复合基桩桩顶作用效应按公式(4-1)～(4-3)计算:

1. 轴心竖向力作用下

$$N_k = \frac{F_k + G_k}{n} \tag{4-1}$$

2. 偏心竖向力作用下

$$N_{ik} = \frac{F_k + G_k}{n} \pm \frac{M_{xk} y_i}{\sum y_j^2} \pm \frac{M_{yk} x_i}{\sum x_j^2} \tag{4-2}$$

3. 水平力

$$H_{ik} = \frac{H_k}{n} \tag{4-3}$$

式中：　F_k —— 荷载效应标准组合下,作用于承台顶面的竖向力;

G_k —— 桩基承台和承台上土自重标准值,对稳定的地下水位以下部分应扣除水的浮力;

N_k —— 荷载效应标准组合轴心竖向力作用下,基桩或复合基桩的平均竖向力;

N_{ik} —— 荷载效应标准组合偏心竖向力作用下,第 i 根基桩或复合基桩的竖向力;

M_{xk}、M_{yk} —— 荷载效应标准组合下,作用于承台底面,绕通过桩群形心的 x、y 主轴的力矩;

x_i、x_j、y_i、y_j —— 第 i、j 根单桩至 y、x 轴的距离;

H_k —— 荷载效应标准组合下,作用于桩基承台底面的水平力;

H_{ik} —— 荷载效应标准组合下,作用于第 i 根基桩或复合基桩的水平力;

n —— 桩基中的桩数。

属于下列情况之一的桩基,计算各桩基的作用效应、桩身内力和位移时,宜考虑承台(包括地下墙体)与基桩协同工作和土的弹性抗力作用,其计算方法可按现行行业标准《建筑桩基技术规范》(JGJ 94—2008)附录C进行:

(1)位于8度和8度以上抗震设防区和其他受较大水平力的高层建筑,当其桩基承台刚度较大或由于上部结构与承台协同作用能增强承台的刚度时;

(2)受较大水平力及8度和8度以上地震作用的高承台桩基。

对于主要承受竖向荷载的抗震设防区低承台桩基,在同时满足下列条件时,桩顶作用效应计算可不考虑地震作用。

(1)按现行国家标准《建筑抗震设计规范》(GB 50011)规定可不进行桩基抗震承载力验算的建筑物;

(2)建筑场地位于建筑抗震的有利地段。

4.3.2 桩基竖向承载力计算

桩基竖向承载力计算应符合公式(4-4)~(4-7)的要求:

1. 荷载效应标准组合

轴心竖向力作用下

$$N_k \leqslant R \tag{4-4}$$

偏心竖向力作用下,除满足上式外,尚应满足下式的要求:

$$N_{kmax} \leqslant 1.2R \tag{4-5}$$

2. 地震作用效应和荷载效应标准组合:

轴心竖向力作用下

$$N_{Ek} \leqslant 1.25R \tag{4-6}$$

偏心竖向力作用下,除满足上式外,尚应满足下式的要求:

$$N_{Ekmax} \leqslant 1.5R \tag{4-7}$$

式中:N_k——荷载效应标准组合轴心竖向力作用下,基桩或复合基桩的平均竖向力;

N_{kmax}——荷载效应标准组合偏心竖向力作用下,桩顶最大竖向力;

N_{Ek}——地震作用效应和荷载效应标准组合下,基桩或复合基桩的平均竖向力;

N_{Ekmax}——地震作用效应和荷载效应标准组合下,基桩或复合基桩的最大竖向力;

R ——基桩或复合基桩竖向承载力特征值。

单桩竖向抗压承载力特征值R_a应按(4-8)确定：

$$R_a = \frac{1}{K}Q_{uk} \tag{4-8}$$

式中：Q_{uk}——单桩竖向极限承载力标准值；

K ——安全系数，取$K=2$。

对于端承型桩基、桩数少于4根的摩擦型柱下独立桩基，或由于地层土性、使用条件等因素不宜考虑承台效应时，基桩竖向承载力特征值应取单桩竖向承载力特征值。

对于符合下列条件之一的摩擦型桩基，宜考虑承台效应确定其复合基桩的竖向承载力特征值：

(1)上部结构体型简单、整体刚度较好的建(构)筑物；

(2)对差异沉降适应性较强的排架结构和柔性构筑物；

(3)按变刚度调平原则设计的桩基刚度相对弱化区；

(4)软土地基的减沉复合疏桩基础。

考虑承台效应的复合基桩竖向承载力特征值可按公式(4-9)～(4-11)确定：

1. 不考虑地震作用时

$$R = R_a + \eta_c f_{ak} A_c \tag{4-9}$$

2. 考虑地震作用时

$$R = R_a + \frac{\zeta_a}{1.25}\eta_c f_{ak} A_c \tag{4-10}$$

$$A_c = (A - nA_{ps})/n \tag{4-11}$$

式中：η_c——承台效应系数，可按表4-4取值；

f_{ak}——承台下1/2承台宽度且不超过5m深度范围内各层土的地基承载力特征值按厚度加权的平均值；

A_c ——计算基桩所对应的承台底净面积；

A_{ps}——预制桩全截面面积；

A ——承台计算域面积。对于柱下独立桩基，A为承台总面积；对于桩筏基础，A为柱、墙筏板的1/2跨距和悬臂边2.5倍筏板厚度所围成的面积；桩集中布置于单片墙下的桩筏基础，取墙两边各1/2跨距围成的面积，按条基计算η_c；

ζ_a ——地基抗震承载力调整系数,应按现行国家标准《建筑抗震设计规范》(GB 50011)采用。

当承台底为可液化土、湿陷性土、高灵敏度软土、欠固结土、新填土时,沉桩引起超孔隙水压力和土体隆起时,不考虑承台效应,取 $\eta_c = 0$。

表 4-4　承台效应系数 η_c

B_c/l ＼ S_a/d	3	4	5	6	>6
≤0.4	0.06~0.08	0.14~0.17	0.22~0.26	0.32~0.38	0.50~0.80
0.4~0.8	0.08~0.10	0.17~0.20	0.26~0.30	0.38~0.44	
>0.8	0.10~0.12	0.20~0.22	0.30~0.34	0.44~0.50	
单排桩条形承台	0.15~0.18	0.25~0.30	0.38~0.45	0.50~0.60	

注:1. 表中 s_a/d 为桩中心距与桩径之比;B_c/l 为承台宽度与桩长之比。当计算基桩为非正方形排列时,$s_a = \sqrt{A/n}$,A 为承台计算域面积,n 为总桩数。

2. 对于桩布置于墙下的箱、筏承台,η_c 可按单排桩条基取值。

3. 对于单排桩条形承台,当承台宽度小于 $1.5d$ 时,η_c 按非条形承台取值。

4. 对于采用后注浆灌注桩的承台,η_c 宜取低值。

5. 对于饱和黏性土中的挤土桩基、软土地基上的桩基承台,η_c 宜取低值的 0.8 倍

4.3.3　单桩竖向极限承载力

(1)设计等级为甲级的建筑桩基,应通过单桩静载试验确定;设计等级为乙级的建筑桩基,当地质条件简单时,可参照地质条件相同的试桩资料,结合静力触探等原位测试和经验参数综合确定;其余均应通过单桩静载试验确定;设计等级为丙级的建筑桩基,可根据原位测试和经验参数确定。

(2)当根据单桥探头静力触探资料确定混凝土预制桩单桩竖向极限承载力标准值时,如无当地经验,可按公式(4-12)~(4-14)计算:

$$Q_{uk} = Q_{sk} + Q_{pk} = u \sum q_{sik} l_i + \alpha p_{sk} A_p \qquad (4-12)$$

当 $p_{sk1} \leqslant p_{sk2}$ 时

$$p_{sk} = \frac{1}{2}(p_{sk1} + \beta \cdot p_{sk2}) \qquad (4-13)$$

当 $p_{sk1} > p_{sk2}$ 时

$$p_{sk} = p_{sk2} \qquad (4-14)$$

式中:Q_{sk}、Q_{pk} —— 分别为总极限侧阻力标准值和总极限端阻力标准值;

u —— 桩身周长;

q_{sik} —— 用静力触探比贯入阻力值估算的桩周第 i 层土的极限侧阻力;

l_i —— 桩周第 i 层土的厚度;

α —— 桩端阻力修正系数,可按表 4-5 取值;

p_{sk} —— 桩端附近的静力触探比贯入阻力标准值(平均值);

A_p —— 桩端面积;

p_{sk1} —— 桩端全截面以上 8 倍桩径范围内的比贯入阻力平均值;

p_{sk2} —— 桩端全截面以下 4 倍桩径范围内的比贯入阻力平均值,如桩端持力层为密实的砂土层,其比贯入阻力平均值 p_s 超过 20MPa 时,则需乘以表 4-6 中系数 C 予以折减后,再按式(4-13)、式(4-14)计算 p_{sk};

β —— 折减系数,按表 4-7 选用。

表 4-5 桩端阻力修正系数 α 值

桩长/m	$l<15$	$15 \leqslant l \leqslant 30$	$30<l \leqslant 60$
α	0.75	0.75~0.90	0.90

注:桩长 $15\text{m} \leqslant l \leqslant 30\text{m}$,$\alpha$ 值按 l 值直线内插;l 为桩长(不包括桩尖高度)。

表 4-6 系数 C

p_{sk2}/MPa	20~30	35	>40
系数 C	5/6	2/3	1/2

表 4-7 折减系数 β

p_{sk2}/p_{sk1}	$\leqslant 5$	7.5	12.5	$\geqslant 15$
β	1	5/6	2/3	1/2

(3)当根据双桥探头静力触探资料确定混凝土预制桩单桩竖向极限承载力标准值时,对于黏性土、粉土和砂土,如无当地经验时可按公式(4-15)计算:

$$Q_{uk} = Q_{sk} + Q_{pk} = u \sum l_i \cdot \beta_i \cdot f_{si} + \alpha \cdot q_c \cdot A_p \qquad (4-15)$$

式中:f_{si} —— 第 i 层土的探头平均侧阻力(kPa);

q_c —— 桩端平面上、下探头阻力,取桩端平面以上 $4d$(d 为桩的直径或边长)范围内按土层厚度的探头阻力加权平均值(kPa),然

后再与桩端平面以下 $1d$ 范围内的探头阻力进行平均;

α —— 桩端阻力修正系数,对于黏性土、粉土取 2/3,饱和砂土取 1/2;

β_i —— 第 i 层土桩侧阻力综合修正系数,黏性土、粉土:$\beta_i = 10.04$ $(f_{si})^{-0.55}$;砂土:$\beta_i = 5.05 (f_{si})^{-0.45}$。

(4) 当根据土的物理指标与承载力参数之间的经验关系确定单桩竖向极限承载力标准值时,宜按公式(4-16)~(4-19)估算:

① 实心预制混凝土桩或闭口预制混凝土桩:

$$Q_{uk} = Q_{sk} + Q_{pk} = u \sum q_{sik} l_i + q_{pk} A_p \qquad (4-16)$$

式中:q_{sik} —— 桩侧第 i 层土的极限侧阻力标准值,如无当地经验时,可按表 4-8 取值;

q_{pk} —— 极限端阻力标准值,如无当地经验时,可按表 4-9 取值。

② 敞口预制混凝土空心桩:

$$Q_{uk} = Q_{sk} + Q_{pk} = u \sum q_{sik} l_i + q_{pk} (A_j + \lambda_p A_{p1}) \qquad (4-17)$$

当 $h_b/d_1 < 5$ 时,$\lambda_p = 0.16 h_b/d_1$ $\qquad (4-18)$

当 $h_b/d_1 \geqslant 5$ 时,$\lambda_p = 0.8$ $\qquad (4-19)$

式中:q_{sik}、q_{pk} —— 分别按表 4-8 和 4-9 取值;

A_j —— 空心桩桩端净面积:管桩:$A_j = \dfrac{\pi}{4}(d^2 - d_1^2)$;

空心方桩:$A_j = b^2 - \dfrac{\pi}{4} d_1^2$;

A_{p1} —— 空心桩敞口面积:$A_{p1} = \dfrac{\pi}{4} d_1^2$;

λ_p —— 桩端土塞效应系数;

d、b —— 空心桩外径、边长;

h_b —— 桩端进入持力层深度;

d_1 —— 空心桩内径。

表 4-8　桩的极限侧阻力标准值 q_{sik}(kPa)

土的名称	土的状态	混凝土预制桩
填土		22~30
淤泥		14~20

(续表)

土的名称	土的状态		混凝土预制桩
淤泥质土			22~30
黏性土	流塑	$I_L>1$	24~40
	软塑	$0.75<I_L\leqslant1$	40~55
	可塑	$0.50<I_L\leqslant0.75$	55~70
	硬可塑	$0.25<I_L\leqslant0.50$	70~86
	硬塑	$0<I_L\leqslant0.25$	86~98
	坚硬	$I_L\leqslant0$	98~105
红黏土	$0.7<a_w\leqslant1$		13~32
	$0.5<a_w\leqslant0.7$		32~74
粉土	稍密	$e>0.9$	26~46
	中密	$0.75\leqslant e\leqslant0.9$	46~66
	密实	$e<0.75$	66~88
粉细砂	稍密	$10<N\leqslant15$	24~48
	中密	$15<N\leqslant30$	48~66
	密实	$N>30$	66~88
中砂	中密	$15<N\leqslant30$	54~74
	密实	$N>30$	74~95
粗砂	中密	$15<N\leqslant30$	74~95
	密实	$N>30$	95~116
砾砂	稍密	$5<N_{63.5}\leqslant15$	70~110
	中密(密实)	$N_{63.5}>15$	116~138
圆砾、角砾	中密、密实	$N_{63.5}>10$	160~200
碎石、卵石	中密、密实	$N_{63.5}>10$	200~300
全风化软质岩		$30<N\leqslant50$	100~120
全风化硬质岩		$30<N\leqslant50$	140~160
强风化软质岩		$N_{63.5}>10$	160~240
强风化硬质岩		$N_{63.5}>10$	220~300

注:1. 对于尚未完成自重固结的填土和以生活垃圾为主的杂填土,不计算其侧阻力。

2. a_w 为含水比,$a_w=w/w_l$,w 为土的天然含水量,w_l 为土的液限。

3. N 为标准贯入击数;$N_{63.5}$ 为重型圆锥动力触探击数。

4. 全风化、强风化软质岩和全风化、强风化硬质岩系指其母岩分别为 $f_{rk}\leqslant$ 15MPa、$f_{rk}>30$ MPa 的岩石

表 4-9 桩的极限端阻力标准值 q_{pk}(kPa)

土的名称	桩型		混凝土预制桩桩长 l/m			
	土的状态		$l \leqslant 9$	$9 < l \leqslant 16$	$16 < l \leqslant 30$	$l > 30$
黏性土	软塑	$0.75 < I_L \leqslant 1$	210~850	650~1400	1200~1800	1300~1900
	可塑	$0.50 < I_L \leqslant 0.75$	850~1700	1400~2200	1900~2800	2300~3600
	硬可塑	$0.25 < I_L \leqslant 0.50$	1500~2300	2300~3300	2700~3600	3600~4400
	硬塑	$0 < I_L \leqslant 0.25$	2500~3800	3800~5500	5500~6000	6000~6800
粉土	中密	$0.75 \leqslant e \leqslant 0.9$	950~1700	1400~2100	1900~2700	2500~3400
	密实	$e < 0.75$	1500~2600	2100~3000	2700~3600	3600~4400
粉砂	稍密	$10 < N \leqslant 15$	1000~1600	1500~2300	1900~2700	2100~3000
	中密、密实	$N > 15$	1400~2200	2100~3000	3000~4500	3800~5500
细砂	中密、密实	$N > 15$	2500~4000	3600~5000	4400~6000	5300~7000
中砂			4000~6000	5500~7000	6500~8000	7500~9000
粗砂			5700~7500	7500~8500	8500~10000	9500~11000
砾砂		$N > 15$	6000~9500		9000~10500	
角砾、圆砾	中密、密实	$N_{63.5} > 10$	7000~10000		9500~11500	
碎石、卵石		$N_{63.5} > 10$	8000~11000		10500~13000	
全风化软质岩		$30 < N \leqslant 50$	4000~6000			
全风化硬质岩		$30 < N \leqslant 50$	5000~8000			
强风化软质岩		$N_{63.5} > 10$	6000~9000			
强风化硬质岩		$N_{63.5} > 10$	7000~11000			

注:1. 砂土和碎石类土中桩的极限端阻力取值,宜综合考虑土的密实度,桩端进入持力层的深径比 h_b/d,土越密实,h_b/d 越大,取值越高。

2. 预制桩的岩石极限端阻力指桩端支承于中、微风化基岩表面或进入强风化岩、软质岩一定深度条件下极限端阻力。

3. 全风化、强风化软质岩和全风化、强风化硬质岩指其母岩分别为 $f_{rk} \leqslant 15$MPa、$f_{rk} > 30$MPa 的岩石。

4. 对于桩身周围有液化土层的低承台桩基,当承台底面上下分别有厚度不小于 1.5m、1.0m 的非液化土或非软弱土层时,可将液化土层极限侧阻力乘以土层液化折减系数计算单桩极限承载力标准值。土层液化折减系数 ψ_l 可按表 4-10 确定。当承台底非液化土层厚度小于 1m 时,ψ_l 取 0

表 4-10　土层液化折减系数 ψ_l

$\lambda_N = \dfrac{N}{N_{cr}}$	自地面算起的液化土层深度 d_L/m	ψ_l
$\lambda_N \leqslant 0.6$	$d_L \leqslant 10$	0
	$10 < d_L \leqslant 20$	1/3
$0.6 < \lambda_N \leqslant 0.8$	$d_L \leqslant 10$	1/3
	$10 < d_L \leqslant 20$	2/3
$0.8 < \lambda_N \leqslant 1.0$	$d_L \leqslant 10$	2/3
	$10 < d_L \leqslant 20$	1.0

注:1. N 为饱和土标贯击数实测值;N_{cr} 为液化判别标贯击数临界值;λ_N 为土层液化指数。

2. 对于挤土桩当桩距小于 $4d$,且桩的排数不少于 5 排、总桩数不少于 25 根时,土层液化影响折减系数可按表列值提高一档取值;桩间土标贯击数达到 N_{cr} 时,取 $\psi_l = 1$

4.3.4　特殊条件下桩基竖向承载力验算

(1)对于桩距不超过 6d 的群桩基础,桩端持力层下存在承载力低于桩端持力层承载力 1/3 的软弱下卧层时,可按公式(4-20)、(4-21)验算软弱下卧层的承载力(图 4-12):

$$\sigma_z + \gamma_m z \leqslant f_{az} \tag{4-20}$$

$$\sigma_z = \frac{(F_k + G_k) - 3/2(A_0 + B_0) \cdot \sum q_{sik} l_i}{(A_0 + 2t \cdot tg\theta)(B_0 + 2t \cdot tg\theta)} \tag{4-21}$$

式中:σ_z —— 作用于软弱下卧层顶面的附加应力;

γ_m —— 软弱层顶面以上各土层重度(地下水位以下取浮重度)的厚度加权平均值;

t —— 硬持力层厚度;

f_{az} —— 软弱下卧层经深度 z 修正的地基承载力特征值;

A_0、B_0 —— 桩群外缘矩形底面的长、短边边长;

q_{sik} —— 桩周第 i 层土的极限侧阻力标准值,无当地经验时,可根据成桩工艺按表 4-8 取值;

θ —— 桩端硬持力层压力扩散角,按表 4-11 取值。

表 4-11 桩端硬持力层压力扩散角 θ

E_{s1}/E_{s2}	$t=0.25B_0$	$t\geqslant0.50B_0$
1	4^0	12^0
3	6^0	23^0
5	10^0	25^0
10	20^0	30^0

注:1. E_{s1}、E_{s2} 为硬持力层、软弱下卧层的压缩模量;

2. 当 $t<0.25B_0$ 时,取 $\theta=0^\circ$,必要时,宜通过试验确定;当 $0.25B_0<t<0.50B_0$ 时,可内插取值

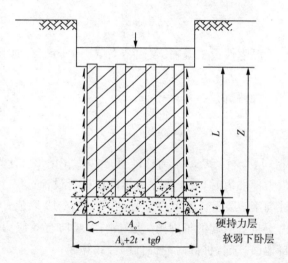

图 4-12 软弱下卧层承载力验算

(2)桩穿越较厚松散填土、自重湿陷性黄土、欠固结土、液化土层进入相对较硬土层时,桩周存在软弱土层,邻近桩侧地面承受局部较大的长期荷载,或地面大面积堆载(包括填土)时,由于降低地下水位,使桩周土有效应力增大,并产生显著压缩沉降时,桩周土层产生的沉降如果超过基桩的沉降,在计算基桩承载力时应计入桩侧负摩阻力。负摩阻力对桩基承载力和沉降的影响应根据工程具体情况确定,当缺乏可参照的工程经验时,可按公式(4-22)、(4-23)验算。

对于摩擦型基桩可取桩身计算中性点以上侧阻力为零

$$N_k\leqslant R_a \qquad (4-22)$$

对于端承型基桩除应满足上式要求外,应考虑负摩阻力引起基桩的下

拉荷载 Q_g^n

$$N_k + Q_g^n \leqslant R_a \qquad (4-23)$$

当土层不均匀或建筑物对不均匀沉降较敏感时,尚应将负摩阻力引起的下拉荷载计入附加荷载验算桩基沉降。

注:基桩的竖向承载力特征值 R_a 只计中性点以下部分侧阻值及端阻值。

桩侧负摩阻力及其引起的下拉荷载,当无实测资料时可按以下方法计算:

① 中性点以上单桩桩周第 i 层土负摩阻力标准值,可按公式(4-24)计算:

$$q_{si}^n = \xi_{ni}\sigma_i' \qquad (4-24)$$

当填土、自重湿陷性黄土湿陷、欠固结土层产生固结和地下水降低时:$\sigma_i' = \sigma_{\gamma i}'$

当地面分布大面积荷载时:$\sigma_i' = p + \sigma_{\gamma i}'$

$$\sigma_{\gamma i}' = \sum_{m=1}^{i-1} \gamma_m \Delta z_m + \frac{1}{2}\gamma_i \Delta z_i \qquad (4-25)$$

式中:q_{si}^n——第 i 层土桩侧负摩阻力标准值;当按式(4-24)计算值大于正摩阻力标准值时,取正摩阻力标准值进行设计;

ξ_{ni}——桩周第 i 层土负摩阻力系数,可按表 4-12 取值;

$\sigma_{\gamma i}'$——由土自重引起的桩周第 i 层土平均竖向有效应力;桩群外围桩自地面算起,桩群内部桩自承台底算起;

σ_i'——桩周第 i 层土平均竖向有效应力;

γ_i、γ_m——分别为第 i 计算土层和其上第 m 土层的重度,地下水位以下取浮重度;

Δz_i、Δz_m——第 i 层土、第 m 层土的厚度;

p——地面均布荷载。

表 4-12　负摩阻力系数 ξ_n

土类	ξ_n
饱和软土	0.15～0.25
黏性土、粉土	0.25～0.40
砂土	0.35～0.50

（续表）

土类	ξ_n
自重湿陷性黄土	0.20～0.35

注:1. 在同一类土中,对于挤土桩,取表中较大值,对于非挤土桩,取表中较小值。

2. 填土按其组成取表中同类土的较大值

② 考虑群桩效应的基桩下拉荷载可按式(4-26)、(4-27)计算:

$$Q_g^n = \eta_n \cdot u \sum_{i=1}^{n} q_{si}^n l_i \qquad (4-26)$$

$$\eta_n = s_{ax} \cdot s_{ay} / \left[\pi d \left(\frac{q_s^n}{\gamma_m} + \frac{d}{4} \right) \right] \qquad (4-27)$$

式中:n —— 中性点以上土层数;

l_i —— 中性点以上第 i 土层的厚度;

η_n —— 负摩阻力群桩效应系数;

$s_{ax}、s_{ay}$ —— 分别为纵横向桩的中心距;

q_s^n —— 中性点以上桩周土层厚度加权平均负摩阻力标准值;

γ_m —— 中性点以上桩周土层厚度加权平均重度(地下水位以下取浮重度)。对于单桩基础或按式(4-27)计算的群桩效应系数 $\eta_n > 1$ 时,取 $\eta_n = 1$。

③ 中性点深度 l_n 应按桩周土层沉降与桩沉降相等的条件计算确定,也可参照表4-13确定。

表4-13　中性点深度 l_n

持力层性质	黏性土、粉土	中密以上砂	砾石、卵石	基岩
中性点深度比 l_n/l_0	0.5～0.6	0.7～0.8	0.9	1.0

注:1. l_n、l_0 —— 分别为自桩顶算起的中性点深度和桩周软弱土层下限深度;

2. 桩穿过自重湿陷性黄土层时,l_n 可按表列值增大 10%(持力层为基岩除外);

3. 当桩周土层固结与桩基沉降同时完成时,取 $l_n=0$;

4. 当桩周土层计算沉降量小于 20mm 时,l_n 应按表列值乘以 0.4～0.8 折减

4.3.5　桩基抗拔承载力验算

(1)承受拔力的桩基,应按公式(4-28)、(4-29)同时验算群桩基础呈整体破坏和呈非整体破坏时基桩的抗拔承载力:

$$N_k \leqslant T_{gk}/2 + G_{gp} \qquad (4-28)$$

$$N_k \leqslant T_{uk}/2 + G_p \qquad (4-29)$$

式中:N_k —— 按荷载效应标准组合计算的基桩拔力;

T_{gk} —— 群桩呈整体破坏时,基桩的抗拔极限承载力标准值可按公式(4-31)确定;

T_{uk} —— 群桩呈非整体破坏时,基桩的抗拔极限承载力标准值可按公式(4-30)确定;

G_{gp} —— 群桩基础所包围体积的桩土总自重除以总桩数,地下水位以下取浮重度;

G_p —— 基桩自重,地下水位以下取浮重度。

(2)对于设计等级为甲级和乙级建筑桩基,基桩的抗拔极限承载力应通过现场单桩上拔静载荷试验确定。单桩上拔静载荷试验及抗拔极限承载力标准值取值可按现行行业标准《建筑基桩检测技术规范》(JGJ 106)进行;如无当地经验时,群桩基础及设计等级为丙级建筑桩基,基桩的抗拔极限载力取值可按公式(4-30)、(4-31)计算:

① 群桩呈非整体破坏

$$T_{uk} = \sum \lambda_i q_{sik} u_i l_i \qquad (4-30)$$

式中:T_{uk} —— 基桩抗拔极限承载力标准值;

u_i —— 桩身周长,对于等直径桩取 $u = \pi d$;

q_{sik} —— 桩侧表面第 i 层土的抗压极限侧阻力标准值,可按表4-8取值;

λ_i —— 抗拔系数,可按表4-14取值。

表 4-14   抗拔系数 λ

土类	λ 值
砂土	$0.50 \sim 0.70$
黏性土、粉土	$0.70 \sim 0.80$
注:桩长 l 与桩径 d 之比小于 20 时,λ 取小值	

② 群桩呈整体破坏

$$T_{gk} = \frac{1}{n} u_1 \sum \lambda_i q_{sik} l_i \qquad (4-31)$$

式中:u_1 —— 桩群外围周长。

（3）膨胀土上轻型建筑的短桩基础，应按公式（4-32）、（4-33）验算群桩基础呈整体破坏和非整体破坏的抗拔稳定性：

$$u \sum q_{ei} l_{ei} \leqslant T_{gk}/2 + N_G + G_{gP} \qquad (4-32)$$

$$u \sum q_{ei} l_{ei} \leqslant T_{uk}/2 + N_G + G_P \qquad (4-33)$$

式中：T_{gk} —— 群桩呈整体破坏时，大气影响急剧层下稳定土层中基桩的抗拔极限承载力标准值，可按第 2 款计算；

T_{uk} —— 群桩呈非整体破坏时，大气影响急剧层下稳定土层中基桩的抗拔极限承载力标准值，可按第 2 款计算；

q_{ei} —— 大气影响急剧层中第 i 层土的极限胀切力，由现场浸水试验确定；

l_{ei} —— 大气影响急剧层中第 i 层土的厚度。

4.3.6 桩基水平承载力与位移计算

1. 单桩基础水平承载力与位移计算

（1）受水平荷载的一般建筑物和水平荷载较小的高大建筑物单桩基础和群桩中基桩应满足公式（4-34）要求：

$$H_{ik} \leqslant R_h \qquad (4-34)$$

式中：H_{ik} —— 在荷载效应标准组合下，作用于基桩 i 桩顶处的水平力；

R_h —— 单桩基础或群桩中基桩的水平承载力特征值，对于单桩基础，可取单桩的水平承载力特征值 R_{ha}。

（2）对于受水平荷载较大的设计等级为甲级、乙级的建筑桩基，单桩水平承载力特征值应通过单桩水平静载试验确定，试验方法可按现行行业标准《建筑基桩检测技术规范》（JGJ 106）执行；可根据静载试验结果取地面处水平位移为 10mm（对于水平位移敏感的建筑物取水平位移 6mm）所对应的荷载的 75% 为单桩水平承载力特征值。验算永久荷载控制的桩基的水平承载力时，应将该方法确定的单桩水平承载力特征值乘以调整系数 0.80；验算地震作用桩基的水平承载力时，应将该方法确定的单桩水平承载力特征值乘以调整系数 1.25。

当桩的水平承载力由水平位移控制，且缺少单桩水平静载试验资料时，可按公式（4-35）、（4-36）计算单桩水平承载力特征值：

$$R_{ha} = 0.75 \frac{\alpha^3 EI}{\nu_x} x_{0a} \qquad (4-35)$$

$$EI = 0.85E_c I_0 \qquad\qquad (4-36)$$

式中:EI——桩身抗弯刚度。

E_c——混凝土弹性模量。

I_0——桩身换算截面惯性矩。

方形实心桩为 $I_0 = \dfrac{1}{12}\Big[b^3 b_0 + \dfrac{2(\alpha_E - 1)A_s b_0^3}{b}\Big]$;

方形空心桩为 $I_0 = \dfrac{1}{12}b^3 b_0 - \dfrac{\pi}{64}d_1^2 + \dfrac{2(\alpha_E - 1)A_s b_0^3}{12b}$;

空心管桩为 $I_0 = \dfrac{\pi}{64}(d^2 - d_1^2) + (\alpha_E - 1)A_s d_s^2$;

x_{0a}——桩顶允许水平位移。

α——桩的水平变形系数,按公式(4-46)计算。

ν_x——桩顶水平位移系数,按表4-15取值。

b——方形截面边长。

b_0——桩身计算宽度,按公式(4-46)计算。

d——管桩外径。

d_0——管桩或空心方桩内径。

A_s——预应力和非预应力钢筋面积。

d_s——预应力和非预应力钢筋分布圆的直径。

表4-15　桩顶水平位移系数 ν_x

桩顶约束情况	桩的换算埋深(αh)	ν_x
铰接、自由	4.0	2.441
	3.5	2.502
	3.0	2.727
	2.8	2.905
	2.6	3.163
	2.4	3.526
固接	4.0	0.940
	3.5	0.970
	3.0	1.028
	2.8	1.055
	2.6	1.079
	2.4	1.095
注:当 $\alpha h > 4$ 时,取 $\alpha h = 4.0$		

2. 群桩基础水平承载力与位移计算

(1)群桩基础(不含水平力垂直于单排桩基纵向轴线和力矩较大的情况)的基桩水平承载力特征值应考虑由承台、桩群、土相互作用产生的群桩效应,可按公式(4-37)～(4-45)计算:

$$R_h = \eta_h R_{ha} \qquad (4-37)$$

考虑地震作用且 $s_a/d \leqslant 6$ 时:

$$\eta_h = \eta_i \eta_r + \eta_l \qquad (4-38)$$

$$\eta_i = \frac{\left(\dfrac{s_a}{d}\right)^{0.015n_2 + 0.45}}{0.15n_1 + 0.10n_2 + 1.9} \qquad (4-39)$$

$$\eta_l = \frac{m \cdot x_{0a} \cdot B_c' \cdot h_c^2}{2 \cdot n_1 \cdot n_2 \cdot R_{ha}} \qquad (4-40)$$

$$x_{0a} = \frac{R_{ha} \cdot \nu_x}{\alpha^3 \cdot EI} \qquad (4-41)$$

其他情况:

$$\eta_h = \eta_i \eta_r + \eta_l + \eta_b \qquad (4-42)$$

$$\eta_b = \frac{\mu \cdot P_c}{n_1 \cdot n_2 \cdot R_h} \qquad (4-43)$$

$$B_c' = B_c + 1 \qquad (4-44)$$

$$P_c = \eta_c f_{ak}(A - nA_{ps}) \qquad (4-45)$$

式中:η_h —— 群桩效应综合系数;

η_i —— 桩的相互影响效应系数;

η_r —— 桩顶约束效应系数(桩顶嵌入承台长度 50～100mm 时),按表 4-16取值;

η_l —— 承台侧向土抗力效应系数(承台侧面回填土为松散状态时,取 $\eta_l = 0$);

η_b —— 承台底摩阻效应系数;

s_a/d —— 沿水平荷载方向的距径比;

n_1, n_2 —— 分别为沿水平荷载方向与垂直水平荷载方向每排桩中的桩数;

m —— 承台侧面土水平抗力系数的比例系数;

x_{0a}——桩顶(承台)的水平位移允许值,当以位移控制时,可取 $x_{0a}=$ 10mm(对水平位移敏感的结构物取 $x_{0a}=6$mm);

B'_c——承台受侧向土抗力一边的计算宽度(m);

B_c——承台宽度(m);

h_c——承台高度(m);

μ——承台底与基土间的摩擦系数,可按表4-17取值;

P_c——承台底地基土分担的竖向总荷载标准值;

A——承台总面积;

A_{ps}——桩身截面面积。

表 4-16 桩顶约束效应系数 η_r

换算深度 αh	2.4	2.6	2.8	3.0	3.5	≥4.0
位移控制	2.58	2.34	2.20	2.13	2.07	2.05
强度控制	1.44	1.57	1.71	1.82	2.00	2.07

注:$\alpha=\sqrt[5]{\dfrac{mb_0}{EI}}$,$h$ 为桩的入土长度

表 4-17 承台底与基土间的摩擦系数 μ

土的类别		摩擦系数 μ
黏性土	可塑	0.25~0.30
	硬塑	0.30~0.35
	坚硬	0.35~0.45
粉土	密实、中密(稍湿)	0.30~0.40
中砂、粗砂、砾砂		0.40~0.50
碎石土		0.40~0.60
软岩、软质岩		0.40~0.60
表面粗糙的较硬岩、坚硬岩		0.65~0.75

(2)计算水平荷载较大和水平地震作用、风载作用的带地下室的高大建筑物桩基的水平位移时,可考虑地下室侧墙、承台、桩群、土共同作用,按《建筑桩基技术规范》(JGJ 94)附录C方法计算。

(3)桩的水平变形系数和桩侧土水平抗力系数的比例系数 m 可按以下方法计算:

① 桩的水平变形系数 $\alpha(1/m)$：

$$\alpha = \sqrt[5]{\frac{mb_0}{EI}} \qquad (4-46)$$

式中：m——桩侧土水平抗力系数的比例系数；

b_0——桩身的计算宽度（m）；

圆形桩：当直径 $d \leqslant 1m$ 时，$b_0 = 0.9(1.5d+0.5)$；

当直径 $d > 1m$ 时，$b_0 = 0.9(d+1)$；

方形桩：当边宽 $b \leqslant 1m$ 时，$b_0 = 1.5b+0.5$；

当边宽 $b > 1m$ 时，$b_0 = b+1$。

EI——桩身抗弯刚度，按公式 4-36 计算；

② 桩侧土水平抗力系数的比例系数 m，宜通过单桩水平静载试验确定，当无静载试验资料时，可按表 4-18 取值。

表 4-18 地基土水平抗力系数的比例系数 m 值

序号	地基土类别	$m/$ (MN/m^4)	相应单桩在地面处水平位移 /mm
1	淤泥；淤泥质土；饱和湿陷性黄土	2～4.5	10
2	流塑($I_L > 1$)、软塑($0.75 < I_L \leqslant 1$)状黏性土；$e > 0.9$ 粉土；松散粉细砂；松散、稍密填土	4.5～6.0	10
3	可塑($0.25 < I_L \leqslant 0.75$)状黏性土、湿陷性黄土；$e = 0.75 \sim 0.9$ 粉土；中密填土；稍密细砂	6.0～10	10
4	硬塑($0 < I_L \leqslant 0.25$)、坚硬($I_L \leqslant 0$)状黏性土、湿陷性黄土；$e < 0.75$ 粉土；中密的中粗砂；密实老填土	10～22	10
5	中密、密实的砾砂、碎石类土		

注：1. 当水平向位移小于 10mm 时，m 值可适当提高。

2. 当水平荷载为长期或经常出现的荷载时，应将表列数值乘以 0.4 降低采用。

3. 当地基为可液化土层时，应将表列数值乘以表 4-10 中相应的系数 ψ_l。

4.3.7 桩基沉降计算

(1)建筑桩基沉降变形计算值不应大于桩基沉降变形允许值。桩基沉降变形可用沉降量、沉降差、整体倾斜（建筑物桩基础倾斜方向两端点的沉降差与其距离之比值）、局部倾斜（墙下条形承台沿纵向某一长度范围内桩基础两点的沉降差与其距离之比值)等指标表示。由于土层厚度与性质不均匀、荷载差异、体型复杂、相互影响等因素引起的地基沉降变形,对于砌体承重结构应由局部倾斜控制;对于多层或高层建筑和高耸结构应由整体倾斜值控制;当其结构为框架、框架-剪力墙、框架-核心筒结构时,尚应控制柱(墙)之间的差异沉降。

(2)建筑桩基沉降变形允许值以及沉降计算方法具体要求详见《建筑桩基技术规范》(JGJ 94)。

4.3.8 桩身承载力与裂缝控制计算

1. 桩身应进行承载力和裂缝控制计算

计算时应考虑桩身材料强度、成桩工艺、吊运与沉桩、约束条件、环境类别诸因素。对于受水平荷载和地震作用的桩,其桩身受弯承载力和受剪承载力的验算应符合下列规定:

(1)对于桩顶固接的桩,应验算桩顶正截面弯矩;对于桩顶自由或铰接的桩,应验算桩身最大弯矩截面处的正截面弯矩。

(2)应验算桩顶斜截面的受剪承载力。

(3)桩身所承受最大弯矩和水平剪力的计算,可按现行行业标准《建筑桩基技术规范》附录 C 计算。

(4)当考虑地震作用验算桩身正截面受弯和斜截面受剪承载力时,应根据现行国家标准《建筑抗震设计规范》(GB 50011)的规定,对作用于桩顶的地震作用效应进行调整。

2. 受压承载力计算

(1)不考虑压屈影响的轴心受压桩,正截面受压承载力应按公式 4-47 计算:

$$N \leqslant \psi_c f_c A \tag{4-47}$$

式中:N —— 荷载效应基本组合下的桩顶轴向压力设计值。

ψ_c —— 基桩成桩工艺系数,当采用抱压式或锤击式施工时,取 0.70;当采用顶压式施工时,取 0.80;当采用植入工法或中掘工法施工时,取 0.85。

f_c —— 混凝土轴心抗压强度设计值。

A —— 桩身横截面积。

(2)对于高承台基桩、桩身穿越可液化土或不排水抗剪强度小于 10kPa 的软弱土层的基桩,应考虑压屈影响,可按公式(4-47)计算所得桩身正截面受压承载力乘以 φ 折减。其稳定系数 φ 可根据桩身压屈计算长度 l_c 和桩的

设计直径 d（或矩形桩短边尺寸 b）确定。桩身压屈计算长度可根据桩顶的约束情况、桩身露出地面的自由长度 l_0、桩的入土长度 h、桩侧和桩底的土质条件按表 4-19 确定。桩的稳定系数可按表 4-20 确定。

表 4-19　桩身压屈计算长度 l_c

桩　顶　铰　接				桩　顶　固　接			
桩底支于非岩石土中		桩底嵌于岩石内		桩底支于非岩石土中		桩底嵌于岩石内	
$h<\dfrac{4.0}{\alpha}$	$h\geqslant\dfrac{4.0}{\alpha}$	$h<\dfrac{4.0}{\alpha}$	$h\geqslant\dfrac{4.0}{\alpha}$	$h<\dfrac{4.0}{\alpha}$	$h\geqslant\dfrac{4.0}{\alpha}$	$h<\dfrac{4.0}{\alpha}$	$h\geqslant\dfrac{4.0}{\alpha}$
$l_c=1.0\times$ (l_0+h)	$l_c=0.7\times$ $\left(l_0+\dfrac{4.0}{\alpha}\right)$	$l_c=0.7\times$ (l_0+h)	$l_c=0.7\times$ $\left(l_0+\dfrac{4.0}{\alpha}\right)$	$l_c=0.7\times$ (l_0+h)	$l_c=0.5\times$ $\left(l_0+\dfrac{4.0}{\alpha}\right)$	$l_c=0.5\times$ (l_0+h)	$l_c=0.5\times$ $\left(l_0+\dfrac{4.0}{\alpha}\right)$

注：1. 表中 $\alpha=\sqrt[5]{\dfrac{mb_0}{EI}}$。

2. l_0 为高承台基桩露出地面的长度，对于低承台桩基，$l_0=0$。

3. h 为桩的入土长度，当桩侧有厚度为 d_1 的液化土层时，桩露出地面长度 l_0 和桩的入土长度 h 分别调整为 $l_0'=l_0+(1-\psi_1)d_1$，$h'=h-(1-\psi_1)d_1$，ψ_1 按表 4-10 取值。

4. 当存在 $f_{ak}<25kPa$ 的软弱土时，按液化土处理

表 4-20　桩身稳定系数 φ

l_c/d	$\leqslant 7$	8.5	10.5	12	14	15.5	17	19	21	22.5	24
l_c/b	$\leqslant 8$	10	12	14	16	18	20	22	24	26	28
φ	1.00	0.98	0.95	0.92	0.87	0.81	0.75	0.70	0.65	0.60	0.56
l_c/d	26	28	29.5	31	33	34.5	36.5	38	40	41.5	43
l_c/b	30	32	34	36	38	40	42	44	46	48	50
φ	0.52	0.48	0.44	0.40	0.36	0.32	0.29	0.26	0.23	0.21	0.19

注：b 为矩形桩短边尺寸，d 为桩直径

计算偏心受压混凝土桩正截面受压承载力时，可不考虑偏心距的增大

影响,但对于高承台基桩、桩身穿越可液化土或不排水抗剪强度小于 10kPa (地基承载力特征值小于 25kPa) 的软弱土层的基桩,应考虑桩身在弯矩作用平面内的挠曲对轴向力偏心距的影响,应将轴向力对截面重心的初始偏心矩 e_i 乘以偏心矩增大系数 η。预应力高强混凝土管桩、预应力混凝土管桩偏心受压正截面承载力以及混合配筋桩偏心受压正截面承载力详见《预应力混凝土管桩技术标准》(JGJ/T 406—2017)。其他类型桩按现行国家标准《混凝土结构设计规范》(GB 50010) 的规定进行计算。

3. 受拉承载力及抗裂计算

(1)轴心抗拔桩的正截面受拉承载力应按公式(4-48)计算:

$$N \leqslant f_y A_s + f_{py} A_{py} \qquad (4-48)$$

式中:N——荷载效应基本组合下桩顶轴向拉力设计值;

f_y、f_{py}——普通钢筋、预应力钢筋的抗拉强度设计值;

A_s、A_{py}——普通钢筋、预应力钢筋的截面面积。

(2)预应力混凝土预制桩,桩身轴心受拉时,裂缝控制等级为一级;桩身受弯时,处于弱腐蚀环境及以上的管桩裂缝控制等级为二级,中等、强腐蚀环境及以上的管桩裂缝控制等级为一级。抗拔桩的裂缝控制计算应符合下列规定:

一级裂缝控制等级预应力混凝土基桩,在荷载效应标准组合下混凝土不应产生拉应力,应按公式(4-49)计算:

$$\sigma_{ck} - \sigma_{pc} \leqslant 0 \qquad (4-49)$$

二级裂缝控制等级预应力混凝土基桩,在荷载效应标准组合下的受拉边缘的应力不应大于混凝土轴心受拉强度标准值,应按公式(4-50)计算:

$$\sigma_{ck} - \sigma_{pc} \leqslant f_{tk} \qquad (4-50)$$

式中:σ_{ck}——荷载效应标准组合下桩身正截面法向应力;

σ_{pc}——桩身截面混凝土有效预压应力;

f_{tk}——混凝土轴心抗拉强度标准值。

(3)当考虑地震作用验算桩身抗拔承载力时,应根据现行国家标准《建筑抗震设计规范》(GB 50011)的规定,对作用于桩顶的地震作用效应进行调整。

(4)承受竖向上拔力作用的管桩应进行预应力钢棒抗拉强度、端板孔口抗剪强度、接桩连接强度、桩顶填芯混凝土与承台连接处强度等验算,并应按不利处的抗拉强度确定管桩的抗拔承载力。

① 根据预应力钢棒抗拉强度验算单桩抗拔承载力时,应按公式(4-51)进行验算:

$$N_t = C f_{py} A_{py} \qquad (4-51)$$

式中: N_t ——单桩抗拔力设计值;

C ——考虑预应力钢棒镦头与端板连接处受力不均匀等因素的影响而取的折减系数, $C=0.85$;

f_{py} ——预应力钢棒抗拉强度设计值;

A_{py} ——全部纵向预应力钢棒的总截面面积。

② 根据管桩端板锚固孔抗剪强度验算单桩抗拔承载力时端板锚固孔示意如图4-13所示,应按公式(4-52)进行验算:

$$N_t \leqslant n'\pi(d_3+d_4)(t_s - \frac{h_1+h_2}{2})f_v/2 \qquad (4-52)$$

式中: N_t ——单桩抗拔力设计值;

n' ——预应力钢棒数量(根);

d_3 ——端板上预应力钢棒锚固孔台阶上口直径;

d_4 ——端板上预应力钢棒锚固孔台阶下口直径;

h_1 ——端板上预应力钢棒锚固孔台阶上口距端板顶距离;

h_2 ——端板上预应力钢棒锚固孔台阶下口距端板顶距离;

f_v ——端板抗剪强度设计值, $f_v=120\text{N/mm}^2$;

t_s ——端板厚度。

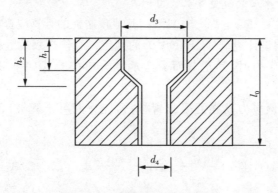

图4-13 端板锚固孔示意图

③ 根据管桩接桩连接处强度验算单桩抗拔承载力时,机械连接应按现行国家及地方有关标准的规定进行计算,焊接连接应按公式(4-53)进行

验算：

$$N_t = \frac{1}{4}\pi(d_5^2 - d_6^2)f_t^w \qquad (4-53)$$

式中：N_t——单桩抗拔力设计值；

d_5——焊缝外径；

d_6——焊缝内径；

f_t^w——焊缝抗拉强度设计值。

④ 根据管腔内填芯微膨胀混凝土深度及填芯混凝土纵向钢筋验算单桩抗拔承载力时，应按公式(4-54)、(4-55)进行验算：

$$N_t \leqslant k_1 \pi d_1 L_a f_n \qquad (4-54)$$

$$N_t \leqslant A_{sd} f_y \qquad (4-55)$$

式中：N_t——单桩抗拔力设计值；

k_1——经验折减系数，取 0.8；

d_1——管桩内径；

L_a——填芯混凝土高度；

f_n——填芯混凝土与管桩内壁的黏结强度设计值，宜由现场试验确定，当缺乏试验资料时，C30 微膨胀混凝土可取 0.35N/mm^2；

A_{sd}——填芯混凝土纵向钢筋总截面面积；

f_y——填芯混凝土纵向钢筋的抗拉强度设计值。

4. 管桩桩身正截面受弯承载力计算

应按公式(4-56)～(4-61)计算，其他预制桩的计算应符合现行国家标准《混凝土结构设计规范》(GB 50010)的规定。当按二级裂缝控制条件验算管桩受拉边缘应力时，其正截面受弯承载力应按公式(4-62)～(4-64)计算。

(1)管桩(预应力高强混凝土管桩、预应力混凝土管桩)正截面受弯承载力

$$M \leqslant \alpha_1 f_c A(r_1 + r_2)\frac{\sin\pi\alpha}{2\pi} + f'_{py} A_{py} r_p \frac{\sin\pi\alpha}{\pi} + (f_{py} - \sigma_{po}) A_{py} r_p \frac{\sin\pi\alpha_t}{\pi}$$

$$(4-56)$$

$$\alpha = \frac{0.55\sigma_{p0}A_{py} + 0.45 f_{py}A_{py}}{\alpha_1 f_c A + f'_{py}A_{py} + 0.45(f_{py} - \sigma_{p0})A_{py}} \qquad (4-57)$$

$$\alpha_{t}=0.45(1-\alpha) \qquad (4-58)$$

(2)混合配筋管桩正截面受弯承载力：

$$M\leqslant\alpha_1 f_c A(r_1+r_2)\frac{\sin\pi\alpha}{2\pi}+f'_{py}A_{py}r_p\frac{\sin\pi\alpha}{\pi}$$

$$+(f_{py}-\sigma_{po})A_{py}r_p\frac{\sin\pi\alpha_t}{\pi}+f_y A_s r_s(\frac{\sin\pi\alpha+\sin\pi\alpha_1}{\pi}) \qquad (4-59)$$

$$\alpha=\frac{f_{py}A_{py}+f_y A_s}{\alpha_1 f_c A+f'_{py}A_{py}+1.5(f_{py}-\sigma_{p0})A_{py}+2.5f_y A_s} \qquad (4-60)$$

$$\alpha_t=1-1.5\alpha \qquad (4-61)$$

式中：M ——管桩桩身受弯承载力设计值；

$\quad A$ ——管桩桩身横截面面积；

$\quad r_1 \text{、} r_2$ ——管桩环形截面的内、外半径；

$A_{py} \text{、} A_s$ ——全部纵向预应力钢棒、非预应力钢筋的总截面面积；

$\quad r_p \text{、} r_s$ ——纵向预应力钢棒、非预应力钢筋重心所在圆周的半径；

$\quad \alpha_1$ ——混凝土矩形应力图的应力值与轴心抗压强度设计值之比，对 C60 取 0.98，对 C80 取 0.94；

$\quad \alpha$ ——矩形应力图中，混凝土受压区面积与全截面面积的比值；

$\quad \alpha_t$ ——矩形应力图中，纵向受拉预应力钢棒达到屈服强度的钢筋面积与全部纵向预应力钢棒面积的比值；

$\quad f_c$ ——混凝土轴心抗压强度设计值；

$\quad f_{py}$ ——预应力钢棒抗拉强度设计值；

$\quad f'_{py}$ ——预应力钢棒抗压强度设计值；

$\quad f_y$ ——非预应力钢棒抗拉强度设计值；

$\quad \sigma_{p0}$ ——预应力钢棒合力点处混凝土法向应力等于零时的预力钢棒应力；

$\quad \gamma'$ ——考虑实际条件下的综合折减系数，取 0.95。

(3)按二级裂缝控制等级计算正截面受弯承载力：

$$M_{cr}\leqslant(\sigma_{pc}+\gamma f_{tk})W_0 \qquad (4-62)$$

$$W_0=2I_0/d \qquad (4-63)$$

$$I_0=\frac{\pi}{4}(d^4-d_1^4)+(\frac{E_s}{E_c}-1)A_{py}\frac{r_p^2}{2} \qquad (4-64)$$

式中:M_{cr}——管桩桩身开裂弯矩;

σ_{pc}——包括混凝土有效预压应力在内的管桩横截面承受的压应力;

γ——考虑离心工艺影响及截面抵抗矩塑性影响的综合系数,对 C60 取 2.0,对 C80 取 1.9;

f_{tk}——混凝土轴心抗拉强度标准值;

W_0——截面换算弹性抵抗矩;

E_s、E_c——分别为预应力钢棒、混凝土的弹性模量。

5. 管桩的斜截面受剪承载力计算

应按公式(4－65)～(4－73)计算,其他预制桩的计算应符合现行国家标准《混凝土结构设计规范》(GB 50010)的规定。

(1)管桩的受剪截面:

$$V \leqslant 0.12\beta_c f_c (d^2 - d_1^2) \tag{4－65}$$

(2)管桩斜截面受剪承载力设计值:

$$R_v \leqslant \frac{0.7tI}{s_0}(\sqrt{(\sigma_{pc}+2f_t)^2 - \sigma_{pc}^2} + \frac{\pi}{2}f_{yv}A_{sv1}\sin\alpha\frac{d}{s} \tag{4－66}$$

(3)管桩截桩部位斜截面受剪承载力设计值:

$$R_v \leqslant \frac{0.7tI}{s_0}(\sqrt{(\mu\sigma_{pc}+2f_t)^2 - (\mu\sigma_{pc})^2} + \frac{\pi}{2}f_{yv}A_{sv1}\sin\alpha\frac{d}{s} \tag{4－67}$$

(4)采用填芯混凝土构造的管桩填芯部位斜截面受剪承载力设计值:

$$R_v \leqslant \frac{0.7tI}{s_0}(\sqrt{(\sigma_{pc}+2f_t)^2 - \sigma_{pc}^2} + \frac{\pi}{2}f_{yv}A_{sv1}\sin\alpha\frac{d}{s} + 0.3f_{t1}d_1^2$$

$$\tag{4－68}$$

(5)采用填芯混凝土构造的管桩截桩部位斜截面受剪承载力设计值:

$$R_v \leqslant \frac{0.7tI}{s_0}(\sqrt{(\mu\sigma_{pc}+2f_t)^2 - (\mu\sigma_{pc})^2} + \frac{\pi}{2}f_{yv}A_{sv1}\sin\alpha\frac{d}{s_v} + 0.3f_{t1}d_1^2$$

$$\tag{4－69}$$

$$\mu = \frac{m}{l_{tr}} \tag{4－70}$$

$$l_{tr} = 0.14\frac{\sigma_{pc}}{f_{tk}}d_e \tag{4－71}$$

$$I = \frac{\pi}{64}(d^4 - d_1^4) \tag{4-72}$$

$$s_0 = \frac{1}{12}(d^3 - d_1^3) \tag{4-73}$$

式中：V ——管桩剪力设计值；

R_v——管桩桩身斜截面受剪承载力设计值；

β_c ——混凝土强度影响系数：C80 混凝土，取 0.8；C60 混凝土，取 0.93；

μ ——截桩后混凝土的有效预压应力折减系数；

l_{tr} ——截桩后预应力筋的预应力传递长度；

d_e ——预应力钢棒的公称直径；

m ——计算截面至截桩顶的距离，当 $m > l_{tr}$，取 $m = l_{tr}$；

f_t ——管桩混凝土的轴心抗拉强度设计值；

f_{t1} ——填芯混凝土的抗拉强度设计值；

f_{yv} ——箍筋抗拉强度设计值；

t ——管桩壁厚；

I ——管桩截面相对中心轴的惯性矩；

s_0 ——中心轴以上截面对中心轴的面积矩；

A_{sv1} ——单支箍筋的截面面积；

$\sin\alpha$ ——螺旋斜向箍筋与纵轴夹角的正弦值；

s_v ——箍筋间距。

6. 预制桩吊运和锤击验算

(1)预制桩吊运时单吊点和双吊点的设置，应按吊点(或支点)跨间正弯矩与吊点处的负弯矩相等的原则进行布置。考虑预制桩吊运时可能受到冲击和振动的影响，计算吊运弯矩和吊运拉力时，可将桩身重力乘以 1.5 的动力系数。

可按公式(4-74)验算桩身的锤击压应力和锤击拉应力：

最大锤击压应力 σ_p 可按式(4-74)计算：

$$\sigma_p = \frac{\alpha\sqrt{2eE\gamma_p H}}{\left[1 + \frac{A_c}{A_H}\sqrt{\frac{E_c \cdot \gamma_c}{E_H \cdot \gamma_H}}\right]\left[1 + \frac{A}{A_c}\sqrt{\frac{E \cdot \gamma_p}{E_c \cdot \gamma_c}}\right]} \tag{4-74}$$

式中： σ_p ——桩的最大锤击压应力；

α ——锤型系数，自由落锤为 1.0，柴油锤取 1.4；

e ——锤击效率系数,自由落锤为 0.6,柴油锤取 0.8;

A_H、A_c、A ——锤、桩垫、桩的实际断面积;

E_H、E_c、E ——锤、桩垫、桩的纵向弹性模量;

γ_H、γ_c、γ ——锤、桩垫、桩的重度;

H ——锤落距。

当桩需穿越软土层或桩存在变截面时,可按表 4-21 确定桩身的最大锤击拉应力。

表 4-21　最大锤击拉应力 σ_t 建议值(kPa)

应力类别	桩类	建议值	出现部位
桩轴向拉应力值	预应力混凝土空心桩	$(0.33\sim0.5)\sigma_p$	① 桩刚穿越软土层时
	预应力混凝土实心桩	$(0.25\sim0.33)\sigma_p$	② 距桩尖$(0.5\sim0.7)l$ 处
桩截面环向拉应力或侧向拉应力	预应力混凝土空心桩	$0.25\sigma_p$	最大锤击压应力相应的截面
	预应力混凝土实心桩(侧向)	$(0.22\sim0.25)\sigma_p$	

(3)最大锤击压应力和最大锤击拉应力分别不应超过混凝土的轴心抗压强度设计值和轴心抗拉强度设计值。

4.4　管桩复合地基设计

4.4.1　一般规定

(1)经处理后的地基,当按地基承载力确定基础底面积及埋深而需要对本书确定的地基承载力特征值进行修正时,基础宽度的地基承载力修正系数应取零,基础埋深的地基承载力修正系数应取 1.0。尚应根据修正后的复合地基承载力特征值进行桩身强度验算。经处理后的地基,当在受力层范围内仍存在软弱下卧层时,应验算下卧层的地基承载力。

(2)按地基变形设计或应作变形验算且需进行地基处理的建筑物或构筑物,应对处理后的地基进行变形验算。复合地基应在施工期间和使用期间进行沉降变形观测。

(3)受较大水平荷载或位于斜坡上的建筑物及构筑物,当建造在处理后的地基上时,应进行地基稳定性验算。处理后的地基整体稳定分析可采用圆弧滑动法,其稳定安全系数不应小于 1.30。

(4)存在较弱夹层地基处理设计时,对软塑、流塑状态的土层不仅应验算竖向力的作用效应,还应验算水平力作用效应。液化土层应验算地震作用效应。

(5)复合地基设计的地基承载力验算,除满足轴心荷载作用要求外,还应满足偏心荷载作用下的要求。

(6)刚度差异的整体大面积地基处理宜根据结构—基础—地基共同作用进行承载力和变形验算。

4.4.2 管桩复合地基设计

(1)管桩增强体直径宜取 300~600mm。间距应按复合地基承载力设计要求,考虑土层情况、施工机具、施工工法等综合确定。对正常固结土,当采用锤击、静压施工方法时,桩间距不宜小于 3.5d,桩长范围内土层挤土效应明显时,桩间距不宜小于 4d。对需要利用挤土效应处理湿陷性黄土、可液化土及采用非挤土方法施工和采用水泥土复合管桩时,可取 3d。

(2)管桩复合地基应在基础和增强体之间设置褥垫层,并应符合下列规定:

① 褥垫层厚度宜取管桩增强体直径的 1/2;采用多桩型复合地基时,宜取对复合地基承载力贡献大的增强体桩径的 1/2,且不宜小于 200mm。

② 褥垫层材料可选用中砂、粗砂、级配砂石和碎石等,最大粒径不宜大于 30mm。

③ 对未要求全部消除湿陷性的黄土、膨胀土地基,宜采用灰土垫层,其厚度不宜小于 300mm。

④ 桩顶应采用填芯混凝土等方式进行封闭,填芯高度不宜小于管桩直径的 3 倍,填芯混凝土强度等级不宜小于 C30。

⑤ 砂石褥垫层夯填度不应大于 0.9。

4.4.3 复合地基承载力计算

(1)复合地基承载力特征值应通过现场复合地基载荷试验确定,复合地基载荷试验应符合行业规范要求。

(2)初步设计时可按公式(4-75)估算复合地基承载力:

$$f_{spk} = \lambda m \frac{R_a}{A_p} + \beta(1-m)f_{sk} \qquad (4-75)$$

式中:f_{spk}——复合地基承载力特征值(kPa);

　　λ ——单桩承载力发挥系数,宜按当地经验取值,无经验时可取 0.7

~ 0.90；

m ——复合地基置换率，$m = d^2/d_e^2$；d 为桩身直径（m），d_e 为一根桩
分担的处理地基面积的等效圆直径（m）；等边三角形布桩 $d_e = 1.05s$，正方形布桩 $d_e = 1.13s$，矩形布桩 $d_e = 1.13\sqrt{s_1 s_2}$，s、s_1、s_2 分别为桩间距、纵向桩间距和横向桩间距；

R_a ——单桩承载力特征值（kN），可按公式（4-76）计算；

A_p ——桩的截面积（m²）；

β ——桩间土承载力发挥系数，按当地经验取值，无经验时可取
0.9～1.00；

f_{sk} ——处理后桩间土承载力特征值（kPa），应按静载荷试验确定；无
试验资料时可取天然地基承载力特征值。

（3）单桩竖向承载力特征值应通过现场载荷试验确定。

（4）初步设计时，管桩单桩承载力特征值与桩身强度设计值可按如下公式估算：

① 采用锤击、静压法施工时，单桩承载力特征值、桩身强度应符合公式（4-76）、（4-77）要求：

$$R_a = u\sum_{i=1}^{n} q_{si}l_i + \alpha_p q_p A_p \qquad (4-76)$$

$$f_{cu,k} \geqslant 4\frac{\lambda R_a}{A_p}\left[1 + \frac{\gamma_m(d_m - 0.5)}{f_{spa}}\right] \qquad (4-77)$$

式中：u ——桩身周长；

A_p ——管桩由外径计算得到的面积；

q_{si} ——桩周第 i 层土的侧阻力特征值；

l_i ——桩周第 i 层土（岩）的厚度；

α_p ——桩端阻力发挥系数，可按地区经验确定，一般可取 0.8～1.0。

q_p ——桩端阻力特征值，可按经验取值，无经验时可由现行行业标准《建筑桩基技术规范》（JGJ 94）查表得到；

$f_{cu,k}$ ——管桩桩身混凝土立方体抗压强度标准值；

γ_m ——基础底面以上土的加权平均重度，地下水位以下取浮重度；

d_m ——基础埋置深度；

f_{spa} ——经深度修正后的复合地基承载力特征值。

② 采用中掘、植入方法或在水泥土中植入管桩形成水泥土复合管桩时，单桩竖向承载力特征值、桩身强度可按公式（4-78）、（4-79）计算：

$$R_a = \pi \sum_{i=1}^{n} d_{si} q_{si} l_{pi} + q_p A'_p \tag{4-78}$$

$$f_{cu,k} \geqslant 3.5 \frac{\lambda R_a}{A_p} \left[1 + \frac{\gamma_m (d_m - 0.5)}{f_{spa}} \right] \tag{4-79}$$

式中：q_{si} —— 桩侧阻力特征值，可取泥浆护壁钻孔灌注桩桩侧阻力特征值。

$\quad\quad q_p$ —— 水泥土桩桩端阻力特征值，应根据管桩插入深度确定，当插入深度大于水泥土桩底时，应按管桩桩端阻力值取；当插入深度小于水泥土桩底时，应按水泥土桩桩端阻力值取；当插入深度等于水泥土桩长时，可按灌注桩桩端阻力值取。

$\quad\quad A'_p$ —— 桩由外径计算得到的面积，当插入深度大于水泥土桩底时，取管桩由外径计算得到的面积；当插入深度小于或等于水泥土桩底时，取水泥土桩由外径计算得到的面积。

$\quad\quad d_{si}$ —— 分层土中水泥土桩直径。

4.4.4 复合地基变形计算

(1)复合地基变形计算应符合国家《建筑地基基础设计规范》(GB 50007)的有关规定。

(2)复合土层的压缩模量可按公式(4-80)、(4-81)计算：

$$E_{sp} = \zeta E_s \tag{4-80}$$

$$\zeta = \frac{f_{spk}}{f_{ak}} \tag{4-81}$$

式中：f_{ak} —— 基础底面下天然地基承载力特征值(kPa)；

$\quad\quad E_s$ —— 天然地基压缩模量。

(3)复合地基的变形计算经验系数 ψ_s 应根据地区沉降观测资料统计确定，无经验资料时可采用表4-22的数值。

表4-22 变形计算经验系数 ψ_s

$\overline{E_s}$(MPa)	4.0	7.0	15.0	20	35
ψ_s	1.0	0.7	0.4	0.25	0.2

$\overline{E_s}$ 为变形计算深度范围内压缩模量的当量值，应按下式计算：

$$\overline{E_s} = \frac{\sum\limits_{i=1}^{n} A_i + \sum\limits_{j=1}^{m} A_j}{\sum\limits_{i=1}^{n} \dfrac{A_i}{E_{spi}} + \sum\limits_{j=1}^{m} \dfrac{A_j}{E_{sj}}} \tag{4-82}$$

式中:A_i —— 加固土层第 i 层土附加应力系数沿土层厚度的积分值;

A_j —— 加固土层下第 j 层土附加应力系数沿土层厚度的积分值。

4.5　试桩

根据《建筑桩基技术规范》(JGJ 94)的要求,当设计等级为甲级、乙级、地质条件复杂及采用新桩型或新工艺的桩基,施工前应采用单桩静载试验确定单桩竖向极限承载力标准值。其中,试桩分为设计试桩和工艺性试桩两种。

4.5.1　试桩目的

(1)通过单桩静载试验确定单桩竖向(水平)极限承载力标准值,作为设计依据。

(2)通过试桩验证拟建场地的地质情况。

(3)通过试桩掌握施工参数,包括桩长、入岩深度、锤重(配载)、最终贯入度(最大压力值)、水灰比等,为将来大面积施工做准备。

4.5.2　设计试桩

一般在地质经验不足或重要工程中采用,通过试桩确定单桩竖向(水平)极限承载力标准值,作为设计依据,并积累地区设计经验。

4.5.3　工艺性试桩

一般在地质条件复杂或采用新桩型、新工艺的工程中采用,通过试桩掌握拟建场地的施工参数。

4.5.4　预应力管桩试桩要点

(1)试桩位置:在场地条件允许的情况下,选取试桩的桩宜尽量靠近勘察钻孔,以便验证桩施工是否与地质条件相吻合,且试桩位置地质条件应具有代表性。

(2)试桩数量:应根据沉桩方式的不同,桩径或桩长的不同确定试桩数量,在同一条件下的试桩数量不应少于 3 根,地质条件复杂时宜增加试桩的数量。

(3)对于承受水平荷载较大的设计等级为甲级、乙级的预制桩基础,应通过现场单桩水平静载试验确定单桩水平承载力特征值,试验方法按现行行业标准《建筑基桩检测技术规范》(JGJ 106)执行。

(4)试桩的施工工艺应与工程桩的施工工艺一致。

(5)试桩的施工参数、施工记录应由设计单位、施工单位和监理单位共同确认。

4.5.5　试桩检测要求

根据试桩类型,在试桩满足检测条件后,应对试桩进行相关承载力性能检测。无明确要求时,检测内容、方法和要求可参照表4-23执行。

表4-23　试桩检测方法及要求

检测方法	检测目的	设计试桩	工艺试桩
单桩竖向抗压静载试验	确定单桩竖向抗压极限承载力;判定竖向抗压承载力是否满足设计要求;通过桩身内力及变形测试,测定桩侧、桩端阻力;验证高应变法的单桩竖向抗压承载力检测结果	应加载至破坏;当桩的承载力以桩身强度控制时,可按设计要求的加载量进行	施工参数现场确定
单桩竖向抗拔静载试验	确定单桩竖向抗拔极限承载力;判定竖向抗拔承载力是否满足设计要求;通过桩身内力及变形测试,测定桩的抗拔摩阻力	加载至桩侧土破坏或桩身材料达到设计强度	
单桩水平静载试验	确定单桩水平临界和极限承载力,测定土抗力参数;判定水平承载力是否满足设计要求;通过桩身内力及变形测试,测定桩身弯矩和挠曲	宜加载至桩顶出现较大水平位移或桩身结构破坏	
低应变法	检测桩身缺陷及其位置,判定桩身完整性类别		
高应变法	判定单桩竖向抗压承载力是否满足设计要求;检测桩身缺陷及其位置,判定桩身完整性类别;分析桩侧和桩端土阻力		

4.5.6　试桩结果分析

(1)根据试桩结果,测定单桩竖向荷载作用下的荷载和变形,通过载荷试验,检测桩基的承载力与桩基的沉降数据,以取得能满足基础沉降要求的、经济的桩基设计参数,选择合适的桩端持力层。

(2)检验成桩工艺及质量控制,确定桩的施工工艺,提出施工建议和注意事项,确定遇到孤石厚层砂砾等对沉桩不利条件的处理方案,建议选择合适的打桩设备、打桩方法及施工顺序,建议压桩速度和压桩力。

5 施工方法

5.1 静压法沉桩

5.1.1 施工设备

5.1.2 主要施工流程

　　静压法沉桩主要施工工艺流程:平整场地→测量放线→桩机就位→首节桩起吊就位→复核调整桩位→桩端入土初步加压→检查校正桩身垂直度→正式沉桩→观测校正桩身垂直度→压至桩顶距地面 0.5～1.0m 时,再吊入上一节桩就位→接桩→继续沉桩→做好压力值记录→成桩→移机到下一根桩位。静压桩机参数见表 5-1 所列。

表 5-1　静压桩机参数表

压桩机型号 （吨位） 项目	160～180	240～280	300～360	400～460	500～600	800～1000	1200～1400
最大压桩力/kN	1600～1800	2400～2800	3000～3600	4000～4600	5000～6000	8000～10000	12000～14000
行程 /m　纵向(一次)	3	3	3	3	3	3	3
横向(一次)	0.5	0.5	0.5	0.5	0.5	0.55	0.55
最大回转角(°)	18	18	18	18	18	20	20

5.1.3 质量控制

　　(1)压桩机就位后应精确定位,采用线锤对点时,锤尖距离放样点不宜大于 10mm。

（2）首节桩插入地面下 0.5～1.0m 时的垂直度偏差不得大于 0.5%。

（3）压桩时压桩机应保持水平。

（4）宜连续一次性将桩沉到设计标高，中间停顿时间宜短，应避免在接近持力层时接桩。

（5）静压法施工沉桩速度不宜大于 2m/min。

（6）当桩端持力层为黏性土时，应以标高控制为主，压桩力控制为辅；当桩端持力层为密实砂土时，应以压桩力控制为主，标高控制为辅。

（7）当压桩力已达到终压力或桩端已到达持力层时，应采取稳压措施；当压桩力小于 3000kN 时，稳压时间不宜少于 10s；当压桩力大于 3000kN 时，稳压时间不宜少于 5s。稳压次数不宜少于 3 次，对于小于 8m 的短桩或稳压贯入度大的桩，不宜少于 5 次。

5.1.4 适用性

静压法主要适用于场地较为开阔且对噪音敏感的工程，可用于软土、可塑黏性土、粉土、厚度不大于 3m 的稍密细砂层施工。

静压法主要优点是施工噪音低，主要缺点为穿透能力较差、设备自重大，对施工场地要求高。采用静压沉桩时，场地地基承载力不应小于压桩机接地压强的 1.2 倍，且场地应平整，当不能满足时，应采取有效措施保证压桩机的稳定。

5.1.5 施工注意事项

（1）沉桩顺序应符合下列原则：

① 空旷场地沉桩应由中心向四周进行。

② 某一侧有需要保护的建（构）筑物或地下管线时，应由该侧向远离该侧的方向进行。

③ 根据桩型、桩长和桩顶设计标高，宜先深后浅，先长后短，先大后小。

④ 根据建筑物的设计主次，宜先主后次。

⑤ 沉桩机运行线路应经济合理，方便施工。

（2）压完一根桩后，若有露出地面的桩段，应先截桩后移机，严禁用压桩机将桩强行扳断。

（3）沉桩过程中出现压桩力异常、桩身漂移、倾斜或桩身及桩顶破损等情况时，应查明原因，进行必要的处理后，方可继续施工。

（4）终压标准应根据工程地质条件、设计承载力、设计标高、桩型等综合确定，应通过试桩静载试验确定终压力及单桩承载力特征值，在无试桩终压力与静载试验资料的情况下，终压力不宜小于 2 倍特征值。

5.2　锤击法沉桩

5.2.1　施工设备

5.2.2　主要施工流程

锤击法沉桩主要施工工艺流程:平整场地→测量放线→桩机就位→首节桩起吊就位→复核调整桩位→桩端入土初步施打→检查校正桩身垂直度→正式沉桩→观测校正桩身垂直度→锤至桩顶距地面 0.5～1.0m 时,再吊入上一节桩就位→接桩→继续沉桩→成桩→移机到下一根桩位。柴油锤、液压锤参数见表 5-2 所列。

表 5-2　柴油锤、液压锤参数表

柴油锤型号	35	45	50	62	72	80	100	120	150
冲击体质量/t	3.5	4.5	5.0	6.2	7.2	8.0	10.0	12.0	15.0
锤体总质量/t	7.2～8.2	9.2～10.5	9.2～11.0	12.5～15.0	18.4	17.4～20.5	20.0	20.0	24.0
常用冲程/m	1.8～2.3	1.8～2.3	1.8～3.2	1.9～3.6	1.8～2.5	2.0～3.4	2.0～3.4	2.0～3.4	2.0～3.4
液压锤规格/t	5～7	6～8	7～9	9～11	9～13	11～13	13～15	14～16	17～21

5.2.3　质量控制

(1)桩锤和桩帽与桩圆周的间隙应为 5～10mm。

(2)桩锤和桩帽(送桩器)与桩顶面之间应加设弹性衬垫,衬垫厚度应均匀,且经锤击压实后的厚度不宜小于 60mm,在打桩期间应经常检查,并及时更换和补充。

(3)首节桩打入时,垂直度允许偏差为 0.5%,桩锤、桩帽或送桩器应与桩身在同一中心线上。

(4)宜连续一次性将桩沉到设计标高,确需停锤时尽量减少停锤时间。

(5)沉桩时,桩顶应有排气孔,当管内充满水时应先排水后才能继续施工,管内大量涌土时也应采取相应处理措施。

（6）对于 PHC 管桩，锤击法沉桩每根桩的总锤击数不宜大于 2500 击；入土深度最后 1m 的锤击数不宜大于 300 击。

（7）当桩端持力层为黏性土时，应以标高控制为主，贯入度控制为辅；当桩端持力层为密实砂土时，应以贯入度控制为主，标高控制为辅。

（8）当以贯入度控制时，最后贯入度不宜小于 30mm/10 击。当持力层为较薄的强风化岩层且下卧层为中、微风化岩层时，最后贯入度不应小于 25mm/10 击，此时宜量测一阵锤的贯入度，若达到收锤标准即可收锤。

5.2.4 锤重选择

表 5-3 柴油锤、液压锤选型表

管桩直径/mm		400	500	600	800	1000	1200
软土、一般黏性土	柴油锤型号	50	62	80	100	120	150
	液压锤规格/t	7～9	9～11	11～13	13～15	15～17	＞17
老黏土、砂卵石、强风化	柴油锤型号	62～72	72～80	72～100	100～120	100～150	120～150
	液压锤规格/t	9～11	11～13	13～15	15～19	19～25	＞25

5.2.5 适用性

锤击法施工主要适用于场地较为开阔且远离城市的工程，可用于软土、可～硬塑黏性土、粉土、稍密～中密砂土、强风化泥岩层施工。

锤击法主要优点是施工便捷、施工费用较低、穿透力好。主要缺点为噪音大、桩身垂直度控制及调整较困难。柴油锤、液压锤选型见表 5-3 所列。

5.2.6 施工注意事项

（1）打桩过程中出现贯入度异常、桩身漂移、倾斜或桩身及桩顶破损时，应查明原因，进行处理后，方可继续施工。

（2）收锤标准应根据工程地质条件、设计承载力、设计标高、桩型、耐锤性能等综合确定，并应由设计单位根据施工单位的试沉桩结果提出收锤标准。

（3）收锤后的管桩应采取有效措施封管口；送桩遗留的孔洞，应立即回填或覆盖。

（4）对老黏土、密实粉土、粉质黏土分布地区，且布桩较密时，应进行施工监测，当发现群桩上浮时，应采取复打（压）等处理措施。

5.3　劲性复合桩工法

5.3.1　工艺简介

劲性复合桩工法是一种在水泥土搅拌桩、高压旋喷桩中植入预制管桩作为芯桩而形成的复合基桩工法。

劲性复合桩按照芯桩与水泥土桩的长度关系可分为等芯桩、短芯桩和长芯桩。等芯桩较为常用,短芯桩主要用于深厚软土处理,长芯桩主要用于上软下硬土层。

劲性复合桩同时具备水泥土桩及预制管桩的优点,既利用预制管桩承担荷载,又利用大直径水泥土桩提供侧摩阻力。其承载力远高于相当桩径的水泥土桩,造价又比相应的钢筋混凝土桩低,是一种较为理想的基桩工艺劲性复合管桩构造如图5-1所示。

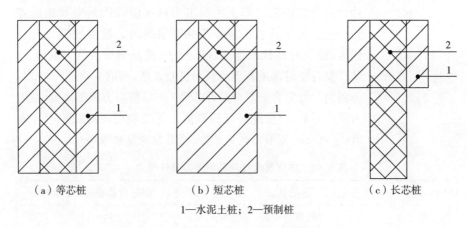

（a）等芯桩　　　　　（b）短芯桩　　　　　（c）长芯桩

1—水泥土桩;2—预制桩

图5-1　劲性复合管桩构造示意图

5.3.2　劲性复合桩设计

1. 劲性复合桩单桩竖向抗压承载力设计计算

(1)劲性复合桩单桩竖向抗压承载力特征值应根据单桩竖向抗压载荷试验确定。

(2)初步设计时,基桩竖向抗压承载力特征值可按下列方式估算。

① 劲性复合桩技术规程(JGJ/T 327—2014)计算方式为:

长芯桩:　　$R_a = u \sum \xi_{si} q_{sia} l_i + u^c \sum q^c_{sja} l_j + q^c_{pa} A^c_p$　　　　(5-1)

短芯桩和等芯桩:$R_a = u \sum \xi_{si} q_{sia} l_i + \alpha \xi_p q_{pa} A_p$ (5 - 2)

式中:u、u^c —— 劲性复合桩复合段桩身周长(m),内芯桩身周长(m)。

l_i —— 劲性复合桩复合段第 i 土层厚度(m)。

l_j —— 劲性复合桩非复合段第 j 土层厚度(m)。

A_p —— 劲性复合桩桩身截面积(m^2)。

q_{sia} —— 劲性复合桩复合段外芯第 i 土层侧阻力特征值(kPa),宜按地区经验取值,无经验时,可按表 5 - 4 取值。

q_{pa} —— 劲性复合桩端阻力特征值(kPa),宜按地区经验取值,也可取桩端地基土未经修正的承载力特征值。

A_p^c —— 劲性复合桩内芯桩身截面积(m^2)。

q_{sja}^c —— 劲性复合桩非复合段内芯第 j 土层侧阻力特征值(kPa),宜按地区经验取值;可根据内芯桩型按照现行行业标准《建筑桩基技术规范》(JGJ 94)按预制桩侧阻力取值。

q_{pa}^c —— 劲性复合桩内芯桩端土的端阻力特征值(kPa),宜按地区经验取值。对于长芯桩与等芯桩可根据内芯桩型按现行行业标准《建筑桩基技术规范》(JGJ 94)按预制桩端阻力取值。

α —— 劲性复合桩桩端地基土承载力折减系数,可取 0.70 ~ 0.90。

ξ_{si}、ξ_p —— 分别为劲性复合桩复合段外芯第 i 土层侧阻力调整系数、端阻力调整系数,宜按地区经验取值。无经验时,可按表 5 - 5 取值;非复合段侧阻力调整系数、端阻力调整系数均取 1.0。

表 5 - 4　劲性复合桩外芯侧阻力特征值 q_{sia}

土的名称	土的状态		侧阻力特征值 q_{sia}/kPa
人工填土	稍密~中密		10~18
淤泥	—		6~9
淤泥质土	—		10~14
黏性土	流塑	$I_L > 1$	12~19
	软塑	$0.75 < I_L \leqslant 1$	19~25
	软可塑	$0.5 < I_L \leqslant 0.75$	25~34
	硬可塑	$0.25 < I_L \leqslant 0.5$	34~42
	硬塑	$0 < I_L \leqslant 0.25$	42~48
	坚硬	$I_L \leqslant 0$	48~51

（续表）

土的名称	土的状态		侧阻力特征值 q_{sia}/kPa
粉土	稍密	$0.9<e$	12～22
	中密	$0.75<e\leqslant0.9$	22～32
	密实	$e\leqslant0.75$	32～42
粉砂	稍密	$10<N\leqslant15$	11～23
	中密	$15<N\leqslant30$	23～32
	密实	$30<N$	32～43
细砂	稍密	$10<N\leqslant15$	13～25
	中密	$15<N\leqslant30$	25～34
	密实	$30<N$	34～45

表 5-5　劲性复合桩复合段外芯侧阻力调整系数 ξ_{si}、端阻力调整系数 ξ_p

调整系数	土的类别				
	淤泥	黏性土	粉土	粉砂	细砂
ξ_{si}	1.30～1.60	1.50～1.80	1.50～1.90	1.70～2.10	1.80～2.30
ξ_p	—	2.00～2.20	2.00～2.40	2.30～2.70	2.50～2.90

注：当劲性复合桩外芯为干洁搅拌桩时，可取高值；外芯为湿法搅拌桩或旋喷桩时，可取低值

② 与(JGJ 94)桩基规范相匹配的推荐计算方式为：

基于已有劲性复合管桩应用案例，对其承载性能进行大量研究，其单桩竖向承载力标准值可按式(5-3)进行估算：

$$Q_{uk} = u\sum q_{sik}\, l_i + q_{pk}\, A_p \qquad (5-3)$$

式中：Q_{uk} —— 单桩竖向承载力标准值(kPa)。

u —— 外芯桩身周长(m)。

l_i —— 第 i 层土厚度(m)。

q_{sik} —— 第 i 土层极限侧阻力标准值(kPa)；按照土层的物理力学指标选取灌注桩桩侧阻力规范区间高值。

q_{pk} —— 桩端极限阻力标准值(kPa);对于等芯与长芯桩,宜按《建筑桩基技术规范》(JGJ 94)中的混凝土预制桩取值。

A_p —— 内芯桩截面面积(m²)。

2. 劲性复合桩单桩竖向抗拔承载力计算

(1)劲性复合桩单桩竖向抗拔承载力特征值应根据单桩竖向抗拔载荷试验确定。

(2)劲性复合桩用于抗拔桩时,应采用长芯或等芯复合管桩。

(3)初步设计时,可按公式(5-4)~公式(5-6)估算,并取其中的最小值。

① 群桩呈非整体破坏,且破坏面位于内、外芯界面时,单桩竖向抗拔承载力特征值可按式5-4估算:

$$T_{ua} = u^c \lambda^c q_{sa}^c l^c + u^c \sum \lambda_j q_{sja}^c l_j \qquad (5-4)$$

式中:T_{ua} —— 群桩呈非整体破坏时,劲性复合管桩单桩竖向抗拔承载力特征值(kN)。

λ^c —— 劲性复合管桩复合段内芯抗拔系数,宜按当地经验取值;无经验时,可取 0.70 ~ 0.90。

λ_j —— 非复合段内芯第 j 土层抗拔系数,宜按当地经验取值;无经验时,可根据土的类别按表5-6取值。

② 群桩呈非整体破坏,且破坏面位于外芯和桩周土的界面时,单桩竖向抗拔承载力特征值可按式(5-5)估算:

$$T_{ua} = u \sum \lambda \xi_{si} q_{sia} l_i + u^c \sum \lambda_j q_{sja}^c l_j \qquad (5-5)$$

式中:λ—— 劲性复合桩复合段外芯抗拔系数,宜按当地经验取值;无经验时,可根据土的类别按表5-6取值。

③ 群桩呈整体破坏时,单桩竖向抗拔承载力特征值可按式(5-6)估算:

$$T_{ga} = \left(U \sum \lambda \xi_{si} q_{sia} l_i + U^c \sum \lambda_j q_{sja}^c l_j \right) / n \qquad (5-6)$$

式中:T_{ga} —— 群桩呈整体破坏时,劲性复合桩单桩竖向抗拔承载力特征值(kN);

U、U^c —— 分别为群桩复合段外芯外围周长和群桩复合段内芯外围周长(m);

n —— 群桩的桩数。

表 5-6 抗拔系数

土的类别	λ_i	λ
砂土	0.5～0.7	0.6～0.8
黏性土、粉土	0.7～0.8	0.75～0.85

3. 劲性复合桩水平承载力计算

(1)劲性复合桩单桩水平承载力特征值应通过单桩水平静载试验确定;

(2)单桩水平承载力特征值可按现行行业标准《建筑桩基技术规范》(JGJ 94)进行计算。

4. 劲性复合桩桩身强度验算

(1)劲性复合桩作为桩基础基桩时,桩身承载力及裂缝控制宜按照内芯进行验算。

(2)对于轴向受压的管桩基础,不考虑压屈影响时,桩身混凝土强度验算应符合下列规定。

$$N \leqslant \psi_c f_c A \qquad (5-7)$$

式中:ψ_c——成桩工艺系数,采用劲性复合管桩工法施工时,ψ_c取 0.85;

f_c——桩身混凝土轴心抗压强度设计值(N/mm^2)按现行国家标准《混凝土结构设计规范》(GB 50010)的规定取值;

A——管桩桩身横截面面积(mm^2);

N——轴心竖向力作用下单桩所受竖向压力设计值(kN)。

5. 劲性复合桩桩基沉降计算

(1)劲性复合桩桩基沉降计算应从刚性桩桩底平面起算并符合现行国家标准《建筑地基基础设计规范》(GB 50007)的有关规定。

(2)劲性复合桩基础的沉降变形计算值不应大于桩基沉降变形允许值。桩基沉降变形允许值应符合国家现行标准《建筑地基基础设计规范》(GB 50007)、《建筑桩基技术规范》(JGJ 94)的有关规定。

5.3.3 施工设备

劲性复合桩工法的施工机械由水泥土桩施工设备、高压旋喷桩施工设备、预制桩施工设备和其他辅助设备组成。其中,水泥土桩施工设备可根据地质条件采用搅拌桩或旋喷桩;预制桩施工设备可采用静力压桩设备、锤击式打桩机或高频振动压桩机等设备。

5.3.4 主要施工流程

劲性复合桩施工时,先施工搅拌桩(旋喷桩),再植入预制管桩。管桩施工宜在水泥土搅拌桩或旋喷桩施工后 4～6h 内完成。

劲性复合桩工法施工工艺流程如图 5-2 所示。

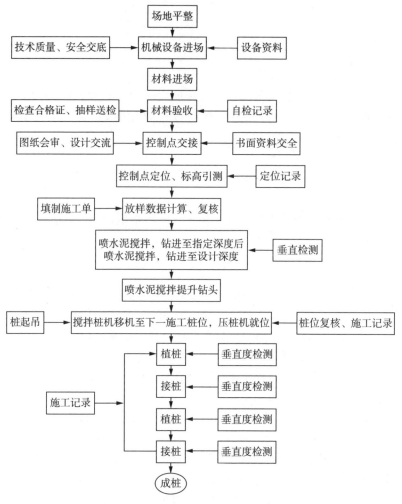

图 5-2 劲性复合桩工法施工工艺流程

5.3.5 质量控制

(1)劲性复合桩施工质量检查,应符合国家现行标准《建筑地基基础工程施工质量验收规范》(GB 50202)、《建筑桩基技术规范》(JGJ 94)和《建筑地基处理技术规范》(JGJ 79)的有关规定。

(2)柔性桩施工时应检查桩位放样偏差、水泥用量、浆液压力、水压、气压、水灰比、钻杆提升速度、钻杆旋转速度、桩底标高、垂直度等。

(3)劲性复合桩中管桩施工时应检查管桩的植入情况、桩长、垂直度、接桩质量、接桩上下节平面偏差、接桩节点弯曲矢高、接桩停歇时间、桩顶标高等。

5.3.6 适用性

劲性复合桩可用于人工填土、淤泥质土、粉土、黏性土、砂土、砾石以及强风化岩等土层。遇到以下情况时,应通过试验确定其适用性:

(1)淤泥、吹填土、含有大量植物根茎土。

(2)地下水渗流影响成桩质量以及存在腐蚀环境的场地。

(3)含有较多块(孤)石、漂(卵)石或其他障碍物。

5.3.7 施工注意事项

(1)施工前应清除地下和空中障碍物并完成三通一平。平整后的场地标高应高出劲性复合管桩设计桩顶标高 300~500mm。

(2)基桩轴线的控制点和水准点应设在不受影响的地方并妥善保护,施工中应定期复测。

(3)施工前检查施工机械设备的工作性能及各种计量装置的完好程度。

(4)劲性复合桩施工时,先施工搅拌桩(旋喷桩),再植入预制管桩。管桩施工宜在水泥土搅拌桩施工后 4~6h 内完成。

(5)水泥土搅拌桩根据设计要求,可采用多次复搅,也可采用二次喷浆＋复搅的施工工艺,但要确保全桩长上下至少再重复搅拌一次。水泥掺入量应根据地层情况进行调整,宜为 12%~18%,土质松软时应加大掺入量。

(6)搅拌桩施工完毕后应立即开始植桩施工;夏季不得大于 4h,冬季不得大于 6h。

(7)植桩前应对桩位进行二次复核。

(8)在预制管桩植入过程中,应随时检测,偏差超过设计要求必须进行校正。同时用 2 台经纬仪互成 90°对桩进行检测,整根桩垂直度偏差不得大于 0.5%。

(9)预制管桩的沉桩方式可采用静压法、锤击法和振动沉桩等工法,以桩长控制为主。

5.4 旋挖植桩工法

5.4.1 工艺简介

旋挖植桩工法是通过旋挖钻机预先成孔,在孔内灌入水泥砂浆(细石混凝土),再植入预制桩的施工方法。与旋挖灌注桩相比,旋挖植桩工法无泥浆排出,孔底沉渣少,不存在常见的塌孔、缩颈等影响桩身质量的通病;由于单桩竖向承载力的提高,工程造价相对低廉,具有较好的经济性和质量保证。

旋挖植桩一般采用等长桩,旋挖成孔的外芯直径一般大于芯桩外径 100～300mm,芯桩可选用预应力混凝土管桩(PHC)、混合配筋管桩(PRC)、预应力混凝土空心方桩(PHS)、预应力混凝土超高强管桩(UHC)及钢管混凝土管桩(SC)等。旋挖引孔植桩构造如图 5-3 所示。

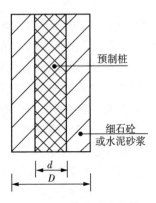

图 5-3 旋挖引孔植桩
构造示意图

5.4.2 旋挖植桩设计

1. 旋挖植桩的设计

设计应符合下列规定:

(1)旋挖植桩宜采用端承桩、摩擦端承桩和端承摩擦桩,不宜采用摩擦桩。

(2)桩的中心距不宜小于 3.0d,以硬质岩为持力层的端承桩,最小中心距可取 2.5d(d 为预制桩直径)。

(3)桩身承载力及裂缝控制宜按芯桩进行验算。

(4)芯桩应与承台通过管内插筋连接,预制桩嵌入承台宜为 50～100mm。

2. 旋挖植桩单桩竖向抗压承载力

旋挖植桩单桩竖向抗压承载力应通过现场载荷试验确定。

初步设计时,旋挖植桩单桩竖向承载力标准值可按式(5-8)计算。

当旋挖植桩为摩擦端承桩或端承摩擦桩时:

$$Q_{uk} = u \sum q_{sik} l_i + q_{pk} A_p \qquad (5-8)$$

式中:Q_{uk} —— 单桩竖向承载力标准值(kPa);

$\quad u$ —— 旋挖植桩的外芯桩身周长(m);

$\quad l_i$ —— 第 i 层土厚度(m);

$\quad q_{sik}$ —— 第 i 土层极限侧阻力标准值(kPa),宜按现场试验或地区经验取值,无试验资料和地区经验时,宜按《建筑桩基技术规范》(JGJ 94)结合土层的物理力学指标选取灌注桩桩侧阻力规范区间高值;

$\quad l$ —— 旋挖植桩桩长(m);

q_{pk} —— 极限端阻力标准值(kPa),宜按现场试验或地区经验取值;无试验资料和地区经验时,宜按《建筑桩基技术规范》(JGJ 94)中的混凝土预制桩取值;

A_p —— 旋挖植桩内芯桩截面面积(m^2)。

3. 旋挖植桩水平承载力

旋挖植桩水平承载力应通过现场水平载荷试验确定,也可按《建筑桩基技术规范》(JGJ 94)估算。

4. 旋挖植桩抗拔承载力

旋挖植桩抗拔承载力应通过现场试验确定,也可按《建筑桩基技术规范》(JGJ 94)估算。

5.4.3 施工设备

旋挖植桩法的施工机械由旋挖钻机、静压桩机或锤击桩机和其他辅助设备组成。其他辅助设备主要有小型挖掘机、送桩器、电焊机。其中,小型挖掘机主要用于排土处理;送桩器用于把桩头沉设至地面以下;电焊机采用电弧焊或二氧化碳气体保护焊。

5.4.4 主要施工流程

旋挖植桩工法施工工艺流程如图 5-4 所示。

5.4.5 质量控制

(1)施工前应掌握场地的工程地质和环境资料,了解不良地质现象和地下障碍物的分布和发育情况,特别需重点查明:地下岩溶洞穴的分布及发育情况、场地是否有承压水及水头和水量。

(2)施工前应根据工程特点和地质条件编制施工组织设计,制定应急预案,并报于监理、建设单位审批,还应组织对现场施工操作人员进行安全技术交底,

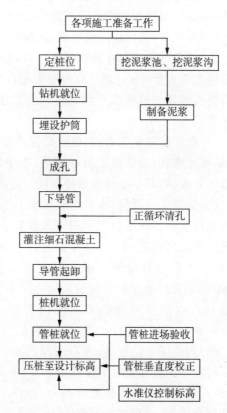

图 5-4 旋挖植桩工法施工工艺流程图

明确施工操作内容,合理布置施工材料、施工机械和施工线路。

(3)施工前应平整场地、清除施工区域的表面硬层及地下障碍物。如遇松软地基时,应进行换土处理,确保桩机和起重设备的平稳移动。

(4)施工前应进行试沉桩和静载荷试桩,确定施工工艺和施工参数。

(5)施工机械各组成部分进行系统检查、试运行正常后方可施工;混凝土注入装置、输送管线等组成的供料系统应先进行调试、试运转正常后方可施工。

5.4.6　适用性

旋挖植桩工法适用于填土、黏性土、密实砂卵石、强风化(中风化)基岩、软质岩、岩溶地基等地质条件。在地下水承压水头较高或地下水流动性较大的地质条件中使用时,应通过现场试验确定其适用性。

5.4.7　施工注意事项

(1)旋挖植桩开工前,应根据轴线及桩位布置情况在场地内建立测量控制网,然后依据控制网测放各桩位中心点。

(2)开孔前,桩位应定位准确,在桩位外设置定位龙门桩。

(3)桩位轴线采取在地面设十字控制网和基准点。钻机就位时,确保垂直度偏差不大于1%。通过自身履带爬行至需钻桩位,由机械自身电脑控制进行钻机桅杆与机身水平和垂直调整。在钻进过程中,采用连续性筒式取土钻进成孔。

(4)在桩位复核正确,护筒埋设符合要求,护筒、地坪标高已测定的基础上,钻机才能就位;钻机定位要准确、水平、垂直、稳固,钻机导杆中心线、回旋盘中心线、护筒中心线应保持在同一直线。

(5)旋挖钻机就位后,在测量和施工人员的指导下,钻尖对准桩位中心,钻机旋挖至一定深度取出土后下放护筒。一般护筒埋深1~2m,根据现场情况护筒应高出地面30cm左右为宜。钻机就位必须稳固、周正、水平,定位,钻头中心与桩位中心误差不大于10mm。护筒直径应比桩孔直径大200mm,长度应满足护筒底进入黏土层不少于0.5m的要求,护筒顶端高出地面0.3m,护筒埋设的倾斜度控制在1%以内,护筒埋设偏差不超过30mm,护筒四周用黏土回填,分层夯实。

(6)当地下水位较高,含有较厚的砂土、砂卵石时,宜采用泥浆护壁;在施工过程中泥浆比重一般控制在1.2~1.3之间,防止孔壁坍塌。

(7)当钻进至设计桩底标高时,应停止钻进,提出钻头;干作业施工时,应采用取土器,将孔内残土取尽,保持孔底干净;湿作业施工时,应放入掏渣筒并静止 0.5h 后,将悬浮在泥浆中的砂砾进行第一次清孔,清孔结束后应静止不小于 0.5h 方可测孔底沉渣,当孔底沉渣大于设计要求时,需进行二次清孔直至孔底沉渣满足设计要求。

(8)采用丝扣连接的导管,其内径 200~300mm,底管长度宜为 4m,中间每节长度宜为 2.5m。在导管使用前,应对导管的外观及对接进行检查并应符合下列规定:

① 外观检查:检查导管有无变形、坑凹、弯曲,以及有无破损或裂缝等,并应检查其内壁是否平滑,对于新导管应检查其内壁是否光滑及有无焊渣,对于旧导管应检查其内壁是否有混凝土黏附固结。

② 对接检查:导管接头丝扣应保持良好,连接后应平直、同心。

③ 经以上检验合格后方可投入使用,对于不合格导管严禁使用。导管长度应根据孔深进行配备且应满足清孔及水下混凝土浇筑的要求,清孔时可下至孔底;水下浇筑时,导管底端距孔底宜为 0.3~0.5m,混凝土应能顺利从导管内灌至孔底。

(9)导管在孔口连接处应牢固,设置密封圈,吊放时,应使位置居中,轴线顺直,稳定沉放。

(10)混凝土应采用细石混凝土,混凝土车搅拌运输;混凝土坍落度控制在 18~22cm;用搅拌车混凝土直接到孔口倒入料斗内。

(11)水下混凝土浇筑:浇筑前,对不同直径、深度的桩孔分别计算出混凝土浇筑灌入量。施工中要保证灌入量,以超灌量 600~1000mm 为宜。浇筑时导管埋深控制在 2~6m,拆管前专人测量孔内混凝土面,并做记录。

(12)混凝土浇筑结束后,即混凝土初凝后、终凝前拆除护筒,并将浇筑设备机具清洗干净,堆放整齐。

(13)植入管桩,压桩作业应符合下列规定:

① 压桩机应按有关规定配足重量,满足最大压桩力的要求。

② 压桩机机上吊机在进行吊桩、喂桩过程中,严禁行走和调整。

③ 喂桩时,管桩桩身两侧合缝位置应避开夹持机构中夹具的直接接触。

④ 带有桩尖的第一节桩插入地面 0.5~1.0m 时,应严格调整桩的垂直度,偏差不得大于 0.5%,然后才能继续下压。

⑤ 压桩过程中应经常观测桩身的垂直度。当桩身垂直度偏差大于 1% 时,应找出原因并设法纠正:当桩尖进入较硬土层后,严禁用移动机架等方法强行纠偏。

⑥ 压桩过程中应经常注意观察桩身混凝土的完整性,一旦发现桩身裂缝或掉角,应立即停机,找出原因,采取改进措施。

⑦ 压桩时应由专职记录员及时准确地填写压桩施工记录表,并经当班监理人员(或建设单位代表)验证签名后才可作为有效施工记录。

⑧ 压桩作业注意事项:引孔孔底沉渣应清除干净,孔位误差不应大于0.5%,引孔的垂直度偏差不应大于0.5%;管桩桩身垂直度偏差不应大于0.5%;灌入混凝土应为细石混凝土;混凝土应充满管桩外侧;引孔后注浆应用导管注浆,确保混凝土均匀性,防止混凝土快速离析;施工时应确保桩端完全落在完整岩体上;静压机压桩终压值应大于桩端阻力的2倍;引孔作业和压桩作业应连续进行,间隔时间不应大于3h。

(14)锤击作业注意事项:

① 首节桩插入时,应认真检查桩位及桩身垂直度偏差,校正后的垂直度偏差不得大于0.5%。

② 桩帽或送桩帽与桩周围的间隙应为5~10mm。

③ 锤与桩帽、桩帽与桩之间应加设硬木、麻袋、草垫等弹性衬垫。

④ 桩锤、桩帽或送桩帽应和桩身在同一中心线上。

⑤ 当管桩沉入时柴油锤应采用不点火空锤的方式施打;液压锤应采用落距为200~300mm的方式施打。

⑥ 管桩施打过程中,宜重锤轻击,应保持桩锤、桩帽和桩身的中心线在同一条直线上,并随时检查桩身的垂直度。

⑦ 宜将每根桩一次性连续打到底,减少中间休歇时间。

⑧ 每根桩的总锤击数及最后1m沉桩锤击数宜进行控制,收锤标准应根据工程地质条件、桩的承载性状、单桩承载力特征值、桩规格及入土深度、打桩锤性能规格及冲击能量、桩端持力层性状及桩尖进入持力层深度、最后贯入度或最后1~3m的每米沉桩锤击数等因素综合确定。

⑨ 当以贯入度控制时,最后贯入度不宜小于30mm/10击。当持力层为较薄的强风化岩层且下卧层为中、微风化岩层时,最后贯入度不应小于25mm/10击,此时宜量测一阵锤的贯入度,若达到收锤标准即可收锤。

5.5 中掘法

5.5.1 工艺简介

中掘法是将具有特殊构造的扩大钻头安装在长螺杆前端,利用桩的中空部分钻掘沉桩,在扩大钻头钻入持力层前,钻头的直径按照小于桩径的尺寸向下钻掘,临近持力层时,通过油压阀打开比桩径大(1.2D～1.5D)的扩大钻翼,固定扩大钻翼(通过液压显示器,确认其固定以及打开状态)后钻掘,通过底部注浆搅和持力层的砂砾,准确地在桩端修筑扩大球根的工法。

5.5.2 中掘法设计

初步设计时,单桩竖向抗压极限承载力标准值可采用式(5-9)估算:

$$Q_{uk} = u\sum q_{sik}l_i + q_{pk}(A_{p1} + A_{p2}) \qquad (5-9)$$

式中:u —— 按管桩外径计算的周长(m);

q_{sik} —— 基桩穿过层土的极限侧阻力标准值(kPa),可按现行行业标准《建筑桩基技术规范》(JGJ 94)推荐的泥浆护壁钻(冲)孔桩的极限侧阻力标准值取值;

q_{pk} —— 基桩极限端阻力标准值(kPa);

l_i —— 基桩穿过的第 i 层土层厚度(m);

A_{p1} —— 管桩壁在桩端的投影面积(m^2);

A_{p2} —— 管桩空心部分在桩端的投影面积(m^2),当桩芯全长灌注混凝土或灌注混凝土高度使得管壁内侧摩阻力大于桩芯投影面积产生的端阻力时取值,否则 A_{p2} 取值为0。

5.5.3 施工设备

中掘法施工设备见表5-5所列。

表5-5 中掘法施工设备

名称型号	双回转套管钻机 SLD260			
	内侧动力头		外侧动力头	
变速方式	双极变速	调频变速	双极变速	调频变速
功率/kN	55×2	55×2	75×2	75×2
转速/(r/min)	4P 21.2	0～50～70Hz	4P 11.4	0～50～70Hz
	8P 10.6	0～10.6～9	8P 5.7	0～5.7～3.8
转矩/(kN·m)	4P 49.5	0～50～70Hz	4P 124	0～50～70Hz
	8P 99	0～99～81	8P 247	0～247～238
钻孔直径/mm	400～1000		400～1000	
钻孔深度/m	30		30	
质量/t	8		13	

5.5.4　主要施工流程

中掘法沉桩主要施工流程:平整场地→测量放线→管桩与桩靴焊接或机械连接→桩机就位→首节桩起吊就位→钻杆连接钻头,并穿过首节带桩靴的管桩,与钻机连接,定位、调平→复核调整桩位→初步随钻跟管钻进→检查校正桩身垂直度→正式沉桩→观测校正桩身垂直度→压至桩顶距地面0.5~1.0m时,再吊入上一节桩就位→接钻杆、接桩→继续沉桩→钻至设计标高→开启钻杆扩大头钻进→注浆修筑扩大球根→提钻成桩→移机到下一根桩位。

5.5.5　质量控制

(1)施工前,应在桩位处做好标记。桩机就位后,应将桩准确放到桩位,桩芯允许偏差为±30mm。

(2)沉桩时,桩身垂直度允许偏差为±0.5%。

(3)在桩中空部分安装螺旋钻杆、钻挖桩底端内壁土体时,宜注入压缩空气(或水),边排土边连续沉桩。

(4)钻挖时应控制钻挖深度,钻进深度与管桩前端距离应小于2倍桩径。

(5)在砂土、淤泥质土中,宜注入压缩空气辅助排土,在超固结黏性土中宜压水和加大压缩空气辅助排土。

(6)在具有承压水的砂层中钻进时,应边在桩的中空部分保持大于地下水压的孔内水头、边钻进施工。

(7)钻进结束提钻时,应慢速提起螺旋钻杆。

5.5.5　适用性

(1)桩端持力层为一般黏性土层、粉土层、砂土层、碎石类土层、强风化基岩和软质岩层的地质情况。

(2)覆土浅、下卧深厚圆砾层。

(3)场地存在厚度不均夹层如粉细砂层。

(4)对于在钻入持力层前,黏性强的黏质土层、孤石、漂砾等易造成钻进排土受阻、沉桩困难的土层,不适用此工法。

(5)当持力层中有地下水流动,底部加固球根在做成前有被冲走的可能时,不适用此工法。

(6)本工法适用于直径不小于800mm的预制桩施工。

5.5.7　施工注意事项

(1)当钻头进入持力层上部时,应将扩大翼打开至扩大直径的尺寸进行扩大钻挖,扩头直径应符合设计要求,桩端扩大部分的高度 L 宜为 $1.0+d+h$(m),扩头进入持力层深度应符合下列规定:

① 当桩径 $d=800$mm 时,h 取 2d(m),钻孔标高位于设计桩端标高以下 2d 处;

② 当桩径 $d>800$mm 时,h 取 1.0(m),钻孔标高位于设计桩端标高以下 1.0m 处。

(2)当钻至扩底深度时,开始注入浆液,钻头应上下反复旋转,保证浆液与地基土搅拌混合均匀,同时沉桩至设计标高。浆液材料宜为 42.5 级以上普通硅酸盐水泥,可加入水玻璃或早强剂。

(3)中掘法沉桩施工尚应符合现行行业标准《随钻跟管桩技术规程》(JGJ/T 344)的相关规定。

6 检测与验收

6.1 质量检测

预制桩的质量检测应包括预制桩产品质量检测和现场施工成桩质量检测两部分。产品质量检测可分为产品供应商出厂质量检测和工地质量检查与检测。

6.1.1 成品质量检测

(1)出厂检验项目包括混凝土抗压强度、外观质量、尺寸允许偏差和抗裂性质等。

(2)出厂检验的批量和抽样按现行国家标准《混凝土强度检验评定标准》(GB 50107)执行。

(3)质量判定规则按现行国家标准《混凝土强度检测评定标准》(GB 50107)中的有关规定执行。

6.1.2 工地质量检查与检测

运入工地的预制桩应由施工单位、监理单位按单位工程进行抽检,当工程规模较大、施工方法不同或使用不同生产厂家的预制桩时,可将单位工程分为若干个检验批次,并按检验批次进行抽检。检测内容包括产品规格及型号、外观质量、钢筋的数量与直径、钢筋保护层厚度、端板厚度等,必要时对单节预制桩进行破坏性试验,主要检测预制桩的抗弯、抗剪性能。

(1)按照设计图纸要求,根据产品合格证、运货单及预制桩外壁的标志对预制桩的规格和型号进行逐条检查。

(2)运入工地的管桩,应按表6-1和表6-2的要求,抽查管桩的外观质量和尺寸偏差。抽查数量不得少于2%的桩节数,且不得少于2节。当抽检结果出现一根桩节不符合质量要求时,应加倍检查,若再发现有不合格的管桩,该批管桩不准使用并必须撤离现场。

表 6-1 管桩的外观质量

项 目	质量要求
黏皮和麻面	局部黏皮和麻面累计面积不大于桩总外表面积的 0.5%;每处黏皮和麻面的深度不大于 5mm,且应修补
桩身合缝漏浆	漏浆深度不大于 5mm,每处漏浆长度不大于 300mm,累计长度不大于管桩长度的 10%,或对称漏浆的搭接长度不大于 100mm,且应修补
局部磕损	磕损深度不大于 5mm,每处面积不大于 $50cm^2$,且应修补
内外表面露筋	不允许
表面裂缝	不得出现环向和纵向裂缝
桩端面平整度	管桩端面混凝土和预应力钢筋镦头不得高出端板平面
断筋,脱头	不允许
桩套箍凹陷	凹陷深度不大于 5mm,面积不大于 $500mm^2$
内表面混凝土塌落	不允许
接头和桩套箍与桩身结合面	漏浆	漏浆深度不大于 5mm,漏浆长度不大于周长的 1/6,且应修补
	空洞和蜂窝	不允许

表 6-2 管桩的尺寸允许偏差

项目	允许偏差	
l	$\pm 0.5\%l$	
端部倾斜	$\leqslant 0.5\%D$	
D/mm	$400 \sim 700mm$	$+5$ -2
	$800 \sim 1200mm$	$+7$ -4

（续表）

项目	允许偏差	
壁厚	+20	0
保护层厚度/mm	+5	0
桩身弯曲度	$l \leqslant 15m$	$\leqslant l/1000$
	$15m < l \leqslant 30m$	$\leqslant l/2000$
桩端板/mm	外侧平面度	$\leqslant 0.5$
	外径	0 −1
	内径	0 −2
	厚度	正偏差不限 0

（3）桩基工程用预制桩的钢筋混凝土保护层厚度不得小于35mm,地基处理和临时性设施基础用预制桩的钢筋混凝土保护层厚度不应小于25mm。

若所抽一根中的三个数值全部符合上述规定,则判保护层厚度为合格。若有一个数值不符合上述规定,应从同批产品中抽取加倍数量进行复验,复验结果若仍有一根不符合上述规定,则判保护层厚度不合格,且不得复检。

（4）预制桩钢筋抽检的主要内容应为预应力钢筋的数量和直径,螺旋筋的直径、间距及加密区的长度,以及钢筋的混凝土保护层厚度,每个工地抽检桩节数不应少于2根。

（5）对同一生产厂家生产的每种规格预制桩,对每一工地,每施工5000m应送单节管桩至有资质单位进行破坏性试验,主要检验桩的抗弯、抗剪性能,应执行见证取样送检制度,试验方法应按照现行国家标准《先张法预应力混凝土管桩》(GB/T 13476)执行。管桩所用预应力钢筋和螺旋筋的材质应符合现行国家有关标准,检查时一般可查阅钢材生产厂的产品质量报告及预制桩生产厂的抽检报告,有怀疑时可送有资质的检测单位进行检测。

6.1.3 成桩质量检测

（1）预制桩施工中,应对桩身垂直度进行跟踪检查,第一节桩定位时其垂直度偏差不大于0.5%时,方可进行施工。施工中、送桩前都要对其垂直度进行检查。

（2）施工记录应经旁站监理人员确认。

（3）管桩基础在承台施工前,应对工程桩桩身垂直度进行检查,垂直度允许偏差为 1%。

(4)截桩后的桩顶的实际标高与设计标高的允许偏差为±10mm。

(5)设计标高处桩顶平面位置的允许偏差应符合表 6-3 的规定。

表 6-3 管桩桩顶偏位的允许偏差

检 查 项 目		允许偏差值/mm
带有基础梁的桩	垂直于基础梁的中心线	≤100+0.01H
	沿基础梁的中心线	≤150+0.01H
承台桩	桩数为 1 根～3 根桩基中的桩	≤±100
	桩数大于或等于 4 根桩基中的桩	≤1/2 桩径+0.01H 或 1/2 边长+0.01H
注:H 为桩基施工面至设计桩顶的距离(mm)		

(6)工程桩应进行桩身完整性的验收检测,其桩身完整性等级分类应符合表 6-4 的规定。

表 6-4 桩身完整性分类表

桩身完整性类别	分类原则
Ⅰ类桩	桩身完整
Ⅱ类桩	桩身有轻微缺陷,不会影响桩身结构承载力的正常发挥
Ⅲ类桩	桩身有明显缺陷,对桩身结构承载力有影响
Ⅳ类桩	桩身存在严重缺陷

① 预制桩的桩身完整性检测数量应符合下列规定:

a. 对于甲级设计等级的桩基,抽检数量不应少于总桩数的 20%,且不应少于 10 根。

b. 除符合上述规定外,每个柱下承台检测桩数不应少于 1 根。

c. 抗拔桩、以桩身强度为设计控制指标的抗压桩、超过 25 层的高层建筑基桩及倾斜度大于 1%的桩应全数检测。

② 采用低应变法检测桩身完整性时,应符合下列规定:

a. 出现裂缝和缺陷的永久结构的抗拔桩或以承受水平力为主的桩应判为Ⅲ类或Ⅳ类桩。

b. 桩身的混凝土受损及桩身出现斜裂缝或垂直裂缝的受压桩应判为Ⅲ类或Ⅳ类桩。

c. 应查明缺陷位置与桩身接头位置的关系,谨慎判定桩身接头附近的缺陷性质。确认接头焊缝质量存在轻微缺陷时,对受压桩可判为Ⅱ类桩,当接头附近桩身存在缺陷时,应按本项第1、2、3目要求进行判别。

③ 对低应变检测中存在缺陷的Ⅲ类、Ⅳ类桩均应进行处理,并应进行桩身倾斜度及桩位偏差的检测。

考虑地质情况、沉桩施工情况、基坑开挖情况等进行综合分析,确定利用和处理方法。以桩身强度为设计控制指标或受力较大的Ⅲ类桩经处理后应进行单桩竖向抗压静载试验,以确认其单桩竖向抗压承载力能否满足设计要求。单位工程处理后的Ⅲ类桩数超过50根时,试验数量取处理桩数的1%且不少于3根,单位工程处理后的Ⅲ类桩数少于或等于50根时,试验数量不应少于2根。

④ 对桩身浅部存在缺陷的预制桩的处理方法:根据场地岩土工程条件进行开挖检查处理,截除缺陷以上的桩身,再次进行低应变及桩身倾斜度检测,检测结果符合要求后,方可进行接桩处理。

(7)工程桩施工完成后应进行承载力验收检验,并应符合下列规定:

① 下列桩基工程应采用静载荷试验检测单桩竖向承载力,在同一条件下检测桩数不应少于总桩数的1%,且不得少于3根;当总桩数少于50根时,不应少于2根:

a. 基础设计等级为甲级。

b. 基础设计等级为乙级,在施工前未进行单桩静载荷试验的桩基。

c. 施工前进行了单桩静载试验,但施工过程中变更了工艺参数或施工质量出现了异常。

d. 地基条件复杂、桩施工质量可靠性低。

e. 采用了新桩型或新工艺。

f. 施工过程中产生挤土上浮或偏位的群桩。

② 其他桩基工程可采用高应变法检测单桩竖向抗压承载力,检测桩数不应少于总桩数的10%,且不应少于10根。

③ 下列情况之一的桩基不得采用高应变动测法对单桩竖向承载力进行检测:

a. 已确认或有证据怀疑因挤土效应出现桩身上浮且未经复压的预制桩基础。

b. 检测已认定为Ⅲ类桩、Ⅳ类桩或经工程处理后的Ⅲ类桩、Ⅳ类。

c. 已确认倾斜度超过本指南要求的预制桩。

④ 承受水平荷载和竖向抗拔荷载的管桩应进行成桩后承载力的检验,在同

一条件下检测桩数不应少于总桩数的 1‰，且不得少于 3 根。具体试验方法详见《建筑地基基础设计规范(GB 50007—2011)》中附录 S、附录 T 的相关内容。

6.2　工程验收

6.2.1　验收程序

预制桩的桩顶标高、桩位偏差和桩身垂直度的验收程序应符合下列规定：

(1)当桩顶设计标高与施工场地标高基本一致时，可待全部基桩施打完毕后一次性验收。

(2)当需要送桩时，在送桩前应进行桩身垂直度检查，合格后方可送桩。

(3)全部管桩施工结束，并开挖到设计标高后再进行竣工验收。

6.2.2　验收资料

桩基工程验收时应提交下列资料：

(1)预制桩的出厂合格证、产品检验报告。

(2)预制桩进场验收记录。

(3)每施工 5000m 单节管桩送检的破坏性试验报告。

(4)桩位测量放线图，包括桩位复核签证单。

(5)工程地质勘察报告。

(6)图纸会审记录及设计变更单。

(7)经批准的施工组织设计或管桩施工专项方案及技术交底资料。

(8)沉桩施工记录汇总，包括桩位编号图。

(9)沉桩完成时桩顶标高、复打(压)后桩顶标高及开挖完成后桩顶标高。

(10)预制桩接桩隐蔽验收记录。

(11)沉桩工程竣工图(桩位实测偏位情况、补桩位置、试桩位置)。

(12)质量事故处理记录。

(13)试沉桩记录。

(14)桩身完整性检测和承载力检测报告。

(15)预制桩施工措施记录，包括孔内混凝土灌实深度、配筋或插筋数量、混凝土试块强度等记录；预制桩桩头与承台的锚筋、边桩离承台边缘距离等记录。

7 常见问题解析

7.1 桩顶破碎

(1)施工中用桩送桩,受力不均,导致桩头破坏。应对措施:应采用送桩器送桩。

(2)送桩器尺寸不合适或采用内插式送桩器。应对措施:根据桩径选用合适的送桩器,严禁使用内插式送桩器。

(3)桩锤、桩帽和桩身轴线不在同一中心线上,产生偏心锤击,桩顶局部应力过大导致桩头破坏。应对措施:施工过程中应按90°角布置2台经纬仪,随时校正桩垂直度,保证桩帽和桩身中轴线在同一中心线上。

(4)由于存在桩头严重跑浆,桩头与端板之间混凝土不密实,强度不足,墩头突出端面,端面不平,桩端箍筋加密区间距过大等管桩质量问题,在锤击或顶压施工时易出现桩顶破碎。应对措施:施工前应检查桩顶端板抱箍内的混凝土密实程度,若出现裂隙、空洞等质量问题,应作退桩处理。

(5)搬运、吊装、堆放过程中桩头碰撞损坏。应对措施:施工前对桩身质量作型式检验。

(6)打桩锤重选用不当:桩锤过重,锤击应力太大易将桩头击碎;锤过轻,锤击次数增多,产生疲劳破坏。应对措施:施工中应按"桩锤匹配,重锤低击"的原则选用锤重。

(7)桩帽尺寸不合适,桩帽衬垫材料太薄或未加衬垫,或未及时更换,或铺设不平。应对措施:桩帽太小会挤压桩顶,太大会产生晃动,易折断桩顶,应根据桩径选用合适的桩帽。桩帽衬垫宜采用纸质或钢丝绳等,应铺设平稳,并且每天施工前都要进行检查,发现损坏及时更换。

（8）遇到孤石、基岩面或密实砂卵石层时，继续高档位锤击易打碎桩头。应对措施：根据现场施工情况，核对地质资料，与施工、设计人员商讨合适的施工方案。

（9）未使用锯桩器，采取锤敲等野蛮方法截桩容易导致桩头破坏。应对措施：截桩必须使用锯桩器，严禁采用锤敲等方式进行截桩，避免桩头损坏。

7.2 桩身断裂

（1）静压桩机配重不足，压桩力过大，出现"浮机"偏位折断桩身。应对措施：施工前应进行设计技术交底，根据场地的地质情况及单桩承载力极限值合理选择压桩配重。

（2）软土地层中因大重量施工设备的移动，对下部桩造成挤推破坏。应对措施：在深厚软土地区，为了保证大型设备的移动对桩基础不产生挤推破坏，施工前应对地面进行固化或对软土表层采用搅拌桩、注浆或换土垫层等方法进行地基加固。

（3）承台施工时，因挖机操作不当而出现挖断桩。应对措施：基坑开挖时应保留桩顶之上 0.3～0.5m 原状土层，采用人工开挖和平整，防止机械挖断管桩。

（4）管桩腔内进水时，上部未开孔，在锤击作用下，出现水锤效应，管内压力激增，导致管桩产生纵向裂缝。应对措施：在地层中含有饱和砂土层且地下水丰富的地区采用下部开口管桩锤击施工时，管桩下沉过程中会产生巨大的水压力，出现水锤效应，导致管桩产生纵向裂缝，建议在每节管桩端板下 1.5～2.0m 处开排气孔 2 个进行排气（水），沉桩 5～7m 时可将桩帽与桩顶脱开，进行排气（水）。

（5）下部桩端遇到孤石和大角度倾斜硬岩面，易滑移折断。应对措施：在填土中存在孤石或下部为倾角较大的硬质岩以及岩溶发育地区，宜采用旋挖植桩工法。

（6）电焊焊接时自然冷却时间不够，焊好后立即施打。焊缝遇水淬火易裂，接头脱开，两节桩错位断桩。应对措施：严格按相关规定进行管桩焊接。

（7）管桩存在香蕉形、管壁太薄、合缝漏浆严重等质量问题时，易出现断桩。应对措施：施工前对管桩桩身质量作型式检验，合格后方可施工。

（8）打桩锤选择不当。应对措施：遵循"桩锤匹配，重锤低击"的原则选用合适的锤重。

(9)打桩时桩锤、桩帽和桩身轴线不在同一直线上,倾斜过大产生偏心受力。应对措施:施工过程中应按90°夹角布置2台经纬仪,随时校正桩锤,桩帽和桩身中轴线在同一中心线上。

(10)桩身预应力值不满足规范要求,不足以抵抗锤击时出现的拉应力而产生横向裂缝。应对措施:应遵循"桩锤匹配,重锤低击"的原则选用锤型,有经验地区按地区经验选用。

(11)桩身自由段长细比过大,沉桩时遇坚硬土层,易使桩断裂。应对措施:适当调整桩的长细比。

(12)桩在堆放、吊装和搬运过程中已产生裂缝或折断而在使用前又未认真检验。应对措施:施工前应对管桩桩身质量作型式检验,合格后方可施工。

(13)基坑开挖时操作不当引起桩身大倾斜大偏位而折断桩身。应对措施:基坑开挖一定要有施工组织设计,分层开挖,按指定的运土通道出土。

(14)静压机夹具不同步导致桩周受力不同步产生倾斜或夹断。应对措施:施工前要调整压桩的平整度,保持夹具与桩身垂直。

7.3　桩顶偏位或桩身倾斜

(1)测量放线有误或放样时小变位而未及时加以校核纠正,导致误差累加。应对措施:每根桩在施工前应进行桩位核验,及时修正偏差。

(2)插桩对中不正。应对措施:在压每节桩前需进行上下桩中心线及垂直度校核。

(3)在软土中,先施工的桩被挤动产生偏位及倾斜的现象。应对措施:软土层较厚的场地在施工前应做800～1000mm厚的硬壳层,便于桩架作业,减小由于沉桩机械行走过程中大吨位的压力而产生的挤土效应对已施工完的桩的影响。淤泥层较厚的场地中,宜在桩顶标高以下3m～5m范围对土体进行固化处理,固化工作宜在压桩前进行,主要固化方法有搅拌桩、注浆、换土垫层等。

(4)打桩顺序不当引起的桩顶偏位。应对措施:应按固定的打桩顺序,先内后外、先中间后两边的顺序进行施工,或采用跳打的措施。

(5)孤石和其他坚硬障碍物可将管桩桩尖和桩身挤向一旁。应对措施:暂停施工,利用开挖机械挖除孤石及坚硬障碍物,调整好桩位及垂直度再进行施工,无法调整时可直接补压一根桩。

（6）持力层坚硬岩面倾斜度过大而产生桩尖滑移。应对措施：持力层为坚硬岩面，持力层以上无硬土层且岩面坡度大于15%，不宜采用锤击或静压施工，宜采用旋挖植桩工法。

（7）施工过程中两节桩或多节桩对接不直，桩中心线成折线形，桩顶偏位或倾斜。应对措施：施工每节桩时应进行双向垂直度校核，应确保桩头间的连接质量（焊接质量，机械连接的质量）。

（8）软土地基、基坑开挖不当、基坑边堆土、基坑边修建临时施工道路（运输材料、土方等重载车运输道路）而产生的桩倾斜。应对措施：对于淤泥层较厚的管桩基础在施工前宜对桩顶标高以下土体进行固化处理，处理深度一般为3～5m；采用小机械开挖，每次开挖深度不宜大于1m；严禁在基坑20m范围内进行堆土，如果在基坑周边20m范围内原来有堆土，也应进行清除；施工便道应设在离基坑边不小于20m以外。

7.4 沉桩达不到设计控制（最终桩长、最终终压值或最终贯入度）要求

预应力管桩施工时，桩设计是以最终终压值或最终贯入度和最终桩长作为施工的最终控制。个别桩长达不到设计深度的原因有以下几方面：

（1）勘探资料精度不够，与实际地质情况偏差较大，对局部硬夹层、软夹层及地下障碍物未探明或程度不够，导致设计要求与实际情况不相符。应对措施：与勘察单位、设计单位核对地质资料，必要时进行补充勘察。

（2）由于设备故障或其他特殊原因，致使沉桩过程突然中断，或接桩时桩尖停留在密实硬土层内，若延续时间过长，沉桩的侧阻力、端阻力增加，使桩无法沉到设计深度。

（3）群桩施工时穿越较厚的密实砂夹层，由于密实砂夹层结构的不稳定性，同一层土的强度差异很大，桩沉入该层时，砂层受压越挤越密，最后发生沉不下去的现象。

（4）沉桩遇到地下障碍物或厚度较大的硬夹层。

（5）打桩锤选择太小或柴油锤破旧跳动不正常或自由落锤下落不顺畅或蒸汽锤气压不足。

（6）持力层为密实粉土或粉细砂层，压桩会出现"假凝"现象，即孔隙水压力骤增，应力扩散后，后期承载力不足。应对措施：施工前必须进行试桩，试桩按设计要求的压力及桩长进行双控。试桩参数若不满足设计要求，设

计单位应及时调整桩长或桩数。

（7）桩头或桩身破坏，无法继续施打。

（8）较硬土层中，桩间距过小或打桩顺序不当，先压的桩出现挤土效应，后压的桩无法压到设计标高。

（9）短时间内在同一区域内打入大量的桩，孔隙水压力未及时消散。应对措施：合理安排压桩顺序，先内后外，先中间后两边，采用跳打方案。也可采用补打应力消散孔或会同勘察设计分析原因，确定补充方案。

7.5　桩达到设计深度，终压值不足

依据地质勘察资料和桩的终压记录，有时会出现桩达到设计深度但终压值不能满足的现象。这往往是因为地质土层变化复杂，持力层的层面起伏较大，造成设计桩长不足，桩尖未能进入持力层足够的深度。在这种情况下，可采用的相应措施如下：

（1）根据实际成桩情况，可采用送桩将桩打入持力层足够深度，直至达到设计终压值为止。

（2）可考虑在桩末端设置闭口桩尖等形式，增加桩端闭塞效应，提高桩的承载能力。

（3）设计变更布桩和增加桩数来满足设计承载力的要求。

（4）对软化岩及时做好封水措施，防止岩层软化导致桩基承载力不足。

7.6　挤土效应产生的上浮和桩身位移

预制桩属于挤土桩，在沉桩时使桩四周的土体结构受到扰动，改变了土体的应力状态。由于桩自身的体积"占用"了土体原有空间，使桩周的土体向四周排开，挤压应力主要通过土体位移来消减。施工方法与施工顺序不当、每天成桩数量太多、压桩速率过快、布桩过多过密等，这些因素均会加剧挤土效应。如不采取措施，会使已完成桩发生横向位移和桩身上浮现象，影响桩身承载力。预防措施包括以下几个方面：

（1）控制沉桩施工速度。由于沉桩时桩周土体受挤压而产生较大的超静孔隙水压力，因此应严格控制单桩沉桩速度，控制每天同一个区域内的沉桩根数，以使沉桩所产生的超静孔隙水压力得以消散。

（2）设置排水砂井等排水措施。大面积沉桩会产生很大的超静孔隙水压力。施工中如采用合理的施工路线,仍然产生较严重的挤土效应,则可采用砂井等排水措施,使孔隙水应力迅速消散,从而减少沉桩的挤土效应。砂井可设置在工程场地四周或群桩内部。

（3）设置应力释放孔。施工中可根据实际情况在工程场地范围内或四周布置应力释放孔。应力释放孔可采用旋挖或长螺旋钻机施工。在大面积沉桩过程中发生严重挤土时,应力释放孔能起到缓解和隔断挤土通道的作用,同时可减少孔深范围的孔隙水应力。应力释放孔可根据现场实际情况采取取土成孔方法或者搅松不取土方法。应力释放孔可灵活布置,可以在沉桩之前施工,也可以根据需要在沉桩之后施工,孔径约比桩径小 100～300mm,深度宜为桩长的 1/3～1/2。施工时应随钻随打。

（4）预应力混凝土管桩施工时,采用开口桩尖,将部分土体导入管桩桩芯内。

（5）设置隔离板桩或地下连续墙;开挖地面排土沟,消除挤土效应。

7.7　软土地基预制桩常见的质量问题及处理方法

案例 1:某开发区住宅为地上 32 层,地下 1 层,采用直径 500 预应力管桩,桩筏基础,地基土淤泥深度 21m,现场基坑支护良好,由于消防电梯下地下室再加上集水坑,向下挖 2.8m,开挖过程中集水坑周边桩向内倾斜,造成部分桩报废,后采用补桩方案。

建议:软土较深的预制桩基应注意坑中坑的支护措施,为避免二次开挖造成斜桩,应在二次开挖前,对开挖土体及其周边 5m 且不小于 2 倍开挖深度范围内的土体进行固化处理,固化处理深度不宜小于二次开挖深度的2 倍。

案例 2:某开发小区农贸市场 3 层,带地下室 1 层,有一边是施工便道,有施工车辆通行。场地淤泥层厚度约 16m,桩基先行施工,采用 400 预应力管桩,基础开挖后靠道路一侧桩全部向内倾斜,最大倾斜角度约 30°,大部分工程桩报废,后进行补桩方案。

案例 3:某安置小区局部有一层地下室车库,淤泥层厚约 12m,在地下室开挖过程中,开挖土方未及时外运,临时堆在基坑一侧,开挖到桩位标高时发现部分靠堆土一侧的桩向内倾斜,造成部分桩基报废,采用补桩处理。

建议:当基坑开挖到桩顶标高时,如发现部分桩偏位大于规范限值,则应对偏位大于规范限值的桩进行倾斜率(垂直度偏差)检测。对于倾斜率不大于1%的桩,可认为其满足承载力要求,按一般偏位桩进行处理(可采用加大承台平面尺寸、加大承台高度、加大配筋等方法处理);对于倾斜率大于1%的桩,则应具体问题具体分析,必要时进行补桩处理。

7.8 较硬地基土预制桩出现的承载力不足问题及处理方法

案例1:某安置小区住宅楼地上27层,地下1层,地基土为硬塑黏土,桩长19m,持力层为强风化岩层,采用直径500预应力管桩,墙下条形基础,工程桩检测3根桩有2根不满足设计承载力要求,主要是变形超过4cm,施工单位做了二次复压后抽一组进行检测,仍有1根桩不满足设计要求,再抽一组检测,均满足设计要求,不满足的一根桩差18%,设计单位对墙下条形基础进一步复核,局部补桩,补桩时先引孔,防止产生挤土效应。

案例2:某开发小区住宅楼地上32层,地下1层,地基土质为硬塑黏土层,采用500×500方桩,持力层为强风化岩层,桩长21m,未引孔,场地挤土明显,工程桩检测3根桩承载力均不合格,扩大检测3根桩只有1根合格,采用二次复压后仍有2根桩不满足设计要求,再扩大检测,有2根桩不满足要求。

处理方案:按复压后的6根检测桩的承载力平均值作为补桩设计依据(承载力的平均值与设计要求差24%),进行均匀补桩处理。补桩时引孔直径450mm,筏板厚度增加到1.5m,重新计算配筋。

结论:以上两个工程出现质量问题的主要原因是静压桩均未采用预引孔方案,挤土效应明显,使工程桩上浮严重,二次复压,很难全部压到设计标高,造成承载力不能满足设计要求。对于独立基础或墙下条形基础,宜按二次复压后承载力检测值的最小值作为设计依据,进行补桩处理;对于筏板基础,可按二次复压后的静载数据不少于2组(宜为3组)的承载力平均值作为补桩处理依据。补桩必须采用引孔方案,否则会出现二次挤土效应。

8 工程案例分析

8.1 软土区域预制桩工程应用案例

8.1.1 工程概况

芜湖金鹏珑玺台位于芜湖市鸠江区沈巷镇沈百南路西侧,用地面积 59 亩,建筑面积 11.3 万 m^2,主要有 25F～26F 高层住宅、6～8F 洋房、3F 别墅,设单层地下车库。

8.1.2 地质概况

拟建场地高差不大,属长江河漫滩地貌。地下水位埋深为 0.8m～1.10m。根据勘察报告,场地类别为Ⅲ类,属于对抗震不利地段。典型地质断面见图 8-1,场地土层描述如下:

第①层耕(填)土(Q_4^{ml}):密实性差,压缩性高。

第②层粉质黏土夹粉土(Q_4^{al+pl}):褐色,软塑～可塑状态,地基承载力特征值 $f_{ak}=110kPa$。

第③层淤泥质粉质黏土夹粉土、粉砂(Q_4^{al+pl}):灰黄色,饱和,流塑状态,该层土压缩性高。地基承载力特征值 $f_{ak}=80kPa$。

第④层粉土(Q_4^{al+pl}):稍密～中密状态,饱和,该层压缩性高。地基承载力特征值 $f_{ak}=120kPa$。

第⑤层粉质黏土夹粉土(Q_4^{al+pl}):软塑～可塑状态,粉土的状态为稍密～中密。地基承载力特征值 $f_{ak}=110kPa$。

⑥层粉土夹粉砂(Q_4^{al+pl}):稍密状态,饱和。局部夹粉砂,粉砂状态为稍密～中密。地基承载力特征值 $f_{ak}=150kPa$。

⑦ 层中细砂（$Q_3{}^{al+pl}$）：灰黄色，饱和，中密～密实状态。局部含有卵砾石，粒径约为 1cm～3cm。地基承载力特征值 $f_{ak}=200kPa$。

⑧ 层强风化泥质砂岩（K）：褐红色，稍湿。极破碎，属强风化极软岩，岩体基本质量等级为 V 级，该层未揭穿。地基承载力特征值 $f_{ak}=320kPa$。

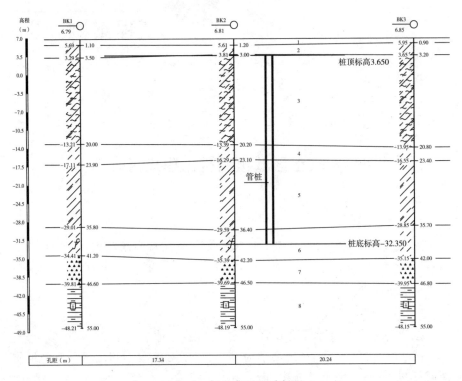

图 8-1　场地典型地质断面

8.1.3　岩土分析

从图 8-1 可以看出，第③层淤泥质粉质黏土分布普遍，厚度达 16～18m，呈流塑状态，含有大量有机质，具有含水率高、强度低、灵敏度高、压缩性高等特点。

本场地若采用常规施工工艺沉桩，应充分考虑沉桩引起的挤土效应对先沉入桩、周边建筑物及地下管线的影响。当大面积沉桩时，因饱和淤泥质土抗剪强度低，挤土效应造成的超孔隙水压力不易消散，根据同类型场地桩基施工经验，易引起土体位移、基桩偏位、桩身倾斜、上浮，甚至出现断桩等现象。基坑开挖时，挖土机械对土层的扰动、对管桩的推挤均会造成管桩倾斜或断桩。

8.1.4　方案介绍

为防止上层淤泥土对桩基施工造成不利影响,本项目需对桩周土体,特别是桩身上部土体进行加固,因此选择以下两个方案,并进行技术经济比较:

方案一:管桩 PHC 600 AB 130－36＋Ø500 水泥土搅拌桩,见图 8－2;搅拌桩采用桩径 Ø500mm 深层搅拌桩工艺,水泥桩无侧限抗压强度不小于 2.0MPa,桩长 8m,等间距布置于管桩周边,与管桩的间距为 1m。管桩桩长为 36m,以第⑥层粉土夹粉砂为持力层。

方案二:直径 1000mm 泥浆护壁钻孔灌注桩,桩长 44m,以第⑧层强风化泥质砂岩为持力层,见图 8－3 所示。

经济分析如表 8－1 所列。

表 8－1　两种方案经济分析对比

基础形式	工程造价计算	工期差异	造价差异
方案一: 管桩＋水泥土搅拌桩	管桩 36×113×365＋搅拌桩 3.14×0.25×0.25×8×401×270 合计 165.48 万	工期差别不大	单栋工程 造价差 204.92 万 节约 55%
方案二:泥浆护壁 钻孔灌注桩	3.14×0.5×0.5×44×77×1392.64 合计 370.40 万		
注:造价计算中未含筏板部分造价。			

表 8－1 显示,单栋高层住宅采用方案一造价为方案二的 45%,经济优势明显,同时避免了泥浆护壁钻孔灌注桩施工中产生的泥浆排放、环境污染等问题,现场施工文明,环境效益显著。因此,确定选用水泥土搅拌桩地基处理加管桩的施工工艺。

8.1.5　施工要点

1. 试桩设计

为给桩基设计提供依据,工程桩施工前在场地内选取 6 处,分两组进行试桩:

A 组(试桩编号 S3♯～S5♯):桩长 36m、桩端持力层为第⑥层粉土夹粉砂;

B 组(试桩编号 S1♯、S2♯、S6♯):桩长 44m,桩端持力层为第⑦层中细砂。

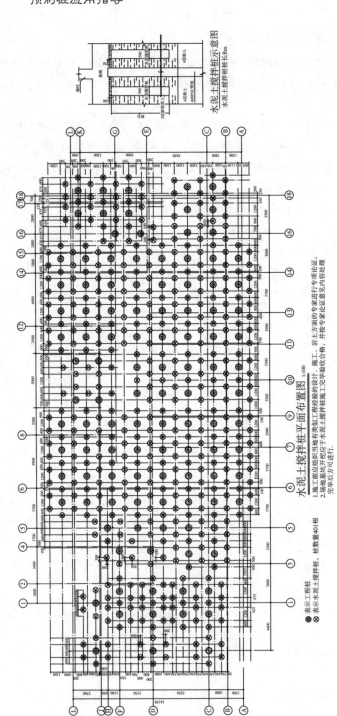

水泥土搅拌桩示意图
水泥土搅拌桩桩长8m

水泥土搅拌桩平面布置图 1:100
1.施工前应组织当地有类似工程经验的设计、施工、岩土方面的专家进行专项论证。
2.场地基坑开挖应于水泥土搅拌桩施工完毕验收合格，并按专家论证意见内容处理完毕后方可进行。

● 表示工程桩
⊗ 表示水泥土搅拌桩，桩数量401根

图8-2 管桩PHC-600 AB 130-36+Φ500水泥土搅拌桩平面布置图
管桩单桩承载力特征值2000kN，桩数113根，桩长36m；水泥土搅拌桩桩数401根，桩长8m

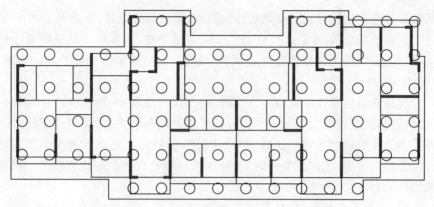

图 8-3 直径 1000mm 泥浆护壁钻孔灌注桩平面布置图

说明:单桩承载力特征值(计算值)2710kN、桩长 44m、桩数 77 根

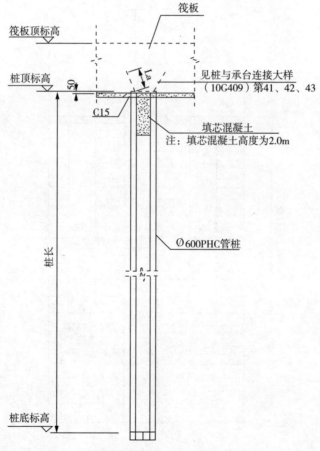

图 8-4 PHC 管桩构造图

两组试桩均采用慢速维持荷载法分级加载,做破坏性试验。

试验结果表明,B组试桩桩端置于第⑦层中细砂,承载力试验值低于桩端置于第⑥层粉土夹粉砂的A组试桩,最终工程桩选取A组作为设计依据。

2. 施工

静压桩机自重及配重较大,在其行走及沉桩过程中,桩机会产生不均匀沉降,容易引起桩身发生偏移、倾斜,甚至桩身断裂。为此,将填土下约2米厚的第②层粉质黏土夹粉土视为"硬壳层",管桩施工前将表面填土层挖除至第②层土表面,先进行管桩施工(静压法),再进行深层搅拌桩施工。具体流程如下:

(1)管桩工艺流程:打桩机就位→对中、调直→沉桩(采用开口型桩尖、合理安排打桩路线、控制沉桩速率)→静压至持力层(送桩)。

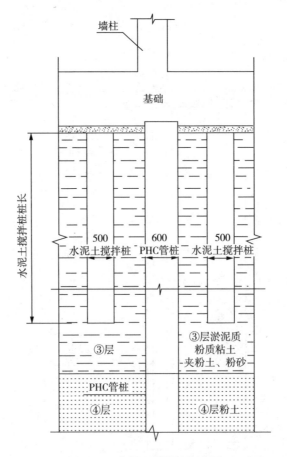

图 8-5 水泥土搅拌桩构造图

（2）深层搅拌桩工艺流程：定位→搅拌下沉、喷浆→搅拌提升→重复搅拌下沉、喷浆→重复搅拌提升→再次搅拌下沉、喷浆→再次搅拌提升→清洗→移位。

3. 基坑开挖施工

因场地第③层淤泥质土为饱和、流塑状态，施工时对基坑开挖提出如下要求：

确定基坑开挖施工方案→深层搅拌桩达到28d强度后方可进行→分层取土、桩周土高差不大于1m→开挖的土体及时外运→开挖机械不得碰及桩身，至桩顶0.5m改用人工挖除。

现场基坑开挖后，没有进行深层搅拌桩处理的基底土质较软，但管桩四周土体得到明显加固，未发现基桩偏位、桩身倾斜等现象，成桩效果较好。

图8-6　现场基础施工照片

8.1.6　结论

芜湖金鹏珑玺台项目建筑场地存在较厚的流塑状淤泥质土，基础设计采用PHC管桩，通过对场地上部流塑状淤泥质土采用水泥土搅拌桩进行加固处理，提高了土的强度及变形模量，解决了管桩穿越较厚流塑状淤泥质土时在桩基施工、土方开挖过程中容易导致管桩倾斜、断桩、造成桩基质量事故的施工难题。与传统的钻孔灌注桩相比，该方法取得了较好的经济效益和环境效益，得到了建设单位的认可，对类似地质条件下的桩基选型、设计及施工提供了宝贵的经验。

8.2 深厚回填土区域预制桩工程应用案例

8.2.1 工程概况

文浍苑四期工程位于合肥市新站区文忠路以东,浍水路以南,鲁班路以西,项目东侧为在建住宅小区,北侧为工业用地。该项目用地面积43117m²,总建筑面积14.46万平方米,建筑层数为地上27层,地下1层。该小区四期工程共有住宅楼10栋,均为剪力墙结构,建筑抗震设防烈度7度。

8.2.2 地质分析

1. 地质概况

拟建场地地基土构成层序自上而下依次为:

第①层杂填土——层厚1.20~8.70m,褐灰、褐黄等杂色,湿,松散~稍密状态,全场地均有分布,以黏性土成分为主,含少量建筑和生活垃圾、植物根茎等,局部夹有淤泥质土。

第②层黏土——层厚1.60~4.60m,褐黄色,湿,硬塑状态,含高岭土、氧化铁等,无摇震反应,切面光滑,干强度高,韧性高。此层土属于中等压缩性土。

本层土地基承载力特征值$f_{ak}=250kPa$,压缩模量$E_{s1-2}=11.68MPa$,基床系数$K=45MN/m^3$。复合地基桩的极限侧阻力标准值$q_{sik}=80kPa$与极限端阻力标准值$q_{pk}=2000kPa$。

第③层黏土——此层未钻穿,最大钻遇厚度为31.80m。褐黄、黄褐色,湿,硬塑~坚硬状态,含高岭土、铁锰质氧化物、铁锰质结核等,局部夹粉质黏土、钙质结核、少量砾石等,无摇震反应,切面光滑,干强度高,韧性高。此层土属于中等偏低压缩性土。

本层土地基承载力特征值$f_{ak}=300kPa$,压缩模量$E_{s1-2}=12.77MPa$,基床系数$K=65MN/m^3$。复合地基桩的极限侧阻力标准值$q_{sik}=86kPa$,极限端阻力标准值$q_{pk}=2200kPa$。

2. 岩土分析

本工程杂填土最厚达到8.7m,属于深厚回填土区域,回填土对承载力贡献小且压缩模量小,因此基础需要穿透回填土层。

8.2.3 方案介绍

根据计算结果,A6、A11#楼为20层,建筑高度58.000m,采用天然地基方案即可,A1、A4、A5♯楼为 24 层,层高为 69.600m,A7、A8♯楼为 25 层,层高为 72.500m,A2、A3、A9♯楼为 27 层,层高为 78.300m),结构地下室底标高为−6.100m,基础处于第③层黏土层,采用筏板基础,经结构建模计算,筏板反力大于第③层黏土层地基承载力特征值,采用刚性劲性体复合地基。A1、A4、A5、A7、A8♯选用管桩 PST−CF 500−60−9,直径 500mm,壁厚 60mm;A2、A3、A9♯选用管桩 PST−CF 500−60−11,直径 500mm,壁厚 60mm;布置方式为 2.5×2.5m 均布布置。

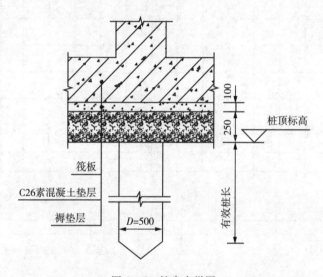

图 8−7 桩身大样图

管桩复合地基承载力计算如下:桩直径 500mm,有效桩长 9m,单桩承载力特征值 800kN,按照 2.5m 间距正方形布桩。一根桩分担的处理地基面积的等效圆直径为 $d_e=1.13s=1.13×2500=2825$(mm),桩土面积置换率 $m=\left(\dfrac{d}{d_e}\right)^2=0.0313$,单桩承载力发挥系数取 0.9,桩间土承载力折减系数取 0.9,处理后桩间土承载力特征值取 300kPa,复合地基承载力特征值 $f_{spk}=0.9×0.0313×800/(3.14×0.25×0.25)+0.9×(1−0.0313)×300=129+261=376$(kPa)。

11m 长管桩复合地基计算如下:桩直径 500mm,有效桩长 11m,单桩承载力特征值 900kN,按照 2.5m 间距正方形布桩。一根桩分担的处理地基面积的等效圆直径为 $d_e=1.13s=1.13×2500=2825$mm,桩土面积置换率 $m=\left(\dfrac{d}{d_e}\right)^2=0.0313$,单桩承载力发挥系数取 0.9,桩间土承载力折减系数取

0.9,处理后桩间土承载力特征值取 300kPa,复合地基承载力特征值 f_{spk}＝
$0.9×0.0313×900/(3.14×0.25×0.25)＋0.9×(1－0.0313)×300＝129＋261＝390(kPa)$。

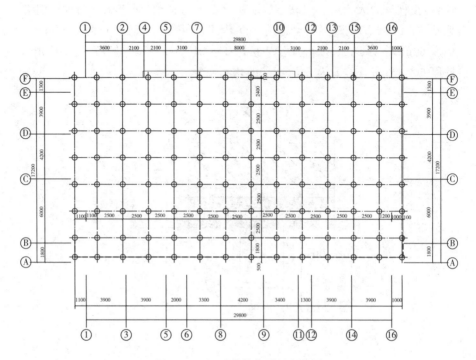

图 8－8　A1#楼桩位平面布置图

8.2.4　施工要点介绍

沉桩施工工序为:桩位定位→管桩起吊→管桩就位→压桩→送桩。

表 8－2　沉桩施工工序

序号	工序	工序图
1	桩位定位	

序号	工序	工序图
2	管桩起吊	
3	管桩就位	
4	压桩	
5	送桩	

工程桩施工后，复合地基承载力检验应采用复合地基静载荷试验和单桩静载荷试验；承载力检验宜在施工结束 28d 后进行，其桩身强度应满足试验载荷条件；复合地基静载荷试验和单桩静载荷试验的数量不应少于总桩数的 1%，且每个单体工程的复合地基静载荷试验的试验数量不应少于 3 点；采用低应变动力试验检测桩身完整性，检查数量不低于总桩数的 10%。试验与检测均应符合《复合地基技术规范》（GB/T 50783—2012）的相应规定。

经安徽省建筑工程质量第二监督检测站检测，本工程桩及复合地基承载力均满足要求。

A4#楼为24层剪力墙结构,采用刚性劲性体复合地基,A6#楼为20层剪力墙结构,采用筏板基础。A4#楼初始沉降观测时间为2017年3月17日,最终观测时间为2018年7月13日,累计沉降量约38mm;A6#楼初始沉降观测时间为2016年6月18日,最终观测时间为2018年7月13日,累计沉降量约31mm。

8.2.5 结论

管桩劲性体复合地基对比桩基础及CFG桩复合地基可以充分发挥天然地基的承载力,具有经济合理、施工周期短、环保的特点,可以节约投资和资源。

8.3 老黏土区域预制桩工程应用案例

8.3.1 工程概况

合肥融科城·融和园项目位于合肥市经济技术开发区北临壶天路,南面和西面为金炉路,东侧紧靠笔峰路。本工程总用地面积约7.21万 m^2,住宅建筑面积约25.23万 m^2,地下车库建筑面积约4.54万 m^2,建筑物主要包括高层住宅楼(2幢18层、1幢26层、12幢32~34层、1幢40层和1幢48层,均为剪力墙结构)、1~3层商业及二层地下车库。

8.3.2 地质概况

拟建场地地势总体平坦,基本上为西北高东南低,孔口高程40.27~45.12m,最大相对高差4.85m。场地土层的工程特性如下:

第①层素填土:松软状态,为新近填土,主要为黏土含碎石,碎砖杂块,层厚0.3~5.2m。

第③层黏土:硬塑局部坚硬,层厚0.2~3.8m。地基承载力特征值 f_{ak} =300kPa,压缩模量 E_{S1-2} =15.54MPa。

第④层黏土:硬塑至坚硬,层厚9.8~21.7m。地基承载力特征值 f_{ak} =450kPa,压缩模量 E_{S1-2} =17.21MPa。

第⑤层含粗砂和砾石粉质黏土:硬塑至坚硬,层厚0.7~2.6m。地基承载力特征值 f_{ak} =400kPa,压缩模量 E_{S1-2} =14.73MPa。

第⑥层全风化泥质砂岩:硬塑至坚硬,层厚0.2~2.8m。地基承载力特征值 f_{ak} =450kPa,压缩模量 E_{S1-2} =17.75MPa。

第⑦层强风化泥质砂岩:风化成砂土状,中密～密实状态,层厚 $0.4\sim$ 4.5m。地基承载力特征值 $f_{ak}=600$kPa,压缩模量 $E_{s1-2}=15.29$MPa, $q_{pk}=9000$kPa。

第⑧层中风化泥质砂岩:坚硬局部中风化,揭露层厚 $3.4\sim14.3$m,地基承载力特征值 $f_{ak}=2500$kPa。

8.3.3　岩土分析

本场地土层主要为 Q_3 老黏土,承载力高,压缩模量高。初勘时通过现场的标准贯入试验测定出第③层黏土的承载力约为 300 kPa 左右,为了进一步确定浅层第③、④层土的地基承载力,现场分别进行了两组浅层平板载荷试验,每组 3 个点,试验相关参数见表 8-3 所列。

表 8-3　浅层载荷板试验相关参数

项目说明	土层名称	土层厚度	试验深度	承压板尺寸	预估最大加载量
浅层平板	③层黏土	3.0m	2.5m	1.5m×1.5m	800kPa
载荷试验	④层黏土	14.0m	4.5m	1.5m×1.5m	1200kPa

根据浅层平板载荷试验结果分析后,第④层黏土的地基承载力特征值 $f_{ak}=450\sim500$kPa,根据《建筑地基基础设计规范》(GB 50007—2011)对地基承载力进行深度和宽度修正,修正后的第④层黏土地基承载力特征值不小于 550kPa。工程地质剖面图如图 8-9 所示。

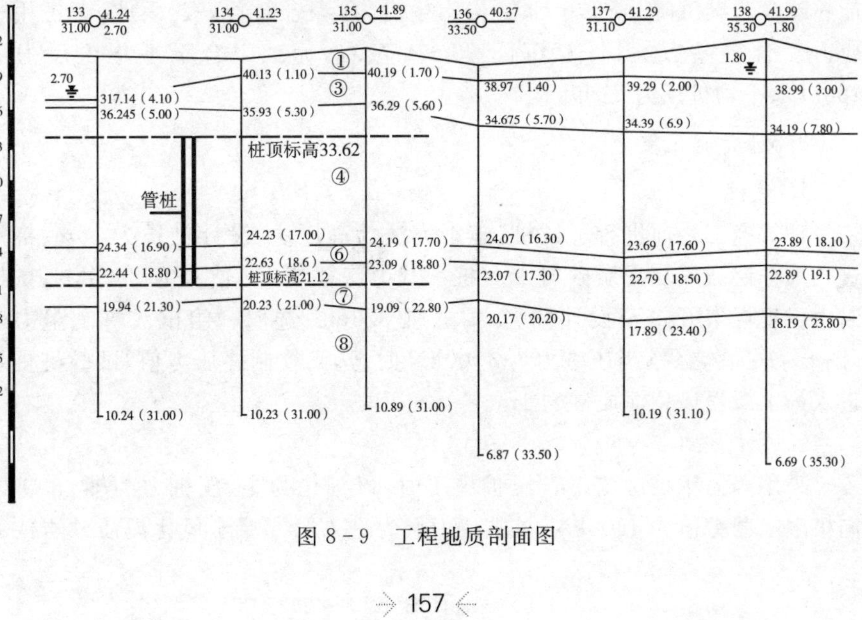

图 8-9　工程地质剖面图

8.3.4 方案比较

一期工程的 1♯、3♯、5♯、6♯、7♯、9♯、10♯、11♯、12♯、17♯、18♯、20♯楼均为 30～34 层,两层地下室,采用了桩土共同作用的桩筏基础。以 5♯楼为例:5♯楼±0.000 相当于地质报告中的绝对标高值(吴淞高程):43.330m,筏板底面位于第④层黏土层上,设计取第④层土承载力特征值 f_{ak} =450kPa,筏板顶标高为−7.45m,筏板厚度 750mm;剪力墙下布置管桩,管桩规格为 PHC 500 AB 125,基础筏板混凝土强度为 C40。工程采用了 56 根管桩,全部分布在剪力墙下,避免了桩顶反力对筏板的冲切作用,有效减小了筏板厚度。筏板持力层第④层黏土承载力高、稳定性好,根据《建筑桩基技术规范》(JGJ 94—2008),可以考虑土承担部分荷载,采用桩土共同工作的基础方案。桩基持力层选第⑦层强风化泥质砂岩,根据计算承台效应系数取 0.4,标准组合工况下地基土的平均反力为 186kPa,约占地基承载力特征值的 40%,尚有较大的富余;桩反力平均值小于单桩承载力特征值 2300kN,桩反力最大值小于 1.2 倍单桩承载力特征值。

本工程若采用桩基即不考虑桩土共同工作进行设计,标准组合下主楼总荷载值约 196430kN,总桩数 n =196430÷2300×1.1≈94 根,按桩土共同工作进行设计,实际布桩 56 根,减少 40%,经济效果明显。采用墙下布桩,筏板厚度 0.75m,筏板配筋也相应减少。由于天然地基承载力较高,也比较了天然基础方案,天然基础筏板厚度约取 1.5m,根据项目施工期间的材料造价,采用桩土共同工作的方案比天然基础方案经济性更好,且用管桩基础能够减少基础沉降,降低上部结构次生内力,综合效益好。因此,考虑用预应力复合桩基方案,计算沉降 25mm 左右,标准组合下平均土反力为 186kPa、平均桩反力 2109kN。

8.3.5 施工要点

1. 试桩

正式施工之前进行了试桩,施工方法为静压法,设计桩长为 15m,桩端进入第 7 层强风化泥质砂岩 1m,桩承载力特征值 Ra 估算为 2300kN,试桩时由于现场未开挖至设计标高,需送桩 3.6m。选取一组试成桩动阻力表(图 8−10)做参考,当压桩力为 4900kN 时,达到控制终压力值,试验桩桩端进入第 7 层强风化泥质砂岩 1m。

2. 管桩施工

采用静力压桩法施工。压桩施工时,以桩长为主、压桩力为辅,单桩竖向极限承载力值为 4600kN,桩端持力层为进入第⑥层全风化泥质砂岩或第

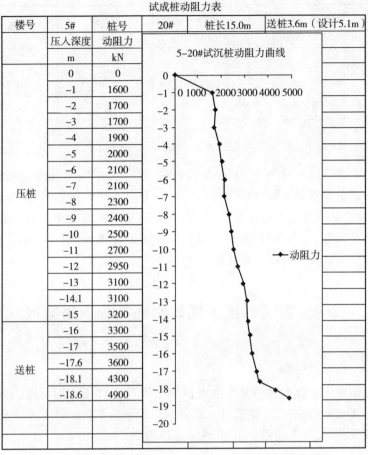

试成桩动阻力表

楼号	5#	桩号	20#	桩长15.0m	送桩3.6m（设计5.1m）
	压入深度	动阻力			
	m	kN			
压桩	0	0			
	−1	1600			
	−2	1700			
	−3	1700			
	−4	1900			
	−5	2000			
	−6	2100			
	−7	2100			
	−8	2300			
	−9	2400			
	−10	2500			
	−11	2700			
	−12	2950			
	−13	3100			
	−14.1	3100			
	−15	3200			
送桩	−16	3300			
	−17	3500			
	−17.6	3600			
	−18.1	4300			
	−18.6	4900			

图 8-10　5♯楼试成桩动阻力表

⑦层强风化泥质砂岩 1m。若压桩力达到 5000kN，仍未达到设计标高即可停止压桩。为减少管桩上浮，在桩端处设置 300mm 长度的开口钢桩靴。选择 ZYC800B 型抱压式静压桩机，最大压桩力可达 500t。

8.3.6　检测

工程桩施工结束后，检测单位进行了基桩完整性检测和单桩竖向抗压承载力检测，检测结果均符合设计要求。对各主楼在施工和使用期间进行沉降观测，至建筑物沉降速率小于规范规定值后进入稳定阶段的观测结果显示，沉降量和差异沉降均满足规范要求。如 5♯楼的沉降观测结果一年的沉降量为 16.72mm，单桩竖向抗压承载力检测结果见表 8-4 所列。

表 8-4 单桩竖向抗压承载力检测结果

桩号	承载力特征值 /kN	沉降量 /mm	回弹量 /mm	回弹率
11♯桩	2300	14.29	5.5	38.5%
27♯桩	2300	15.41	4.91	31.9%
50♯桩	2300	20.71	4.7	22.7%

8.3.7 结论

合肥融科城·融和园项目基础设计采用桩土共同工作的复合桩基。合肥市老黏土层承载力高,稳定性好,设计中考虑发挥土的作用,减少桩的数量,桩布置在剪力墙下传力直接,受力合理,减少了筏板的厚度和配筋,基础设计方案合理、安全可靠、理论先进。与传统的常规桩基相比,该方法在经济性和环境效益上有较大的优势。

8.4 密实砂层区域预制桩工程应用案例

8.4.1 工程概况

周口聚通界牌街棚户区改造项目位于周口市科技市场南侧,中州南路与七一路交叉口东北角,该项目主要由7栋8~28层高层商住楼、1栋26层写字楼及楼间2~3层商业裙房、地下车库组成。

8.4.2 地质概况

依据勘察报告,本场地土分为12个地质单元层,典型剖面如图8-11所示,自上而下分层描述如下:

第①层:杂填土(Q_4^{ml}),杂色,松散,主要成分为碎砖块、砖渣、混凝土块等建筑垃圾,该层局部较厚。层厚0.50~3.50m。

第②层:粉土(Q_4^{al}),褐黄色,湿,稍密~中密,干强度低,摇振反应中等,韧性低。含黄色铁质氧化物斑点、蜗牛壳碎片,局部夹粉质黏土,偶见钙质结核,直径2~3mm。层厚0.50~3.40m。地基承载力特征值$f_{ak}=250kPa$。

第③层:粉质黏土(Q_4^{al}),褐黄色~浅灰色,软塑~可塑。含黄色铁质氧化物斑点和黑色锰质斑点,偶见小姜石。层厚1.60~4.20m。地基承载力特征值$f_{ak}=120kPa$。

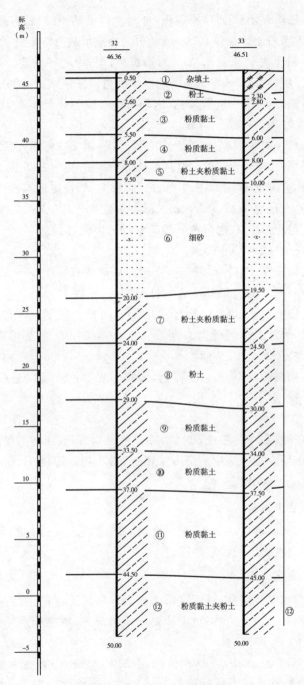

图 8-11　典型地质剖面

第④层:粉质黏土(Q_4^{al}),褐黄色,可塑。偶见钙质结核,直径 3~5mm,局部夹薄层中密粉土。层厚 0.90~3.10m。地基承载力特征值 $f_{ak}=150$kPa。

第⑤层:粉土夹粉质黏土(Q_4^{al}),褐黄色,湿,中密~密实。局部夹可塑状粉质黏土。层厚 0.80~2.30m。地基承载力特征值 $f_{ak}=200$kPa。

第⑥层:细砂(Q_4^{al+pl}),褐黄色,饱和,密实,颗粒级配不良,层厚 9.30~13.90m,标贯击数 $N=34~64$ 击。

第⑦层:粉土夹粉质黏土(Q_3^{al}),褐黄色,湿,中密,局部夹薄层状可塑状粉质黏土,层厚 3.30~5.00m。地基承载力特征值 $f_{ak}=230$kPa。

第⑧-1层:粉砂(Q_3^{al+pl}),灰色,饱和,密实,颗粒级配不良,该层主要在场地西侧出露。层厚 1.00~5.70m。标贯击数 $N=32~58$ 击。

第⑧层:粉土(Q_3^{al}),褐黄色~浅灰色,湿,中密,层厚 1.70~5.80m。地基承载力特征值 $f_{ak}=250$kPa。

第⑨层:粉质黏土(Q_3^{al}),灰色,可塑。局部夹有厚度 20~30cm 薄层粉土,层厚 3.90~6.00m。地基承载力特征值 $f_{ak}=230$kPa。

第⑩层:粉质黏土(Q_3^{al}),灰色~黄褐色,可塑~硬塑。含有灰黑色锰质斑点,偶见姜石和蜗牛壳碎片。层厚 2.80~4.00m。地基承载力特征值 $f_{ak}=260$kPa。

第⑪层:粉质黏土(Q_3^{al}),浅棕色,硬塑。含黑色铁锰质斑点,灰绿色条纹,局部含较多小姜石。层厚 6.00~9.00m。地基承载力特征值 $f_{ak}=280$kPa。

第⑫层:粉质黏土夹粉土(Q_3^{al}),棕黄色~褐黄色,硬塑。局部夹褐黄色密实粉土。该层在勘探深度范围内未揭穿,最大揭露厚度 10.50m。地基承载力特征值 $f_{ak}=300$kPa。

8.4.3 岩土分析

第⑥层为密实砂层,颗粒级配不良,标贯击数为 36~64 之间,厚度约 10 米,管桩无法常规施工的砂层地质。

8.4.4 方案介绍

本工程为密实砂层地质,管桩锤击或者静压都无法施工,引孔的情况下也容易造成塌孔。因此,在满足设计要求的情况下,本工程采用植桩工法进行管桩的施工。

采用 PHC 500 A 100-10,桩间距 2300×2300,单桩承载力特征值 2000kN,复合地基承载力特征值≥500kPa。4 栋楼共计布桩 573 根。桩平面布置如图 8-12 所示。

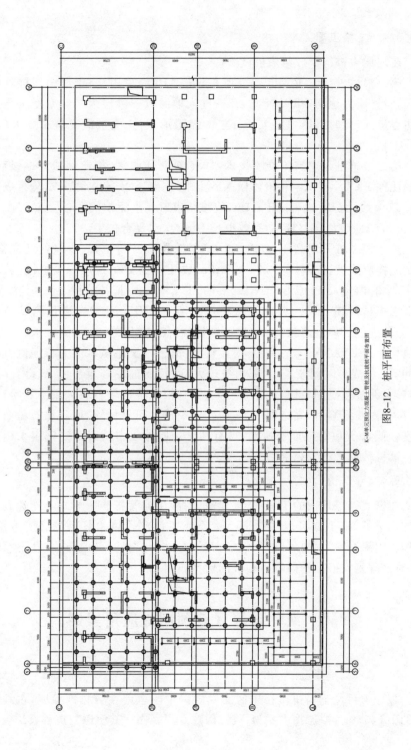

图8-12 桩平面布置

8.4.5　施工要点

在现场内进行了 3 组成桩试验。

第一根试桩为 PHC 500 A 100 桩,桩长 10m,采用 680T 静力压桩直接压入,当终压力达到 5000kN 时,管桩进入地面以下砂层为 2.5m,复压数次无明显进深,此时终压力已大于管桩的极限承载力,无法满足桩长要求(正常施工)。

第二根试桩采用高压旋喷技术,42.5 级普通水泥,按比例加入早强剂,浆液比例 1∶1。高压泵将液体压入砂土中,喷射压力 38～40MPa,测量成孔直径 800,成孔深度地表以下 11m,旋喷结束后在水泥土桩中心放入 PHC－500(125)AB 型预应力管桩,有效桩长 10m(水泥复合桩工法)。

第三根试桩采用高压旋喷技术,材料采用沸石粉,掺入少量的纤维素,强制搅拌成浆液,控制压力 32～35MPa,成孔直径 700,旋喷深度 9m。施工后 48 小时内压入 PHC 500 A 100－10 桩,L＝10m(搅拌植桩工法)。

三根试桩其中第一根已无法采用。第二根及第三根在满足测试条件后,分别进行了静载荷试验,试验结果显示,第二根及第三根试桩承载力特征值均大于 2000kN。经过分析对比得出:第二根试桩虽承载力特征值大于 2000kN,但成桩时间较长,水泥用量较大,而且成桩后必须在 2 小时内放入管桩,水泥浆液凝固较快,施工难度大;第三根试桩由于材料采用沸石粉,用料省,掺入纤维素后,黏结稠度大,细砂层中成孔不易坍塌,而且沸石粉前期强度较低,7 天以后强度快速增长,有利于间隔施工。工程最终选定采用第三根试桩数据进行工程桩施工。

8.4.6　结论

在密实砂层地质的工程中,常规锤击、静压的管桩施工方式不能达到要求的情况下,施工方可以尝试进行旋喷或搅拌成孔植入管桩的施工方法。工程使用沸石粉,用料省,掺入纤维素后,黏结稠度大,细砂层中成孔不易坍塌,对处理密实砂层地质有着很好的借鉴作用。

8.5　液化砂层区域预制桩应用案例

8.5.1　工程概况

拟建项目位于福州市长乐区文武砂镇中国东南大数据产业园,占地面积约 106457m²,拟建物主要为厂房、医院及写字楼。其中医院抗震设防类别属乙类建筑,其余拟建建筑物抗震设防类别属丙类建筑,一期建筑面积约 50000m²。场地整平标高暂定为 3.60m,基底埋深 5m。拟建物为地下 1 层、地上 6 层的框架结构,拟采用桩基础。

8.5.2 地质概况

勘察报告显示,本场地地层主要有:上部为第四系人工填土层(Q$_4$^{ml}),岩性为①－1 素填土(填砂)及①－2 素填土。中部为第四系全新统冲海积地层(Q$_4$$^{al+m}$),自上而下岩性为第②粉细砂、第③软黏土及第③－1 粉砂层;第四系上更新统冲海积层(Q$_3$$^{al+m}$),岩性为第④粉质黏土及第⑤中粗砂层。中下部为第四系更新统残积层(Q$_{pel}$),岩性为第⑥花岗岩残积砂质黏性土、⑦－1 全风化花岗岩、⑦－2 全风化辉绿岩、⑧－1 砂土状强风化花岗岩、⑧－2 砂土状强风化辉绿岩。工程地质剖面如图 8－13 所示。

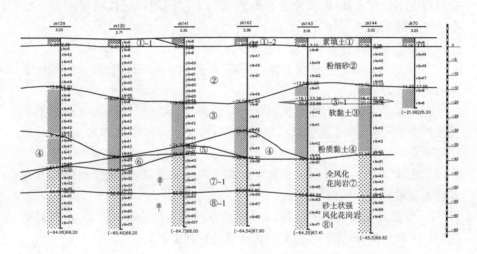

图 8－13 工程地质剖面

8.5.3 地质分析

本场地的抗震设防烈度为 7 度,属设计地震分组第三组,建筑场地类别为Ⅲ类,调整系数为 1.25,设计特征周期为 0.65s。拟建建筑物抗震不利地段,应采取有效的抗震措施。根据液化判别结果,液化指数 0.42～37.47(为轻微液化～严重液化),平均值为 12.29,综合判别场地为中等液化场地。

8.5.4 方案比选

1. 钻孔灌注桩方案适用性分析

本场地因分布有较厚砂层和软黏土层,且持力层选择为全风化或强风

化基岩,考虑到施工过程中塌孔、缩径及沉渣清理难度较大等因素,兼顾考虑施工周期和造价因素,首先排除了钻孔灌注桩工艺。

2. 预制桩适用性分析

预制桩一般选择 PHC 管桩。该桩型在此类地层所面临的主要问题有:

(1)在较厚的砂层中沉桩,极易出现因桩端砂层被挤密而无法继续向下沉桩的可能性;如采用预先引孔,除可能出现大面积塌孔外,更重要的是引孔对桩周土体性质的改变可能导致桩周侧摩阻力的大幅下降。

(2)如地下水存在对建筑材料的腐蚀性,则应采用定制的防腐预制桩和专门采用特定的防腐材料处理接头,否则桩身耐久性会因地下水的腐蚀作用而大幅下降。

综合以上分析认为,常规的钻孔灌注桩和预制管桩工艺在本项目地层应用均有不适宜之处,但预制管桩所遇到的上述问题均可以通过水泥土复合桩技术解决。

水泥土复合桩技术有以下 4 个特点:

① 先将水泥浆注入桩周土体,将其搅拌软化解决沉桩困难问题,在砂土地层效果更为明显。

② 在水泥浆注入土体形成水泥土桩后再同心植入管桩,相比在原土中直接挤土植入管桩,可显著减小挤土效应;由于水泥浆混入周边土体,对液化砂层有一定的减弱。

③ 管桩周围包裹的水泥土强度远高于原状土强度,可充分利用和发挥预应力管桩桩身承载力。

④ 管桩四周因水泥土包裹,避免桩身和接头直接接触地下水,从而避免受到地下水的腐蚀,保证基桩的耐久性满足设计要求。

根据《建筑抗震设计规范》(GB 50011—2010)(2016 年版)规定,考虑液化影响,经计算得出 $\lambda_n = N/N_{cr} = 0.48 \sim 1.57$,平均值为 1.03,故 0~10m 深度内的砂层液化影响折减系数取 2/3,10~20m 深度砂层液化影响折减系数取 1。根据试验桩结果,考虑砂层折减,管桩单桩承载力特征值取 2000kN,水泥土复合管桩单桩承载力特征值取 3200kN,经对比造价和工期确定采用水泥土复合管桩方案。

8.5.5 施工要点

试桩方案 1:如图 8-14 所示的 TP1 桩,采用预应力混凝土管桩方案,管桩选取 PHC 600 AB 130 型,桩长 45m,静压沉桩施工工艺,预估单桩抗压承载力特征值≥1800kN,试桩极限承载力不小于 3600kN。

试桩方案 2：如图 8-14 中所示的 TP2 桩，采用水泥土复合管桩方案，根据《水泥土复合管桩技术规程》(JGJ 330—2014)进行设计和计算。确定的水泥土复合管桩方案为：外桩水泥土桩桩径 1000mm，桩长 28m，水泥土强度≥2MPa，水泥掺量为 15%，采用 P.O 42.5 水泥，芯桩采用 PHC 600 AB 130 型预应力混凝土管桩，桩长 45m，芯桩需在水泥土桩完成后 10 小时内植入。预估单桩抗压承载力特征值≥3500kN，试桩极限承载力不小于 7000kN。

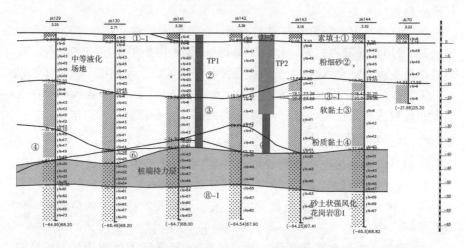

图 8-14 TP1、TP2 沉桩示意图

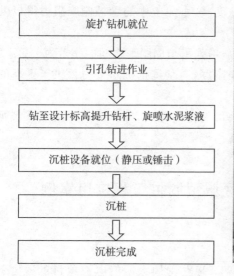

图 8-15

167

管桩试桩方案(TP1)在施工过程中出现了压桩困难、桩身无法下沉的情况,经研究决定改变施工方案,先采用长螺旋钻机引孔(孔径 500mm,引孔深度 25m),再用静压桩机沉入管桩。因下部砂层较厚,引孔后出现了比较严重的塌孔,后续静压沉桩难度仍较大,勉强将管桩压入预定深度。

水泥土复合管桩方案(TP2)试桩施工为水泥土桩施工和植入管桩两个工艺流水作业,即先采用长螺旋高压旋喷工法施工水泥土桩,再采用静压桩机植入管桩。

本项目按水泥土复合管桩进行设计,分两桩承台和三桩承台,共计 682 根桩(如采用普通管桩方案,则需 1100 根桩)。采用旋扩工法施工水泥土桩与静压桩植入管桩流水作业,平均每套设备每天可施工 8 根桩。在全部工程桩施工完成后,对工程桩采用低应变法检测桩身完整性、钻芯法检测水泥土强度和堆载法检测桩身承载力,几项检测结果均完全符合设计要求。

8.5.6 结论

本项目采用水泥土复合管桩设计方案,水泥土桩由长螺旋高压旋喷工法形成,技术质量稳定,高效、经济,顺利完成项目施工,并经检测和验收后达到 100% 合格标准。综合分析,水泥土复合管桩在本项目中的应用效果体现在以下 5 个方面:

(1)解决了深厚砂层预制管桩的沉桩难题,且保证了预制管桩的桩身完整性。

(2)水泥土外桩较原状土相比强度高,水泥土中的管桩侧摩阻力得以大幅提升。

(3)水泥土外桩侧表面粗糙度大,增强了与周围土之间的摩阻力。

(4)水泥土外桩提供更大的侧向刚度,为基桩抵抗水平力提供了更高的安全储备。

(5)水泥土桩的存在对管桩接头形成密闭包裹,确保接头不受地下水腐蚀作用,保证基桩耐久性符合设计使用年限要求。

8.6 岩层埋藏较浅区域预制桩工程应用案例

8.6.1 工程概况

宣城市金能移动能源有限公司 300MW 薄膜太阳能电池项目工程位于宣城经济技术开发区、春华路与致和路交汇处的东北侧、承接路与清流路交汇处的西南侧范围。本工程总建筑面积约 127000m²。其中办公楼、宿舍楼建筑物的主要数据见表 8-5 所列。

表 8-5　办公楼、宿舍楼建筑物相关数据

建筑物名称	地上层数	建筑物高度/m	地下层数	建筑面积/m²	结构类型	总荷载/kN	竖向标高±0.0(m)
办公楼	1F、9F	约 3.45	0	约 10278.3	框架结构	约 185009.0	40.80
宿舍楼	5F	约 17.10	0	约 6534.0	框架结构	约 98010.0	40.80

8.6.2　地质概况

项目场地位于宣城经济技术开发区,地貌上属侵蚀岗坡地貌单元,原为岗坡、山坳和沟塘,后期经土方回填整平。场地覆盖层主要为填土、第四系坡积成因的黏性土及碎石土,基岩为早第三纪海陆交互沉积层泥质砂岩。场地地层层序如下:

第①层杂填土(Q_4^{ml}):该层场地分布广泛,层厚 0.10～11.60m。灰黄、褐黄色,松散,湿。填土成分杂乱,主要以黏性土、碎石土、砂岩碎屑为主,沟塘处底部含有淤泥,底层有植物根须。为新近回填土。

第②层粉质黏土(Q_4^{dl}):该层主要分布于原场地山坳处,层厚 0.30～4.50m,褐黄色,可塑,湿。地基承载力特征值 $f_{ak}=140$kPa。

第③层粉质黏土(Q_3^{dl}):该层场地分布于原场地山坡处,层厚 0.50～4.60m,褐黄色、红黄色,可塑～硬塑,湿,中等压缩性。该层局部夹团块状黏土。地基承载力特征值 $f_{ak}=180$kPa。

第④层粉质黏土夹角砾(Q_3^{dl}):该层场地分布较广泛,呈透镜体状,层厚 0.10～0.80m。灰黄、褐黄色,稍密～中密,湿,夹角砾,中等压缩性。角砾及碎石含量 30%～60%,分布不均匀,富集处呈鸡窝状,局部含量较少处呈粉质黏土状,颗粒分选一般,球度较低,呈次棱状。砾径以 1.0～3.0cm 为多,少量达 5～8cm,砾间充填硬可塑状粉质黏土。地基承载力特征值 $f_{ak}=180$kPa。

第⑤层全风化泥质砂岩夹砂砾岩(E^{mc}):层厚 0.20～2.90m,棕红色、灰黄色,全风化,泥质砂岩呈可塑～硬塑状,砂砾岩呈稍密～中密状,湿,中等压缩性。组织结构基本破坏,遇水易软化。地基承载力特征值 $f_{ak}=210$kPa。

第⑥层强风化泥质砂岩夹砂砾岩(E^{mc}):层厚 0.10～2.90m,棕红色、灰

黄色,强风化,泥质砂岩呈硬塑～坚硬状,砂砾岩呈中密～密实状,稍湿,低
压缩性。组织结构大部分破坏,遇水浸泡或干湿交替易较快软化崩解。该
层风化程度不均匀,偶夹薄层中风化粉砂岩。地基承载力特征值
$f_{ak}=350$kPa。

第⑦层中风化泥质砂岩夹砂砾岩(E^{mc}):棕红色、灰黄色,中风化,泥质
砂岩呈坚硬块状,砂砾岩呈坚硬致密块状,结构部分破坏。地基承载力特征
值$f_{ak}=500$kPa。

第⑦层中风化泥质砂岩物理力学性质见表8-6所列(砂砾岩无法取完整
样)。地基各土层的桩极限端阻力标准值和极限侧阻力标准值见表8-7所列。

表8-6 中风化泥质砂岩物理力学性质统计表

岩石名称	分项	湿密度 ρ	天然抗压强度 R
		g/cm³	MPa
中风化泥质砂岩	统计频数	8	8
	最大值	2.32	4.23
	最小值	2.16	2.02
	平均值	2.21	2.60
	标准值	2.17	2.16

表8-7 地基各土层的桩极限端阻力标准值和极限侧阻力标准值

地层编号	岩土名称	钻孔灌注桩		预制管桩	
		桩的极限侧阻力标准值 q_{sik}/kPa	桩的极限端阻力标准值 q_{pk}/kPa	桩的极限侧阻力标准值 q_{sik}/kPa	桩的极限端阻力标准值 q_{pk}/kPa
②	粉质黏土	28		30	
③	粉质黏土	40		45	
④	粉质黏土夹角砾	45		50	
⑤	全风化泥质砂岩夹砂砾岩	75		85	
⑥	强风化泥质砂岩夹砂砾岩	110		120	8000
⑦	中风化泥质砂岩夹砂砾岩	160	4000	200	12000

8.6.3　地质分析

本工程在埋深 0.10～12.10m 的位置即进入全风化泥质砂岩,岩层埋藏较浅,且部分区域岩层起伏较大。

8.6.4　方案介绍

1. 勘察报告建议的地基基础方案

综合场地地基条件、场地竖向标高及拟建工程结构特点,本场地四周开阔,临近地段无居民生活区,其下卧基岩中风化泥质砂岩夹砂砾岩承载力高,层面有较大起伏。

考虑到经济、合理等因素,总体上建议本工程优先使用钻孔灌注桩桩基方案。但局部地段第⑦层中风化泥质砂岩夹砂砾岩层面起伏不大时,也可使用预制桩桩基方案。

其中建议的办公楼、宿舍楼地基基础方案见表 8-8 所列。

表 8-8　办公楼、宿舍楼地基基础方案

拟建楼	建议地基基础方案	竖向标高 ±0.0(m)
宿舍楼	桩基方案:建议以⑦层中风化泥质砂岩夹砂砾岩为持力层设计钻孔灌注桩或预制管桩	40.80
办公楼	桩基方案:建议以⑦层中风化泥质砂岩夹砂砾岩为持力层设计钻孔灌注桩(机械旋挖成孔)或预制管桩	40.80

2. 最终设计单位采用的地基基础方案

办公楼、宿舍楼均为框架结构,基础采用桩基承台。设计单位最终采用的桩基方案是预应力混凝土管桩,选用 PHC 500 AB 100,持力层为第⑦层中风化泥质砂岩夹砂砾岩,桩端进入持力层不小于 500mm,单桩竖向承载力特征值为 700kN,竖向承载力试验实际最大加载量预估值为 1500kN。要求预应力混凝土管桩施工应以控制贯入度为主,结合桩底标高控制沉桩,如遇特殊情况沉桩困难,必须及时提出,协商解决,并要求全面施工前进行试桩,通过静载试验方法确定单桩竖向抗压极限承载力作为工程桩的设计依据,以及通过试桩选择沉桩设备和确定工艺参数。

8.6.5　施工要点

桩基施工单位按设计要求结合勘察报告进行了试桩。试桩结果说明高强度预应力混凝土管桩对勘察报告中反映的第四系地层(包括填土中的泥质砂岩碎块、粉质黏土夹角砾、全风化泥质砂岩夹砂砾岩、强风化泥质砂岩夹砂砾岩)均能有效穿透,对中风化泥质砂岩夹砂砾岩则难以穿透,进入深度一般几十厘米,不超过 1 米。最终办公楼完成 314 根桩,宿舍楼完成 236 根桩。

桩基检测单位对桩基检测的结果说明桩的单桩竖向承载力全部满足设计要求,所有桩桩身结构完整,都为 I 类桩。

8.6.6 结论

岗坡地貌单元,基岩埋藏浅且岩面起伏大,但只要在单体建筑范围内对桩长、相邻桩桩底高差的影响不超过规范要求,就可以考虑高强度预应力混凝土管桩的应用,从而发挥混凝土管桩的优势——成本低、工期短、性价比高。

8.7 岩溶地质条件预制桩工程应用案例

8.7.1 工程概况

肇庆龙光地产工程位于广东省肇庆市肇庆新区核心商务区,为龙光世纪(肇庆)置业有限公司开发的城市大型商业商务综合体项目,毗邻肇庆东站,一期为 10 栋 32 层剪力墙结构住宅塔楼,二期为 400m 的商务地标大厦。

8.7.2 地质概况

地层自上而下为:

第①层人工填土,杂色,松散,中～高压缩性,土质不均匀,厚度变化较大。厚度 1.00～8.00m,平均 3.11m。地基承载力特征值 $f_{ak}=80$kPa。

第②-1 层淤泥质土,灰色,流塑,含水率大,孔隙比大,高压缩性,土质不均匀。层厚 0.50～17.30m,平均 4.36m。地基承载力特征值 $f_{ak}=35$kPa。

第②-2 层粉质黏土,黄褐色,可塑,中压缩性,土质不均匀。层厚 0.50～22.40m,平均 6.75m。地基承载力特征值 $f_{ak}=130$kPa。

第②-3 层粉质黏土,灰黄色,可塑,中压缩性,土质不均匀。层厚 2.30～17.10m,平均 7.90m。地基承载力特征值 $f_{ak}=120$kPa。

第②-4 层粉细砂,褐黄色,饱和,密实,颗粒级配不良,成分由石英、长石、云母组成。层厚 0.80～9.50m,平均 4.03m。标贯击数 N=32～45 击。

第③-1 层粉质黏土,灰黄色,可塑,中压缩性,土质不均匀。层厚 1.20～10.10m,平均 4.44m。地基承载力特征值 $f_{ak}=150$kPa。

第③-2 层粉质黏土,黄褐色,可塑,中压缩性,土质不均匀。层厚 1.80～

14.70m,平均6.75m。地基承载力特征值f_{ak}=170kPa。

第④－1层中风化灰岩,浅灰色,细晶质结构,中厚层构造,裂隙发育。层厚0.10~2.80m,平均0.84m。地基承载力特征值f_{ak}=350kPa。

第④－2层微风化灰岩,浅灰色,有少量风化裂隙,局部构造裂隙发育,内有方解石充填。层厚为0.10~7.75m`,平均4.00m。地基承载力特征值f_{ak}=550kPa。

8.7.3　地质分析

本工程第④－2层存在溶洞,属于岩溶地区,桩基类施工比较复杂。

8.7.4　方案介绍

在岩溶区域桩基施工时,常选用灌注桩方案,遇到溶洞时,对溶洞灌入混凝土,直至灌满为止,所灌入的混凝土存在不确定性,充盈系数较大,造价较高。

若是采用管桩方案,普通的锤击或静压施工难度大,或者无法施工。在综合考虑后,施工方选择潜孔冲击高压旋喷复合管桩工艺(简称DJP工法)方案,采用直接700的潜孔锤引孔,植入PHC 600 AB 130的管桩,全段注浆(图8－16)。

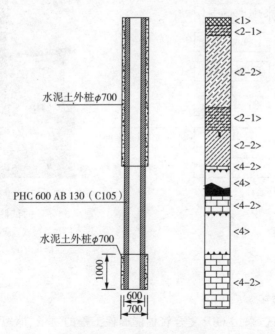

水泥土外桩φ700

PHC 600 AB 130（C105）

水泥土外桩φ700

1000

600
700

<1>
<2-1>
<2-2>
<2-1>
<2-2>
<4-2>
<4>
<4-2>
<4>
<4-2>

图8－16　试桩方案示意图

使用 DJP 复合管桩,即外芯为 DJP 水泥土,芯桩为预制管桩。设计水泥土桩直径为 700mm,芯桩采用 UHC 600-Ⅱ-130 型管桩,选择桩端持力层为④-2 层微风化灰岩,单桩承载力特征值 $Ra=5500kN$。桩端嵌入持力层深度 1.0m,持力层应为连续厚度不小于 5.0m 的完整基岩。

8.7.5 施工要点

采用振动锤在设计桩位上预先振放 800mm 钢套管(壁厚≥10mm),振入深度 3.0m。施工步骤如图 8-17 所示:

采用 DJP 工法在钢套管内进行成孔钻进作业,采用低压水(＜2MPa)钻进。钻进至溶洞底时,控制钻进速度,保持"吊打",保证进入下部基岩段的垂直度。钻进至设计深度后旋喷水泥浆,喷浆深度仅为嵌固段 1.0m,然后直接提出钻具。钻具提出后,在第一节管桩桩端焊接"梯形台十字钢桩尖",采用锤击工艺分节植入管桩至设计深度,灌入水泥土至桩顶标高,形成 DJP 复合管桩。桩径 600mm 的试桩现场如图 8-18 所示。

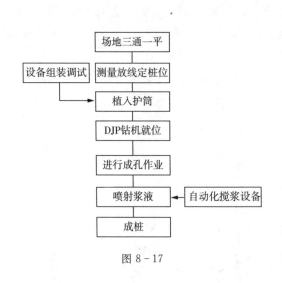

图 8-17

图 8-18 桩径 600mm
的试桩现场

注:静载荷试验载荷 5000kN,对应
沉降仅有 12.41～16.25mm

8.7.6 结论

在岩溶地区,采用 DJP 复合管桩能确保工程的质量、缩短工期和节省造价,对施工过程的整体把控有着极大的优势。

8.8 劲性体地基处理工程应用案例

8.8.1 工程概况

泗县雪枫家园安置区位于宿州市泗县二环北路南侧、孟山路东侧、洼张山路西侧,南侧为规划支路。项目包括 10 栋 20～32 层住宅楼、3 栋 1～3 层商业楼、2 栋 1～2 层配电房,除商业楼及 B−3#楼外均下设 1 层地下车库。

8.8.2 地质概况

根据本次勘探揭露的地层资料分析,拟建场地在勘探深度内各岩土层自上而下分布情况如下:

第①层杂填土(Q^{ml})——褐灰、灰黄、黄褐等杂色,湿,松散～稍密(软塑～可塑)状态。层厚 0.40～2.10m,该层主要成分为黏性土,表层堆积有大量建筑垃圾。

第②层黏土(Q_4^{al+pl})——褐黄、灰黄色等杂色,湿,可塑～硬塑状态,夹钙质结核等,层厚 1.50～3.70m。其静力触探比贯入阻力 P_s 值一般为 2.00～4.20MPa,平均值 2.35MPa。

第③层粉土(Q_4^{al+pl})——黄灰、黄褐色,稍密～中密状态,湿。含氧化铁,间夹有粉质黏土,混少量钙质结核等,层厚 0.50～2.10m。其静力触探比贯入阻力 P_s 值一般为 4.40～12.90MPa,平均值为 6.36MPa。其标准贯入试验击数一般为 14～21 击,平均为 16.83 击(标贯击数 N 为实测值)。

第④层黏土(粉质黏土)(Q_4^{al+pl})——黄褐、灰黄色,湿,可塑～硬塑状态,层厚 0.50～4.60m。其静力触探比贯入阻力 P_s 值一般为 2.00～3.00MPa,平均值为 2.25MPa。

第④−1 层粉质黏土(Q_4^{al+pl})——该层局部呈透镜体状分布于第④层黏土(粉质黏土)中,黄褐、灰黄色,湿,可塑状态,夹少量粉土。层厚 0.30～1.20m。其静力触探比贯入阻力 Ps 值一般为 1.20～1.80MPa,平均值为 1.43MPa。

第⑤层黏土(Q_4^{al+pl})——褐黄、灰黄色等杂色,稍湿,硬塑。层厚 2.30～4.20m。其静力触探比贯入阻力 P_s 值一般为 3.00～4.60MPa,平均值为 3.56MPa。

第⑥层粉土(Q_4^{al+pl})——部分钻孔揭穿。黄灰、黄褐色,稍密～中密状态,饱和,含氧化铁,钙质结核,间夹少量粉细砂、粉质黏土等,层厚 1.20～3.70m。其静力触探比贯入阻力 P_s 值一般为 6.60～16.20MPa,平均值为

14.40MPa。其标准贯入试验击数一般为 14～23 击,平均为 17.86 击(标贯击数 N 为实测值)。

第⑦层黏土(Q_4^{al+pl})——该层未揭穿,层厚大于 35.0m。灰黄色,硬塑～坚硬状态,稍湿,有光泽,无摇振反应,干强度高,韧性高,含氧化铁,下部夹大量钙质结核等。工程地质剖面如图 8-19 所示。

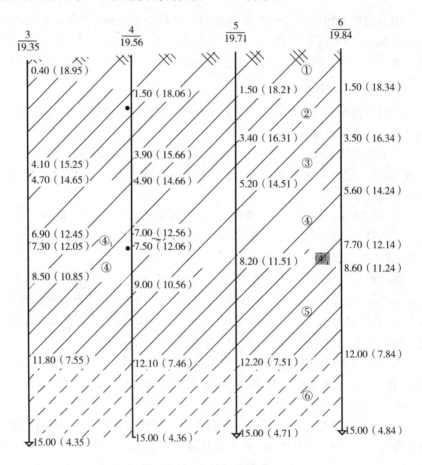

图 8-19 工程地质剖面图

表 8-9 天然地基设计参数一览表

层序	土层名称	地基承载力特征值 f_{ak}/kPa	压缩模量 Es_{1-2}/MPa	基床系数 K/(MN/m³)
①	杂填土	/	/	/
②	黏土	220	10.0	45

层序	土层名称	地基承载力特征值 f_{ak}/kPa	压缩模量 Es_{1-2}/MPa	基床系数 K/(MN/m³)
③	粉土	190	10.0	40
④	黏土(粉质黏土)	200	9.5	42
④−1	粉质黏土	140	7.0	/
⑤	黏土	250	12.0	/
⑥	粉土	200	11.0	/
⑦	黏土	280	14.0	/

8.8.3 岩土分析

本工程建筑物楼层相对较高,对土的承载力要求较高,地质自基础以下多为黏土及粉土,预制桩基施工相对比较顺畅。天然地基设计参数见表8-9所列。

8.8.4 方案介绍

原土质地基承载力特征值相对较大,但由于本工程楼层较高,而原土层靠自身修正过后的承载力无法满足,如采用桩基础方案,相对浪费了原土的承载力,本着节约造价的原则,设计排除桩基础方案,选择复合地基方案。

根据地勘报告,工程建议采用CFG桩作为复合地基方案中的增强体。根据实际方案对比,本着节约成本、减少环境污染、缩短工期的原则,选择PST−CF 400−60作为复合地基方案中的增强体,长度15m,混凝土强度等级C80。劲性体参考行业标准《预应力管桩技术标准》(JGJ/T 406—2017)。具体方案如图8-20所示。

其中,管桩单桩竖向极限承载力标准值为980kN,复合地基承载力特征值为420kPa。

8.8.5 施工要点

采用常规静力压桩法施工。压桩施工时,以标高控制为主、压桩力为辅,单桩竖向极限承载力标准值为980kN,桩端应进入第⑦层黏土层。

8.8.6 结论

施工方在复合地基中采用预制桩(劲性体)作为增强体,在缩短工期、节省造价、保护环境等方面都有很大的优势。因此,除了常用的CFG桩方案之外,劲性体方案也是今后复合地基基础设计中的优选方案。

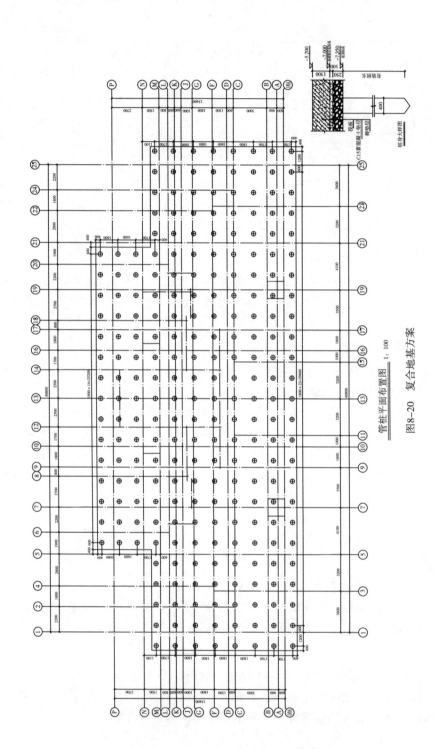

管桩平面布置图 1:100

图8-20 复合地基方案

8.9 抗拔管桩工程应用案例

8.9.1 工程概况

怀远县人民医院西院区位于怀远县城关镇马家湖村村东,XS4 路与马湖西路交汇处西南侧,拟建场地规划住院楼 1 栋层数 20 层,专家宿舍、职工宿舍层数 19 层,医技楼、门诊楼、行政体检中心层数 4～5 层,传染楼层数 4层,高压氧舱、污物站、污水处理层数 1 层,建筑占地约 124786.72m²,建筑面积 269760.00m²,满铺地下室、框架、框剪结构。

8.9.2 地质概况

场地内埋深 60.00m 以内地基土岩性自上而下共划分为 7 个工程地质层,特征分述如下:

第①层耕土、杂填土(Q_4^{ml}):灰黄色,以粉土为主,表层含大量植物根系。杂填土上部含建筑垃圾、石块等。层厚 0.50～1.40m。

第②层粉土(Q_4^{al+pl}):灰黄～灰色,稍密,湿,夹黏土薄层,软塑状,层厚4.00～13.40m。地基承载力特征值 $f_{ak}=80kPa$。

第③层粉土(Q_4^{al+pl}):灰黄色,稍密～中密,夹黏土薄层,层厚 5.00～10.50m。地基承载力特征值 $f_{ak}=100kPa$。

第④层粉质黏土(Q_4^{al+pl}):青灰～灰黄色,软塑～可塑,湿,局部粉质含量较高,层厚 1.00～14.70m。地基承载力特征值 $f_{ak}=90kPa$。

第⑤层粉土(Q_3^{al+pl}):褐黄色,中密状,湿,夹黏性土薄层,黏土呈可塑状,层厚 0.90～12.20m。地基承载力特征值 $f_{ak}=150kPa$。

第⑥层粉砂夹黏土(Q_3^{al+pl}):青灰～褐黄,中密～密实状,夹粉土、黏性土薄层。该层揭露最大厚度 24.90m。地基承载力特征值 $f_{ak}=190kPa$。

第⑦层中细砂(Q_3^{al+pl}):青灰色,密实状,饱和,分选性稍差,级配良好,夹黏性土薄层。该层未揭穿,揭露最大厚度 16.70m。地基承载力特征值 $f_{ak}=240kPa$。

场区地下水类型主要为孔隙潜水和承压水,勘察期间受本地区地表水及浅层地下水补给的影响。地下水类型埋深见表 8-10 所列。

表 8-10 地下水类型埋深

含水层	类型	含水层	初见水位埋深/m	稳定水位埋深/m	稳定水位高程/m
1	孔隙潜水	②粉土	1.50～2.30	1.60～2.40	17.70～17.80
2	承压水	⑤粉土、⑥粉砂夹黏土	12.00～28.40	11.0～27.40	-7.30～8.40

8.9.3　地质分析

工程地质土层较适合预制桩施工,桩基可选用第⑥层粉砂夹黏土、第⑦层中细砂作为桩端持力层,地下水埋深较浅,地勘建议地下水位埋深为设计地坪下 1m。工程地质剖面如图 8-21 所示。

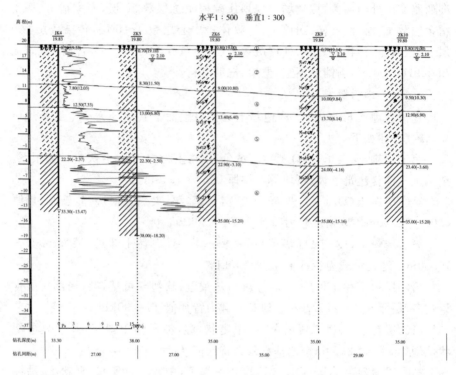

图 8-21　工程地质剖面图

8.9.4　方案介绍

地勘给出 2 种可以用的桩型并对桩型进行对比。

1. 预应力混凝土管桩

优点:单桩承载力较高,施工工艺简单,施工周期短,养护时间短,造价合理;缺点:桩体自身抗剪性较差。本工程存在土方开挖,开挖时若不注意桩容易被挖断。由于第⑤层粉土密实度均有所差异,沉桩存在困难,又因为管桩是挤土桩,在施工过程中会产生较大的超孔隙水压力,在静压桩施工过程中应配有足够的配重或引孔,确保在施工时达到设计要求。桩平面布置如图 8-22 所示。

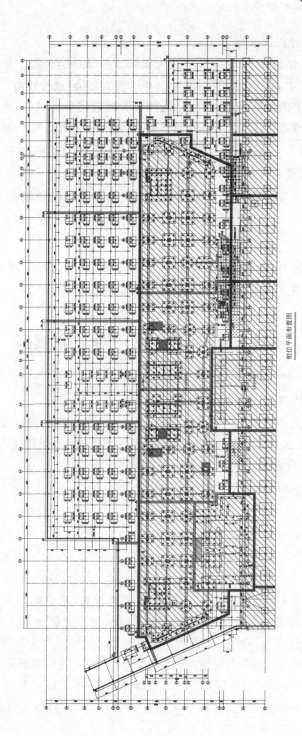

桩位平面布置图

图8-22 桩平面布置图

桩型采用PHC（T）400 AB 95抗拔管桩，但单桩竖向抗拔力特征值为210kN

2. 泥浆护壁钻孔灌注桩

优点:由于是钻机施工,不会产生过大噪音及振动;缺点:施工及养护周期长,施工中会产生大量泥浆,且对环境会产生较大污染,造价较高。

综合以上方案的优劣势,工程设计选择在管桩的优点基础上,地下水的浮力不会对地下室产生上浮的影响,选择抗拔桩基础方案。整个方案具备单桩承载力高、施工工艺简单、施工周期短、养护时间短等优点。

8.9.4 施工要点

采用常规静力压桩法施工。压桩施工时,抗拔桩以标高控制为主,压力值为辅。

8.9.5 结论

地下水位较高时,建筑的地下室往往有抗浮要求,可选择管桩基础;管桩采用焊接+抱箍连接接头,能有效提高管桩的抗拔力。

8.10 高性能管桩(防腐桩)工程应用案例

8.10.1 工程概况

梧州丰业房地产开发有限公司拟建丰业·香樟园,位于梧州市龙骨路西南侧,即原梧州蓄电池厂区,建筑总占地面积约53290m²,建筑规模主要由8栋28层住宅楼及6栋3~7层建筑物组成。

8.10.2 地质概况

1. 覆盖层分层简述

根据区域地质资料、钻孔揭露,该场地覆盖层主要为花岗岩残坡土及第四系冲积土及填土,下伏基岩为燕山早期(γ_5^2)花岗岩。现自上而下分层简述如下:

第①层素填土:厚1.50~7.60m,场地内普遍分布,堆填时间为20~30年,呈褐黄色,主要成分为花岗岩残积土碎屑、杂碎砖、混凝土块等,均匀性差,孔隙度大,呈稍密状,稍湿~湿,高压缩性。

第②层粉质黏土:属冲沟新近沉积成因(Q_4^{al}),在场地内局部分布,呈灰褐色为主,局部灰绿、灰黑色,层厚3.10~5.30m。以粉质黏土为主,局部含淤泥质土及夹中粗砂透镜体,浅部偶见朽木、炭粒,湿~很湿,呈可塑状,中偏高压缩性。

第④层砂质黏性土(花岗岩残积土):属花岗岩经长期物理、化学风化作用后残留原地形成的残积层(Q^{el}),根据其力学性质分为④$_1$、④$_2$二个亚层:

第④$_1$层砂质黏性土(花岗岩残积土),场地内局部分布,厚度3.50~7.50m,褐黄色杂黑、白色斑点,原岩组织结构已完全破坏,原岩矿物除石英外,其余已风化成土状物,遇水易软化崩解,稍湿~湿,中压缩性,呈可~硬塑状态,强度随深度而增大。

第④$_2$层砂质黏性土(花岗岩残积土),场地内普遍分布,厚度4.20~14.90m,褐黄色杂黑、白色斑点,原岩组织结构模糊难辨,原岩矿物除石英外,其余已风化成土状物,遇水易软化崩解,湿,中压缩性,呈硬塑状态,强度随深度而增大。

第⑤层花岗岩:属燕山早期花岗岩(γ_5^2),为本场地之基岩,岩面起伏较大,在钻孔深度范围内,根据风化程度可分为全风化、强风化、中风化、微风化四个风化带,现分述如下:

第⑤$_1$层全风化花岗岩:黄褐、棕褐杂黑、白色,本场地各钻孔均揭露该风化带,厚3.30~11.80m。原岩结构基本已破坏,岩芯呈坚硬土状,遇水易软化崩解。

第⑤$_2$层强风化花岗岩:黄褐色杂黑、白色,本场地钻孔均揭露了该风化带,钻孔揭露或控制厚度4.0~18.60m。原岩结构大部分已被破坏,岩体节理裂隙发育,岩芯呈坚硬土状。

第⑤$_3$层中风化花岗岩:在孔深范围内,所有钻孔均揭露,层面埋深19.00~44.60m(标高15.35~11.72m),钻孔揭露厚度0.50~10.9m,浅灰、褐黄色杂白、黑色斑点,矿物成分以石英、长石及暗色矿物角闪石为主,部分已风化蚀变,岩体破碎~较破碎,风化裂隙发育,原岩结构部分破坏,局部夹微风化夹层,岩层裂隙充填物多为强风化岩,钻孔岩芯呈碎块状、短柱状,部分锤击易碎,属破碎的较软岩,岩体基本质量等级为Ⅳ级。

第⑤$_4$层微风化花岗岩:在孔深范围内,各钻孔均揭露该风化带,钻孔控制厚度3.20~5.50m,浅灰色杂白、黑色斑点,岩体完整,岩芯呈坚硬柱状、长柱状,岩石结构基本未变,仅沿裂面偶见铁锰质氧化物渲染,块状构造,属完整~较完整的坚硬岩,岩体基本质量等级为Ⅱ级。

2. 花岗岩球状风化体

花岗岩球状风化体俗称"孤石",根据附近地质资料,本地段在砂质黏性土(花岗岩残积土)中、全、强风化花岗岩带中常见有不规则分布的中风化、微风化球状风化体存在,有时甚至在砂质黏性土(花岗岩残积土)中见有强风化花岗岩球体,主要由于花岗岩风化的不均匀性形成。本次勘察各钻孔在 CK55 孔 15.80～16.40m、CK56 孔 24.50～26.00m、CK58 孔 11.50～12.20m 均遇到"孤石",花岗岩球状风化体("孤石")的不规则分布给基桩施工带来一定的影响。

3. 微风化夹层

由于岩体风化不均匀,在中风化岩层中有微风化岩以夹层状存在,在 CK53、CK54、CK55、CK58、CK64 孔揭露,厚 0.30～2.50m,其分布亦不规则。微风化夹层的存在亦会给桩端持力层的判断带来不利影响,造成误判。

8.10.3 地质分析

综合地下水化学分析及土易溶盐分析结果,SO_4^{2-} 离子含量 280～2800mg/L,按环境类型判定地下水对混凝土结构具有中等腐蚀性;pH 值为 3.58～12.70,侵蚀性 CO_2 含量值为 0.0～946.0,按地层渗透性判定地下水和土对混凝土结构具有中腐蚀性。根据以上分析结果,综合判定地下水和土对混凝土结构具有中腐蚀性,对钢筋混凝土结构中的钢筋具有弱腐蚀性,土对钢结构有中等腐蚀性影响,属于特殊地质土。工程建设需按《工业建筑防腐蚀设计规范》(GB 50046)的有关规定对建筑材料进行防腐蚀设计。

本项目的岩土工程评价中给出,地下水和土对混凝土结构具有中腐蚀性,对钢筋混凝土结构中的钢筋具有弱腐蚀性,土对钢结构有中腐蚀性影响,属于特殊地质情况。

8.10.4 方案介绍

设计原方案为预应力混凝土管桩基础,预制管桩持力层为强风化花岗岩⑤$_2$,但由于地下水和土对混凝土和钢结构有腐蚀性影响,因此,需要对预制管桩进行防腐要求处理。

目前常用的防腐措施为桩外侧涂刷防腐涂料和桩身采用防腐材料两种形式,考虑防腐涂料在桩基施工的过程中有可能损坏,设计最终选择桩身采用防腐材料的防腐形式,即预制桩为预应力混凝土防腐桩,桩型为 PHC 500 AB 125(桩身采取防腐措施),且对施工提出了如下要求:

(1)管桩厂家生产的预应力混凝土防腐管桩应满足设计要求。其对于硫酸根、氯离子及 pH 值 3 个指标的防腐性能应满足设计要求;其设计使用年限应为 100 年,满足设计要求。管桩的混凝土保护层厚度需大于 45mm。

(2)沉桩后对桩端以上范围内采用 C35 微膨胀混凝土填芯防渗。

(3)施工时需合理配桩,最后一节桩尽量配 10m 以上的长桩,避免接头留在腐蚀性相对较重的区域。

(4)施工时压桩压力不宜过大,以避免管桩可能会产生裂纹。

（5）桩承台、地梁、底板的混凝土保护层加厚50mm。

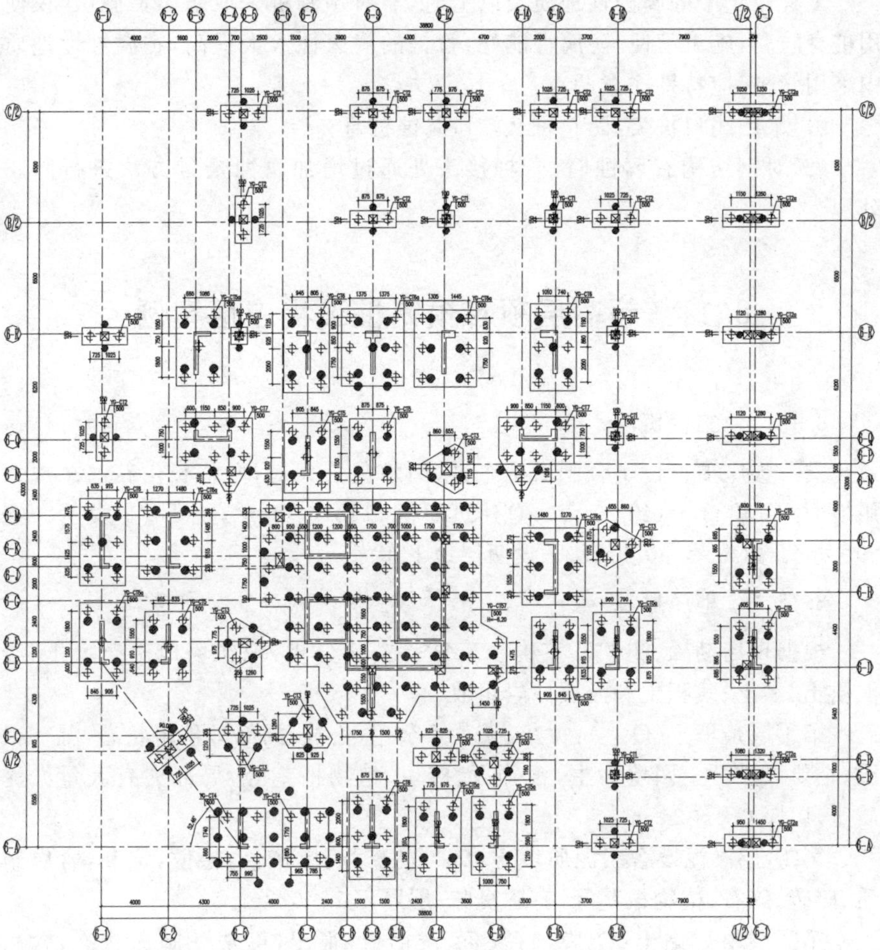

图 8-23 桩平面布置图

对管桩的防腐进行说明：

桩身混凝土中掺入对 Cl^- 离子、SO_4^{2-} 离子都有抗腐蚀性的外加剂，外加剂的掺量由厂家根据防腐要求确定。抗渗等级不应低于 P10；桩尖宜采用闭口桩尖，焊缝应连续饱满不渗水。预应力高强混凝土管桩接桩可采用焊接接桩，但应加强接头处防腐措施，加大端板厚度及焊缝高度不小于 2mm，接头处涂刷环氧沥青漆并采取保护措施，有条件时也可采用热收缩聚乙烯套膜保护。桩平面布置如图 8-23 所示。

8.10.5　结论

工程位于中等腐蚀性地质及以上时,需对预制桩采取防腐措施,建议使用桩身防腐,施工简便,防腐性能好,管桩的耐久性大大提高,在腐蚀性地质中采用管桩,应特别注意两点:

(1)采用闭口桩尖,防止桩从端口腐蚀桩身。

(2)对钢结构有腐蚀时,管桩接头处通过增加腐蚀余量方法进行防腐处理。

8.11　超高层项目预制桩工程应用案例

8.11.1　工程概况

文一银座项目位于合肥市肥东县,南临包公大道,西临长山路。总规划用地面积 13333m² (约 20 亩),总建筑面积 116870.46m²,主要建筑物为一幢 29F 办公楼($H=150.0$m),下设两层地下车库。

8.11.2　地质概况

根据现场勘探、测试及室内土工试验资料分析,拟建场地由杂填土、淤泥质土、黏土、残积土和泥质砂岩组成。

第①层杂填土(Q_4^{ml}):黄灰、褐黄等杂色,松散,局部呈稍密状态,湿～很湿,主要以黏性土回填为主,含碎石、砖块、植物根茎等,局部夹有大量淤泥质土,层厚 0.4～2.7m。

第①₁层淤泥及含淤泥质填土(Q_4^{ml}):灰黄、黑灰色,松散,饱和,含腐殖质、碎砖、碎石、植物根茎等,有腥臭味,层厚 1.1～6.2m。

第②层粉质黏土(Q_4^{al+dl}):灰黄、灰褐色,很湿,可塑～硬塑状态,含粉质、铁锰质染斑、结核等,该层仅部分地段分布,层厚 0.8～2.9m。

第③₁层黏土(Q_3^{al+pl}):灰褐、褐黄、灰黄色,硬塑状态,湿,含铁锰质结核、高岭土等。该层土底部约 0.5～1.0m,以灰黄色黏土为主,具镜面光泽,裂隙面充填有灰白、灰绿色黏土,为合肥地区典型膨胀性土,层厚 2.2～3.0m。

第③₂层黏土(Q_3^{al+pl}):褐黄,硬塑～坚硬状态,湿,局部夹薄层粉质黏土,含铁锰质结核、高岭土等,裂隙面充填有灰白色黏土。该层未钻穿,最大揭示厚度 35.30m。

第④层残积土(Q_2^{el}):褐黄、灰白色,湿,坚硬,含少量碎砾石、钙质结核、泥质砂岩风化颗粒等。该层仅4#、5#钻孔钻穿,最大控制层厚3.5m。

第⑤₁层强风化泥质砂岩(K):紫红、暗红色等,密实状态,湿,泥质结构,层状构造,构造层理不甚清晰,胶结不致密,手捏易碎,一般无完整岩芯。该层仅4#、5#钻孔钻穿,最大控制层厚4.0m。

第⑤₂层中风化泥质砂岩(K):紫红、暗红色等,坚硬,泥质胶结,厚层状构造,岩芯采取率一般在70%~90%,岩石天然状态单轴极限抗压强度一般均小于5MPa,属极软岩,岩体基本质量等级为Ⅴ类。该层未钻穿,最大揭示厚度6.0m。工程地质剖面如图8-24所示。

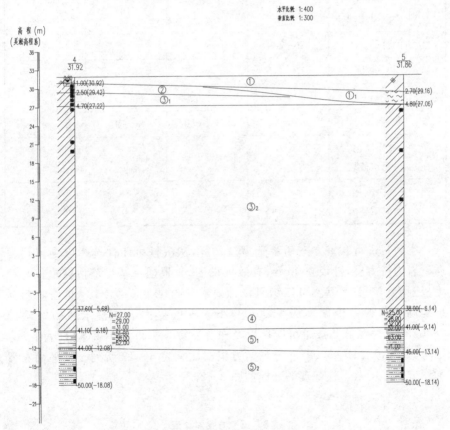

图8-24 工程地质剖面图

8.11.3 方案分析

办公楼建筑高度为150m,属于超高层建筑,对桩基承载力要求比较高,原设计方案采用800mm灌注桩,以中风化基岩为持力层,有效桩长36m,单桩承载力特征值 3700kN。天然地基设计参数见表 8-11 所列。

表 8-11　天然地基设计参数一览表

层序	土名	预应力管桩		钻孔灌注桩	
		桩的极限侧阻力标准值 q_{sik}/kPa	桩的极限端阻力标准值 q_{pk}/kPa	桩的极限侧阻力标准值 q_{sik}/kPa	桩的极限端阻力标准值 q_{pk}/kPa
①	杂填土	16	/	16	/
①₁	淤泥及含淤泥质填土	16	/	16	/
②	粉质黏土	50～60	/	50～55	/
③₁	黏土	75～85	/	70～80	/
③₂	黏土	80～95	5000～6000	80～90	/
④	残积土	85～95	5500～6500	90～95	/
⑤₁	强风化泥质砂岩	/	/	100～120	/
⑤₂	中风化泥质砂岩	/	/	180～200	4200～4800

本项目进行管桩方案初步选型及估算,从沉桩可能性选择以强风化泥质砂岩为持力层,桩径 600mm,有效桩长 33m,根据桩基规范估算单桩承载力极限值 7800kN,基本可以满足设计要求。PHC 600 AB 130 桩身材料强度控制的承载力极限值为 7000kN,小于土层提供的单桩承载力极限值 7800kN,最终从施工成桩可能性以及充分发挥土提供的单桩承载力两个方面考虑,选择 UHC 600-Ⅱ-130,方案对比见表 8-12 所列。桩平面布置如图 8-25 所示。桩基现场开挖如图 8-26 所示。

8.11.4　对比分析

表 8-12　方案对比表

方案	直径/mm	桩长/m	持力层	承载力极限值/kN
灌注桩方案	800	36	中风化泥质砂岩	7400
管桩方案	600	33	强风化泥质砂岩	7800

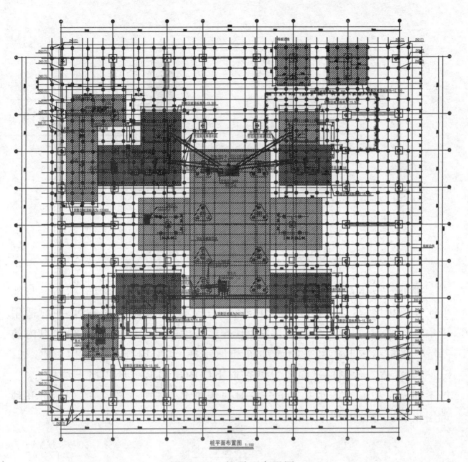

图 8-25　桩平面布置图

图 8-26　桩基现场开挖图

9

基坑支护

9.1 预制桩支护方式

　　排桩围护体是利用各种桩体并排连续起来形成的地下挡土结构。与地下连续墙相比,其优点在于施工工艺简单、成本低、平面布置灵活,一般适用于中等深度(6~10m)的基坑围护,但近年来也应用于开挖深度 20m 以内的基坑。排桩结构形式可采用灌注桩和预制桩,其中预制桩可采用 PRC 桩、SC 桩等桩体。预制桩平面布置可采取不同的排列形式形成挡土结构,来支挡不同地质和施工条件下基坑开挖时的侧向水土压力。图 9-1 列举了几种常用预制桩排桩围护体形式。

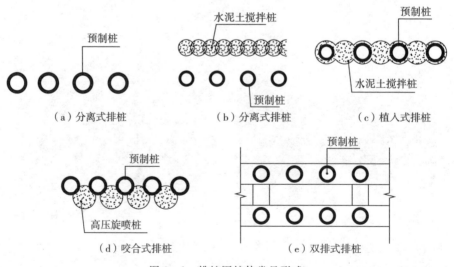

图 9-1　排桩围护体常见形式

其中,分离式排列适用于地下水位较深、土质较好的情况,如图 9-1(a)所示。在地下水位较高时,应与其他止水措施结合使用,例如在排桩后面另行设置止水帷幕,如图 9-1(b)所示。有时因场地狭窄等原因,无法同时设置排桩和止水帷幕时,可采用将预制桩植入水泥土搅拌桩或与高压旋喷桩相咬合的形式,形成可起到止水作用的排桩围护体,如图 9-1(c)(d)所示。当无法设置锚杆或支撑,且单排悬臂结构无法满足要求时,可采用双排桩形式,将前后排桩桩顶的冠梁用横向连梁连接,就形成了双排门架式挡土结构,如图 9-1(e)所示。如有止水需要,可视场地条件,在双排桩之间或之后设置水泥土搅拌桩止水帷幕。

预制桩用作基坑支护,当采用悬臂式支护时,适用于深度小于 7m、安全等级为 3 级的基坑工程;采用双排桩支护时,适用于深度小于 10m、安全等级为 3 级的基坑工程;当采用排桩—复合土钉墙支护时,适用于深度小于 10m、安全等级不大于 2 级的基坑工程;当采用排桩—预应力锚杆支护或排桩—内支撑支护时,可用于安全等级为 1 级的基坑工程,深度不宜大于 12m。

根据大量试验结果来看,PHC 桩为受拉区钢筋拉断的脆性破坏模式,PRC 桩为受压区混凝土破坏模式,其表现相对较好。因此,基坑工程中宜优先选用 PRC 桩。当采用两节桩时,可根据土层和土压力分布特征、排桩内力计算结果,选用由 PRC 桩和 PHC 桩组合的形式。需要接桩时应严格控制接头数量,一般不宜超过 1 个。连接时应采用端板对端板的可靠焊接或套箍连接,此为保证等强度连接的关键。接头强度应通过试验确定。相邻桩接头应错开布置,且错开距离不应小于 2.0m。

排桩桩顶应设置冠梁,以提高排桩的整体性。对于混凝土冠梁,混凝土强度等级不应低于 C30,宽度宜大于排桩桩径,高度不宜小于 400mm。桩顶采用下钢筋笼混凝土填芯的方式与冠梁进行连接,填芯部位长度不应小于两倍桩径且不小于 2000mm,钢筋笼深入冠梁的锚固长度应符合现行国家标准《混凝土结构设计规范》(GB 50010)中对钢筋锚固的有关规定。

深基坑工程中的排桩支锚结构一般有两种形式,分别为排桩结合内支撑系统的形式和排桩结合锚杆的形式。作用在排桩上的水土压力可以由内支撑有效地传递和平衡,也可以由坑外设置的土层锚杆平衡。内支撑可以直接平衡两端排桩上所受的侧压力,构造简单,受力明确;锚杆设置在排桩的外侧,为挖土、结构施工创造了空间,有利于提高施工效率。

对于采用排桩+锚固或排桩+内支撑体系的支护结构,桩间净距宜为 300~900mm,且桩中心距不宜大于桩直径的 2.0 倍,砂性土中宜采用较小的桩间距。当桩间净距大于 500mm 时,桩间土宜采用钢筋网或钢丝网喷射混凝土等防护措施进行封闭。钢筋网或钢丝网宜采用桩间土内打入钢筋钉进行固定,且应与冠梁和腰梁进行可靠连接。

当场地土软弱或开挖深度大或基坑面积很大时,采用悬臂支护单桩的抗弯刚度往往不能满足变形控制的要求,但设置水平支撑又对施工及造价影响很大且无法设置锚杆时,可采用双排桩、斜抛撑或斜桩等形式,其中双排桩结构通过排桩、冠梁和连梁形成空间门架式支护结构体系,可大大增加其侧向刚度,能有效地限制基坑的侧向变形。

双排桩平面布置的几种典型形式如图 9-2 所示。

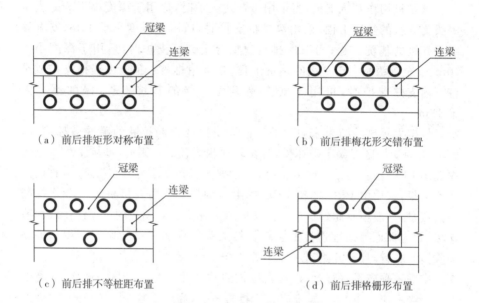

（a）前后排矩形对称布置　　　　　　（b）前后排梅花形交错布置

（c）前后排不等桩距布置　　　　　　（d）前后排格栅形布置

图 9-2　双排桩常见的平面布置形式

双排桩前、后排桩顶的冠梁的连接一般采用现浇钢筋混凝土连梁,与前、后排桩顶的冠梁同时浇筑,以确保其连接的整体性,此时可将冠梁与连梁的连接简化为刚性节点进行计算。

实际工程中采用双排桩时,双排桩的前后排桩可采用等长和非等长布置,也可采用不同的桩顶标高,形成不等高双排桩形式,如图 9-3 所示。此时,前、后排桩之间的连接构造方式比较复杂,可设置现浇斜撑或预制斜撑将前后排桩的桩顶冠梁进行连接。此时不能可靠保证冠梁与斜撑之间的整体连接,宜将连接简化为铰接节点进行计算,以策安全。

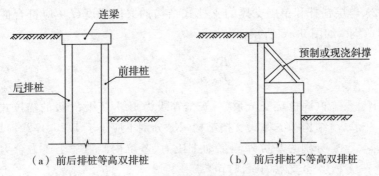

（a）前后排桩等高双排桩　　　　（b）前后排桩不等高双排桩

图 9-3　双排桩常见的剖面布置形式

9.2　设计计算

（1）悬臂式支挡结构的嵌固深度（l_d）应符合嵌固稳定性的要求，如图 9-4 所示：

$$\frac{E_{pk}\,a_{p1}}{E_{ak}\,a_{a1}} \geqslant K_e \tag{9-1}$$

式中：K_e —— 嵌固稳定安全系数；安全等级为 1 级、2 级、3 级的悬臂式支挡结构，K_e 分别不应小于 1.25、1.2、1.15；

E_{ak}、E_{pk} —— 分别为基坑外侧主动土压力、基坑内侧被动土压力标准值（kN）；

a_{a1}、a_{p1} —— 分别为基坑外侧主动土压力、基坑内侧被动土压力合力作用点至挡土构件底端的距离（m）。

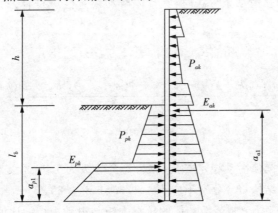

图 9-4　悬臂式结构嵌固稳定性验算

（2）单层锚杆和单层支撑的支挡式结构的嵌固深度（l_d）应符合嵌固稳定性的要求，如图 9 - 5 所示：

$$\frac{E_{pk}}{E_{ak}}\frac{a_{p2}}{a_{a2}} \geqslant K_e \tag{9-2}$$

式中：K_e —— 嵌固稳定安全系数；安全等级为 1 级、2 级、3 级的锚拉式支挡
结构和支撑式支挡结构，K_e 分别不应小于 1.25、1.2、1.15；

a_{a2}、a_{p2} —— 分别为基坑外侧主动土压力、基坑内侧被动土压力合力作用
点至支点的距离（m）。

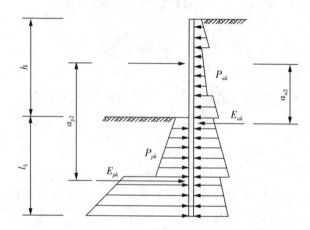

图 9 - 5　单支点锚拉式支挡结构和支撑式支挡结构的嵌固稳定性验算

（3）锚拉式、悬臂式支挡结构和双排桩应进行整体滑动稳定性验算：

① 整体滑动稳定性可采用圆弧滑动条分法进行验算；

② 采用圆弧滑动条分法时，其整体滑动稳定性应符合公式（9 - 3）、（9 - 4）要求：

$$\min\{K_{s,1}, K_{s,2}, \cdots, K_{s,i}, \cdots\} \geqslant K_s \tag{9-3}$$

$$K_{s,i} = \frac{\sum\{c_j l_j + [(q_j b_j + \Delta G_j)\cos\theta_j - u_j l_j]\tan\varphi_j\} + \sum R'_{k,k}[\cos(\theta_k + a_k) + \psi_v]/s_{x,k}}{\sum(q_j b_j + \Delta G_j)\sin\theta_j}$$

$$\tag{9-4}$$

式中：K_s —— 圆弧滑动稳定安全系数；安全等级为 1 级、2 级、3 级的支挡式
结构，K_s 分别不应小于 1.35、1.3、1.25。

$K_{s,i}$ —— 第 i 个圆弧滑动体的抗滑力矩与滑动力矩的比值；抗滑力矩与

滑动力矩之比的最小值宜通过搜索不同圆心及半径的所有潜在滑动圆弧确定。

c_j、φ_j —— 分别为第 j 土条滑弧面处土的黏聚力（kPa）、内摩擦角（°），按《建筑基坑支护技术规程》（JGJ 120）的相关规定取值。

b_j —— 第 j 土条的宽度（m）。

θ_j —— 第 j 土条滑弧面中点处的法线与垂直面的夹角（°）。

l_j —— 第 j 土条的滑弧长度（m），取 $l_j = b_j / \cos \theta_j$。

q_j —— 第 j 土条上的附加分布荷载标准值（kPa）。

ΔG_j —— 第 j 土条的自重（kN），按天然重度计算。

u_j —— 第 j 土条滑弧面上的水压力（kPa）；采用落底式截水帷幕时，对地下水位以下的砂土、碎石土、砂质粉土，在基坑外侧，可取 $u_j = \gamma_w h_{wa,j}$，在基坑内侧，可取 $u_j = \gamma_w h_{wp,j}$；滑弧面在地下水位以上或对地下水位以下的黏性土，取 $u_j = 0$。

γ_w —— 地下水重度（kN/m³）。

$h_{wa,j}$ —— 基坑外侧第 j 土条滑弧面中点的压力水头（m）。

$h_{wp,j}$ —— 基坑内侧第 j 土条滑弧面中点的压力水头（m）。

$R'_{k,k}$ —— 第 k 层锚杆在滑动面以外的锚固段的极限抗拔承载力标准值与锚杆杆体受拉承载力标准值（$f_{ptk} A_p$）的较小值（kN）；锚固段的极限抗拔承载力应按《建筑基坑支护技术规程》（JGJ 120）的相关规定计算，但锚固段应取滑动面以外的长度；对悬臂式、双排桩支挡结构，不考虑 $\sum R'_{k,k} [\cos(\theta_k + \alpha_k) + \psi_v] / s_{x,k}$ 项。

α_k —— 第 k 层锚杆的倾角（°）。

θ_k —— 滑弧面在第 k 层锚杆处的法线与垂直面的夹角（°）。

$s_{x,k}$ —— 第 k 层锚杆的水平间距（m）。

ψ_v —— 计算系数；可按 $\psi_v = 0.5 \sin(\theta_k + \alpha_k) \tan\varphi$ 取值。

φ —— 第 k 层锚杆与滑弧交点处土的内摩擦角（°）。

③ 当挡土构件底端以下存在软弱下卧土层时，整体稳定性验算滑动面中应包括由圆弧与软弱土层层面组成的复合滑动面。

（4）基坑坑底隆起稳定性要求应符合《建筑基坑支护技术规程》（JGJ 120）的相关规定。

（5）排桩支护结构宜采用平面杆系结构弹性支点法进行分析。

（6）排桩的设计应符合下列规定：

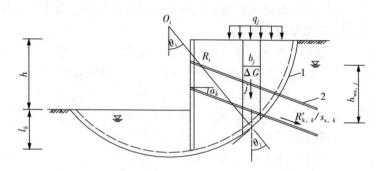

图 9-6　圆弧滑动条分法整体稳定性验算
1—任意圆弧滑动面;2—锚杆

① 采用悬臂桩支护时,桩间距应满足公式(9-5)的要求:

$$s \leqslant 0.9(1.5d+0.5) \tag{9-5}$$

式中:d——排桩直径;

　s——排桩中心间距。

② 选用预制桩型号时,预制桩的弯矩设计值及剪力设计值应符合公式(9-6)、(9-7)的要求:

$$M=1.25\gamma_0 M_k \tag{9-6}$$

$$V=1.25\gamma_0 N_k \tag{9-7}$$

式中:γ_0——支护结构重要性系数,不应小于 1.0;

　M——预制桩桩身弯矩设计值(kN・m);

　V——预制桩桩身剪力设计值(kN);

　M_k——按荷载效应标准组合计算的弯矩值(kN・m);

　N_k——按荷载效应标准组合计算的弯矩值(kN)。

③ 用于基坑支护的预制桩接头应满足与桩身等强度设计要求。

④ 当用于基坑支护的预制桩接头采用焊接时,接桩处按荷载效应标准组合计算的弯矩值应公式(9-8)的规定:

$$1.0\gamma_0 M_k \leqslant M_{cr} \tag{9-8}$$

式中:M_{cr}——不考虑非预应力钢筋作用的管桩桩身开裂弯矩计算值;

　γ_0——支护结构重要性系数,不应小于 1.0;

　M_k——接桩处按荷载效应标准组合计算的弯矩值。

(5)当采用多节预制桩支护时,应进行预制桩接桩设计,接桩位置不宜设在计算最大弯矩或剪力位置,且相邻接头应错开布置。

9.3　施工方法

排桩支护用的预制桩施工宜采用静压、植桩等工法,局部静压法施工困难或邻近建(构)筑物基础及管线对挤土效应敏感时,可采用引孔施工工艺,并应采用间隔成桩的施工顺序;引孔孔径不应大于预制桩直径的 0.8 倍。桩位的偏差不应大于 50mm,垂直度偏差不应大于 1/100,桩底标高应符合设计要求。

对于基坑工程,一般以桩长控制,如出现无法施压至设计桩长或软土中溜桩等现象,应立即停工,找出原因,采取改进措施后方可再施压。

基坑开挖前应对质量检验存在缺陷的预制桩进行设计复核或采取补救加固措施。

如采用水泥土或水泥土帷幕中插入预制桩的施工工法,当采用搅拌桩施工工艺时,相邻搅拌桩施工时间间隔为:黏性土不宜大于 12h,砂性土不宜大于 8h;当采用高压旋喷工艺时,应采用隔孔分序作业,相邻孔作业时间间隔为:黏性土不宜小于 24h,砂性土不宜小于 12h。预制桩插入作业宜在搅拌施工完成后不宜超过 6~8h、旋喷施工完成后不宜超过 3~4h 内完成。插入的预制桩直径宜小于水泥土桩直径或墙最小宽度 50mm,桩间距应符合设计要求,偏差不应大于 50mm。

9.4　监测要求

预制桩支护结构监测,除应满足设计要求外,尚应符合下列规定:

(1)安全监测应覆盖预制桩支护结构施工、土方开挖、基坑工程使用与维护直至基坑回填的全过程。

(2)宜对预制桩挠曲变形进行监测,监测方法可采用填芯混凝土中预埋测斜管并结合桩顶水平位移监测。

(3)宜对预制桩的裂缝进行监测。

(4)宜对预制桩芯桩钢筋与冠梁的连接处外观进行检查。

预制桩基坑工程报警值的确定,除应满足设计与现行国家标准《建筑基坑工程监测技术规范》(GB 50497)的规定外,尚应符合下列规定:预制桩桩身强度应大于设计值;预制桩产生的挠曲变形大于 20mm 且变形不收敛。

9.5 支护案例

9.5.1 案例一 芜湖市伟星长江之歌二期地下车库基坑支护工程

该项目位于芜湖市弋江区长江南路东侧、花山路北侧、长江之歌一期的西侧。基坑周长约 1005m,支护面积约 40000m²,基坑深度 5.15~9.15m。现以两个剖面(7—7 剖面和 10—10 剖面)为例,对预制桩用作基坑支护进行简要介绍。

项目基坑安全等级为 2 级,结构重要性系数取 1.0,主要荷载包括结构自重(钢筋混凝土重度 $\gamma = 25kN/m^3$)和施工场地底面超载 20kPa。

地勘报告中给出的岩土工程参数见表 9-1 所列。

表 9-1 地勘报告中给出的岩土工程参数

岩土分层	岩土名称	重度	剪切试验	
			黏聚力	内摩擦角
			c	φ
		kN/cm³	kPa	°
1	杂填土	18.0	10	8
3	淤泥质粉质黏土	18.2	11.6	10.5
4	粉质黏土	19.3	59.8	12.8
5	粉质黏土夹粉土	18.8	41.7	12.9
6	粉质黏土	19.4	59.8	13.2

支护结构采用排桩+锚索的结构体系,排桩为三轴水泥土搅拌桩内插 PRC 桩,既能挡土又可止水。

7—7 剖面示意如图 9-7 所示。开挖深度 9.45m,采用 PRC-I 700 B 110 桩型,间距 1.2m,桩长 15.0m。止水形式为 Ø850 三轴水泥土搅拌桩,间距 0.6m,桩长 16.0m。支护桩平面布置如图 9-8 所示。

锚杆为 2 As 15.2 锚索两道,上道锚索 $L = 18.0m$,下道锚索 $L = 16.0m$,竖向间距 2.5m,水平间距均为 1.2m,入射角 20°,锁定值 90kN。

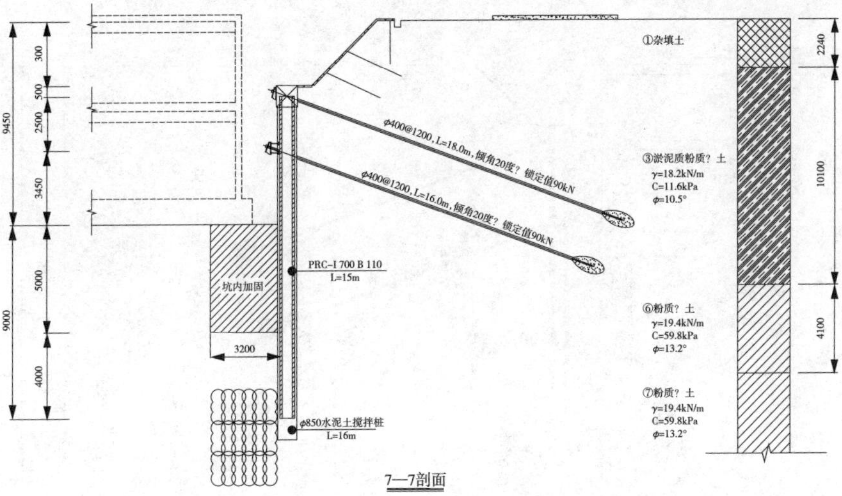

图 9-7　7—7 剖面示意图

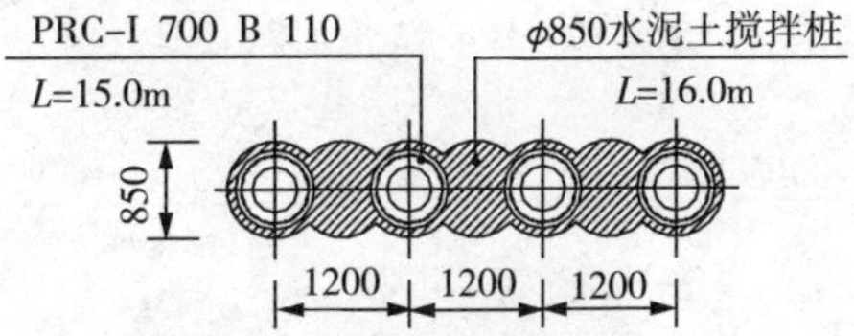

图 9-8　7—7 剖面支护桩平面布置图

10—10 剖面示意如图 9-9 所示。开挖深度 9.45m，采用 PRC－I 700 B 110 桩型，间距 1.2m，桩长 15.5m。止水形式为 Ø850 三轴水泥土搅拌桩，间距 0.6m，桩长 16.0m。支护桩平面布置如图 9-10 所示。

锚杆为 2 As 15.2 锚索两道，上道锚索 $L=18.0$m，下道锚索 $L=16.0$m，竖向间距 4.0m，水平间距均为 1.2m，入射角 20°，锁定值 90kN。

9.5.2　案例二　淝河镇西淝河箱涵基坑支护工程

西淝河箱涵项目为引江济淮西淝河下段输水河道工程的一部分，设计用于调水排涝。箱涵总长度 331.2m，形式为两孔箱涵，单孔尺寸 4.8m×4.5m。由于箱涵基坑为淝河镇乡镇道路拆除开挖而成，因此设计时需考虑道路两侧商铺的安全。现以两个剖面(XH2 剖面和 XH4 剖面)为例，对预制桩用作基坑支护进行简要介绍。

基坑安全等级为 2 级，结构重要性系数取 1.0，主要荷载包括结构自重

（钢筋混凝土重度 $\gamma = 25\mathrm{kN/m^3}$）和施工场地底面超载 20kPa。

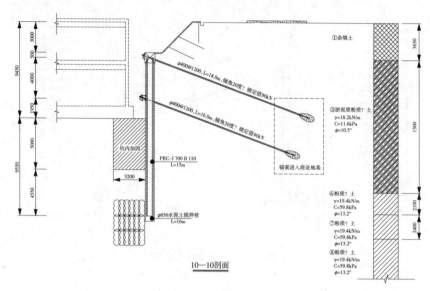

图 9-9　10—10 剖面示意图

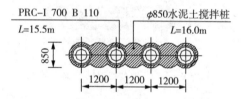

图 9-10　10—10 剖面支护桩平面布置图

地勘报告中给出的岩土工程参数见表 9-2 所列。

表 9-2　案例二地勘报告中给出的岩土工程参数

岩土分层	岩土名称	天然密度	剪切试验（直剪）	
			黏聚力	内摩擦角
		ρ /(g/cm³)	c /kPa	φ /(°)
1—1	粉质黏土	1.98	40	8
2	中粉质壤土	2.03	30	12
2—1	轻粉质壤土	1.96	13	15
3	粉细砂夹砂壤土	1.88	0	28

（续表）

岩土分层	岩土名称	天然密度	剪切试验（直剪）	
			黏聚力	内摩擦角
		ρ /(g/cm³)	c /kPa	φ /(°)
5	粉细砂	1.80	0	28
6	中轻粉质壤土	2.06	20	15
7	重粉质壤土	2.05	55	10
8	轻粉质壤土	2.06	24	16

　　支护结构采用排桩＋内支撑体系，排桩为三轴水泥土搅拌桩内插 PRC 桩，既能挡土又可止水，内支撑为混凝土支撑和钢支撑共用，在保证内支撑刚度的同时，又方便施工。

　　项目 XH2 剖面示意如图 9-11 所示。XH2 剖面开挖深度 9.3m，采用 PRC-I 700 B 110 桩型，间距 1.2m，桩长 19.0m。止水形式为 Ø850 水泥土搅拌桩，间距 0.6m，桩长 20.0m。支护桩平面布置如图 9-12 所示。

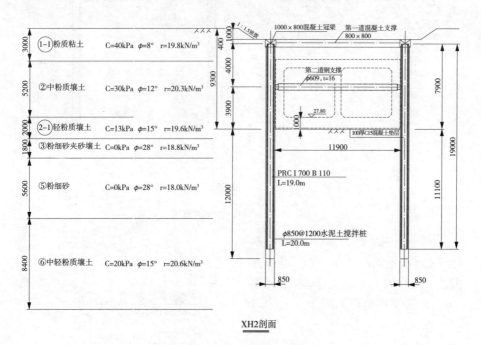

XH2剖面

图 9-11　XH2 剖面示意图

第一道内支撑为 800×800 混凝土支撑,水平间距 6m。第二道内支撑为 Ø609,t=16 钢支撑,水平间距 3m。两道支撑竖向间距 4.0m。

项目 XH4 剖面示意如图 9－13 所示。XH4 剖面开挖深度 9.6m,采用 PRC－I 700 B 110 桩型,间距 1.2m,桩长 22.0m。止水形式为 Ø850 三轴水泥土搅拌桩,间距 0.6m,桩长 23.0m。支护桩平面布置如图 9－14 所示。

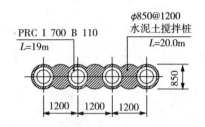

图 9－12　XH2 剖面支护桩平面布置图

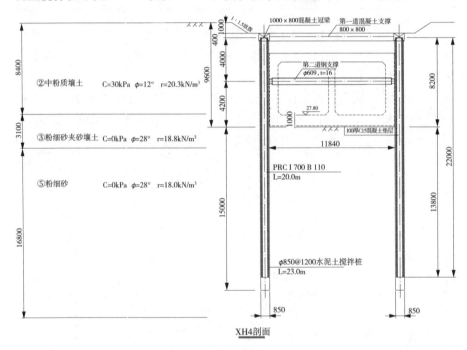

图 9－13　XH4 剖面示意图

第一道内支撑为 800×800 混凝土支撑,水平间距 6m。第二道内支撑为 Ø609,t=16 钢支撑,水平间距 3m。两道支撑竖向间距 4.0m。

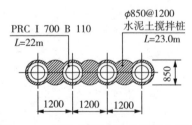

图 9－14 XH4 剖面支护桩平面布置图